高级时装定制

女式上装缝制指南

内 容 提 要

　　本书作者是美国服装领域知名技术专家克莱尔·谢弗，毕生致力于研究解析高级定制女装的制作技巧，获得美国缝制与设计协会终身成就奖，曾担任纽约城市博物馆服装高级定制技术顾问。书中所选用款式均源于国际一线品牌，详细地分析设计师们常用的手作缝制工艺手法，在男装传统裁剪设计的基础上，融合了一些体现女性元素的领型和袖型，特别注重细节工艺的处理技巧，为女式上装高级定制经典缝制工艺提供了全面指南。既可用于男装，亦可用于女性和儿童奢侈品时装创作，部分技术也适用于日常成衣缝制。该书是目前为止女式上装高级定制裁剪工艺研究领域中技术手法最全面的专著之一。

　　全书分为两个部分：第一部分为缝制基础，详尽介绍了服装裁剪和缝制工艺所需的设备、面料和重要技能；第二部分为女式上装缝制指南，内容包括样板设计和修正、衣片和衬料缝制工艺、衣领和衣袖缝制工艺，以及服装熨烫后整理。所有工艺流程皆配以精美插图和步骤解析，适合服装设计、版型开发、工艺技术人员阅读，也可供服装专业院校师生参阅。

图书在版编目（CIP）数据

　　高级时装定制 ：女式上装缝制指南 /（美）克莱尔·谢弗著 ；梁文婷译. -- 北京 ：中国纺织出版社有限公司，2023.7

　　（"设计学"译丛 / 乔洪主编）

　　书名原文：Couture Tailoring: A Construction Guide for Women's Jackets

　　ISBN 978-7-5229-0328-6

　　Ⅰ. ①高… Ⅱ. ①克… ②梁… Ⅲ. ①服装设计 Ⅳ. ①TS941.2

　　中国国家版本馆CIP数据核字（2023）第023152号

责任编辑：华长印　王安琪　　责任校对：王蕙莹
责任印制：王艳丽

中国纺织出版社有限公司出版发行
地址：北京市朝阳区百子湾东里 A407 号楼　邮政编码：100124
销售电话：010—67004422　传真：010—87155801
http://www.c-textilep.com
中国纺织出版社天猫旗舰店
官方微博 http://weibo.com/2119887771
北京华联印刷有限公司印刷　各地新华书店经销
2023 年 7 月第 1 版第 1 次印刷
开本：787×1092　1/16　印张：22.5
字数：431 千字　定价：268.00 元

凡购本书，如有缺页、倒页、脱页，由本社图书营销中心调换

"设计学"译丛

高级时装定制

女式上装缝制指南

[美]克莱尔·谢弗 著

梁文婷 译

中国纺织出版社有限公司

目录

第一部分

缝制基础：设备、面料和重要技能

第二部分

高级定制上装缝制指南

引　言

　　《高级时装定制》是运用经典缝制工艺进行女上装高级定制的全面指南。女上装除了融合男装平驳领和两片袖的传统剪裁设计之外，还可以选择变换一些体现女性元素的领型和袖型。本书中讲述的多种剪裁技巧可用于男装，也可用于女性和儿童的奢侈品时装创作，部分技术也适用于日常成衣缝制。

　　本书着重讲解女上装的手作缝制技术，源于时装设计师的常用手法，特别注重细节耗时的长短和手工操作的技巧性。这些运用在时装设计中精良的手作缝制技艺，我们称为"手工制作"。手工制作在成型技术中主要表现在人字疏缝针法、归拔工艺、面料和衬料塑型以及熨烫等工艺环节中。这些技术不仅在服装缝制工艺中使用，在缝制拼合之前单独的服装裁片中也被广泛采用。粗缝（疏缝）针法常被用于材料的暂时固定，短时间内会被移除。机缝针法主要用于衣身和衣袖的垂直接缝拼合，里衬则选

出自20世纪60年代伊夫·圣罗兰（Yves Saint Laurent）的手作垫肩。机器绗缝的双层毛衬覆盖在表层，再将棉絮填充层手工固定在毛衬内侧。

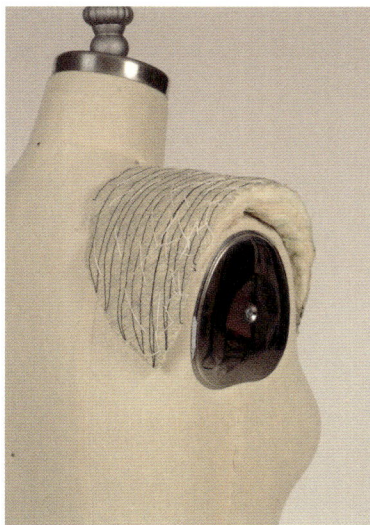

用手缝机缝均可。这两种缝制方法和顺序与作坊式服装缝制以及成衣工业生产是大不相同的。快速了解高级定制工艺将有助于了解手工制作的独特之处。

　　一件高级时装——这里所指的是一件上装从原型开始。原型是由一块悬垂的平纹细布（白坯布）加入填充物而成，用于复制顾客身材尺寸的模型。在华伦天奴（Valentino）时期，标准尺寸的原型是一件装配有拉链的"皮肤衣"，可以通过变化内部填充物的形态来复制每个客户的身材。上装原型可以直接购买，也可以采用平面或者立体裁剪制作而成。

　　在工作室，制成原型要经过至少一次的调整。标准体型原型很难能与客户的体型刚好吻合，这就需要在立体裁剪的过程中根据客户的体型对样衣的尺寸和比例进行调整，即便客户的身材不对称，尺寸比例不够完美，最终也可以得到合体和平整的原型。

　　合体的原型制成之后，还需要用干净的白坯布作复制。所有的缝份和下摆边缘都要根据缝纫线迹来标记。裁片剪裁时，在接缝

和下摆处要留足富余的量以便调整时使用。缝制过程中，需要匹配缝纫线迹的标记，而不是裁剪的边缘，所以接缝处缝份的宽度不均匀是很正常的，这在作坊式服装缝制和生产中也时有发生。

缝制好的上衣合体度还可以根据客户体型做微调。试衣完成后，将上衣返回工作室，平铺在工作台上。如果遇到设计比较复杂的款式或者合体度很难调整的情况，则需再次试穿，必要的话还要拆解服装的局部进行调整。修改完善后，接着完成刺绣和珠片装饰、面料和挂面定型、口袋固定、前胸衬人字疏缝，以及驳头折痕线定位等工序。将无须再做版型调整的接缝进行二次粗缝和机缝固定。衣身缝制完成后，再装配合适的领、袖及里衬。

早期服装定制的重点主要是男装，而且工艺略有不同。板型师根据顾客量好的尺寸绘制服装样板。裁缝师用类似于女装设计的传统缝纫技术制作上衣。一些工作室里，有技术人员缝制领里，整理工处理里衬，熟练的技师手工完成锁眼。

本书以一份案例调查开始，调查分为两组：一组是受到男式棉麻休闲外套启发的剪裁考究的设计，另一组是剪裁更为柔和的女性化设计。在这些案例中，会发现各种各样的廓型、领围线造型设计、衣领、口袋、衣袖和门襟，以及利用格形纹样所形成的有趣的织物组合，都为上装设计提供了灵感。

全书分为两大部分，第一部分为选择合适的设备、用品和面料提供指南。它包含了基本定制技术的易于遵循的操作说明。这些基本技能包括手缝针法、裁剪与标记、熨烫、缝边、口袋和扣眼，这些不可或缺的技能您会经常使用，不仅适用于上装定制，也适用于其他任何奢侈品设计。

第二部分讲述了制作一件高级定制上装的工艺流程，从裁剪、标记到最后的整烫和贴标签。操作工序包括合体样衣制作、坯布裁剪与定型、边饰装配、垫料缝制、拉牵条、驳头和翻领造型、手缝和机缝衣领的工艺方法、衣袖塑型和缝制，以及里衬的手工缝制。

在本书中，读者将会发现许多鲜为人知的专业定制技术和高级定制时装的成功案例，可以将它们用在服装缝制过程中。

欢迎来到高级时装定制的世界。

莎洛姆·哈罗（Shalom Harlow）
伊夫·圣罗兰
2001—2002秋/冬发布会

图解调研

10~21页的图解调研案例，一共有72件款式各异的女上装，包括裁剪非常传统的上衣和女性化别致设计的上衣。其中大部分上装是针对特定个体定制的高级时装，所以尺寸各不相同。少量案例是昂贵的成衣样板。这些上衣用不同的面料和有趣的细节展示了各种尺寸的廓型设计。

综合接下来几页案例的款式、面料和细节来设计一件原创的个性化上衣。

男性化剪裁设计

受男装影响，传统方式裁剪的服装被称为"男性化剪裁设计"或"量身定制"。大部分的款式都选用羊毛材质的面料，款式为双开身、平驳领、装袖、纽扣扣合式门襟，也有一些前片为青果领设计。

在这些案例调查中，中性化设计是显而易见的，与典型的男式上装相比却又有很多不同之处，体现在变化多样的廓型、衣长、驳头样式、门襟、口袋、腰带、面料和色彩的设计与选用。

女性化剪裁设计

体现女性柔美的设计与传统的男式上装相比，有更多元化的表现手法，可以选择的面料、领型、领口线造型、袖型、口袋、饰物的样式也更丰富。

除了装袖，连身袖和插肩袖也很常见。领型多为平驳领、青果领、翻领和立领，也有的上衣采用无领设计，如桃心领、圆领、U形领、V形领等。

本书图示

全书中，每个工艺步骤都配有彩色图示，不同颜色表示不同线迹。面料的正面如下图的蓝色，面料的反面用浅蓝色表示。

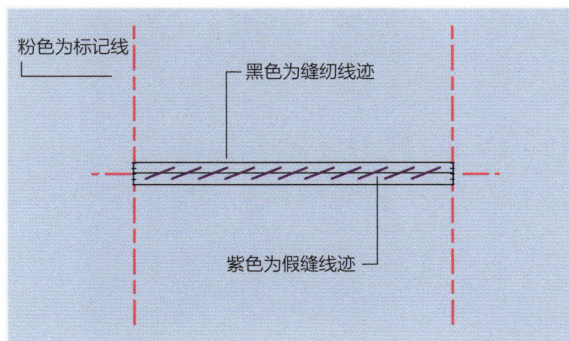

粉色为标记线
黑色为缝纫线迹
紫色为假缝线迹

图解调研：男性化剪裁设计

赫迪·雅曼（Hardy Amies）
20世纪60年代

伊夫·圣罗兰　20世纪70年代

伊夫·圣罗兰　20世纪70年代

伊夫·圣罗兰　20世纪70年代

伊夫·圣罗兰　20世纪90年代

伊夫·圣罗兰　20世纪80年代

未知品牌　20世纪50年代

香奈儿（Chanel）　20世纪50年代

诺曼·诺瑞尔（Norman Norell）
20世纪60年代

克里斯汀·迪奥（Christian Dior）
21世纪初

伊夫·圣罗兰　20世纪70年代

克里斯汀·迪奥　20世纪60年代

伊夫·圣罗兰　20世纪70年代

克里斯汀·迪奥　20世纪60年代

伊夫·圣罗兰　20世纪60年代

霍尔特·润福（Holt Renfrew）
20世纪80年代

巴黎世家（Balenciaga）　20世纪70年代

时尚女装（Vogue Pattern）　21世纪初

伊夫·圣罗兰　20世纪70年代

伊夫·圣罗兰　20世纪80年代

伊夫·圣罗兰　20世纪80年代

伊夫·圣罗兰　20世纪80年代

克里斯汀·迪奥　20世纪70年代

莲娜·丽姿（Nina Ricci）20世纪80年代

图解调研：女性化剪裁设计

皮埃尔·巴尔曼（Pierre Balmain）
20世纪60年代

阿德里安（Adrian） 20世纪50年代

香奈儿 20世纪80年代

皮埃尔·巴尔曼 20世纪60年代

海蒂·卡内基（Hattie Carnegie）
20世纪50年代

巴黎世家 20世纪60年代

拉切斯（Lachasse） 20世纪40年代

克里斯汀·迪奥 20世纪50年代

香奈儿 20世纪90年代

纪梵希（Givenchy） 20世纪80年代

香奈儿 20世纪90年代

赫迪·雅曼 20世纪70年代

香奈儿　20世纪70年代

香奈儿　20世纪70年代

菲利普·维尼特（Philippe Venet）
20世纪70年代

伊夫·圣罗兰　20世纪80年代

卡芬（Carven）　20世纪50年代

艾琳（Irene）　20世纪50年代

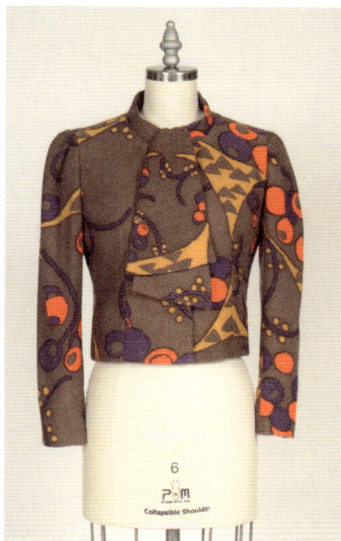

阿诺德·斯嘉锡（Arnold Scaasi）
20世纪80年代

伊夫·圣罗兰　20世纪80年代

阿诺德·斯嘉锡　20世纪80年代

香奈儿　20世纪60年代

伊夫·圣罗兰　20世纪80年代

西比尔·康纳利（Sybil Connolly）
20世纪60年代

伊夫·圣罗兰　20世纪80年代　　　　华伦天奴　20世纪80年代　　　　巴黎世家　20世纪50年代

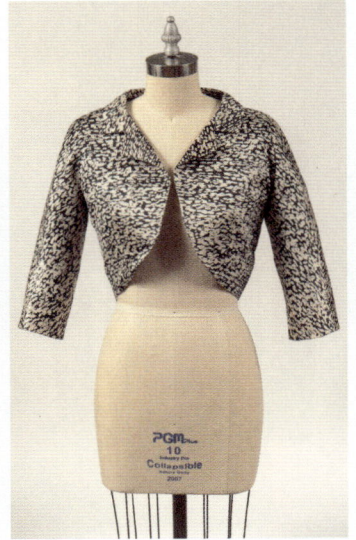

香奈儿　20世纪60年代　　　　菲利普·维尼特　20世纪80年代　　　　香奈儿　20世纪60年代

福图尼（Fortuny） 20世纪20年代

克里斯汀·迪奥 20世纪80年代

香奈儿 20世纪50年代

波道夫·古德曼定制沙龙（Bergdorf Goodman Custom Salon） 20世纪60年代

梅因布彻（Mainbocher） 20世纪50年代

未知品牌 20世纪50年代

香奈儿　20世纪60年代

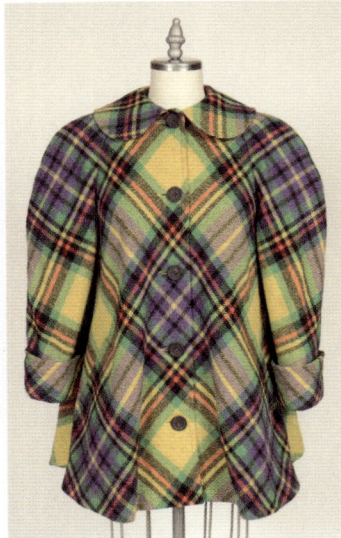
浪凡（Lanvin）　20世纪70年代

伊曼纽尔·温加罗（Emanuel Ungaro）
20世纪60年代

皮尔·卡丹（Pierre Cardin）
20世纪60年代

巴黎世家　20世纪60年代

赫迪·雅曼　20世纪60年代

伊夫·圣罗兰　20世纪70年代

克里斯汀·迪奥　20世纪90年代

伊曼纽尔·温加罗　20世纪80年代

香奈儿　20世纪90年代

克里斯汀·迪奥　20世纪60年代

克里斯汀·迪奥　20世纪90年代

伊夫·圣罗兰
高级时装定制
1992—1993
秋/冬发布会

缝制基础：设备、面料和重要技能

在第一部分中，将从基础知识开始学习：装配工具、设计一件上装、选择款式和面料，以及学习传统服装制作方法。读者将学到手工缝纫、裁剪和标记、拼缝、省道和边口处理，以及熨烫等重要技能。各种扣眼和口袋细节制作的专业技术能力都将得到提升，这些都可以提高设计者的设计能力。

当设计者不断地改善设计，制作出合体的原型，完善个人的专业技能之后，将能游刃有余地选择最合适的工艺来完成所设计的服装，然后在原型上标记、裁剪并粗缝出合体的衣身雏形。

香奈儿高级时装定制
2017秋/冬发布会

第一章

准 备

开始裁剪一件服装前，准备工具和材料，并了解它们的使用方法非常重要，适合的工具对于剪裁和熨烫是必不可少的。本章介绍了缝纫、裁剪、标记和熨烫的基本工具。"三分做，七分烫"，对于一件剪裁精良的服装来说，熨烫的作用往往高于缝制，因此，一个设备齐全的工作室需要尽可能配置所有的熨烫工具。

按照以下清单来准备上衣缝制的工具。

- 弯柄布剪
- 纱剪
- 纸剪
- 拆线器
- 卷尺
- 打板尺
- 蜂蜡
- 划粉或皂片

- 铅笔
- 手针
- 粗缝线
- 顶针
- 大头针
- 缝纫线
- 打板纸

左图：出自香奈儿设计的不对称门襟上衣，并装饰手工立体花卉。
中图：出自伊夫·圣罗兰设计的传统上装，配以深领口、宽领面翻领、翻盖挖袋和单粒扣门襟设计。
右图：出自香奈儿设计的休闲上衣，无里衬，领口和门襟饰有贴边，银线装饰扣眼与面料形成视觉对比。

专业设备

缝纫机

几乎所有的服装工作室都有工业平缝机，主要缝制双线锁式线迹。线迹形成的原理是由一根面线和一根底线上下穿梭，从而缝锁在中间的面料层。缝制时有向前和向后两个方向。

平缝是最常用的机缝针迹，在线迹调试正确的情况下，面料两面所呈现的线迹外观是完全相同的，它是最平整、最柔韧、最牢固，也是最不影响外观效果的一种线迹。如果在穿着服装时缝线崩断，缝份也不会马上裂开。它作为一种最基础的缝型，可用于口袋固定、衣袖与衣身的拼合以及面料表面的装饰线迹。

平缝机的针板上有一个小孔，旁边有送布牙装置，这样使面料在压脚和针板之间形成一定的摩擦力，即便是轻薄的面料，在缝制时也不会发生位移，还可以避免漏缝、皱缝、蠕变（面料变形）和断针等故障。

受工业平缝机占位尺寸的影响，如果使用环境是家庭式工作室，可能不太实用。可以考虑翻新直缝机或家用缝纫机，增加膝靠抬压脚的装置。

裁切工具

基本的裁切工具包括弯柄布剪、纱剪、纸剪和拆线器。冲孔钳不是必需的，它的主要作用是给纽扣定位。在经济条件允许的前提下，尽可能准备质量最好的裁切设备。裁剪工具只能用于裁剪布料和服装，避免用于剪切纸质材料。

弯柄布剪和普通的剪刀在外观和设计原理上是不同的。弯柄布剪是专为长距离剪切而设计的，它比普通的剪刀更大、更长、更重。下刀的前端有一个钝口，手柄的小环是拇指抓握孔，大环是其他手指的抓握孔。弯柄的设计是为了使刀刃较低地贴合在桌面上，以免裁剪时影响每层布料边缘的平齐度。品质更优的布剪在大环的前端为食指的抓握设计了一个缺口。抓握姿势正确时，使用者会感到食指对拇指有牵引的力量，便于手指更好地控制，使剪刀的开口更大，从而裁剪出更长的切口。同时，它还能减少剪切时对手腕产生的压力，使用起来更加轻松。

弯柄布剪的材质可为镀铬或不锈钢。不锈钢布剪更适用于合成纤维面料的裁剪，合成纤维面料会使镀铬的刀刃变钝，应尽量避免用镀铬的弯柄布剪来裁切，可以专门准备一把不锈钢布剪。

专业裁缝工通常使用 10 英寸（约 25 厘米）至 17 英寸（约 43 厘米）长的剪刀，对于初学者或手型较小的人来说，长度为 8 英寸（约 20 厘米）或 9 英寸（约 22.5 厘米）

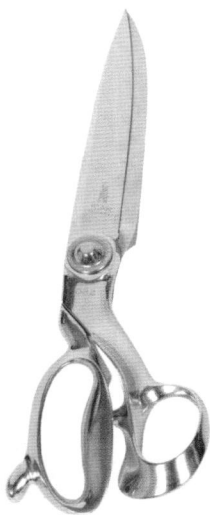

剪刀使用方法

当拥有高质量的剪刀并正确使用它们时，裁切将更容易。如果是新手，在裁剪服装面料之前，先用碎布片进行练习。

- 将剪刀握在手中，大拇指放在小环中。
- 将食指放在大环前把手的凹槽中，其余手指放在大环中。
- 将剪刀放在桌面上，下方的刀片放平。
- 将食指伸向拇指，它会把拇指向前拉方便操作者控制，使操作者能更好地切割，而不会压迫拇指或手腕。
- 将剪刀打开，尽可能宽，剪下又长又直的切口。
- 当合上剪刀时，手会松开拳头，这样手腕就能朝着拇指轻微旋转。
- 不断练习，直到能舒适地裁剪厚重的面料。

的小尺寸布剪更容易抓握。可以根据抓握的舒适度选择适合的剪刀尺寸。

左持式剪刀的刀刃更重一些，大片的刀刃与大环是一体成型的，小片的刀刃和小环为一体。剪刀贴合桌面裁剪时，小环在上方，以便能随时观测到切割线。一些左持式剪刀的把手位置是相反的，但刀片位置不变。这两种不同手持方向的弯柄布剪都不适合裁剪层数多、厚度厚的面料。

纱剪通常也被称为短柄剪，使用时大拇指和中指分别握住剪刀的两个圆形手柄，长度为5英寸（约12.5厘米）或6英寸（约15厘米），主要用于裁剪、修剪线头、开挖袋和扣眼。其锋利程度能够轻易裁剪八层中等厚度的毛料。

纸剪是裁剪工具中价格比较便宜的，主要用于裁剪纸样和样板。

拆线器有分叉的尖头、锋利的曲线边和一个红色保护头，小心使用时，用来拆除缝线非常方便。但由于拆剪时容易不小心误切面料，所以在很多工作室里是不允许使用拆线器的。

打孔钳有锋利的斜边，用来凿孔眼。这个工具一般与一块小木板和一个打孔机一起包装，并与家用缝纫工具一起售卖。使用时用锤子敲击凿子和打孔器，便可凿开孔眼。

冲孔工具是用来切割锁眼扣孔的，但它不是必要的。冲孔钳的旋转头部配有几个尺寸的切割模具。金属冲孔钳是细长空心管，具有锋利的切削端，也有几种尺寸可供选择。

测量工具

精确的测量设备是必不可少的。使用之前用金属尺检查一下卷尺和直尺，确保尺寸标记准确。

最好的**卷尺**是用玻璃纤维制成的，它不会拉伸、收缩或撕裂。卷尺一面印英寸，另一面印厘米，也可以印数字。$\frac{1}{2}$英寸（约1.3厘米）和$\frac{5}{8}$英寸（约1.5厘米）的宽度最方便使用，卷尺需经常清洁。

码尺和**米尺**有木质和金属两种，可用于校正版型和坯布，标记纱向和测量服装边口尺寸。

12英寸（约30厘米）长度的尺子一般由木头或塑料制成，在测量裤装的下摆时特别有用。

网格尺或分级尺是透明的，印有英寸或厘米。有些长边印着英寸，另一边印着厘米。它们有几种尺寸可供选择，1英寸（约2.5厘米）×6英寸（约15厘米）、1英寸（约2.5厘米）×12英寸（约30厘米），以及最方便使用的2英寸（约5厘米）×18英寸（约46厘米），但很少需要用到所有尺寸。检查网格尺寸是否准确，且正确地印在标尺上。窄网格尺在测量曲线时灵活有用，宽尺则可以代替正方形来标记或检查纹路。

裁切工具使用注意事项

- 在没有准备好时不要随意使用布剪和纸剪。
- 小心使用剪刀，以免掉落。
- 小心避免剪到针、硬物或多层面料。
- 经常擦拭刀片以去除面料绒毛。
- 在螺母上滴一小滴润滑油，可使裁切更流畅。
- 使用后用碎布擦拭刀片以去除水分。
- 保持纸剪和布剪刀片的锋利，这样才能剪到最尖角的位置。可以向发型师询问怎样保养剪刀，并做定期维护。
- 将剪刀放在盒子或护套里。

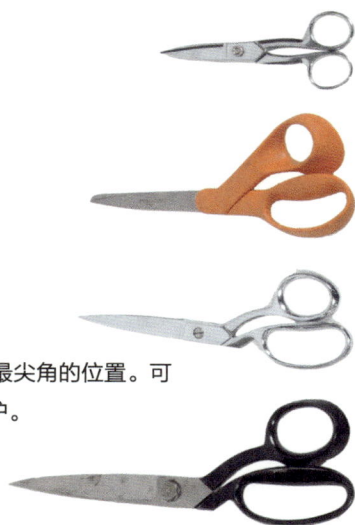

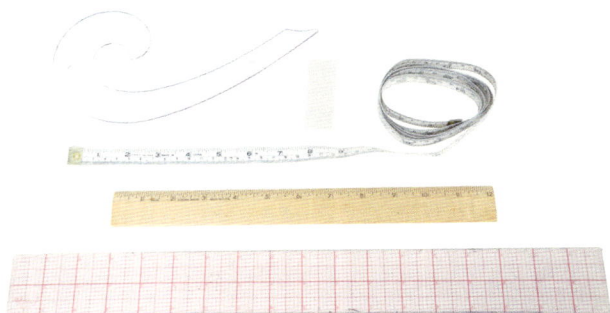
测量工具

曲线尺可用于平面制板绘图、校正纱向、重新标记弧线和服装部件的曲线。经典的法国17号曲线尺（专用于绘制袖窿弧线和领口弧线的云形曲线尺）长期以来最受欢迎。

纸板尺很容易制作。它可以为任何项目定制，通常比金属尺或普通尺子更精确，因为这些尺子有很多刻度线会影响绘图视觉。使用轻质的纸板作为测量工具，可在侧边所需距离处做一个剪口作为测量绘图的标记。

标记工具

多种类型的线和划粉都可用来做标记。划粉有三种类型——黏土、蜡笔划粉和隐形划粉、边缘锋利的肥皂薄片可以用作划粉的替代品。先在织物上测试打算使用的标记工具，标记在纱线上以确定是否会留下永久的或不易去除的记号。

使用白色粗缝线或裁缝用大头针标记所有的缝线、布纹线、对位点（剪口）、省道和工艺细节，尽量使用柔和颜色的缝线作为粗缝针迹。

当使用几种颜色的缝线标记时，采用相同的编排顺序，这样先后顺序就会一目了然。在高级时装定制工作室里，会将五六根线系在一条缎带上，这样便于所有的工人和工作室主管的使用顺序相同。

质地柔软的粗缝棉线呈哑光，易断裂。绞纱上有三至四种颜色，在英国将它卷在线轴上，用于标记所有的缝份、工艺细节以及粗缝线迹。在拆除时，它不会像质地密实的缝线那样破坏永久固定线迹，也不像普通线或釉面线那样容易脱落。没有粗缝棉线时，可用手工绣线或色彩柔和的细棉线代替。

上釉粗缝棉线用于定制裁剪、做标记和粗缝之用。

裁缝用划粉是用黏土制成的，是定制裁剪的首选标记工具，但在很多织物上不易显现。形状有方形和三角形，也被称为烟斗泥或黏土划粉，尽可能不在织物的正面使用。只能用白色划粉，避免使用彩色划粉，虽然划粉会从织物上脱落，但有颜色的划粉可能会留下来从而影响美观。

保持划粉边缘锋利，以确保标记准确。有些划粉顶部配有磨刀片，可以用小刀刮拭它的边缘。如果边缘看起来很锋利，但无法标记时，可以刮掉边缘再次进行打磨。

使用时用拇指和其他手指轻握划粉，从右向左或向外轻轻推画。去除划粉痕迹时，把衣片放在工作台上用力拍打即可。

蜡划粉仅适用于羊毛织物，若用于其他材料，则会留下污渍。大多数蜡划粉记号可通过熨烫轻松去除，尽量不要使用彩色蜡。

有若干种不同的褪色划粉，可试用观察是否合适。它们适用于多种织物，划痕可留存若干小时甚至是数天，具体取决于热度和湿度。但需谨慎使用，避免刺激双手和面部。

裁缝用肥皂几乎不再使用，不含油脂的硬皂薄片可以用作划粉来进行标记，较大的皂条有助于熨烫接缝和折痕线。肥皂标记即使清洗若干次后，仍会留下轻微的残留，因此只能在织物反面使用。

粉状划粉搭配划粉轮使用，可划出精细的粉线，且不需削尖，也尽量不使用彩色划粉。

描线轮有时也称点线器。有针状的（尖头）、锯齿状的以及光滑的。在制板过程中，针状或锯齿状的描线轮无须搭配碳描图纸使用，可直接用于纸样标记，光滑的描线轮很少使用。针状描线轮在一些工作室很受欢迎，在另一些工作室则被禁止使用，使用时先用废料进行测试，确保不会损伤织物。

女裁缝用碳描图纸是一种蜡涂描图纸，需搭配描线轮使用，以拷贝缝线。所做记号是永久性的，所以织物上只能使用白色碳描图纸。碳描图纸不用于定制服装，但某些时装工作室会使用白色碳描图纸。它可用于标记里衬、深色平纹织物和衬衫织物，但在许多羊毛织物或花纹织物上无法显现。使用时，将描图纸贴于纸板上，碳面朝上，将布料正面朝上放于碳描图纸上。

彩色碳描片或石墨碳片用于标记坯布样衣，以调整样衣合体度。两种色粉都容易沾手，不可在上衣或里衬面料上使用。

铅笔和记号笔有不同的尺寸。使用锋利的2B铅笔在挂面上做标记。最好避免使用彩色记号笔、水消笔和气消笔，它们可能会留下永久性的记号不易消除。

标记工具。图中背景所示的标记纸用于专业工作室。

手缝针

所使用的针号取决于织物和缝线的规格。一般来说，织物越细密，选用的针就越细，而像纽孔丝线或棉线，则选用较粗的针，因为太细的针会磨损缝线。通常情况下，针的最佳规格是在能轻松缝合的同时，尺寸最小的针。针号越大，针就越细。卷边时用细针，防止缝线出现在上衣正面。

细孔短针是缝纫工序中最重要的针，是一种结实、短小的细孔手缝针，有时也被称为绗缝针、贴绣针或基础针。细孔短针针身短小，便于单针挑线，能与顶针准确地配合。它用于大多数缝纫、粗缝、卷边、缲缝、扣眼缝和其他整理工作。中等重量的羊毛织物和其他织物，使用5至7号针；里衬、轻质羊毛织物和丝绸，使用8至10号针；用纽孔丝线或棉线缝制时，使用5号或6号针。

细孔长针针体较长，针眼较细。用于缝制记号缝、粗缝和刺针所需的密短针迹或长针迹。轻质和中等重量的织物，使用 8 号至 10 号针；较重的织物，使用 6 或 7 号的针。许多经验不足的工人更喜欢小号的棉线缝补针，是一种更易于穿线的粗眼长针。

织锦针针尖较钝，针体较大。主要用于转纽襻、拆除粗缝和穿纱线。20 号针适用于大多数缝制工作。

花萼眼针针尾是开口的，也被称为易穿针、快穿针或障碍针，因为线会被拉至针眼的顶部。它尤其适用于将缝制的接缝或省道处的织线挑至反面，固定线头，在扣眼或口袋末端额外增加一些针脚，以及隐藏明线线头。

顶针

顶针的末端有滚纹或压痕。顶针的质量取决于滚纹的深度，恰当的深度能将针尾固定在合适的位置，使针能够平稳、轻松地向前推进。如果滚纹太浅，针就会滑出来。在使用细孔短针时搭配顶针，可得到更好的缝制体验，因为这类针比其他针更短。

男裁缝用的顶针有一处开口，可利用顶针的顶端（位于指甲上方）推针。

女裁缝用的顶针与男裁缝的顶针不同，顶端是完全闭合的，可用顶针末端推针。

两种顶针类型都有不同的规格可选，数字越大，顶针就越大。可多试几次，找到适合自己的顶针。将顶针戴在执针手的中指上。把带着顶针的手指末端在桌子上轻敲，男裁缝的顶针应尽量与手指贴合，并露出小部分指尖。如果太松，就会掉下来；如果太紧，就会不舒服。通常来说，大一点的顶针比小一点的顶针好，如果顶针过大，还可在顶针内贴上一小张创可贴，或者用创可贴包住手指。

大头针

优质的**大头针**是必不可少的。选择在插入四层织物时不会弯曲或断裂的最小尺寸的大头针，丢弃弯曲、钝化或生锈的大头针。

超细针——$\frac{1}{64}$英寸（0.5 毫米）——适用于大部分织物，即使是密织材料。缝制松散的织物或针织品时，使用较长的**花头针**。大多数花头针的直径比超细针大，不适合用于容易损坏的织物。

将新针放在原装盒中，与旧针分开，以便在缝制里衬织物、丝绸、缎料和其他容易损坏的织物时使用。把使用过的大头针放在另一个盒子中。

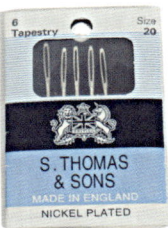

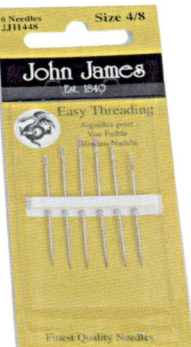

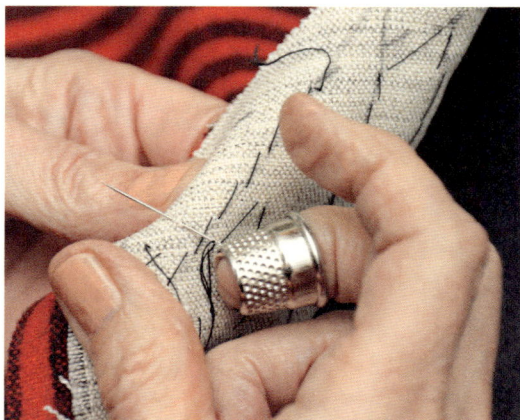

上图：手针和顶针。
右图：使用男裁缝顶针。

线

　　配色和谐、质量上乘的**丝光棉线**，不仅是人字疏缝、明缂针、卷边线迹等永久性手工缝制的不二选择，也是机器缝制的最佳选择。许多裁缝更喜欢轻质丝线，因为它比棉线更具弹性。丝线不容易采买，且价格更为昂贵。

　　锁扣眼丝线是缝制扣眼的首选。如果没有合适的颜色，也可选用聚酯纤维的明缂缝纫线，但会缺少丝绸捻度的光泽。

其他缝纫用品

　　穿针器的末端有一个小线环，以方便穿针，它还可用于将线拉至织物反面。

　　蜂蜡用于涂线，可有效防止手工缝纫时缝线起卷，使线平滑和坚固。在缝制扣眼时，它也被用来密封剪切边缘。将打过蜡的缝线放在两层纸或废旧织物之间熨烫，可以使蜡融化在线的纤维中。

　　锥子是一种短尖工具，由塑料或骨头制成。它可以用于在不切割布料的情况下打孔、拉直边角、塑造钮孔形状、拆除疏缝线，以及在熨烫时挑开小型的省道，也可以用编织针代替锥子。

　　小型钩针可用于将缝线挑至另一面，或者拆除省道线。

　　尖压器是由竹子或塑料制成的。在转角时，尖压器的尖端可确保缝份平整，它还可用于抻角和熨烫狭小拐角处的接缝。

　　大垫圈作为重压器可以从五金店购买，在切割时将样板固定在合适的位置。选择没有粗糙斑点的光滑垫圈。

　　分离板是一块轻质硬纸板，一端较尖。它用于分开两层织物，以确保在顺利缝制上层织物时不会误缝到下层。常用尺寸是1英寸（约2.5厘米）×8英寸（约20厘米），分离板的长和宽并不固定，可随意选择。

小物件

　　棉或麻织带的宽度在$\frac{1}{4}$英寸（约6毫米）至$\frac{3}{8}$英寸（约1厘米）之间。它用于勾勒上衣正面的轮廓，稳固驳折线，以及加固连肩袖。

　　平纹织带相较斜纹织带更轻，更容易定型。在使用前一定要进行预缩处理。

　　纽扣、按扣、钩眼扣和**拉链**是常见的上装扣紧材料。

　　其他小物件（英国男装服饰用品店）包括织带、线、缝纫机针、砝码和垫肩。

其他工具和缝纫用品。

熨烫设备

熨烫工具分为两类：裁剪工作室或教室所需的工具和用品，以及个别项目所需的用品。

裁剪工作室工具

首先要有优质的基本工具：熨烫台或熨衣板、熨斗、几块熨烫垫布、海绵和小碗、烫凳、压板、点烫板、喷水壶和硬磨肥皂条。

熨斗

优质恒温熨斗必不可少。选择 4 至 5 磅重（约 2 公斤）的熨斗。就蒸汽量来说，重力进给式和加压式蒸汽熨斗要优于家用熨斗，对抻直织物以及织物的收缩和拉伸非常有用。它们是为专业人士设计的，虽然不像家用熨斗那样便于携带，但更为耐用。它们漏水的可能性很小，而且很可能没有温控保护装置。选择手柄下有隔热罩的熨斗，以避免蒸汽烫伤手。

重力进给式熨斗配有一个大型储水器、连接储水器和熨斗的硅胶管、一个硅胶熨斗托或熨斗垫，以及用来过滤水的树脂，有的还配有烫靴。储水器中装满常温自来水，悬挂在熨烫台上方，或挂在墙装托架或天花板上，也可以放在一个便携式支架上。水从储水器中进入熨斗蒸汽腔，等待加热。当按下蒸汽激活开关时，因为水并没有储存在熨斗中，蒸汽不会立即释放。

加压式蒸汽熨斗有一个迷你锅炉，可以产生干燥的加压蒸汽。将锅炉中装满常温自来水，锅炉会在水流进熨斗前对其进行加热。当按下蒸汽开关激活时，蒸汽会立即释放；当锅炉水位下降到一定程度时，有些熨斗会自动停止工作。加压式电熨斗分家用和专业两种，但后者的锅炉更大，它们的工作时间更长，效果更好。

裁缝用熨斗属于干式熨斗，重量在 11 至 15 磅（约 5 至 7 公斤）之间。早期熨斗上的弧形手柄就像两只鹅的脖子，因此得名 "goose"。干式熨斗更多的是依靠重量来进行熨烫，所以当不需要或不希望使用蒸汽时，可选择这类熨斗，它们也可搭配湿海绵或压熨布使用（参见第 34、第 35 页）。

迷你熨斗是一种带有温度调节器的小型干式熨斗，进行小面积熨烫时非常有用。

基础熨烫工具。从上至下、从左至右：压板、裁缝用袖分离板、重力进给熨斗、熨烫台、点烫板、海绵、肥皂、烫凳。

熨烫工具

熨烫台或**熨衣板**是必不可少的。熨烫台是一个有多层衬垫的木制支架，约 36 英寸（约 90 厘米）长，有时被称为辅助板（单面涂布灰底白纸板），使用时放在桌子上。支架架在熨板上的好处是不会摇晃或者翻倒，桌子用于支撑其余布料，使布料不会被熨烫到，缺点是不便于储存。

可以给熨烫的支架做一个套子。

测量支架顶端长度后，每条边加 3 英寸（约 7.5 厘米）。在做套子的布料上剪出这个形状，给每一条边锁边或者缝上拉链。从大的一端开始，把边往下折 1 英寸（约 2.5 厘米），缝合成 $\frac{3}{4}$ 英寸（约 2 厘米）宽的套子。在边缘留 1 英寸（约 2.5 厘米）的开口，插入一段长 $\frac{3}{8}$ 英寸（约 1 厘米）的松紧带或者系带。熨烫毛料时，用一块羊毛织物将熨烫支架盖住。

压板（又称敲击木、敲击器或敲打器）是一个 3 英寸（约 7.5 厘米）×8 英寸（约 20 厘米）×2 英寸（约 5 厘米）的砂质硬木木块，侧面有凹槽，便于使用。凹槽可以吸收水汽，使接缝平滑哑光，产生折痕线，也可以用短的楼梯栏杆来代替。

点烫板也是一种重要的熨烫工具，由砂质硬木制成，宽约 1 英寸（约 2.5 厘米），长约 12 英寸（约 30 厘米）。部分点烫板放在一种可以用作压板的重支架上使用。在熨烫领、拼缝、领角、驳领、口袋和袖口时使用。

购买压板和点烫板的组合工具比购买两个单独的工具更划算。尖压器或木质织针可以替代点烫板。

烫凳也很重要。烫凳是用于熨烫省道、造型线、袖山头和缝缩裁片的巨大椭圆形垫子，烫凳一面通常用羊毛织物覆盖，另一面用棉布覆盖；有些则完全用羊毛织物覆盖。早期的烫凳用布条或锯屑填充，现在的烫凳更轻，更容易操作。

裁缝用袖分离板是一种小型长圆形工具，用于分缝熨烫衣袖的接缝。该工具填充了薄型衬垫，用羊毛织物覆盖。袖分离板的替代品很容易制作（参见第 35 页）。

备选熨烫工具

可拆卸烫靴表面不具有黏性，套在熨斗底

备选熨烫工具。从上至下、从左至右分别是：熨烫手套、常用熨斗、袖垫板、肩架、袖烫垫、裁缝垫板、裁缝刷、针板、可拆卸烫靴、分缝棒。

部使用，可以保护织物免受灼烧，并在没有熨烫垫布的情况下用于大多数织物的正反两面熨烫。烫靴可以延长熨斗的使用寿命。使用前必须测试熨斗温度，确保不会灼烧到织物。

熨台是用于熨烫未裁切的织物和大块服装布料的大型矩形台板。它通常与支架一起用来支撑未熨烫的织物。用旧棉布、羊毛毯或双面厚绒布垫在熨板上，再覆盖羊毛织物或坯布（细棉布）。

袖垫板是用于熨烫上衣的一个小支架，非常窄，不能在熨烫支架上使用。袖垫板很实用，长约 24 英寸（约 61 厘米），一端宽约 5 英寸（约 12.5 厘米），另一端宽约 2 英寸（约 5 厘米）至 3 英寸（约 7.5 厘米）。用于熨烫劈开缝和袖山头。

肩架是用于熨烫袖山头、接缝和缝缩裁片的垫木支架。

熨烫手套是一种小型熨烫垫子，内部填充棉花，贴在手上或袖垫板上，用于难以熨烫的部分和小面积布料，如袖口、领、口袋和克夫，只需轻轻拍打即可当作压板。新的烤箱手套或防烫锅垫也可以替代这一工具。

熨烫工具清单

工作室必备工具

- 熨斗
- 熨烫台或熨衣板
- 熨烫垫布：斜纹卡其、羊毛织物、坯布
- 海绵
- 压板
- 烫凳
- 一碗清水
- 点烫板
- 喷水壶

工作室备选工具

- 烫靴
- 袖垫板
- 熨烫手套
- 裁缝用袖分离板
- 袖烫垫
- 分缝棒
- 裁缝烫板
- 木珠
- 分缝辊
- 肩架
- 刷子
- 木质织针
- 针板

分缝辊是一种长约 12 英寸（约 30 厘米）、直径约 3 英寸（约 7.5 厘米）的坚固模具，上面覆盖有羊毛织物或棉布，防止熨烫分缝时产生印痕。

分缝棒是一根光滑的半圆形硬木棒，主要用于防止熨烫分缝产生印痕。在熨烫长线缝时，因为有其辅助压板使用会特别顺手。切掉一半的木质擀面杖或者大型的木质定缝销可用来替代。

裁缝烫板是一种硬木工具，有六种不同的曲面选择，用于熨烫曲面接缝。

裁缝刷是一种小硬木刷，大约 2 英寸（约 5 厘米）×4 英寸（约 10 厘米）大小，外面有一排马毛，中间有细黄铜丝。用于清除杂绒，梳顺绒毛。鬃毛可用作绒面的小熨烫垫子，而刷子背面可用作平整接缝和边缘的小压板。

针板是一个垂直插满针的帆布板，有时也称为丝绒板，用于梳压丝绒和割绒织物。也可用于去除织物上不小心造成的压痕。针板非常昂贵，但可以永久使用，可以用一条长约 12 英寸（约 30 厘米）、宽约 4 英寸（约 10 厘米）的钩带或马海毛绒带来代替。

工艺品店的**木珠**可用于熨烫领口和边缘的开口小曲面。

个人的熨烫工具

这些个人的用品必不可少。一些工具较小，容易错放位置；一些使用不慎容易被污染。

熨烫垫布

干燥和潮湿的熨烫垫布对保护织物免受温度和湿度的影响至关重要。确保垫布在需要时干净，可利用。浅色织物使用白色或浅色熨烫垫布。

棉坯布（细棉布）、亚麻布或斜纹烫布用于普通熨烫和湿熨。为去除所有浆料，使用前至少洗五次棉布。

羊毛烫布正面用于熨烫。羊毛带静电，使纤维富有弹性，看起来有层次、不死板。熨烫时服装反面朝上，用大块羊毛垫布覆盖熨烫面。

真丝烫布（缎面欧根纱或双层真丝欧根纱）用于熨烫里衬、丝绸、缎料和塔夫绸等清透材质的织物。

如果没有优质的熨斗，则使用湿的**人造麂皮**作为烫布以产生大量蒸汽。

其他熨烫工具

当熨烫羊毛织物或使用熨烫垫布时，需要用**喷水壶**喷出轻小水雾。

小碗（也称为海绵壶或给水容器）用于盛干净的水和一块硬毛刷或海绵。另用一个碗盛吸水的海绵。

干净的**海绵或涂湿材料**必不可少。在熨烫接缝、省道和卷边需要多余水分时，可直接在熨烫垫布或不会留下水渍的织物上喷少量水。

涂湿材料由紧密轧制的羊毛织物制成。

用**纤维素或天然海绵**代替涂湿材料，它们可以保存大量水分而不滴漏，易于清洗，且可以用于浅色织物。

熨烫接缝和折痕时，首先用**硬皂棒**打磨，以获得更加清晰的压痕。由于裁缝用肥皂不再供应，这成了萨维尔街裁缝的秘方。

使用**绿薄荷水**，也称为熨烫专用水剂，以制造清晰的折痕，熨烫难以处理的涤纶、超细纤维和合成纤维等织物，或去除顽固的褶皱和旧缝痕。用喷水壶或海绵轻轻涂抹，也可以用稀醋代替。须在使用前测试绿薄荷水或醋的浓度，确保不会染色。

旧的薄**皮革手套**可以在熨烫过程中保护手指免受热气和蒸汽的伤害。

裁缝用袖分离板

裁缝使用的袖分离板包括纸板底座、一层衬垫和一个羊毛套。这种便于使用的熨烫工具很容易制造，在熨烫衣袖时尤其实用。

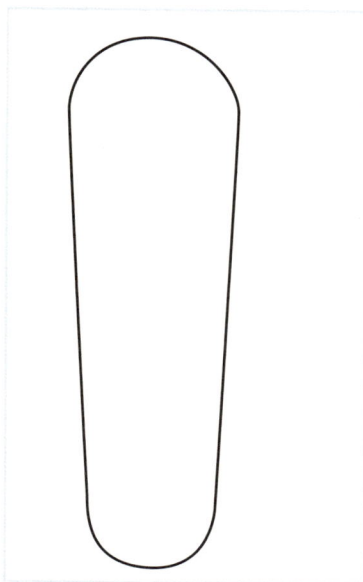

步骤1　切割部件

- 在瓦楞纸板上画出形状。
- 用旧剪刀或切割刀在垫子上切割纸板。
- 用一块精纺毛织物剪一个矩形，宽12英寸（约30厘米），长14英寸（约35.5厘米）。
- 切割一块同样尺寸的棉质法兰绒或填料（絮料）作为衬垫。

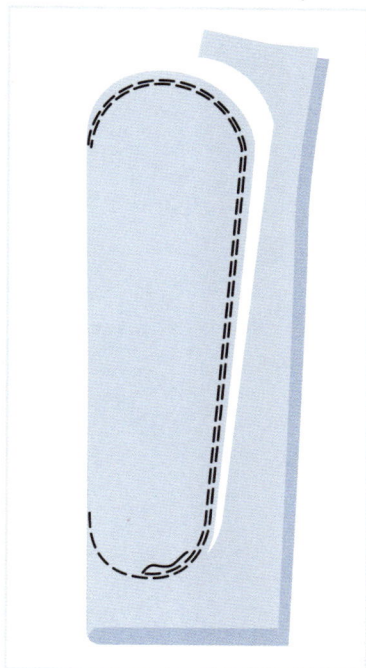

步骤2　组装部件

- 将衬垫放在织物上方，然后在顶部加上纸板，纸板的一条直长边沿衬垫中心摆放。
- 沿纸板长直边折叠衬垫和织物，折叠后将边缘钉在一起。
- 在纸板周围用机器缝合两次，确保从折叠的开始到结束处的边缘固定。
- 修剪多余的织物和衬垫。

伊夫·圣罗兰
2002春/夏发布会

第二章
上装设计方案规划

高级时装裁剪的第一步是构思。通常，上衣剪裁从现买纸样或原创纸样开始。确定要制作的或是休闲上装、简约上装，抑或是礼服上衣、开襟上衣。

一款上装在设计制作时需要考虑诸多方面。这件上装的用途和穿着场合是什么？是否需要紧跟时尚潮流？面料特点是什么，是否和版型设计相匹配？是否具有必备的裁剪技能和时间来制作？

制作高级时装往往从经典款式开始。最经典的款式（基本款）为一片式前身（休闲便装）上衣和分割线前身（公主线）上衣。事实上这

两种款式都有诸多衍生款，包括众多更柔美、突出女性风格特点的款式。

虽然款式在某种程度上取决于纸样裁剪和基础结构，这两者不可分割，但经典高级时装的廓型和合体度取决于传统裁剪技艺。定制时装的廓型塑造与面料把控、归拔工艺、垫料针法，以及衬料的运用紧密相关。相较之下，女装裁缝师更多地依赖分割线和省道来塑造廓型。

左图：这件香奈儿女式上装设计有公主线和立领，采用大身面料镶边，内里假包边扣眼和外部螺纹扣眼构成双层扣眼。
中图：来自伊夫·圣罗兰的传统定制女式上装，一片式前身，配有单排扣、螺纹扣眼及贴袋。
右图：来自巴黎世家的女式上装，面料由柔软的马海毛和羊毛编织而成，饰以别致排列的织物扣眼。

款式

一片式前身

一片式前身裁剪源于男式棉麻休闲外套。这种上衣舒适易穿，且能装配各式各样的衣袋，所以非常适合商务人士穿着。

男式西服剪裁考究，而经典一片式女式上装制作工艺则与其相似，但款式更多样，可长可短，廓型呈箱型或女性曲线突显，单双排扣均可。驳领、青果领、无领等款式应有尽有，驳头可宽可窄。衣袖抽褶、开衩、袖口均可加以装饰自由设计。口袋样式繁多或者不设计口袋。垫肩可有可无。常规的一片式前身总体设计没有改变，相比于男式西服，女装的款式设计和面料选择更加自由。

左图：出自伊夫·圣罗兰的螺纹扣眼羊毛华达呢上装，所有边缘都饰以明线。
中图：这款出自霍尔特·润福（多伦多）的自有品牌上装，配以亚麻里衬和宽边饰片，采用绳扣和织物扣眼扣合。
右图：出自克里斯汀·迪奥的传统双排扣上装，缝线扣眼，有三个贴袋及深棕色镶边装饰。

本章所展示的每一件传统定制上装均受到男装的启发，但女性化设计元素可将二者区分开来，这些元素包括低领口、带省或塔克的袖头、双层袖口、装饰袖衩、别致排列的扣位、双折领、非常规造型的口袋、镶边、丰富的织物纹样、珠片和蕾丝装饰。

女式上装前片纸样　　　　　男式上装前片纸样

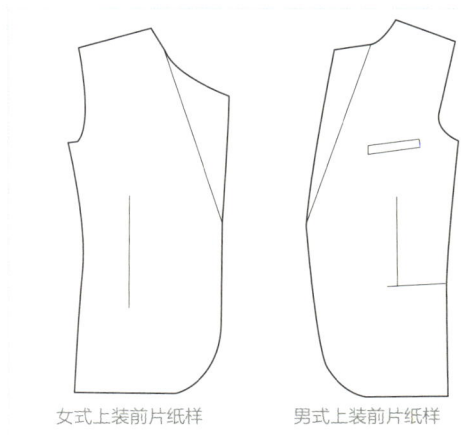

一片式前身带有侧衣片，没有侧缝。侧片的两条拼缝线分别与前后片拼合，中间区域为独立的腋下裁片。大多数设计中，会将后腰省（有时是前腰省）平移至侧片拼缝线。

门襟下摆可以呈直线也可呈弧线。门襟止口通常加宽至少1英寸（约2.5厘米），以贴标签，而男装门襟止口更窄。一体式样在后中缝位置通常需塑型。

前襟

前襟或公主线款式源自19世纪法国流行的公主线连衣裙，通常用于制作女性化风格的上装。这种款式与一片式前身相比更贴合肩部、腰部和胸部，是丰盈身材的不二选择。公主缝线可以是两条或多条，从肩线、领围线、袖窿线甚至育克分割线开始，造型为直线或曲线。

左图：出自香奈儿的上装，公主线从领口 $1\frac{3}{4}$ 英寸（约4.5厘米）处开始，沿着金色装饰纱线到下摆。

中图：出自拉切斯（伦敦）的上装，公主线的起点在肩缝下方1英寸（约2.5厘米）的袖窿弧线上。

右图：出自皮尔·卡丹的上装，两条公主线都设计在领围线上。

经典公主线设计

变化公主线设计

最经典的公主线设计在肩缝中部，沿着肩省位设计，缝线可以转移至领口线上，使分割线造型更平直，视觉上也更修身。

在女装裁制中，前后公主线在肩线上对合，时装定制中则不一定如此。部分定制时装的款式背部需要增加松量，但两个接缝在肩线上的距离应不超过 $\frac{3}{8}$ 英寸（约1厘米）。许多上装采用无分割线设计的一片式后身。

经典公主线前片的流行式样有两种。一种是增加分割线的数量，另一种样式的分割线不从肩线出发，而是将设计点放在袖窿线上。在

第二种款式中，公主线可以是弧线，也可以是折线，且设计点一般设置在高于领咀的袖窿线部分。造型线下端可以是弧线，也可按一定角度朝向侧片以建构臀部口袋造型。

公主线的设计缺陷是当面料图案为格子或条纹时，胸点以上的图案无法匹配。可以通过调整图案位置和归拔面料来解决这个问题，使缝线图案从上到下都能匹配（参见第166页）。如此一来，在上身之前，服装看起来会不成型且显得笨重。

女装款式

许多高级定制上衣采用了更具女性化的裁剪风格。与传统西装上衣相比，这种裁剪风格优雅而柔和，通常为套装的一部分。女装款式包含多样化元素，如颇具趣味的分割线、公主线、裁剪长度、波蕾若设计、各式各样的领型和领口线、非典型青果领、连肩袖、特殊造型分割线的后片、无领开襟和无里衬设计、别致的口袋和门襟、牛仔或非传统面料，以及吸睛的扣件、镶边和装饰等。

连肩袖和插肩袖款式

裁剪连肩袖和插肩袖款式时，衣袖和衣身相连。传统西装上衣多为装袖设计，相比之下，这两种袖型设计虽不多见，但更具趣味性，使设计更多样化。从普通羊毛到精致丝绸、明亮格纹，几乎任何一种面料都可用来制作连肩袖和插肩袖款式，而在细节上，或是简单分割、或是复杂造型，领子可有可无，单排扣或双排扣均可。

连肩袖款式最经典，简单的T型，肩部笔直，不太合身。近年来，连肩袖外套加入了各

式插片，从小三角形到各种形状的腋下镶片、形状复杂的前片，甚至整个衣袖与前后片合为一体。

插肩袖结构中，衣袖与衣片连裁，构成衣身或肩部的一部分。插肩袖的线条可以很简单（几乎是直线），也可以是具有装饰效果的弧线。经典插肩袖从前后袖窿中间处开始，与领口相接，和上衣形成一定角度。在变化的造型设计中，插肩袖跟随袖窿弧线的走向裁剪，在肩部形成带状或育克，育克可宽可窄，形状多样。插肩袖结构中，衣袖可裁剪为带省道的一片，以吻合肩部形状，或者采用两片式裁剪，在肩部形成缝线。

出自巴黎世家的定制上装。传统羊毛面料搭配平驳领、滚眼及包扣，腋下镶小三角形插片。

出自西比尔·康纳利的连肩袖上装，精心缝制。侧片设计别致，确保手臂运动自如。康纳利时装以使用来自其家乡——爱尔兰的面料而出名。

出自伊曼纽尔·温加罗的上装。其最初是与一条惊艳夺目的长裙搭配，上装设计了大三角插片和腋下镶条，前门襟止口以连裁挂面收尾，边缘为无缝设计。

出自福图尼的小礼服，以转移印花棉布为面料。一片式插肩袖，肩部育克设计。

出自伊曼纽尔·温加罗的立裁上装，采用山东绸面料。平驳领、宽育克设计。

出自莲娜·丽姿的斜裁上装，采用明亮、张扬的格子图案。夸张的插肩袖与衣身在接缝处完美对格。

面料

选择面料最重要的依据是其与上装风格的适配度。面料是否合适主要体现在外观（包括颜色和织法）、克重、耐久性、手感等各方面因素的综合考虑。织物种类包括羊毛、丝绸、充毛棉料、亚麻、丝绒、缎、新颖混纺面料，以及当下各种出色的面料。

本书主要聚焦于毛料上衣定制，因其裁剪过程涉及的工艺最多样，且毛料是最易塑型，也最容易剪裁的织物。同时本书还探讨了各种可供选择的面料、款式设计以及裁剪技巧。

首先，在购买能力范围内选择最好的面料。相比于价格低廉的面料，优质的面料常常更容易缝制和塑型。挑选面料时主要看织物的外观以及织物与设计的匹配程度。在女装设计中，织物的美观度一般比耐久性更重要，有时也比舒适性更重要。而对于男装，耐久性、舒适性和美观度同样重要。

上图：出自菲利普·维尼特的双排扣上装，采用羊毛和马海毛织成的不均匀格纹面料，搭配墨绿色麂皮裙。

下图：出自梅因布彻的上衣，其特点是在青果领一侧的外沿设计有边饰。无口袋，只有袋盖作装饰。

毛织物

如果是第一次接触高级时装定制，建议使用毛织物，因为它们能提供最多的学习机会。毛织物是服装裁剪中的经典面料，也是在练习裁剪技巧过程中最容易驾驭的面料。毛织物可塑性强，可以对其归拔及塑型，使织物在服装生命周期内不变形。

羊毛是用途最广的纤维，有多种克重、质地、质量、和织造方式（梭织或针织）可供选择。毛织物具有蓬松、光滑、柔软、挺括、厚重、轻薄、强韧、绵密、紧实和绒毛感强等诸多特点。在任何气候下，毛织物的服装穿着都很舒适。且无论是纤维、纱线还是织物，都可进行染色。

羊毛是一种天然的蛋白质纤维，主要取自绵羊，也有取自其他动物，如羊绒和马海毛取自山羊，可以生产羊毛纤维的绵羊品种多达几百种。早春时节修剪羊毛，并根据羊毛或羊绒所在的部位、长度、细度、颜色和质量对剪下的羊毛进行分类。然后将羊毛放在温肥皂液中清洗，去除植物杂质和天然油脂，接下来对其进行梳理。

梳理羊毛，使纤维随机分布，形成表面不规则的细网，然后纺成细纱。精纺毛纱的梳理过程产生长而平行的纤维，并去除过短的纤维。由于梳理后的纤维没有捻度，需先将其纺成单纱，然后与其他单纱加捻形成多股纱线。

羊毛纤维，或长或短，都是独一无二的。纤维表层覆盖有严密角质鳞片，内部则是纺锤形，这种构造使羊毛比其他纤维更具延展性。表层鳞片来回滑动，使纤维可以反复弯曲而不会断裂。将羊毛与其他纤维放在显微镜下比较，不难发现其容易塑型的原因。

粗纺和精纺

羊毛织物分为粗纺和精纺两类。两种织物都适用于上装裁剪，但相比之下，裁剪粗纺织物的难度较小。

粗纺毛纱由短纤维组成，具有中低等级捻度，用于编织粗花呢、结子绒、法兰绒、新型粗纺织物，以及编织柔软或具有毛绒感的织物。粗纺织物适合用来制作休闲上装以及用于结构丰富的设计。尽管这种织物可能会起球、失去光泽、不耐脏，但穿着感受十分舒适。粗纺毛织物弹性更好，且比精纺毛织物更易裁剪和塑型。编织紧凑、中等克重的粗纺织物，没有短绒毛和单向组织结构，最易裁剪。粗花呢、法兰绒以及新型粗纺织物适用于多种上装设计。

精纺纱线由长纤维组成，具有中上等级的捻度。精纺纱线光滑细腻，用来织造纹理感强的织物，如华达呢、马裤呢、哔叽、斜纹布、罗纹布以及缎纹布。这些织物不易松散，极具光泽感，是制作男装的首选。与粗纺织物相比，精纺织物尽管裁制起来难度更大，不易延展且更难塑型，但其不易起皱，熨烫效果好，且折痕保持时间长。因此，精纺织物如华达呢、羊毛缎和罗纹面料，是制作礼服上装以及突显优质工艺设计的较好选择。

精纺织物通常比粗纺织物较贵，但是优质的粗纺织物比低廉的精纺织物更佳。低成本、可水洗或黏合牢固的织物，以及许多羊毛混纺织物在裁剪时会让人大失所望。

精纺织物

粗纺织物

羊毛法兰绒

左图：出自海蒂·卡内基的定制上衣。采用羊毛法兰绒面料，配以设计感强的青果领和前门襟。

中图：出自伊夫·圣罗兰的上衣。采用千鸟格纹面料，门襟搭配一个装饰别针。

右图：出自伊夫·圣罗兰的上衣。灵感来自军装制服的设计，采用粗直棱结构面料。翻领的外沿造型线与前片下摆平行。

羊毛混纺

粗纺和精纺毛纤维常与蚕丝、棉、尼龙、涤纶、新型纤维以及氨纶（弹性纤维）混纺，有时将羊毛和其他纤维混纺仅为降低成本。

优质的羊毛混纺织物羊毛含量很高，而其他的纤维会对织物性能起到一定的优化作用。例如，与氨纶混纺后可以增加织物的弹性和耐磨性；与涤纶混纺后织物不易起皱，且耐久性较好；与尼龙混纺后织物轻盈，穿着体验感接近百分之百羊毛，弹性良好，且抗皱性和弹性恢复能力佳；与蚕丝混纺的新型羊毛织物颇具美观度。但要注意的是，羊毛混纺织物没有纯羊毛织物塑型能力强。

绸丝呢

仿毛纯棉织物

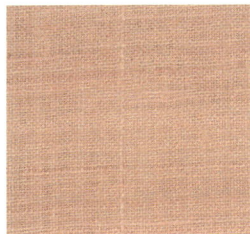

麻织物

丝绸斜纹织物

其他织物

虽然大多数其他类型的织物没有羊毛织物那样出色的结构性能使其易于塑型、缝制和熨烫等，但它们都可以用作定制服装面料，如丝绸、棉、亚麻、泡泡纱、丝绒、织缎、牛仔布以及一些特殊场合使用的面料、新型混纺面料和奢华的动物纤维等。

丝绸是由蚕茧抽丝而来的一种天然长丝纤维织造而成。纤维细长、光滑、结实，具有天然光泽。丝绸质量越好，价格越贵，也更抗皱。一般来说，用手抓捏丝绸，起皱越少，质量就越好。大多数丝绸都适用于上衣裁制，需要强调的是，丝绸不如羊毛织物的可塑性强，不易塑型和定型。由粗纱和印度马特卡丝织成的丝织物最容易裁制。

棉和亚麻是天然纤维素纤维。中等克重的棉和亚麻适合上衣设计。由于它们不易延展和定型，裁制起来有一定难度，但吸湿性好，穿着舒适。虽然它们弹性差但也有少数面料抗皱性和垂坠感较好，如灯芯绒、平绒和丝绒等。

裁制不易上手的布料时，可以调整工艺方法或修改设计，采用其他式样的领型、门襟或是省去袖衩或口袋。

定制面料

大多数上装是用成品布料制作的，但有一些则使用定制面料。定制面料很容易识别，常由丝带或织带织成，用立体材料点缀，或是重新组合和拆分原有的织物纹理和图案。但当色条重新排列后，就不再容易识别。右下图是一件格纹面料设计的上衣，每根海蓝色粗条纹中间都有一条织线。

出自克里斯汀·迪奥的上衣。采用金属哑光布料，用琥珀色的纽扣和螺纹扣眼固定门襟。

出自艾琳的轻质羊毛上装，饰以两个弧形口袋和搭配织物扣眼的装饰性纽扣。

出自香奈儿的上衣。采用不均匀的格型羊毛面料，用本布作镶边装饰。省道隐藏于海蓝色粗条纹的边缘。

梭织面料

梭织面料的三原组织分别是：平纹组织、斜纹组织和缎纹组织。定制上衣多数采用平纹或斜纹织物，少数设计使用缎纹织物。三原组织织物有许多变化组织织物，包括罗纹织物、双面织物、起绒织物、割绒织物、人字呢、提花织物、方平组织织物、泡泡纱、灯芯绒和丝绒。

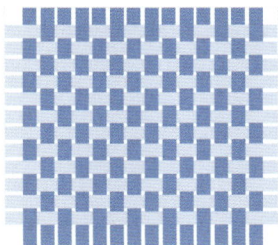

平纹组织是最简单的组织，由经纬纱交织而成。每根经纱与每根纬纱交替地上下运动。平纹组织可以通过改变纱线的尺寸、颜色和质地来变化外观设计。用于罗纹织物、方平组织织物、玻璃纱、塔夫绸、平纹细布、一些起绒织物以及粗花呢等。

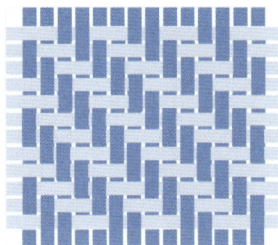

斜纹组织的经（纬）纱连续地浮在两根（或两根以上）纬（经）纱上，织物表面形成斜向织纹。斜纹织物质地紧凑结实，与平纹织物相比，垂坠感和回弹性更好。组织结构变化多样，斜纹方向可从左到右或从右到左，倾斜角度从 15° 至 75° 不等，用于华达呢、哔叽、牛仔布、马裤呢、千鸟格以及人字呢等。制作平驳领上装时尽量不要选用斜纹织物。

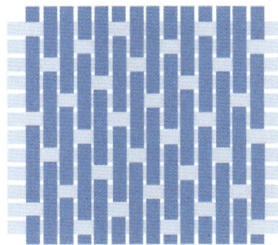

缎纹组织表面由经（纬）浮长线组成，单独组织点被浮长线所遮蔽，织物表面平滑匀整。羊毛缎纹织物编织紧密，富有弹性。用于素缎、花缎和缎地起花织物，也可织造联合组织织物，如锦缎、花缎以及提花缎等。

高级定制提示
这些织物的正反面看起来几乎一样，需要注意的是，在裁剪的一开始，请在正面做好标记，以保证所有裁片都在同一面剪裁。

织物纱向

纱向指面料织造时纱线的方向，决定着织物的悬垂方向。

- 直纱：从后向前安装在织机上的经纱或纵向纱线，与织边平行。通常比纬纱排列得更紧密，加捻程度更高。
- 横纱：由纬纱构成，横跨整个布幅。通常纬纱捻度比经纱低，可织入装饰纱线。
- 直纹织物：经纱与纬纱相垂直的织物。
- 纬瑕织物：纬纱发生歪曲导致经纱与纬纱不垂直的织物。
- 斜纱：直纱和横纱之间任何角度的纱向。
- 正斜纱：纱向与直纱和横纱都成45°夹角。使用等边三角尺可以确定正斜纱的位置。

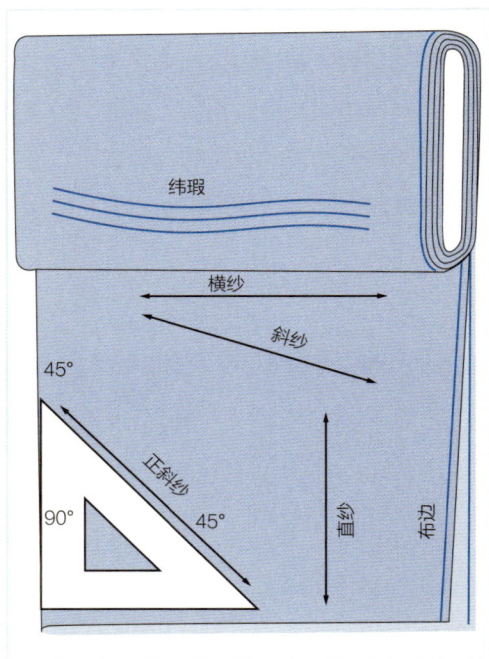

选择与检查面料

对于成功的设计来说，面料选择和裁制工艺同样重要。带上纸样去购买布料，如果是原创设计，就带上设计效果图和设计细节的批注。若是第一次裁剪上衣，那么起绒织物、粗花呢、新型毛料、毛圈呢将是不错的布料选择。这些布料易于裁剪且容错率较高，成衣结构中的小瑕疵不会那么明显。

首先是如何挑选面料。握住布料，将其悬在半空，对着镜子观察布料。悬垂状态的织物纹理、饰感、设计元素和织物平铺时有不同的外观效果。如果有朋友同行，操作起来会更方便。

检查布料与身形是否匹配。布料的垂坠感如何，软硬度是否恰到好处，挺括感如何，重量是否合适，质地满意度，裁剪的服装对象，面料的

颜色或者有什么亮点让人心仪。面料的纹样（条纹或格子）、织法和纤维成分决定了是否需要做特殊处理，需要为其选择适合的裁制工艺，同时还需要确认布料的纱向是没有移位的。

检查面料的直纱和横纱是否相互垂直。布料两端裁切线应与横纱重合，与布边垂直，且互相重叠。如果末端裁切线未与横纱重合，仔细检查是否剪裁时出错。如果布匹较大，布料边缘也许会不平整或出现歪斜。一般来说，只要不是布料织造过程中产生的问题，在卷成布匹的过程中形成的不平整边缘不会对优质面料造成影响，可以在裁剪布料前将布料熨烫平整。但如果发现布料的直纱和横纱不垂直，那就需要另做选择了。可以将布料展开几码来观察直纱和横纱是否相互垂直，重新调整布料末端，使布

料边缘对齐。如果布料有明显的褶皱，那后期很难将其变平整。最后检查布料边缘，确保其平直度、均匀度和紧密程度。

用指甲刮擦布料。编织密实的织物不容易被钩住，且耐久性更好，但可能更难塑型。如果纱线易分离，那布料就容易磨损，制作出来的上衣穿起来会不舒适。如果布料末端有裂缝，说明布料可能会因磨损严重导致难以缝制。

测试布料的抗皱性和弹性回复能力。用手紧紧捏住布料，然后松开，检查起皱程度。高品质毛织物在松开手时基本不会起皱。如果松开后，折痕不易恢复，则用该面料制作的服装在穿着时也会容易起皱，不易保型。比较两块面料的回弹性，可以分别从两块面料中抽出一根纱线，线的卷曲程度越高，布料越不易起皱。

购买面料之前，将其铺开几码。首先，确定正反面。毛料以正面并拢的方式折叠，棉布和亚麻布以反面并拢的方式折叠，印花布料正面比较鲜亮，卷成布匹时，反面在外侧。

仔细检查布料是否染色均匀，折痕处是否褪色以及是否有色疵点。拿起布料，检查是否有孔洞、斑点、灰痕或勾丝，另需检查是否有线头、不平整、瑕疵、损坏、褪色、变色或错

购买面料

在购买之前，仔细考虑上衣的细节设计。

- 穿着上衣的对象体型如何？
- 上衣的款式为经典款还是创意款？
- 上衣是软质的、垂坠的还是挺括的？
- 上衣是合体的还是宽松的？
- 有衣袋吗？哪种类型的衣袋？有多少个衣袋？
- 门襟是什么样的？采用纽扣还是拉链，或者两者都不采用？
- 什么时候穿着这件上衣？
- 什么场合穿着这件上衣？
- 谁穿着这件上衣？
- 对于商业纸样，考虑所有面料的相关建议。
- 对于原创纸样，考虑类似设计中面料的相关建议。

左起：新式棉织物、佩斯利羊毛织物、手工仿毛纯棉织物。

印。还可寻找布边上的细线，这些细线是制造商做的瑕疵标记。最后，仔细检查布料是否起毛起球、图案定位是否准确，以及纹理和图案的方向。

出自波道夫·古德曼定制沙龙的织锦缎上装，具有精致的育克和公主线。

出自华伦天奴的羊毛上装，款式优雅，以珠子作点缀。

出自皮埃尔·巴尔曼的经典开襟上衣，采用新颖的羊毛缎，以丝绒饰边。

起绒织物

用手触摸面料时，一个方向绒面顺滑，另一个方向粗糙，有的起绒织物差异可能不明显。

想要确定是否为起绒织物，可以闭上眼睛，把手放在织物上，分别朝两个相反的方向抚摸面料表面，感受哪一个方向更顺滑。也可以把布料披在肩上，或披在人体模型上，然后从镜子里观察布料的末端。如果是起绒布料，其末端的颜色相比其余位置略浅。

裁剪这类面料，如起绒织物，单向织纹织物，毛织物，针织面料，起毛织物（丝绒、灯芯绒、平绒等），所有的裁片都按照一个方向裁剪。这种裁剪方式，特别针对起绒织物，需要耗费更多的面料。由于羊毛纤维表层有鳞片，若朝不同方向剪裁，出来的效果会有轻微差异，这种差异在装配上衣过程中可能不易察觉。

裁剪山羊绒、驼绒、初剪羊毛和法兰绒时，需顺着绒面光滑的方向裁剪。灯芯绒、丝绒以及平绒表面绒毛感强，裁剪这些布料时，顺着绒面光滑的方向裁剪可以使布料耐用，而反绒方向裁剪可以得到更深、层次更丰富的布料颜色。

易裁剪的织物

- 所有毛织物，尤其是编织紧密的毛呢
- 中等克重的织物
- 不易磨损的织物
- 颜色较深的织物，因其可以掩盖缝线的瑕疵
- 不需要匹配纹理和图案的织物
- 织法简单，且保型度好的织物
- 粗花呢、法兰绒、羊羔毛以及新型毛织物

不易裁剪的布料

- 编织松散或紧密的织物
- 平滑、精制的织物
- 厚重、富有弹性、起绒丰富的织物
- 单向纹理的织物
- 需要匹配纹理和图案的织物
- 布边易脱散或弹性强的织物
- 合成纤维织物
- 起毛织物
- 蓬松或厚重的织物
- 轻质或单薄的织物
- 浅色织物
- 直纱和横纱不垂直的织物
- 价格低廉、可水洗以及无纺织物

确定布料用量

布料用量由以下几个因素决定：布料幅宽、每个样板形状、服装设计变化、缝份宽度、尺寸改动范围、布料式样和图案、排料方式、样衣制作以及裁剪工艺等。布料用量最小值为商业纸样布料用量加上1码（约为1米）。排料时需要注意的是起绒织物不可倒顺排料，这一特点适用于所有起绒织物、起毛织物、单向纹理织物、毛织物和针织面料。

如果面料纹样和图案需要对位，以及衣片需要斜裁（或是涉及其他不常见的裁剪方式），那就需要额外增加布料用量。测量图案循环单元的面料长度，将其加在主要裁片的用料尺寸中。主要裁片包括前片、后片、侧片、大袖、小袖等，增加至少1码（约为1米）的用料量，面料有余胜过不足。

里衬

定制上装基本都有里衬。里衬不仅可以遮盖服装内部结构，还能保护接缝处，延长衣服使用寿命。同时，里衬使上装穿着更舒适，更易穿着，同时避免上装贴身，减少起皱和伸缩。

成衣通常以丝绸作里衬，相对而言，定制上衣，尤其是男装，通常使用高质量人造丝和人造丝混纺面料（如莫代尔、铜氨丝），因为这些布料耐久性好。

丝绸里衬透气性、吸湿性强，且穿着舒适。最佳的里衬应当是编织紧密、顺滑的，且比面料更轻质柔软。里衬应不褪色，不起静电，抗皱性能良好，不宜太硬或太厚，不能影响上装的垂坠感。丝绸不如人造丝、醋酸纤维及铜氨纤维耐用，但更奢华，更具观赏性。

素缎、中国丝绸、轻质绉、塔夫绸、绉缎、斜纹绸、纱罗织物以及丝绸衬衫布都是里衬的佳选。斜纹织物和弹力丝比平纹和缎纹织物穿着体验更好，但前两者更厚重，可能会影响上装的尺寸。

毛皮、绗缝棉、羊毛绉布和羊毛单面针织汗布有时用于设计和保暖，但它们会增加上衣体积。使用这些材料作为里衬时，需要调整夹克的尺寸以适应体积，并在衣袖中使用更轻质的里衬织物。

编织紧密的里衬穿着体验更好，且不易磨损，缝制起来也更容易。可以用指甲盖刮擦里衬表面，检查里衬是否编织紧密，是否有丝缕分离。

大多数情况下，里衬会选择时装面料的近色或补色，近色里衬不显眼，但里衬的颜色也可以作为时装的设计特色之一。尽量避免使用白色或浅色布料制作里衬，因为容易弄脏，不便打理。

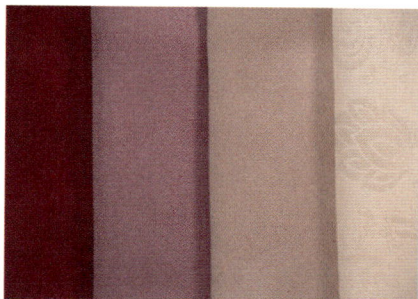

出自阿诺德·斯嘉锡的吸睛上装，采用丝质泡泡纱里衬。

高级定制提示
织物保护剂可以去除污渍并节省干洗费用。

左起：中国丝绸、真丝绉、真丝素缎、提花丝绸。

支撑材料

用于制作定制上装的支撑材料和底层架构非常重要。裁缝师称这些材料为服装附件或辅料，包括内衬、背衬、平纹棉布、欧根纱、玻璃纱、平布、细布、肩头衬、棉絮片、麦尔登、马尾衬以及牵条等。

衬料和垫料可支撑或塑造服装轮廓，提升面料质感，填补体型以及控制拉伸和应力。内衬和衬垫的区别在于重量、使用目的和用途。

购买衬、垫料时，尽量购买最优质的材料，优质材料更容易成型，也将提供比廉价材料更好的效果。

内衬

在高级时装中，内衬通常指粗帆布，在成衣制作中通常指衬布，能为定制上装提供结构支撑。内衬可用于部分前片和下摆，或者除了部分衣袖外的整件上装。

内衬分为非易熔材料和易熔材料。非易熔内衬用在高级时装或定制裁剪中，也称为嵌入式或活动里衬。内衬可塑性强，能支撑服装造型、减少起皱和保型。最常用的内衬是马尾衬和棉衬，采用亚麻织物的上装可以本布作为内衬，领衬适合简洁挺括的领型。

易熔内衬也称热熔衬，热熔衬广泛用于成衣制作中。它能改变布料的性能和垂坠感，增加刚度且不易变形。在高级时装定制中，小面积的热熔衬有时用于加固、口袋和袋盖中。半高的定制服装中，两种内衬常组合使用。

黑炭衬受大部分裁缝师的青睐，多用于毛呢上装，有时也称为海毛内衬。优质的黑炭衬由羊毛和动物毛发（如山羊毛、绵羊毛和马毛）织成，有各种克重、纤维成分及质量等级可供选择，可与棉、粘胶、亚麻混纺。羊毛和动物毛发高含较量，且其他纤维（如涤纶或尼龙）含量较低的黑炭衬更受青睐。

质感差的毛纤维在内衬中很容易识别，因其颜色比羊毛内衬更深，且其在织造过程中充当纬纱或横纱。

马尾衬是一种硬质内衬，由马鬃作为纬纱编织而成。马鬃在布边会多出一截，所以很容易识别。马尾衬常用于男装胸衬，很少用于女装。

棉衬是一种平纹棉布。斜裁棉衬有多种宽度可供选择，从2英寸（约5厘米）至6英寸（约15厘米），用于上装下摆和袖口。真丝欧根纱、全棉细布、平布可作替代品。

主面料和本色亚麻衬在没有轻质毛衬的时候，也可作为内衬搭配柔软垂坠的面料使用，有多种质地和克重可供选择。

领衬有时也称麻衬或法式衬，比毛衬更易塑造出挺括的领型。领衬常用于男装，而毛衬常用于女装，市场上有现成的斜裁料可以购买。

左起：黑炭衬、马尾衬、麻衬、欧根纱、领衬。

背衬

背衬，有时也称加固衬或支撑物，常用于上衣装配之前的独立裁片。可以强化支撑性和保持服装造型，还能掩饰上装外部结构细节，增加面料不透明度，减少起皱，同时起到塑型的作用。

挑选背衬时，最好选择不会增加上装臃肿感的织物，同时要选择比面布重量轻的织物。常用真丝欧根纱、缎面欧根纱、玻璃纱、细布、平布以及巴厘纱。

伊夫·圣罗兰上装的衣身内衬常使用斜裁毛衬。为保持柔软度，维持手感，衣袖部分不做背衬。

真丝欧根纱用于制作背衬、加固材料和胸衣，质感挺括、轻便且编织紧密。**缎面欧根纱**更为挺括且厚实，很适合用作衣袖的支撑材料。普通欧根纱和缎面欧根纱还可作为烫布。

玻璃纱是一种平纹棉布，比真丝欧根纱更挺括。质地轻，编织紧密，用作轻软面料的背衬，避免使用过厚或上过浆的玻璃纱。

细布、平布及**巴厘纱**为平纹棉布的一种。选择高品质且克重较低的棉纱编织而成。

其他支撑布料

多梅特衬可以为蓬松的针织材料，也可以是法兰绒质感的柔软织物。针织盖肩衬有时被称为爱斯基摩羊毛、艾斯羊毛或羊羔毛，用作袖头的内衬，以增加保暖性。还可用作胸垫，防止里衬与皮肤接触不适。法兰绒质感的多梅特衬更多用于男装，覆盖胸部裁片或者填补中空。传统盖肩衬一般是纯羊毛，优质多梅特衬羊毛含量高，但产量较少，现在一般都是用丙烯酸纱线织成。

麦尔登由羊毛毡制成，裁剪边缘不易脱散。在男装中，麦尔登呢替代面料制作领里。巴黎世家在许多女式正装中也使用麦尔登制作领里。

棉片填料或絮片用于制作垫肩和袖头。为了避免使用时出现硬边，可以用手指拉开部分棉絮，使边缘变得柔软。填料比絮片薄，可作为其替代品。

马鬃格是一种扁平、坚硬的尼龙或聚酯纤维编织物，用于下摆定型，有时也用作前片边缘的内衬。

西里西亚亚麻布和**斜纹棉布**常用作男装里衬和口袋布。

左起：絮片、艾斯羊毛、扁平多梅特衬、马鬃格、平纹棉布。

香奈儿高级时装
2018秋/冬发布会

第三章

重要技能

手工缝制是时装剪裁的重要环节。在手工缝制一件高级时装的过程中，临时缝制或者永久缝制的针数即使没有上千针，也有上百针。对于成功缝制一件成衣来说，了解不同的针法，处理接缝和边口，以及如何在服装定制中正确地熨烫，都是至关重要的。

即使经验丰富，也务必回顾一下本章的内容。如果对于时装缝制、样衣制作方面还很生疏，那务必仔细阅读本章内容，直至能正确并且熟练地缝制。手缝和机缝都同等重要，但最关键的是熟能生巧。

在缝制和试衣过程中，假缝或粗缝（疏缝）常被用于标记裁片位置和暂时固定。永久针迹用于成衣塑型和缝制成衣边口、里衬、口袋、纽扣和扣眼。在时装缝制的过程中，可能会采用一些机缝工艺，但在本文撰写之时，伦敦萨维尔街至少有一位裁缝是只使用手工缝制的。

作为一位初级裁缝，一开始可能会觉得手缝很乏味，但当制作的上衣初露雏形时，就会明白手缝的价值。手缝的主要优势在于其可控性，可以任意操纵和塑造布料，所以即使是第一次手缝都能成功。手缝上装的悬垂感会更出色，接缝和边缘会更柔软，更灵动，更富有弹性，穿起来也会更舒服。

本章的所有说明适用于惯用右手的人，如果惯用左手，那就把方向从右边换成左边。对于大多数手工缝制，除非另有要求，都将从右向左缝制。

左图：来自克里斯汀·迪奥的羊毛华达呢上装设计。灵感源于英国射击夹克，腰部有一条功能腰带，一个螺纹扣眼，裙片上有一对有盖口袋。
中图：这款皮埃尔·巴尔曼上衣用羊毛缎制作，配以天鹅绒饰边、立领、单嵌线袋和螺纹扣眼。
右图：来自伊夫·圣罗兰的丝质西装外套，在前襟和袖隆线之间有一对不对称的贴袋。螺纹扣眼设置在口袋、袖衩和前腰带上。

入门指南

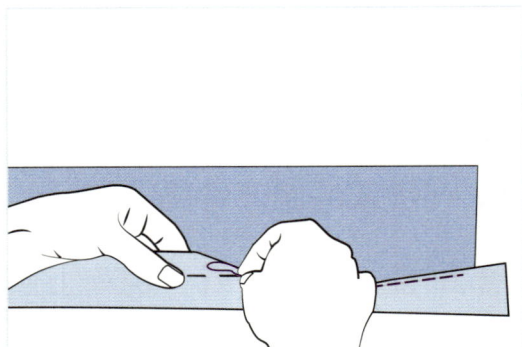

步骤1　舒适就座

● 坐在一张正对台灯的桌子旁，或者坐在台灯的右边。

● 为了方便以及节省时间，把布剪、纱剪、缝线、划粉笔、大头针、卷尺、顶针和其他手针一起放在靠近右手边的桌面上，以便拿取。

● 坐直，前臂轻放在桌子边缘，手臂不要前倾。

● 舒适的坐姿和便利的环境将有助于缝制质量和速度。一些定制服装的裁缝习惯盘腿而坐，把作品放在他们的膝盖上进行缝制。

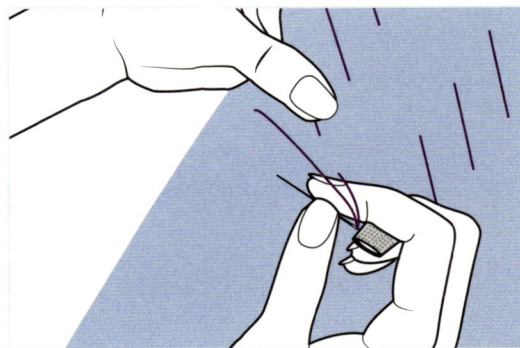

步骤2　佩戴顶针

● 把顶针套在右手的中指上。

● 顶针佩戴时应调整为合适的大小，足够紧不会掉落，但又有空间活动到指尖。

高级定制提示
　　从线轴上找到线尾并将其穿入针孔。

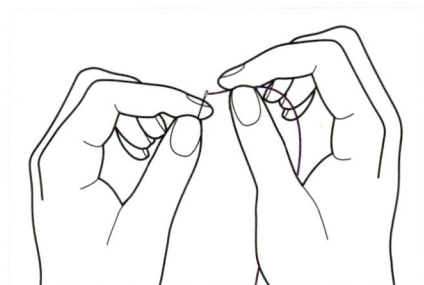

步骤3　穿线

● 用左手轻轻握住线轴，将线从线轴底部拉出。

● 缝线拉出时让线轴保持旋转，直至手臂伸直。拉出来的缝线大约为一臂长——30英寸（约76厘米），缝制时线的长度为单线20英寸（约51厘米）至24英寸（约61厘米），或双线15英寸（约38厘米），方便大多数手缝操作。

● 用短线比用长线更易操作。

● 当缝合距离比较长或者使用双线缝合时，缝线长一些会更好。

● 缝线短一些一般会更方便处理针脚。例

如，缝边口、扣眼、锁边和搭接缝等。

● 剪线。剪线后，线尾会起毛，穿针会更难一些。

● 剪断后线尾打结。务必在剪断线后立即完成这一步，防止线卷曲和一些不必要的起结。

● 需采用粗缝线时，把线放在上下牙齿间往外拉，线尾就会变平顺，再用手指加捻并打结。

● 用手把住接近线头的位置。

● 食指和拇指拿住细孔短针，大约距针尖$\frac{1}{4}$英寸（约6毫米），反复操作直到戴上顶针并能熟练且轻松地拿针为止。左手按压针尖，使针眼在上并能用右手抓住。

● 左手握住针，将缝线穿入针眼。用小指抵住左手，稳住右手。有些裁缝穿针时不动线，而是靠移动针眼来穿线。

● 抓住穿过针眼的线头，将其拉出几英寸。

● 有些裁缝一开始会缝好几针。如果桌上覆盖有织物，就把针别在织物的边缘，这样可以很容易地拾起来。

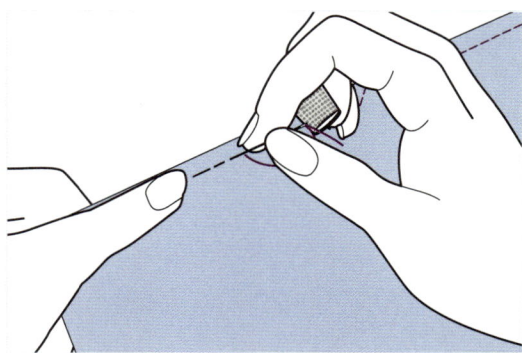

步骤4　使用顶针和未打结的缝线练习缝制

- 找一块布料，用左手紧紧握住，拇指在前，其他手指在后。拇指应该刚好在缝迹线位前面，让针沿着缝迹位穿出来。

- 布料从右向左缝制，线迹大概在上缘下方 $\frac{1}{2}$ 英寸（约1.3厘米）至 $\frac{3}{4}$ 英寸（约2厘米）的位置。

- 用右手拇指和食指拿住针。

- 将针插入织物离左手拇指指甲约 $\frac{1}{4}$ 英寸（约6毫米）距离的位置。

- 缝线针距大约 $\frac{1}{4}$ 英寸（约6毫米）长，出针点与指甲靠近并保持在同一直线上，这样就不会碰到指甲。

- 弯曲戴着顶针的手指，直到针端位于指甲上方顶针顶部的滚纹中。

- 用顶针的顶部推动针的末端直到穿出织物。松开针，当针从织物中穿出时，用拇指和食指抓住它。

- 有些经验丰富的裁缝一口气能缝好几针，只看到针在织物上不断地缝进缝出。

- 把手向右延伸将线拉紧。把右臂放在桌上，尽可能减少大动作，不要用左手拉针。

- 重复此步骤，直至能自如地使用顶针。

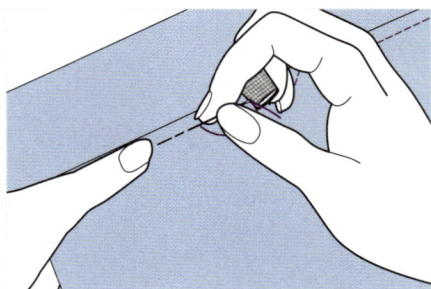

步骤5　练习用针挑针脚

- 左手握住织物，将针尖插入织物，在离左手拇指指甲约 $\frac{1}{4}$ 英寸（约6毫米）前拾取一针，同前面几个步骤。

- 将针在织物中穿入穿出；在连续缝制几针之前不要松开针。

- 右手松开针的末端，当针从布里穿出时抓住针尖，这样每一针都能在控制下缝好，进出针时应保持动作连续。

- 重复几次，然后向右拉线直至拉紧，但不起绷。

- 不要用左手拉针。

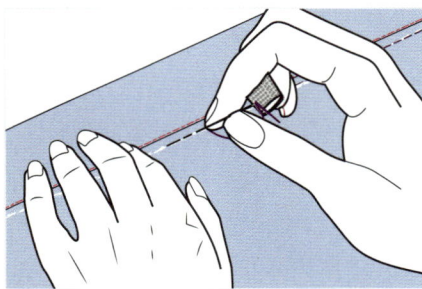

步骤6　练习疏缝

- 从右侧开始用划粉笔标记缝迹线的位置。

- 将左手手指放在划粉笔标记线上，距针尖 $\frac{1}{4}$ 英寸（约6毫米）至 $\frac{1}{2}$ 英寸（约1.3厘米）的位置。

- 缝两针，用左手把织物推到针上。

- 沿线迹走针几英寸。

- 重复缝几针，使缝迹线离接缝或织物的边缘距离均匀，然后将线拉紧。

高级定制提示

反复练习，直至能自如地使用顶针进行简单缝制短绗针迹。

线结固定

起针时，在线尾用最简单和普通的方式打结。收针时，用串珠结和钮孔结固定。另一种方式，是在起针和收针时用回针来固定（参见第62页）。

有两种简单或普通的打结方式是最常见的，分别是绕指结和缠针结，这两种打结方式都可以采用，取决于所需结的大小。大部分粗缝时的打结只是暂时的，绕指结更合适。散线结用于临时固定线迹，如纽扣、扣眼、粗缝线和边口的缝制。一旦用小针距回针永久固定后，散线结就可以修剪掉。如果想在缝制搭接缝、折边、缝制纽扣或制作扣眼时隐藏掉一些很小的结，缠针结和刺绣线结是更好的选择，扣眼结或八字结用作线尾固定。

绕指结

- 把刚剪断的线尾绕在右手食指尖一至两圈。
- 拇指放在食指上向前推线圈，直到线圈从指缝中脱出。
- 用戴顶针的手指指尖抵住拇指握住线圈。
- 把线向右拉，将线尾的结拉紧。
- 打结后剪掉多余线头。

缠针结

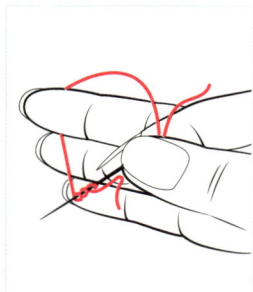

缠针结

- 把刚剪断的线端置于右手食指上。
- 把针尖放在线上，然后用拇指和食指夹住针尖和线。
- 用较长的一根线在针尖上绕一至两圈。
- 用左手握住绕好的线，把针穿过线圈打结。
- 剪掉多余线头。

串珠结

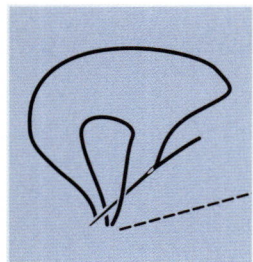

串珠结

- 缝制完成时，在出针孔旁再缝一个小针距。
- 缝线穿出织物，留出一个1英寸（约2.5厘米）的线圈。
- 用花萼眼针挑线圈，穿过线圈，织

物上就留下一个线结。

- 将针从线结旁插入织物，出针约$\frac{1}{2}$英寸（约1.3厘米）长。
- 将针从织物反面拉出，这样线结就能隐藏在织物中。
- 把线拉紧然后剪断，将线尾自由地留在织物层中。

扣眼结

- 缝制完成时，在出针孔旁再挑一小针，保持针插在织物中不移位。
- 将缝线靠近针眼绕几圈。
- 将针拉出形成线结。
- 将针从线结旁插入织物，挑一长针约$\frac{1}{2}$英寸（约1.3厘米）长。
- 把针穿进织物，这样结就能隐藏在织物里面。
- 把线拉紧然后剪断，将线尾自由地留在织物层中。

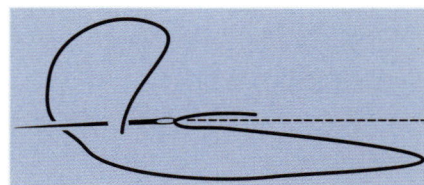

扣眼结

手缝针法

用织物废料练习基础针法，先用划粉笔在布面上做记号作为参考。除非另有说明，否则都使用尺寸为5号或7号的细孔短针和机缝棉线。复习本书开头部分对不同针型的介绍（参见第29页），熟悉不同的针型以及使用方法。

粗缝（疏缝）

粗缝被定义为暂时缝迹线，用于标记和固定，以便试衣、练纫和熨烫。粗缝线迹是绗针的一种。使用频率高，缝制简单，易于拆卸。可以是任何长度，正反针迹的长度相同，也可以正面针迹更长。针迹长度取决于其用处：长绗针用于标记和固定，防止外层松散；短绗针可将各织物层牢固地缝合在一起；极短的绗针（赛针）便于补缝和抽褶。

粗缝很费时，新手裁缝尽量避免采用这种缝型，但许多专家认为花在粗缝上的时间不仅减少了整体缝纫时间，还提高了服装质量。

顶层挑缝有时称为二次粗缝。缝制在织物的正面，用于保持试衣过程中缝份的平整度和各织物层定位，从而代替熨烫。

双层挑缝用于将两层固定在一起，避免移位。两行粗缝相互叠加进行缝制，第一行可以是粗缝、搭接缝（参见第64页）或滑针缝（参见第65页）。双层挑缝在匹配布料图案和缝制袖口时特别有用，以防止后期永久缝合时各织物层发生移位。

斜针缝在一些旧版书籍中被称为手缝线迹。是用于临时固定织物层的粗缝，也可以用于永久固定（参见下文）。这类非常有用的针法可以缝制成任何尺寸，方向可以从上到下、从下到上、从左到右或者从右到左缝制。采用斜针粗缝时，需要使用粗缝棉线。

十字针法和对缝法也可用作临时针迹（参见第69页）。

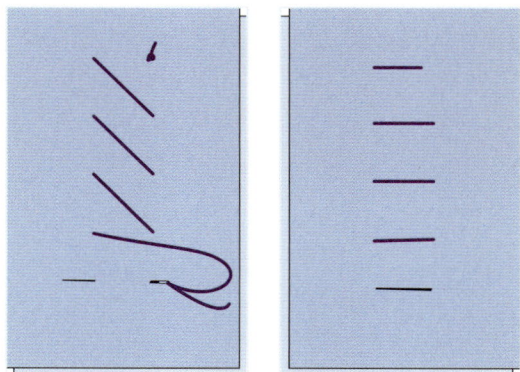

斜针缝：正面

斜针缝：反面

斜针缝

- 从顶部开始固定缝线，从上至下缝制布料。
- 挑 $\frac{1}{4}$ 英寸（约6毫米）针脚，把线拉紧。
- 挑下一针，距第一针的正下方 $\frac{1}{2}$ 英寸（约1.3厘米）至1英寸（约2.5厘米）处。
- 继续缝几针。
- 把缝线固定在末端。
- 完成后把布料翻到反面；缝迹线在反面呈平行线迹。

粗缝

- 细孔短针用于单针挑缝，棉缝补针或细孔长针用于长绗针或多针挑缝。

- 将大部分材料放在工作台上的缝针下方，在布边下方约 $\frac{1}{2}$ 英寸（约 1.3 厘米）处用回针或散线结固定缝线，散线结更容易拆除。

- 针与织物保持平行，将针插入缝线或上一针的前面，然后挑缝一段织物以形成针迹。

- 用顶针的顶面推动针头并抓住针尖将其拉出。

- 要缝连续的一串或一段长针迹，将一根长针（棉缝补针或细孔长针）在布料上连续进出几次，缝制线迹后把针抽出来。

- 挑长距针迹时，用左手拇指将布料推到针上，旧版裁剪书籍中称为"并圈"。

- 为节省时间并减少疲劳，在拉线时让手臂轻轻放在桌子上。如果伸出手臂拉线时缝线仍然太长，请将缝线在无名指上绕圈以缩短长度。

- 用回针缝或散线结将缝线固定在末端。

顶层挑缝

- 使用细孔短针。

- 用回针缝固定缝线。

- 向一个方向折叠织物余量，并在距接缝线 $\frac{1}{4}$ 英寸（约 6 毫米）处将所有织物层粗缝。

- 在粗缝边缘时，请在距离边缘约 $\frac{1}{4}$ 英寸（约 6 毫米）处缝制，以免变形。

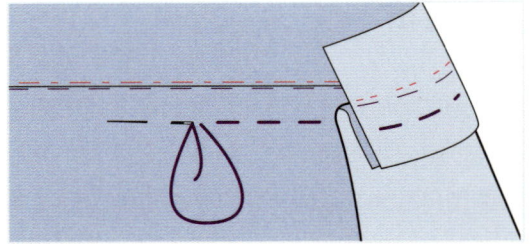

双层挑缝

- 使用粗缝、滑针缝或搭接缝等特定针迹缝制第一行。

- 在第一行缝迹线的上面再叠缝一行缝线，使第二次缝迹线填补第一次线迹空白处。

- 把缝线固定在末端。

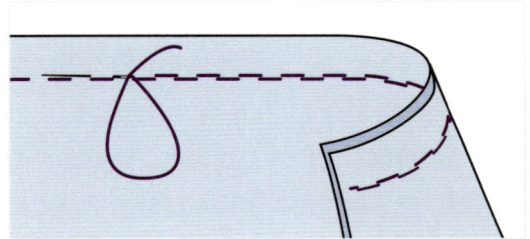

高级定制提示
当使用顶层挑缝缝制需要熨烫、试衣或装饰明线的边口时，使用丝线或软棉线。

记号缝

在高级时装定制剪裁中，有两种标记线：记号缝和疏缝。标记所有接缝线是必不可少的，因为在装配服装时，要缝合的是接缝线而不是剪裁后的布边。除了接缝线外，所有结构设计元素，如下摆、对位点（剪口和结构点）、服装中心线、布纹线、设计细节、口袋位置、褶皱、省道、纽扣和扣眼等，在高级定制工艺中都要做标记。

标记线在所有织物上做标记时，通常比疏缝更准确，并且在标记具有格纹、条纹和大型图案设计的织物时使用起来更快、更容易。尽管这个过程看起来很费时，但在学习剪裁技巧时却非常有帮助。标记线可用于在单层织物上标记布纹线、服装中心线、所有衣片的接缝线，织物在放置时正面朝上或反面朝上均可。

即使需要耗费时间，准确的标记也是必不可少的，标记不正确会导致操作错误，代价更大。

疏缝也称为标记针迹，便于定制裁剪时对双层织物做标记。时装面料多为单层，将对称的两层裁片正面相对，疏缝可用于标记接缝线和结构细节，例如，口袋位置、服装中心线、褶皱和省道。对于经验丰富的裁缝来说，它们是很好的工具，但经验不足的裁缝需要谨慎使用。

缝制标记线

- 准备一根长针和易断裂的柔软白色粗缝棉线。
- 剪下一段缝线，长度足够标记整个接缝。
- 没有棉线时，可用手工绣花线代替。
- 用散线结的线迹在接缝线上缝制标记线。
- 挑一针 $\frac{1}{4}$ 英寸（约6毫米）针脚，在间隔 $\frac{1}{4}$ 英寸（约6毫米）空隙处挑下一个等长的针脚。
- 将缝线从织物中拉出。
- 在距离大约1英寸（约2.5厘米）处挑下一针，重复直至最后。

根据纸样缝制标记线

- 修剪纸样上的缝份。
- 用划粉笔沿纸样轮廓线做标记。如划粉笔标记线不清晰，可将纸样别在织物上作参考。
- 在纸样周围缝制标记线。
- 开始时，在净缝线起点上挑一针，然后将针准确地插入到开始处并挑起 $\frac{1}{4}$ 英寸（约6毫米）针脚。
- 最后，像开始时一样在净缝线的终点准确地缝一针。
- 再叠缝一两针并断线。
- 裁剪上衣裁片，需预留较宽的缝份量。

高级定制提示
标记线是高级定制工作室中最常使用的标记方法。

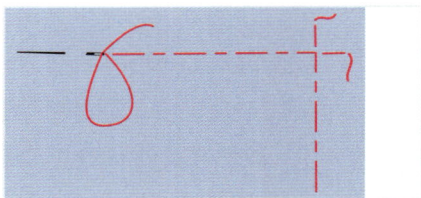

- 将缝线穿过拉出。
- 间隔约1英寸（约2.5厘米）挑下一针，这样重复操作到最后一针。
- 重复前面的步骤，在相邻缝线的交点处精确地缝一针。
- 多缝一至两针。
- 从缝份上标记相邻的接缝线，距交点约1英寸（约2.5厘米）。
- 从拐角处交点进针，精确地标注出拐角。
- 另外准备一根长线标记接缝，单股标记线可以快速容易地拆除掉。

拐角标记线

- 从距离两条接缝线交点约1英寸（约2.5厘米）处开始缝制。
- 用打结的缝线或标记线固定。

当接近拐角时，挑一两针短针脚，以便缝针在拐角处准确地进出，在织物的两面精确标记拐角。

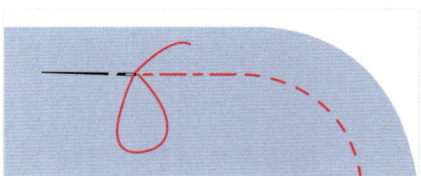

寸（约2.5厘米）处开始缝制。

- 准确地标出交点。
- 每个针脚间距大约$\frac{1}{4}$英寸（约6毫米），便于弧线的缝制。
- 在曲线的末端精确地标出交点。
- 再缝一针。

弧线标记线

- 使用细孔短针和柔软的粗缝棉线。
- 从距离两条相邻接缝线交点约1英

$\frac{1}{2}$英寸（约1.3厘米）处开始缝制。

- 开头处留出线尾，不要打结，这样更便于拆除。
- 挑几针短针脚来标记剪口，长度约为1英寸（约2.5厘米）。
- 把线剪断，留出线尾。
- 标记双线剪口时，先标记剪口的上线，在不剪断缝线的情况下，从缝份上再次开始标记与上线平行的下线。
- 剪掉线的末端，留出线尾。
- 标记三线剪口时，需要在上线和下线做记号。

剪口标记线

对位记号在裁片样板上采用对位点或剪口来表示。一般位于裁片样板的轮廓线和时装的接缝线上。接缝线上的对位记号更加精准，能确保上衣裁片正确地缝制在一起。在试穿坯布样衣时，根据需要重新标记对位点。

- 使用细孔短针和柔软的粗缝棉线。
- 找到对位点，从缝份上距接缝线约

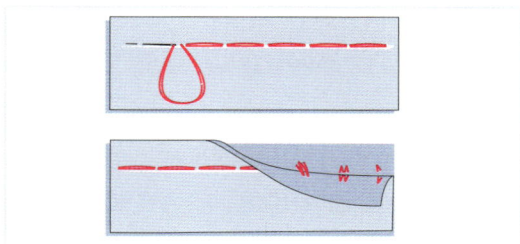

手缝标记直线

- 用划粉笔沿纸样轮廓线做标记。

- 使用一根短针和双股柔软粗缝棉线。

- 在划粉笔标记线上挑一针大约 $\frac{1}{8}$ 英寸（约3毫米）长的短针脚。

- 将线穿过织物，留出1英寸（约2.5厘米）的线尾。

- 间隔1英寸（约2.5厘米）至 $1\frac{1}{2}$ 英寸（约3.8厘米），挑下一针。

- 把缝线穿过织物，线迹在织物上保持平整。

- 继续标记所有接缝和边口。

- 把长衍线迹之间的缝线剪断。

- 小心地分开织物层，使每层相距 $\frac{1}{4}$ 英寸（约6毫米）至 $\frac{3}{8}$ 英寸（约1厘米）。

- 把织物层之间的缝线剪断，每层留出短线绒。

- 为了稳固针迹、防止缝线滑落，需握拳拍打线绒。

手缝要点

手工缝制是否成功取决于以下几个因素：

- 适宜的针迹——弹性、耐用性和尺寸。

- 缝线的张力——缝线不能太松，也不能太紧。

- 针脚的密度——太多和太少都不好。

- 适宜的缝线——丝线比棉线更富有弹性，但价格更贵。

手缝标记弧线

- 在缝制弧线时，要将针迹线缝得更紧密，表面形成线环。

- 起针时先挑一针短针脚。

- 下一针距上一针 $\frac{1}{4}$ 英寸（约6毫米）至 $\frac{1}{2}$ 英寸（约1.3厘米），其间留 $\frac{1}{2}$ 英寸（约1.3厘米）的线环。

- 继续缝制弧线。

- 把织物层分开，将线剪断，每层留出短线绒。

- 稳固针迹缝线。

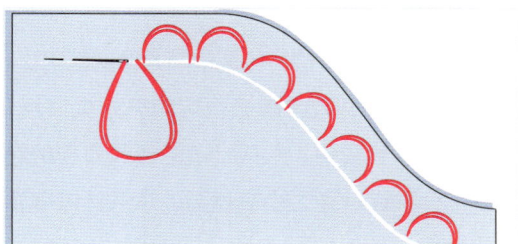

> **高级定制提示**
> 疏缝时，裁片的边缘必须完全对齐。

手缝标记点

- 标记一个点，挑一个不超过 $\frac{1}{8}$ 英寸（约3毫米）的小针脚，留出长 $\frac{1}{2}$ 英寸（约1.3厘米）的线尾。

- 在第一针的位置再缝一针，留 $\frac{1}{2}$ 英寸（约1.3厘米）的线环。

- 留出长 $\frac{1}{2}$ 英寸（约1.3厘米）的线尾，把缝线剪断。

- 把织物层分开，将线剪断，每层留出短线绒。

- 稳固针迹缝线。

永久针迹

有许多永久针迹，包括不同式样的倒回针、暗缲针和绗针。人字疏缝也可用于永久缝合，以塑型衣领和驳头。永久针迹的缝线应与织物相匹配，并且针距大小应适当。永久针迹需要比粗缝和标记针迹更牢固，需使用蜡线缝制。上蜡的线比未上蜡的线更结实，操作起来更容易，而且不会扭曲和打结。

蜡线

- 在蜂蜡上用力摩擦缝线以加强缝线强度并减少扭曲。
- 把缝线夹在两片纸巾或碎布片之间熨烫。蜡会融化到缝线的纤维里，不会在最初的几针缝迹线中摩擦掉。

回针缝

回针缝是最结实的手缝针法，牢固、有弹性、外观整洁，在发明缝纫机之前，回针适用于缝制所有类型的服装。在女式上衣中最为常见的用途是固定衣袖、缝制肩缝以及在手工缝制中起针和收针时固定线头，还可用于调节和保持服装廓型的丰满度。

回针针迹是通过将针插回到上一针的出针点而形成的。制作精良的回针针迹类似于缝制在织物表面的机缝线迹。反面针迹略微倾斜但成一直线，每一针都是正面针迹长度的两倍。

回针缝方式有几种，如半回针、挑针和拱针。半回针用于轻质织物的缝制，将针插入至距上一针一半或较短的距离，使针迹之间留出空间。挑针是一种非常短的回针，用于暗定针。拱针用于家庭缝纫时固定拉链，很少用于时装缝制。

基础回针缝

- 固定线头。
- 挑 $\frac{1}{8}$ 英寸（约3毫米）针脚，每英寸8针（约3毫米针迹）。
- 把缝线穿过拉出。
- 将针插到上一针结束点的缝线后面。
- 挑 $\frac{1}{4}$ 英寸（约6毫米）的针迹——织物表面针迹的两倍——使针离上一针 $\frac{1}{8}$ 英寸（约3毫米）。
- 继续缝到最后，并稳固针迹缝线。

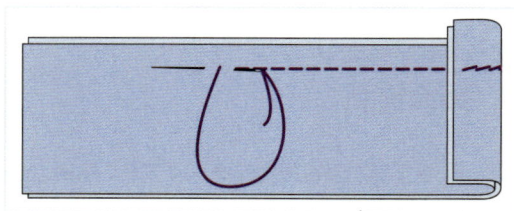

回针

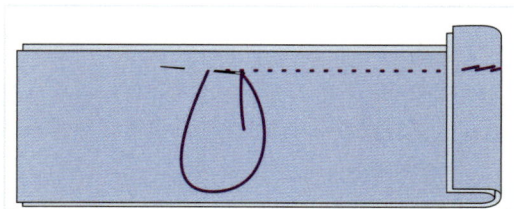

挑针

暗针缝

暗针缝有时也称沉缝，是手缝针迹的一种。用于边缘和搭接接缝处，代替机缝的明线装饰。常用于男式定制上装的翻领、驳头和前片，较少用于女式上装。暗缝针法类似于挑针，如果缝制得当，底层看不到缝迹，面层只有一个小凹点。暗缝线用于不显眼的固定和加固缝制。

基础暗缝

- 将缝线固定在距边缘 $\frac{1}{8}$ 英寸（约3毫米）至 $\frac{1}{4}$ 英寸（约6毫米）不显眼的位置。
- 男式上衣中，在距翻领和驳头外沿 $\frac{1}{16}$ 英寸（约1.5毫米）定位针迹。
- 挑 $\frac{1}{8}$ 英寸（约3毫米）针脚，并将缝线穿过拉出。
- 将针从上一针出针点侧插入，并挑 $\frac{1}{8}$ 英寸（约3毫米）的针迹，不要让线穿透布料或出现在反面。
- 将缝线拉出完成一针。
- 仔细操作，使针距间隔均匀且与边缘的距离均匀。
- 继续缝制到最后，把缝线隐藏并固定。

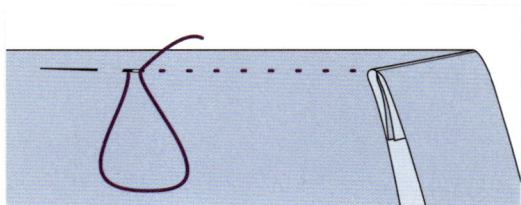

> **高级定制提示**
> 当使用暗缝针法时，针迹间距在 $\frac{1}{4}$ 英寸（约6毫米）至 $\frac{3}{8}$ 英寸（约1厘米）。

绗针缝

绗针缝针法简单且易于缝制，用于永久缝合两层布料，代替机缝的折边定位线迹，还可以用于缝制定位带。绗针针迹可以是任何长度，通常单独使用或与回针结合使用。正反线迹的长度可以相同，也可以正面线迹更长。针迹大小取决于用途以及织物层需要固定的牢固程度。绗针的缝制方式类似于粗缝，但由于是永久定型的，因此使用的缝线一般是丝线或棉线，针迹通常较短。

基础绗针缝

- 使用细型缝补针或细孔长针，以及机缝棉线或丝线。
- 将缝线固定在距织物裁切边缘 $\frac{1}{2}$ 英寸（约1.3厘米）不显眼的位置。
- 将针平行于织物，挑起一段织物为一个针迹。
- 用顶针顶部推针，拾起针尖将其拉出。
- 如需缝制一串针迹或长针迹，要将针连续穿进穿出几次以缝制多个针迹，再把缝线拉出。
- 如需缝制结实一些的线迹，走三至四针后做一次回针缝。
- 把缝线固定在末端。

刺针缝（与织物成直角穿过的线迹）

刺针缝实际上为两个半针。常用于缝制厚织物层、固定垫肩和衣袖、钉纽扣，以及从正面做垂直缝制。当织物层太厚难以缝制小针迹的时候，就可采用刺针缝。

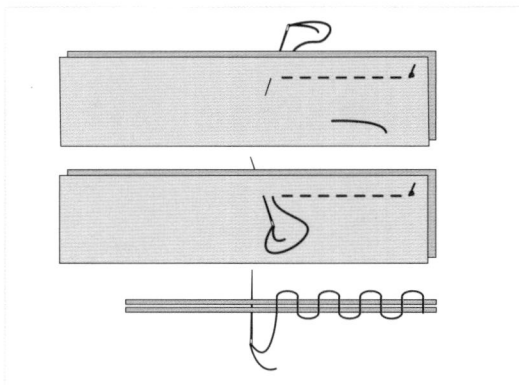

> **高级定制提示**
> 缝制垫肩时，将针从正面的线缝插入隐藏起来。

基础刺针缝

- 缝制厚层织物时，先将缝线固定在一侧，插针后，从另一侧拉出。
- 把线拉紧，但不要起绷。
- 将针插回到开始的那一侧。
- 把缝线拉紧完成针迹缝制。
- 继续缝到最后，并固定缝线。
- 在正面缝制时，把缝线固定在反面。
- 针从反面垂直插入，从正面拉出。
- 把缝线拉紧，但不要起绷。
- 从正面把针垂直插入，穿过所有织物层，拉紧线，但不要起绷，完成针迹缝制。
- 两个针迹间距约 $\frac{1}{2}$ 英寸（1.3 厘米），继续缝到最后。

明绱针

明绱针是织物表面可见的一种线迹，用于把毛边或折叠后的布边平整地固定在另一层上。可将领里贴缝在领口线上，搭缝接缝以及用于整理接缝的平整度。明绱针也用于从正面缝合接缝，还用于粗缝有纹样的织物。当用于手缝绱袖时，工艺难度较大。

明绱针和滑针类似（参见下页），但缝合更为牢固。正确的缝法要求线迹垂直于布边且不显眼。从织物反面的线迹来看，明绱针针迹是斜线，而滑针是直线。操作时，织物可以水平放置，折边位于下方或上方，也可以垂直放置。

正面绱针用于将牵条固定在衬料上，在男式上衣中，用于将麦尔登领底呢下沿贴缝到衣片领口线的毛边上。

> **高级定制提示**
> 将缝线穿过接缝线，然后把针从缝线后方插入，使针迹平直。

折边明绱针

- 在缝制里衬或接缝时，在折边下方运针；缝制领里时，在折边上方运针。
- 用颜色相配的优质棉线或丝线缝制。
- 先将折边粗缝定位。
- 起针时将线头隐藏固定在折边内，然后从折边上穿出来，这样缝线就会隐藏在里面。
- 将针保持一定角度对着操作者。
- 将针插入，接着上一针缝制的位置，从表面层将针以微斜的角度插入下层，这样就能将缝线隐藏在折边里面（参见提示），然后拉紧缝线。
- 保持缝线与折边垂直继续缝制，针迹间隔均匀。
- 把缝线隐藏并固定在末端。

毛边明缲针

- 裁片正面朝上，从右向左缝制。

- 使用细孔短针。

- 粗缝织物层（或牵条）定位。

- 将线头隐藏固定在需要做明缲针的裁片下方，把缝线从靠近裁切边缘的位置拉出来。

- 拉紧线，将针插入下层，直接穿过缝线。

- 将针向上倾斜，把缝线从靠近裁切边缘的位置带出。

- 拉紧缝线。

- 继续缝制，针迹间距为 $\frac{1}{8}$ 英寸（约3毫米）至 $\frac{1}{4}$ 英寸（约6毫米）。

- 把缝线隐藏并固定在末端。

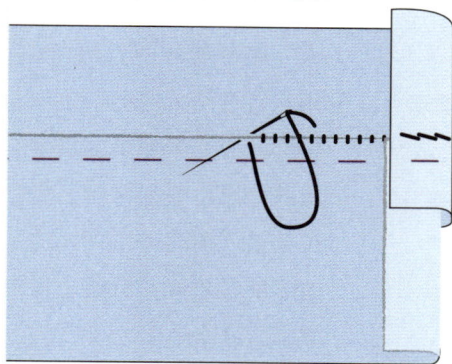

滑针缝

　　滑针缝是织物表面可见的一种线迹，可将折叠后的毛边平整地固定在另一层上。滑针从右边起缝，用于里衬粗缝定位。这种针法很少使用，因为它不如明缲针牢固，且不能处理毛边接缝。正确的缝法要求线迹垂直于布边且不显眼，外观看起来与短绗针反面的针迹相似。

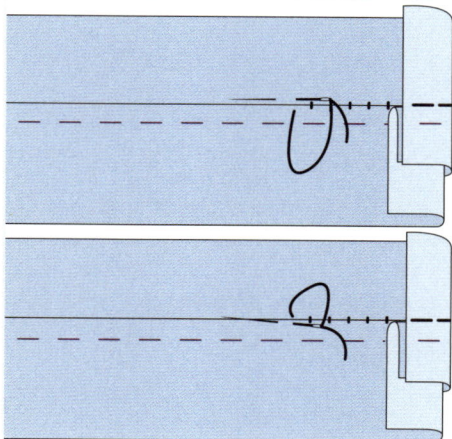

折边滑针缝

- 从右向左缝制，在折边下方运针。

- 粗缝折边定位。

- 固定缝线并从折边里拉出。

- 将针插入下层，穿过一小段织物，挑一个短针迹（$\frac{1}{8}$ 英寸，约3毫米或更小），并拉紧缝线。

- 将针插入折边层，穿过一小段织物，取短针距，拉紧缝线。

- 保持缝线与折边垂直继续缝制，针迹间隔均匀。

- 避免缝针挑错织物层，这样会使层与层之间的缝线倾斜，织物层出现移位。

- 把缝线隐藏并固定在末端。

藏针缝

藏针缝与滑针缝相似，用来缝合两个折边，外观看不到针迹，就像机器缝制的接缝。藏针缝最常用于缝合连接翻领和驳头的串口线。要想完美地隐藏针迹，需要大量练习。

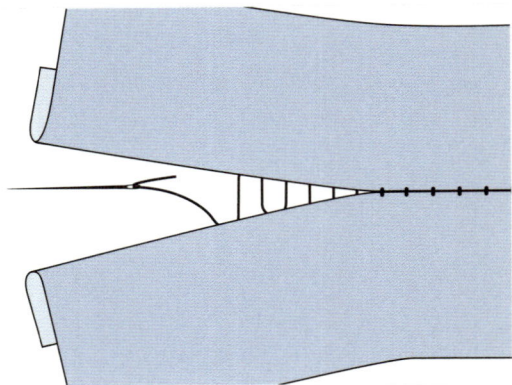

两个折边藏针缝

- 用颜色相配的优质丝线或棉线缝制。
- 起针时将线头隐藏固定在折边内。
- 把缝线从一个折边上穿出来。
- 将针插入另一个折边，穿过一段织物。
- 将线穿过接缝，使缝线与折边垂直。
- 将针从折边抽出，留一个不足 $\frac{1}{8}$ 英寸（约2毫米）的针迹长度。
- 拉紧缝线。
- 将针再次插入折边中。
- 留一个不足 $\frac{1}{8}$ 英寸（约2毫米）的针迹长度。
- 保持缝线与折边垂直继续缝制，针迹间隔均匀。
- 把缝线隐藏进折边并固定在末端。

三角针

三角针，也称为人字缝，用于缝制织物下摆和固定贴边、里衬和褶裥，外观形成一排水平的X形交叉线迹。这种针法与其他缝型相比更有弹性，但缝线暴露在外可能会有磨损。用于卷边缝制时，三角针可以覆盖易磨损的织物边缘，也可以缝制在折边层之间，后面这种方法适用于双层或三层卷边的厚重面料。

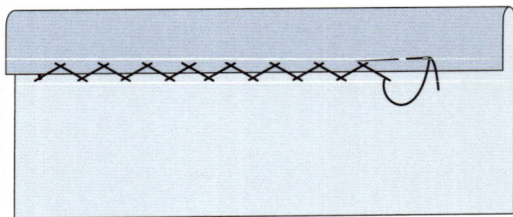

基础三角针

- 学习这种针法时，用划粉笔标记两条大约相距 $\frac{1}{4}$ 英寸（约6毫米）的平行线作为参考。
- 从左向右缝制。
- 将线头隐藏在折边中固定。
- 沿着下方划粉笔线向左在衣料反面挑一两根纱，向右上斜向取第一针缝制 $\frac{1}{4}$ 英寸（约6毫米），同时向左在上方划粉笔标记线上挑一两根纱。
- 向右下斜向取第二针缝制 $\frac{1}{4}$ 英寸（约6毫米），同时向左在下方划粉笔标记线上挑一两根纱。
- 继续交替缝制，缝线形成连续的"X"，仔细缝制使针迹间隔均匀。

锁针缝

　　锁针缝也称为套口缝或包边缝。这种手工包缝线迹可以用来防止毛边磨损，是整理没有里衬覆盖的毛边的首选针迹。用锁针缝制的服装外观最平整，针迹最不明显。针从背面插入织物，使缝线以倾斜的方式包裹在织物边缘上，缝制方向可以从右到左或从左到右，这里以从左到右缝制为例。

锁边缝

　　锁边缝用作装饰缝线、螺纹扣眼、法式线绊、钉暗扣或缝钩眼扣。有些裁缝用这种针法缝制裤脚边。缝制方向可以从右到左或从左到右，也可以从上到下或从下到上。

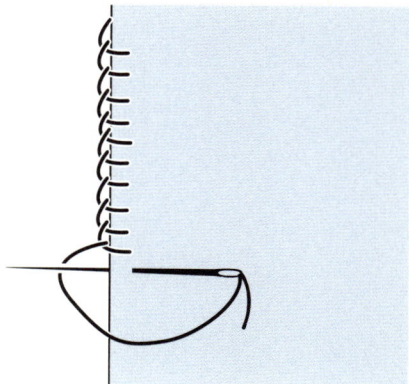

布边锁针缝

- 当学习这种缝法时，先在距布边 $\frac{1}{4}$ 英寸（约 6 毫米）缝机缝针迹，如果有花齿布料剪，修剪掉 $\frac{1}{8}$ 英寸（约 3 毫米）。
- 机缝针迹和锯齿边缘将作为针迹深度和针距大小的参考。
- 在织物背面隐藏并固定线头。
- 将针插入到离上一针针距 $\frac{1}{8}$ 英寸（约 3 毫米）和距布边约 $\frac{1}{8}$ 英寸（约 3 毫米）处。
- 用左手拇指按住斜线针迹并拉紧缝线。
- 继续完成锁针缝制。
- 把缝线固定。

基础锁边缝

- 如图所示，对于从上到下的锁边缝针法，从织物右侧开始缝制。
- 采用细孔短针，选择邻近色或对比色的优质丝线、棉线或装饰线。
- 隐藏并固定线头。
- 将针插入织物正面，距布边约 $\frac{1}{4}$ 英寸（约 6 毫米）。
- 将缝线沿针尖缠绕，然后把线拉紧。
- 继续缝制。
- 固定线尾。

扣眼缝

　　扣眼缝用于手缝螺纹扣眼。这种针法很容易与锁边缝混淆，不同之处在于，扣眼缝在缝制时，针是从织物反面插入，而锁边缝是从正面插入。扣眼缝需要专注和不断练习，采用5号细孔短针，缝制前先将扣眼位上蜡并旋转按压。

　　扣眼缝通常是从右到左缝制，也可以从左到右缝。重要的是沿着运针的方向把线绕在针下。当从右向左缝制时，逆时针绕线；当从左向右缝制时，顺时针绕线。以下说明适用于从右向左缝制。

针尖绕线扣眼缝

- 在学习时，将一排机缝线迹靠近边缘，作为针迹深度和间距大小的参考。
- 以散线结开始，在边缘上缝两针以固定缝线。
- 从织物反面距布边约 $\frac{1}{8}$ 英寸（约3毫米）处插入针，不要将其拉出。
- 将手指移动到出针孔和缝线上。
- 逆时针方向将缝线绕在针尖下。
- 将针从织物中拔出随即拉线，这样缝线就会在上层表面的边缘形成一个线圈结。

- 有些裁缝会把线圈结打在扣孔边缘，除非是缝制易磨损的松散织物，一般不要这样操作。对于这类面料，还可以加大针迹深度以防止磨损。线圈结会填充扣眼的开口，防止扣眼裂开。
- 继续练习缝线，直到针迹间隔均匀，深度相等。
- 把缝线隐藏并固定在末端。

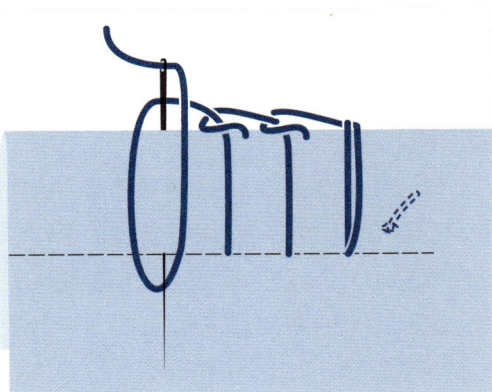

十字缝

十字缝是由两根交叉线迹重叠而成的，可以是永久缝制，也可以是临时缝制，常用于做标记。用单针标记织物或服装的裁片，这样可以快速地确定裁片的正面，也可以用一排十字缝线来将里衬上的褶皱固定到位。

单个十字缝

- 使用细孔短针和柔软的粗缝线。
- 水平向左挑一针 $\frac{1}{4}$ 英寸（约6毫米）针迹，留线尾。
- 在第一针进针孔下方约 $\frac{1}{4}$ 英寸（约6毫米）处水平向左挑第二针。
- 在第一针的高度缝第三针。
- 剪断缝线，留 $\frac{1}{2}$ 英寸（约1.3厘米）的线尾。

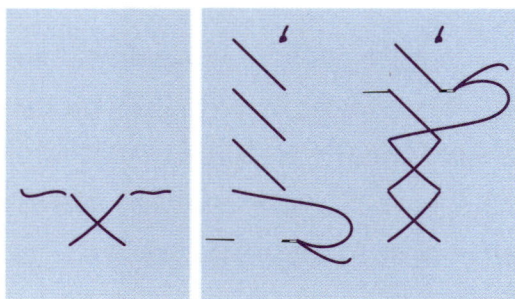

一排十字缝

- 从上到下缝制，用散线结或回针固定线头。
- 缝制一排垂直的宽约 $\frac{1}{4}$ 英寸（约6毫米），上下间距 $\frac{1}{4}$ 英寸（约6毫米）的斜针缝。
- 从下到上缝制第二排斜针缝，方向与第一排成相反的对角线。
- 把缝线隐藏并固定在末端。

高级定制提示

用十字缝作标记时，应缝制在织物的同一位置，如统一在织物正面的右上角。

对缝

对缝是用来永久或暂时地缝合两条对接在一起的边缘，边缘可以是折边、单层或扣眼缝，有时被用来粗缝双嵌线口袋的袋口以便熨烫。

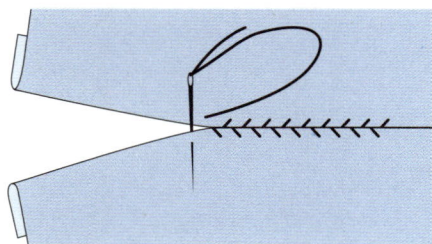

边缘对缝

- 使用柔软的粗缝棉线。
- 用散线结固定线头。
- 将织物边缘对接在一起。
- 从一层的织物反面距边缘 $\frac{1}{4}$ 英寸（约6毫米）处进针。
- 将针从织物中拔出随即拉线。
- 重复上述步骤，在另一侧距离边缘 $\frac{1}{4}$ 英寸（约6毫米）处向前缝制 $\frac{1}{4}$ 英寸（约6毫米）。
- 继续缝制。
- 把缝线隐藏并固定在末端。

固定缝

固定缝线迹用来防止袖窿拉伸变形，并使肩胛骨处的线条更加饱满。固定缝与扣眼缝针法相似。针迹位于后袖窿缝份上，从肩缝下方约 $1\frac{1}{2}$ 英寸（约3.8厘米）开始缝制，在后袖窿剪口处结束。右袖窿从上端点缝到剪口；左袖窿从剪口缝到上端点。如果体型的背部线条圆润，就从肩缝开始沿后袖窿缝制，到袖窿深点结束。

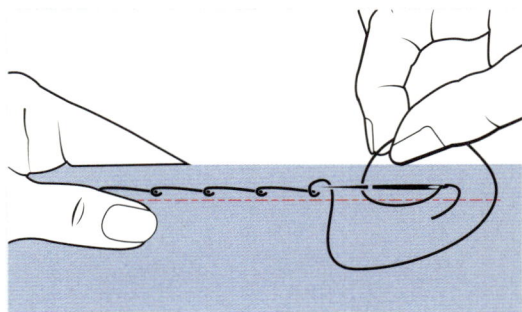

链式缝

在缝制服装后袖窿时，有的裁缝采用链式缝代替固定缝，在肩胛骨位置创造一个空间。用来防止拉伸变形并确保肩部线条丰满。

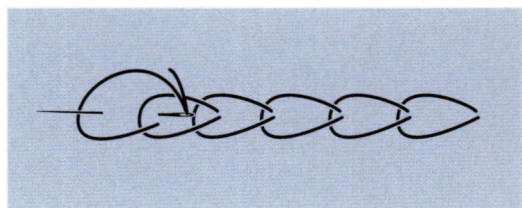

固定缝袖窿

- 从左到右缝制，面料放在手针下方。

- 使用 7 号手缝针，用一股上蜡且熨烫过的机缝线或双股线，以增加强度。

- 将线头打结并固定。

- 针尖朝左挑一短针，长度为 $\frac{1}{8}$ 英寸（约3毫米）至 $\frac{1}{4}$ 英寸（约6毫米）。

- 逆时针把缝线绕在针尖下，然后把针拉出。

- 在距上一针约 $\frac{3}{8}$ 英寸（约1厘米）处向右缝制下一针。

- 把缝线稍微拉紧，但不要起绷，否则会影响袖窿尺寸。

- 继续完成缝制，固定缝线。

链式缝袖窿

- 从左到右缝制，面料放在手针下方。

- 使用 7 号针和双股机缝线增加线的强度。

- 将线头打结并固定。

- 把针插入出针孔旁，挑一针 $\frac{3}{8}$ 英寸（约1厘米）针迹。

- 将缝线绕在针尖下，然后把针拉出。把缝线稍微拉紧，但不要起绷。

- 把针插到线圈里，继续缝下一针。

- 将缝线绕在针尖下，把针拉出。

- 继续完成缝制，固定缝线。

卷边缝

　　暗缲针和暗三角针用于缝制下摆缝份和上衣外层或下摆的贴边。暗缲针是最有用的针法之一，有时也被称为暗卷缝或手工卷边，主要目的是使服装下摆不显眼。一般来说，当缝制贴边和织物拉条时，暗缲针比绗针是一个更好的选择，因为它更容易隐藏针迹，在布料正面也不会留下针迹。

　　暗三角针是缝制在卷边层和面料层之间的三角针，比暗缲针更结实、更有弹性，常被用于缝制双折边和三折边，以及厚重织物的折边。

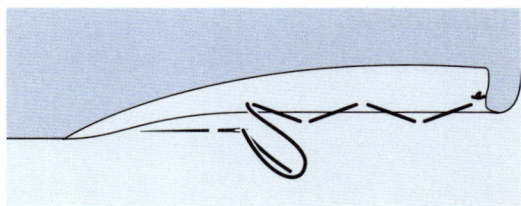

暗三角针

- 使用小号的细孔短针，选择与织物颜色相匹配的棉线或丝线。
- 从左到右缝制类似三角针的线迹，面料放在手针下方。
- 如果上衣面料不易起皱，就把正面衣料折向下摆。
- 将缝线隐藏并固定在卷边或缝份上。
- 在服装上挑一个很小的针脚。在衣料反面挑两三根纱线，这样线迹就不会出现在正面。
- 把缝线拉出，然后在缝份上挑一小针，距上一针右侧 $\frac{1}{4}$ 英寸（约6毫米）至 $\frac{1}{2}$ 英寸（约1.3厘米）。

暗缲针

- 使用小号的细孔短针，选择与织物颜色相匹配的棉线或丝线。
- 将缝线隐藏并固定在卷边或缝份上。
- 如果上衣面料容易起皱，就把下摆边缘折向衣料反面。
- 在服装上挑一个很小的针脚。在衣料反面挑两三根纱线，这样线迹就不会出现在正面。
- 把缝线拉出，然后在缝份上挑一小针，距前一针左侧 $\frac{1}{4}$ 英寸（约6毫米）至 $\frac{1}{2}$ 英寸（约1.3厘米）。
- 每缝一针就把线拉出，以免把线绷得过紧。
- 在服装和下摆之间交替缝线，在各层之间形成一排小"∨"形线迹。
- 继续完成缝制，把线固定在卷边或缝份上。

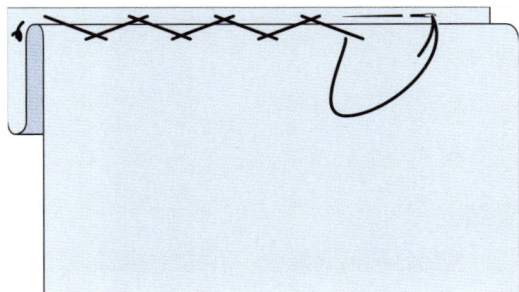

高级定制提示
缝线应在两层之间浮动，不要太紧也不要太松。

- 在服装和下摆之间交替缝线，在各层之间形成一排小"×"形线迹。
- 继续完成缝制，把线固定在卷边或缝份上。

高级定制提示
不要把缝线拉得太紧。

暗缝针

暗缝针迹（或织补针迹）用于缝制较厚的织物，如粗花呢、毛毡和麦尔登，把两个毛边拼接在一起。这是一种在织物表层下方的隐形线迹，除了修补和固定缝线外很少使用这种针法。暗缝针迹也可以用来缝制扁平的线垫，以便将缝线固定在纽扣下方。针迹需要被隐藏起来，只能在针脚进出布料的地方出现，可以从上到下或从一侧到另一侧缝制。针迹是在材料表面下方连续形成的非常小的绗缝线迹。

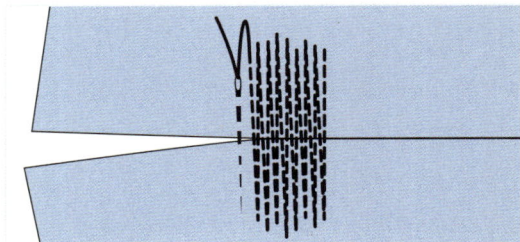

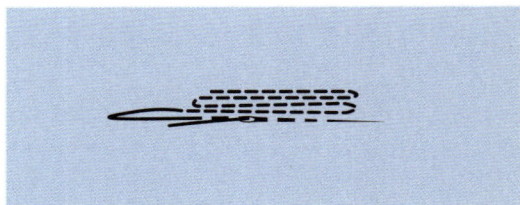

套结

套结是用机缝棉线、机缝丝线或锁扣眼丝线缝制而成，能加强开衩、袋口和里衬褶皱上的受力点。

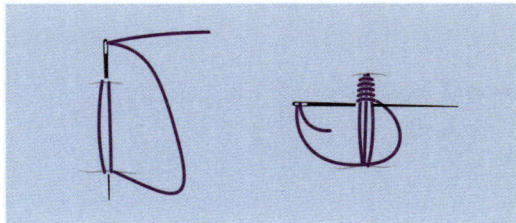

暗针缝拼缝

- 选用细孔长针和细线，如轻质的绣线。
- 在一块裁片上距布边约 $\frac{1}{8}$ 英寸（约3厘米）处，用散线结来固定缝线。
- 从右到左缝制，将对接的衣片边缘拼合在一起，用左手的拇指和食指将它们平放。
- 将针沿着平行于织物表面的方向，在织物表面下缝几针密小的绗针。
- 连接另一块裁片，把针插入另一裁片的表层下方。
- 在表层下继续缝几针绗针。
- 把缝线拉紧。
- 靠近缝迹线开始缝制下一针。
- 继续完成缝制，将缝线隐藏并固定。

纽扣线垫缝制

- 将针放置在扣位点上方平行于织物表面的位置。
- 在织物表面下方缝三至四针绗缝。
- 翻转织物，平行于第一行针迹进行第二行的缝制。
- 再次翻转织物继续缝制，使最后一行针迹平行于第二行，在扣位点结束。
- 缝制纽扣。

套结缝制

- 以散线结或隐蔽地固定线头。
- 缝三针约 $\frac{1}{4}$ 英寸（约6毫米）长的重叠针迹，一针盖住另一针。
- 先将针插入线杆孔眼里，把缝线在线柱上绕几圈，以免钩住织物，或者用锁边针迹覆盖线杆。
- 将线结隐藏并固定在末端。

人字缝

　　人字缝线迹用于塑型翻领和驳头，以及将内衬与上衣前片固定。根据位置和所需的牢固程度，人字缝由不同尺寸的垂直斜线组成。在上衣的正面，针迹形成一排排小凹痕。针脚短至 $\frac{1}{4}$ 英寸（约6毫米），长达 $\frac{3}{4}$ 英寸（约2厘米），行距或窄或宽。为了更牢固，可使用短针迹紧密缝合。

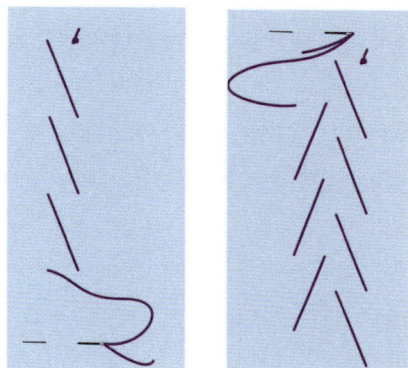

箭羽型加固缝

　　箭羽型加固缝是一种装饰性的三角形针迹，有时也用来加固褶皱的顶端和袋口的末端。

翻领或驳头人字缝

- 使用划粉笔或锋利的铅笔绘制一条指示线以方便人字缝迹定位。

- 在线迹的边缘做记号，避免缝进缝份里。

- 如果惯用右手，就用左手把住上衣的翻领或驳头，这样，在缝制人字针迹时，织物会卷曲在手里，可以缝入少量内衬。

- 缝制一排垂直的斜针缝时，针迹尽可能浅缝，使其在织物的正面不可见。

- 一行人字针迹缝制结束时，在不断线的情况下沿相反方向继续缝制，或沿同一方向再次重复缝制。

- 继续缝制，完成所有线迹行。

- 将缝线在末端固定。

> **高级定制提示**
> 用对比色缝线练习，直到正面看不见线迹为止。

箭羽型加固线迹

- 采用细孔短针，选择与织物匹配色或对比色的丝线或绣线。

- 用划粉笔或粗缝棉线做一个三角形标记。

- 固定线头，将针从三角形的顶部穿出开始缝制。

- 从右下角进针，从左下角出针，完成第一针。

- 在三角形的顶端缝一个小针迹。

- 如果三角形一开始是用缝线做标记，在继续缝制之前先把粗缝线迹去掉。

- 沿着三角形右边的缝线缝制，在右侧缝线的拐角内挑一针。

- 在左侧拐角重复操作，然后在顶部最后一针的下方缝下一针。

- 继续按照图示缝线，直到箭头缝制完成。

- 将缝线隐藏并固定。

> **高级定制提示**
> 使用长眼绣花针，针眼才能容纳装饰缝线。

线链和线螺杆

线链是用手工钩针缝制的链式线迹，常用来将两层或多层织物或服装裁片松散地固定在一起，又称为法式疏缝或三角针。短线链常与金属钩一起使用，代替金属孔眼。

线链比线螺杆更软，也更不耐用，长度从 $\frac{1}{4}$ 英寸（约6毫米）至几英寸不等，常用短线链固定领子的末端和口袋袋盖。

线螺杆有时也与金属钩一起使用，代替金属孔眼。可以用机缝棉线、机缝丝线或锁钮孔线缝制而成。

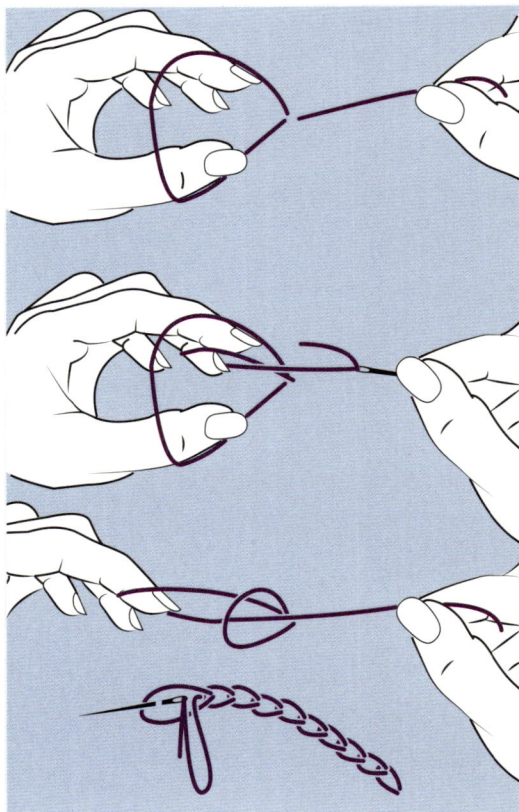

线链缝制

- 以散线结固定线头。
- 挑一小针迹回针缝制一个线圈。
- 用一只手的拇指和食指把线圈撑开；用另一只手的拇指和食指拉紧针带出缝线。
- 用中指撑开线圈作为钩针，绕一个新的线圈穿过第一个线圈，让第一个线圈从手指上滑下来。
- 拉出新的线圈，拉紧上一个线圈形成线链。
- 继续以这种方式缝制线圈，直到线链达到所需的长度。
- 最后，在针穿过线链的最后一个线圈之前，在相应的衣片上缝一个小针迹。
- 固定缝线。

线螺杆缝制

- 隐藏并固定线头。
- 缝三针，大约 $\frac{1}{4}$ 英寸（约6毫米）长，形成线圈，缝线重叠缝制。
- 用锁边缝线迹包裹线杆。
- 将缝线隐藏并固定在末端。

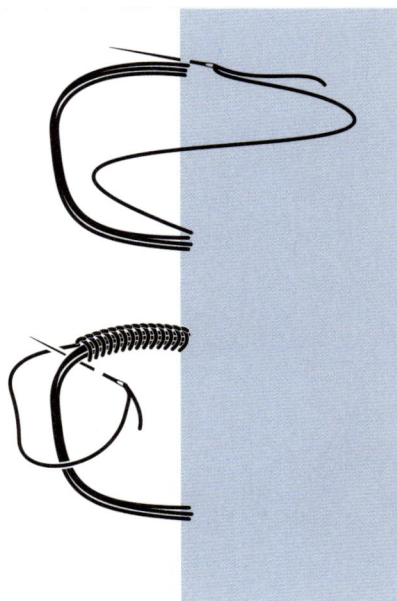

接缝

接缝和省道（参见第83—85页）是塑造上装结构的要素，它们看起来不显眼，却是重要的设计元素。接缝主要有两类：结构接缝和封闭接缝。

结构接缝连接上衣和里衬的主要裁片，包括两侧和背部的垂直接缝，以及肩部、袖窿和衣袖的接缝。缝好后的缝份宽度为 $\frac{3}{4}$ 英寸（约2厘米）至1英寸（约2.5厘米），以便后期修改。结构接缝可以机缝或手缝，大多数都能被上衣里衬遮盖。

封闭接缝位于上衣的边口处，它们隐藏在服装的主体和挂面、里衬或下摆之间。缝份被修剪成较窄的宽度、做切口或剪口以减少缝份体积。

在时装设计中，结构接缝是"在标记线上缝合"。在接缝线上有记号缝线标记，与线迹匹配并粗缝在一起，将接缝沿着标记线缝制。由于裁切时衣片边缘不匹配，所以缝份不需要精确地裁剪宽度——少数情况下，可能一片缝份宽而另一片窄。在服装定制中，接缝是"先标记后缝合"。只有一个衣片做了标记——通常是前片——标记线距缝线 $\frac{1}{4}$ 英寸（约6毫米）。对应裁片的边缘才能与标记线迹对齐，距接缝线 $\frac{1}{4}$ 英寸（约6毫米）。

平缝

平缝是裁剪中最重要的结构缝线。缝制的线迹最平整且不显眼，适用于任何面料，容易修改。以下说明是关于"在标记线上缝合"的平缝方法。

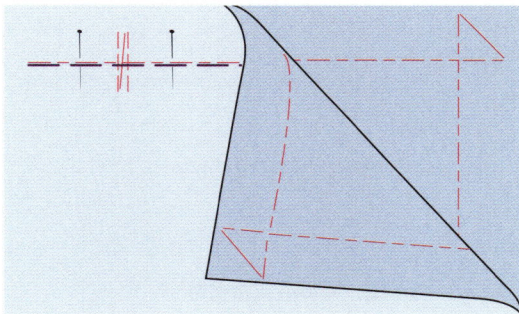

步骤1　粗缝接缝缝份

- 沿着标记线和剪口缝制。
- 把织物正面相对放在一起，匹配并用大头针固定接缝，对齐所有剪口。
- 使用颜色柔和易剪断的软质粗缝线，因其在拆除时不会干扰机缝线。
- 粗缝时要仔细，确保是在两个裁片的接缝处缝线。
- 不要在缝线上打结。

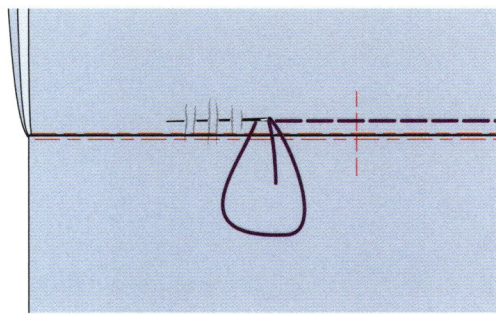

步骤2　准备样衣粗缝

- 服装正面向上，缝份倒向一侧，在距接缝线 $\frac{1}{8}$ 英寸（约3毫米）至 $\frac{1}{4}$ 英寸（约6毫米）处粗缝所有层。
- 这是第二次明线粗缝，会使接缝更加平整，无须熨烫就能保持廓型。

高级定制提示
第一次粗缝
——标记线——
通常是白色。

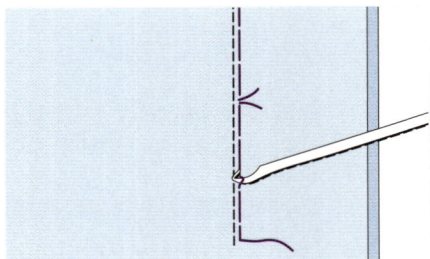

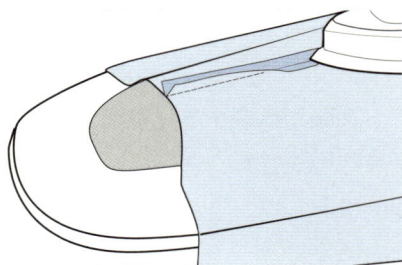

步骤3　试衣完成后缝线

- 去掉表面第二次粗缝线迹和标记线。
- 如果没有需要修改的地方，就把接缝熨烫平整，然后沿着第一次粗缝线迹机缝。
- 接缝两端无须倒回针。
- 用纱剪或拆线器剪断粗缝线，每3英寸（约7.5厘米）或4英寸（约10厘米）剪一次。
- 用锥子或钩针拆除粗缝线。
- 用绕指结把线头固定住，或者用花萼眼针把线头穿进去，然后缝几针固定。
- 把接缝熨烫平整，使线迹服帖。

步骤4　熨烫

- 将上衣反面朝上放在烫凳、分缝辊或点烫板上。
- 用手指分开接缝。
- 用熨斗的尖角把接缝熨开。
- 用海绵蘸湿接缝并熨烫。如果需要，请使用熨烫垫布保护衣料。
- 用压板拍打固定接缝。

缩缝

缩缝用于上衣的后肩缝制，可以将省道转换为松量。

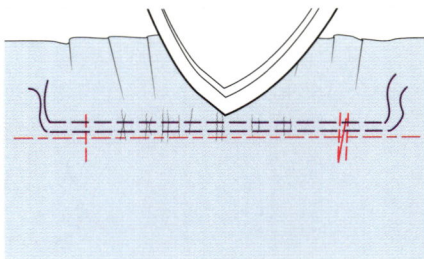

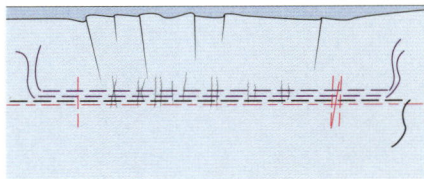

步骤1　缩缝接缝将余量抽缩

- 沿着标记线缝制，并在裁片需要缩缝的开始和结束位置做剪口。
- 在缝份内缝制两条定位线，分别在剪口前 $\frac{1}{2}$ 英寸（约1.3厘米）和剪口后 $\frac{1}{2}$ 英寸（约1.3厘米）处，这会使缩缝的两端更加平顺。
- 将缩缝的粗缝线抽出。
- 反面朝上抽缩松量，让熨斗的尖端向上延伸熨烫接缝线1英寸（约2.5厘米）至 $1\frac{1}{2}$ 英寸（约3.8厘米），使余量遇热收缩。

步骤2　粗缝后缝合接缝

- 把织物正面相对，粗缝接缝，注意匹配缩缝位置两端的剪口。
- 除非另有说明，否则都用机器缝合。

搭接缝

搭接缝最常用于里衬肩部、袖窿和前片挂面的缝制，或将领里贴缝在领口线上。搭接缝是把一个裁片放置在另一个裁片上，并永久缝制而成。

以下肩缝搭接缝的说明也适用于缝制袖山里衬，或拼合里衬和挂面及上衣边口。

袖窿里衬缝合

● 完成肩缝里衬拼合。

● 使前后片里衬光滑平整，并将袖窿弧线用大头针固定。

● 沿着接缝线内侧在袖窿弧线上用绗针做标记线。

● 修剪多余的里衬、垫肩和接缝。

● 从反面用大头针把缝份固定在衣袖里衬上。

● 把衣袖里衬缝份折边用大头针固定在袖窿弧线上，使其刚好能盖住绗针缝迹线。

● 如果腋下的里衬太短，无法盖住衣片接缝，就在大头针固定位置调小袖里衬缝份。

● 如果袖冠太饱满，就把衣袖里衬缝份往里多折叠一些。

● 沿着折叠边缘粗缝衣袖里衬。

● 用明缲针缝合接缝。

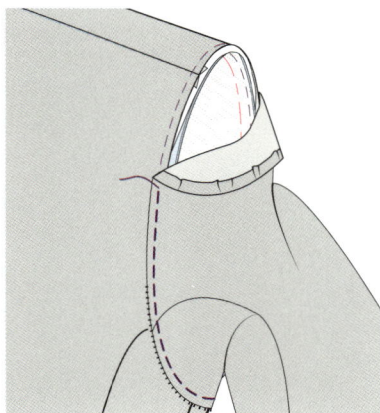

高级定制提示

一件高级定制上衣中，袖冠里衬会需要一些丰满度，很少时候是完全平整的。

机缝缝型

● 大多数高级时装定制的机缝工艺都是在平缝机上完成的。

● 使用多功能缝纫机缝合时，使用中心直缝压脚和小孔针板。中心直缝压脚能更牢固地固定织物，也能更好地看到线迹的开头和结尾。

● 根据织物的重量，设置针距为每英寸12针（约2毫米针迹），或每英寸10针（约2.5毫米针迹）。

● 用机缝丝线或优质棉线在机器上穿线。

● 调整张力，使面线和底线在织物上相互锁紧。

● 在缝合接缝前，先在织物废料上练习缝合，测试针距、缝线张力和颜色以及针的型号。

● 不要用极小的针距缝制回针、点缝、起针和收针，这会增加接缝末端的硬度，很难在不破坏面料的情况下拆除线迹。

● 用绕指结把缝线两端系牢。把面线和底线拉到一边，用力拉出后，打结固定。

● 如果线太短无法打结，则将其穿入花蕾眼针中，然后缝一两针。

● 大多数不良缝合问题都是由机器脏污、机针损坏或穿线不当引起的。

反向转角

带有反向角（向内角和向外角）或折线的分割线是约克、领、饰带、口袋和三角拼布的有趣设计元素。

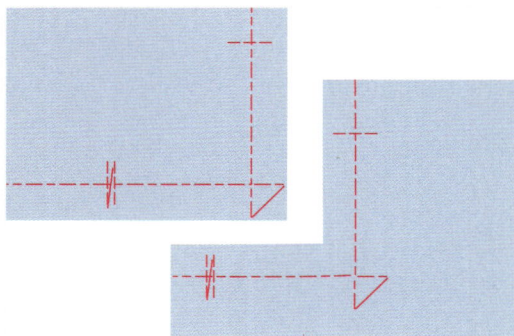

西比尔·康纳利用别致的分割线设计制作了一件半合体的上衣。

高级定制提示

当使用多功能缝纫机时，换成中心直缝压脚，这样可以很容易看到线迹开始的位置。

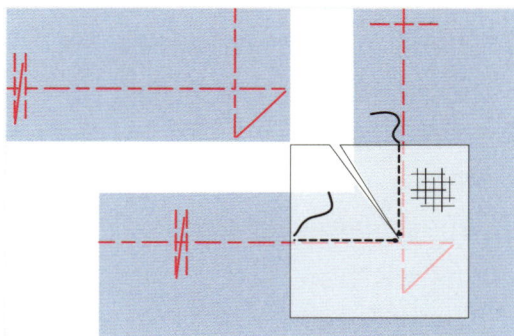

步骤1　标记接缝线

- 检查设计，以确定每个裁片在拐角附近是否有松弛或拥挤的现象。一般来说，对应裁片被标记的距离是相等的，不应出现这种现象。
- 两个对应的裁片，在拐角一侧的接缝线上各标记一个剪口，位置在距拐角2英寸（约5厘米）至3英寸（约7.5厘米）处。
- 两个对应的裁片，在拐角另一侧的接缝线上各标记两个剪口，位置在距拐角2英寸（约5厘米）至3英寸（约7.5厘米）处。

步骤2　内角缝制欧根纱贴片

- 剪一块边长为2英寸（约5厘米）的正方形真丝欧根纱裁片，颜色无关紧要，作为面向内角的贴片。丝绸很容易熨烫成型，所以表面的贴片从外观不会看到。
- 将方形贴片用大头针别在上衣正面的拐角上方，使方形贴片的布纹线与拐角一侧的接缝线对齐。
- 在缝纫机上设置针距为每英寸15针（约1.75毫米针迹）。
- 从最难的位置，也就是拐点处开始缝合，分别向两侧缝至距拐点约1英寸（约2.5厘米）处或缝至欧根纱边缘。
- 拉紧面线，在拐角处打结。
- 拉紧底线，在拐角处打结。
- 在拐角处做切口（参见第80页方框内的说明）。

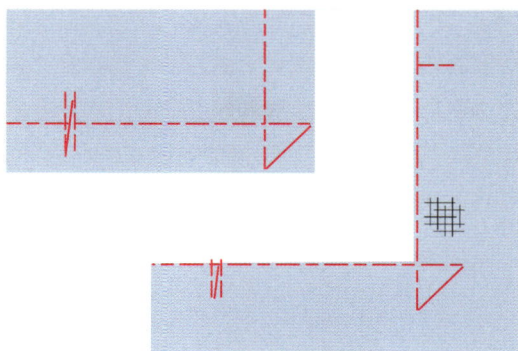

步骤3　准备缝制标记好的裁片

- 把带有内角的裁片缝份折到反面。
- 根据需要粗缝，再熨烫。

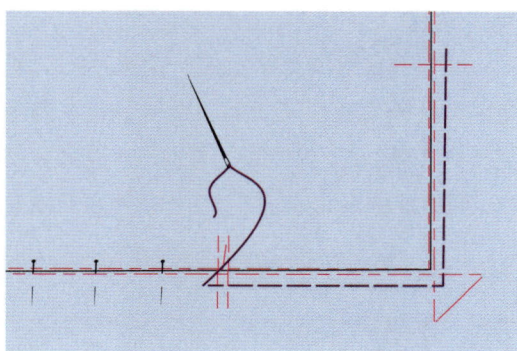

步骤4　粗缝所有层

- 裁片正面朝上，将带有内角的裁片置于对应裁片的上层。
- 匹配标记线和剪口。
- 距缝线约 $\frac{1}{4}$ 英寸（约6毫米）处，在所有织物层上方粗缝，避免缝线钩住大头针。
- 取下大头针。

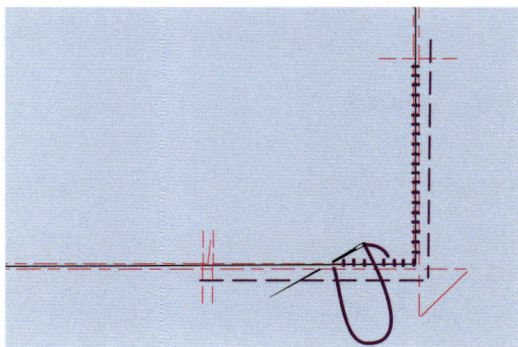

步骤5　粗缝拐角

- 用明缲针在距拐点约2英寸（约5厘米）处把所有裁片粗缝在一起。

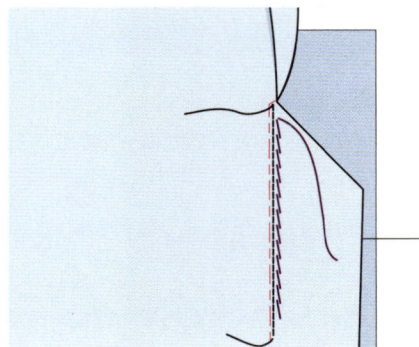

步骤6　缝合接缝

- 取下大头针，拆除顶层粗缝线。
- 将上衣裁片的正面相对放置在一起。
- 把没有粗缝的拼缝线用大头针固定住。
- 粗缝各个裁片的接缝。
- 从拐角处紧邻贴片线迹缝合接缝。
- 重复该方法缝合相邻的接缝。
- 将拐点处的缝线打结。
- 拆除粗缝线，朝向内角或外角熨烫接缝。

反向曲线

反向曲线接缝是将上衣一个裁片的凸型曲线与另一个裁片的凹型曲线拼合起来的接缝——这是许多定制上装的重要设计元素。最常见具有这种设计特征的上衣样式是从肩缝或袖窿弧线开始的公主线、插肩袖、高腰设计和镶边设计。大多数接缝的长度在两个裁片上是相等的，有时也会出现凸型曲线更长的情况。

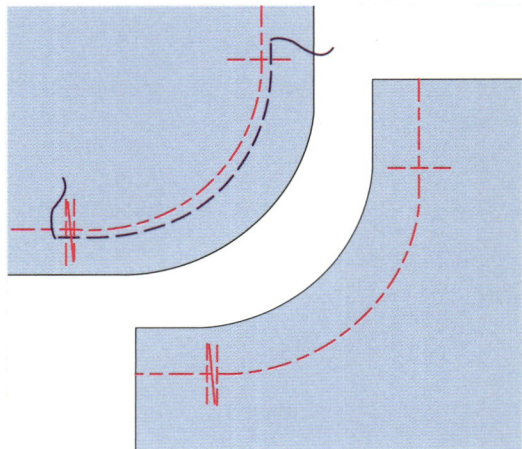

步骤1　标记接缝线和剪口

- 如果曲线上没有剪口，就在开始处做一个剪口，在结束处做两个剪口。
- 凸型曲线上，在距接缝线 $\frac{1}{8}$ 英寸（约3毫米）的缝份上用短针距粗缝。
- 在有些设计和面料上，还需要在距离粗缝线 $\frac{1}{8}$ 英寸（约3毫米）的位置松缝第二行。

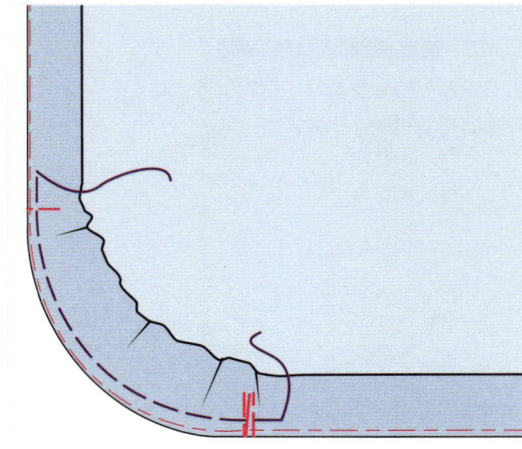

步骤2　缝份准备

- 拉起松缝线，使裁片下方的缝份形成杯状弧面。
- 均匀调整松度，沿折边内侧 $\frac{1}{8}$ 英寸（约3毫米）处粗缝。
- 裁片反面朝上，用蒸汽熨烫折边缝份以减少丰满度。
- 为了避免产生压痕，熨烫时轻压或在缝份和面料之间放一张纸。

切口

精确的切口是必不可少的，用锋利的剪刀剪至拐点的末端。

- 把剪刀的刀尖准确地放置在需要做切口的地方，剪裁的深度根据需要确定。
- 合上剪刀，剪至刀尖的末端。

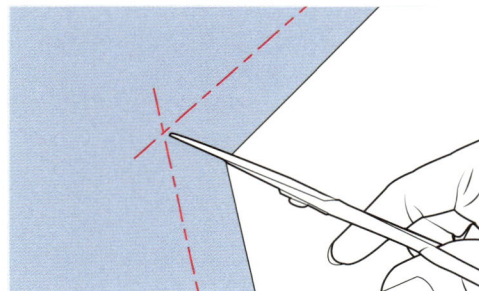

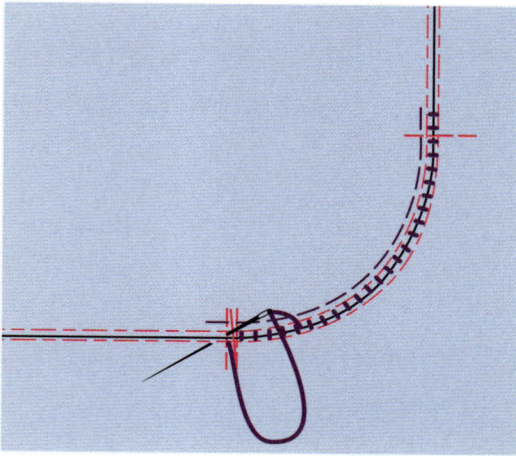

步骤3　顶层粗缝接缝

- 先将两个裁片正面朝上放置。
- 把凸型曲线裁片放在上层。
- 匹配接缝线和剪口，用大头针把裁片固定在一起。
- 距缝线约 $\frac{1}{4}$ 英寸（约6毫米）处，在所有织物层上方粗缝。
- 在曲线处用明缲针将所有裁片粗缝在一起。

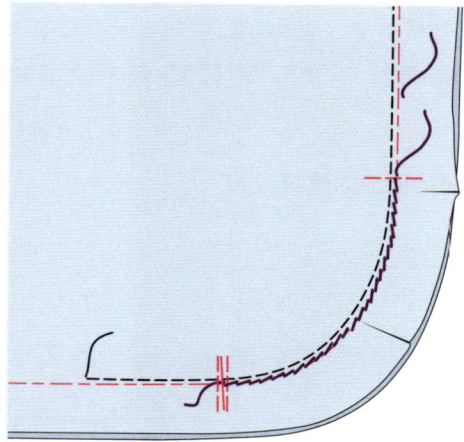

步骤4　缝合接缝

- 取下大头针，拆除顶层粗缝线。
- 将上衣裁片的正面相对放置在一起。
- 在粗缝线上用机器缝制。
- 拆除粗缝线。每间隔2英寸（约5厘米）在缝份上做切口，并小心地用小号钩针或织锦针将粗缝线拆除。

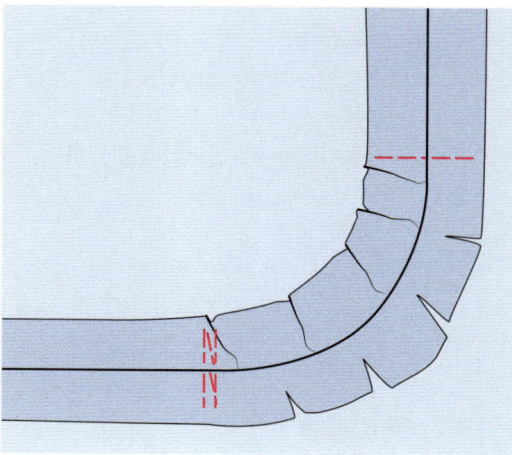

步骤5　整理曲线接缝

- 将接缝朝凸型曲线方向熨烫或如图所示将缝份熨开。
- 当熨压缝份时，按实际需要做切口，以使凹型曲线的裁片平整。
- 尽量避免修剪公主线和插肩袖的接缝。将缝份尽量留宽，只用切口来调整平整度，服装的悬垂感会更好。

减小接缝体积

为了减少封闭接缝、边口和拐角处的衣料堆积，分层和修剪是必不可少的。

步骤1 减少封闭接缝的体积

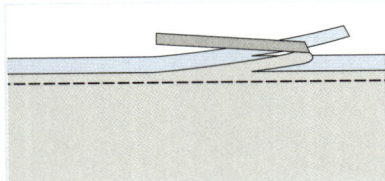

- 通过修剪缝份余量来减少翻领、驳头、贴边和口袋边缘的体积，使缝份宽度有差异——将最宽的缝份边贴于上衣外层。
- 将缝份修剪至 $\frac{1}{4}$ 英寸（约6毫米）或 $\frac{3}{8}$ 英寸（约1厘米）。
- 前衣片中，驳折点下方衣片的缝份较宽，驳折点上方驳头的缝份较宽。

步骤2 修整凹型接缝

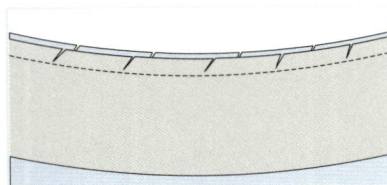

- 在凹型曲线处修剪缝份至 $\frac{1}{4}$ 英寸（约6毫米）。如果织物脱散（磨损）严重，修剪缝份至 $\frac{3}{8}$ 英寸（约1厘米）。
- 在缝份上做几个切口，距接缝线约 $\frac{1}{16}$ 英寸（约1.5毫米）至 $\frac{1}{8}$ 英寸（约3毫米）处停止。
- 斜向切口不会像直向切口那样隙开缝份。如果接缝受力，将每层缝份上的切口错开。

步骤3 修整凸型接缝

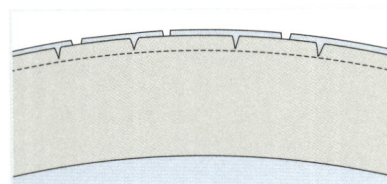

- 在凸型曲线处修剪缝份至 $\frac{1}{4}$ 英寸（约6毫米），距接缝线 $\frac{1}{16}$ 英寸（约1.5毫米）至 $\frac{1}{8}$ 英寸（约3毫米）处停止修剪。
- 通过在缝份上修剪小三角形来减少多余的体积，距接缝线 $\frac{1}{16}$ 英寸（约1.5毫米）至 $\frac{1}{8}$ 英寸（约3毫米）处停止修剪。
- 若为轻质面料，则修剪小切口，向正面翻转时使缝份重叠。

封闭接缝

封闭接缝连接织物和里衬或挂面，以及一些袋盖和口袋，这些缝份不能修剪。

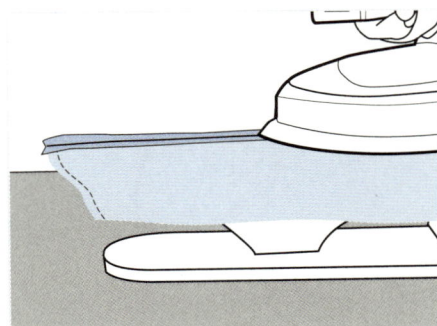

步骤1 粗缝后缝合

- 标记接缝线和剪口。
- 将裁片正面相对放置在一起，对准所有剪口，用大头针沿着接缝线固定。
- 使用颜色柔和的软质粗缝线。
- 小心粗缝，确保是沿着两个裁片的接缝处缝制。
- 拆除标记线。
- 将接缝熨烫平整，沿着粗缝线机缝。
- 拆除粗缝线。
- 从裁片正反两面将接缝熨烫平整，接缝分缝熨烫。
- 根据需要对缝份分层修剪以减小体积。

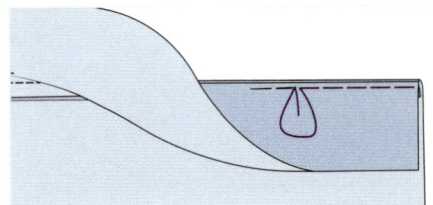

步骤2 缝合

- 把接缝处翻至正面。
- 当裁片反面朝上时，将接缝处织物卷起直至可以看到接缝线。
- 用丝质粗缝线或软质棉线从距边缘 $\frac{1}{4}$ 英寸（约6毫米）处开始粗缝。缝线不要拉得太紧，否则会扭曲边缘。
- 裁片反面朝上，沿着粗缝线熨烫以固定接缝。

省道

省道用于塑造织物以满足人体三维立体形态。在高级时装定制中，用来平衡或调节宽松度，它是最隐蔽的塑型结构。缝制时可以从省尖点缝至省端点，也可以从省端点缝至省尖点。省尖点处不要倒缝，而是将缝线拉紧系牢。试衣时，将省道折向一侧轻轻熨烫，并做顶层粗缝。

平衡省道

高级时装定制工艺与家缝工艺或成衣之间的一个重要区别在于高级时装有平衡省道工艺。当省道不平衡时，省道倒向一侧熨烫，除非轻质织物，其他织物在省道缝合处都会留下一个不美观的脊线。平衡省道有三种方法：

- 切开省道并分缝熨烫。
- 以缝合线为中心将省道熨烫平整。
- 使用布条平衡省道。

剪开省道

平衡省道最简单的方法是切开织物并将其分缝熨烫，这种方法适用于大多数克重的织物和有/无里衬的服装，但缺点在于当省量很小的时候，这种方法就不太实用，而且织物会有脱散（磨损）的风险。

- 标记省道缝合线。
- 裁片正面并拢，粗缝省道。
- 缝合省道。
- 拆除粗缝线。
- 将缝合线熨烫平整。
- 用剪刀沿省道中心线切开，距末端 $\frac{1}{2}$ 英寸（约 1.3 厘米）处结束。
- 分缝熨烫省道。

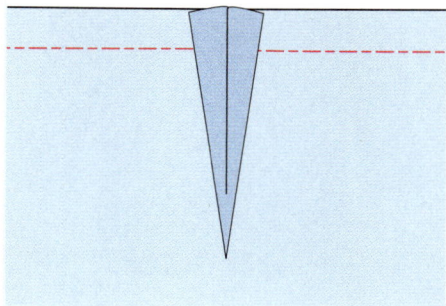

熨烫省道

这种简洁的方法对于无里衬上衣是很好的选择，适用于大小省道。

- 标记省道中心线和缝合线。
- 裁片正面并拢，粗缝省道。
- 缝合省道。
- 除省道中心线迹外，拆除粗缝线。
- 用熨斗尖端熨烫缝合线。
- 把省道中心的标记线与缝线对齐。
- 用短绗针把省道中心线缝到缝合线上。
- 将省道熨烫平整。

高级定制提示
小心熨烫，避免产生折痕。

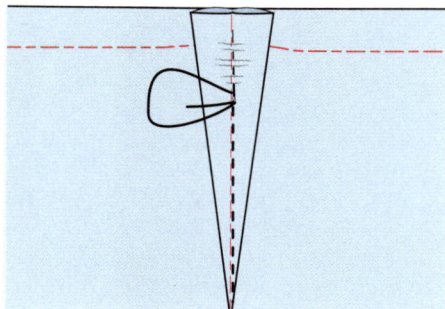

用布条缝制

　　这种方法采用主面料或内衬条来平衡省道，不需要像熨烫省道的方法那样谨慎。有时用于无里衬的上衣设计，但更适用于有里衬的上衣。

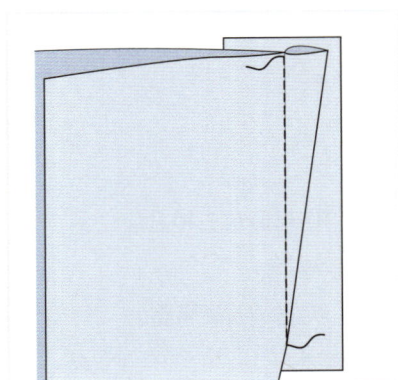

步骤1　缝制省道和布条

- 标记省道缝合线。
- 裁片正面并拢，粗缝省道。
- 剪一条宽1英寸（约2.5厘米），比省道长1英寸（约2.5厘米）的主面料或内衬条，根据省道的位置选用斜纱或直纱。
- 标记布条中心线。
- 将省道缝合线与布条上的标记线对齐粗缝。
- 机器缝合省道和布条。
- 拆除粗缝线。

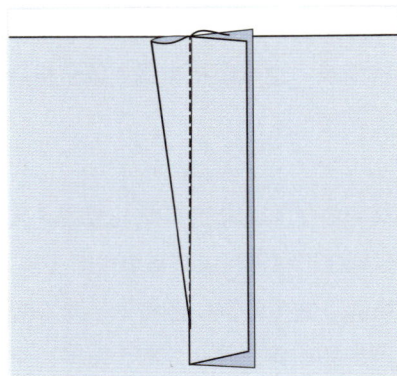

步骤2　熨烫平整

- 把省道倒向一侧，布条倒向另一侧熨烫平整。

左图：出自伊夫·圣罗兰的这件上衣采用了毛衬条形成平衡省道的设计。

右图：这件伊夫·圣罗兰上衣前片初看似乎设计有分割线，细看从肩缝到袋口为分缝熨烫的平衡省道的设计。

省道转化为松量

把省道转化为松量的上衣款式更受青睐，松量常取代胸省、后肩省和袖肘省。这里给出的说明是将后肩省转化为松量。

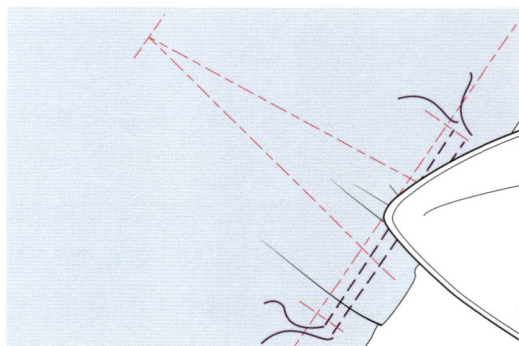

稳固松量裁片

使用省道定型法来保持松量省道的形状。这种技术在塑造拼缝线和处理松散织物时特别有用。以下说明用于袖窿省。

- 将省道转化为松量（参见前面的说明）。
- 拉起松量粗缝线抽缩松量。
- 用轻质丝绸裁剪4英寸（约10厘米）的方形裁片，如欧根纱或中国丝绸。
- 用短绗针将省道缝在丝绸裁片上。
- 将裁片的反面相对放置，把丝绸裁片置于松量省道的上方。
- 对齐边缘的纱向，然后把丝绸裁片用大头针固定在上衣裁片上。
- 用三角针把丝绸裁片边缘缝于上衣裁片上。

步骤1　测量肩省宽度并做记号

- 在省位和肩缝接缝线处做标记线。
- 在肩缝接缝线上测量省道宽度。
- 在省道宽度的两端分别用划粉笔做记号。如果衣料难以缩缝松量，则在较远处做记号。
- 先粗缝省道松量，然后粗缝肩缝接缝线。
- 用划粉笔在缩缝松量处做记号。

步骤2　增加松量

- 拆除粗缝线，沿着缩缝松量的记号做标记线。
- 用划粉笔或标记线在省道宽度位置描一条平滑的曲线。
- 在记号之间的缝份上缝制两行松量粗缝线迹，开始和结束的位置超出记号 $\frac{1}{2}$ 英寸（约1.3厘米）。
- 拉起松量粗缝线，将接缝线上的余量抽缩。不要抽拉出超过记号 $\frac{1}{2}$ 英寸（约1.3厘米）的松量粗缝，使开始和结束处较为平滑。
- 把抽缩松量的部分裁片放在烫凳上，裁片反面朝上，将余量烫缩。让熨斗尖端超出接缝线1英寸（约2.5厘米）至 $2\frac{1}{2}$ 英寸（约6.3厘米），使靠近接缝线的衣料收缩。
- 将裁片的正面相对放置在一起缝合肩缝。

高级定制提示
仅在织物反面挑缝纱线，这样针脚就不会在织物正面出现。

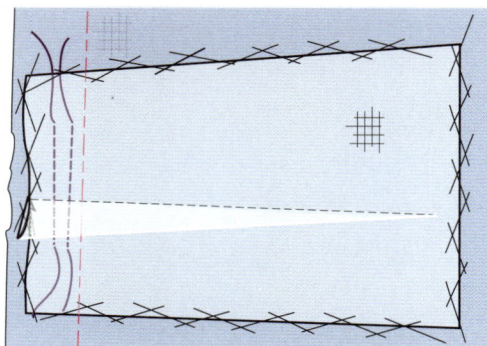

下摆

大多数上衣的下摆都有缝边，所以不明显的下摆处理工艺是必不可少的。从上衣正面看，衣料体积和缝边针迹最好不显眼。下摆需保持平整均匀，除非另有设计，否则应与地面平行。

上衣的款式和面料的重量决定了下摆的宽度设计。上衣的长度是在一开始就确定的，下摆宽度很少超过2英寸（约5厘米）。

内衬下摆

下摆与上衣内衬相连接，使衣身丰满，减少褶皱，形成平顺的下摆，以防产生显眼的垂直褶皱。斜裁毛衬和棉衬是最常用的内衬，其他内衬材料包括平纹细布（细棉布）、真丝欧根纱、缎面欧根纱、山东绸和亚麻，而马鬃辫有时用于追求特殊的设计效果。

内衬下摆在带里衬的上衣设计中可以有多种宽度，约为1英寸（约2.5厘米）或几英寸。从腰部以下约1英寸（约2.5厘米）的位置开始，或上衣前后内衬的延长量。可以延长至下摆标记线下方 $\frac{1}{2}$ 英寸（约1.3厘米），应比下摆

缝份边缘短至少 $\frac{1}{2}$ 英寸（约1.3厘米），避免内衬下摆边缘露在上衣外面。

不同的高级时装定制工作室有自己独特的设计方法。例如，华伦天奴的上装裙摆都设计有一个很宽的内衬，从腰围线以下1英寸（约2.5厘米）开始；而伊夫·圣罗兰许多上装的正、背面都采用斜裁毛衬，长度在下摆标记线下方 $\frac{1}{2}$ 英寸（约1.3厘米）。

在无里衬的上装中，内衬下摆宽度和缝边相同或更窄，以便隐藏在缝边里。

带里衬的内衬下摆

基础的上衣下摆内衬为宽度2英寸（约5厘米）至4英寸（约10厘米）的斜裁长条。

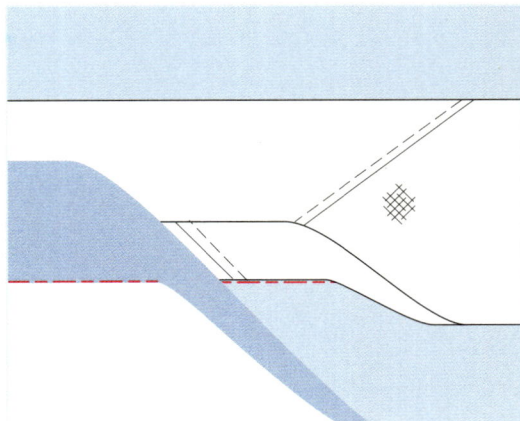

步骤1　裁剪内衬并沿下摆放置

- 把上衣反面朝上平铺在工作台上，下摆朝向操作者。
- 测量完整的下摆长度。
- 裁剪足够长的斜裁内衬条，在测量长度基础上再加上几英寸。
- 使用短尺寸内衬条时，将一条搭接 $\frac{1}{2}$ 英寸（约1.3厘米）在另一条上，用短纱针拼接。
- 在内衬条长边翻折 $\frac{1}{2}$ 英寸（约1.3厘米）并熨烫。
- 将内衬条折边与下摆线对齐并用大头针固定。

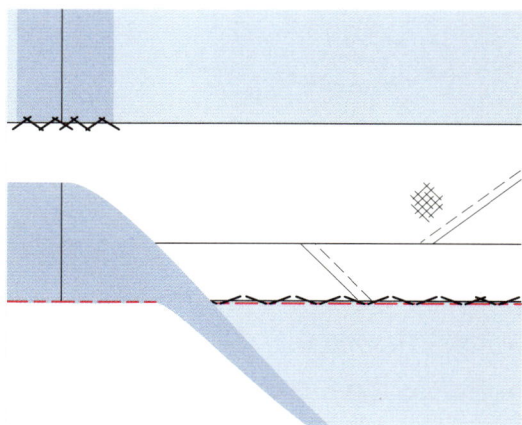

步骤2 缝合内衬条

- 用暗缲针把内衬条折边与上衣下摆线缝合。
- 用三角针把内衬条上沿线和上衣在垂直拼缝线的缝份上固定。
- 如果上衣是A形廓型，可在内衬上剪几个切口，作小三角形重叠量以适应衣片形状。

步骤3 缝制下摆

- 重新铺放上衣，将下摆翻转朝下，正面朝上。
- 将下摆缝份折叠，再距折边 $\frac{1}{4}$ 英寸（约6毫米）处粗缝。
- 在距下摆缝份边缘 $\frac{1}{4}$ 英寸（约6毫米）处再次粗缝。
- 用三角针或绗针将下摆缝份边缘缝到内衬上。
- 三角针可间隔较长针距，因上衣在穿着时不会对其产生应力。

高级定制提示
　　用不明显的绗针缝迹拼接短尺寸斜裁内衬条。

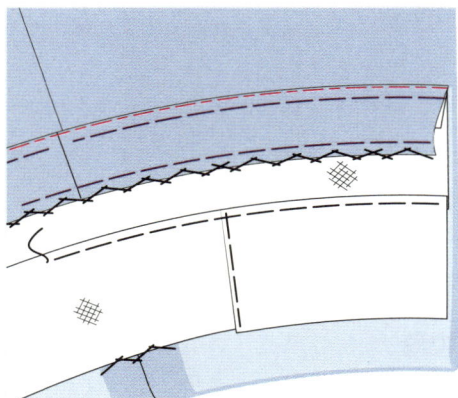

缝制造型下摆的内衬

　　裁剪造型内衬，可以用上衣纸样作为内衬纸样，或者准备宽斜纹内衬条。

- 按照腰线以下的纸样，裁剪造型内衬。
- 或者准备宽4英寸（约10厘米）的斜纹内衬条，在使用时对其进行塑型。
- 在下摆处缝制第一条内衬条，根据需要塑造成A形廓型。如有必要，在内衬上做切口，搭接边缘以适应衣片形状。
- 将第二条内衬条用大头针固定在第一条上，再次根据需要塑造廓型。
- 用短绗针拼接内衬条。
- 缝制固定内衬并整理下摆。

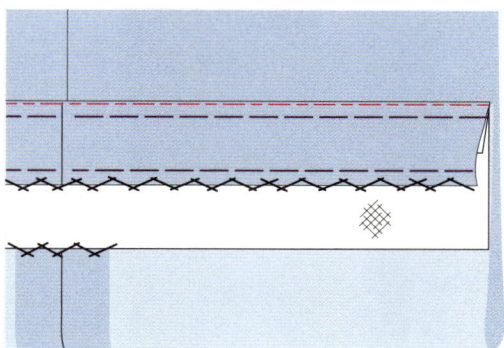

这款克里斯汀·迪奥上衣的后片下摆衬以马鬃辫，打造出明显的波浪起伏的外观。

马鬃辫内衬下摆

马鬃辫质地较硬，不能在下摆处折叠和重叠，因此缝合的工艺方法略有不同。较宽的马鬃辫一侧有一根绳子，这样便于匹配上衣裙摆的A形廓型。

- 使用2英寸（约5厘米）宽的马鬃辫。
- 将马鬃辫的边缘与下摆线对齐，并用大头针固定。

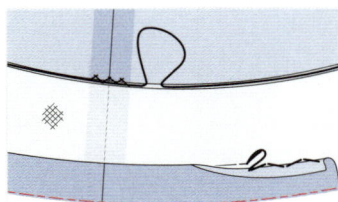

- 小心缝制，将上衣平放在桌子上，避免马鬃辫缝制得太紧或太松。
- 用暗缲针永久缝合。
- 通过拉起边绳，在弯曲的下摆上根据需要塑造马鬃辫造型。
- 用三角针把马鬃辫的上沿线与上衣垂直拼缝线的缝份固定。

无里衬上衣内衬

定制休闲夹克有时为无里衬设计，有些配以内衬。

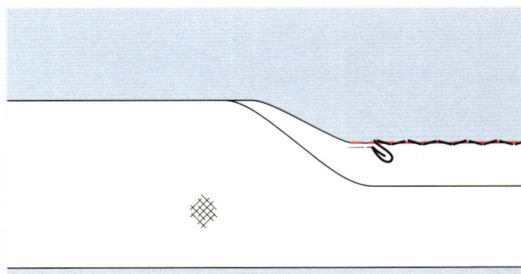

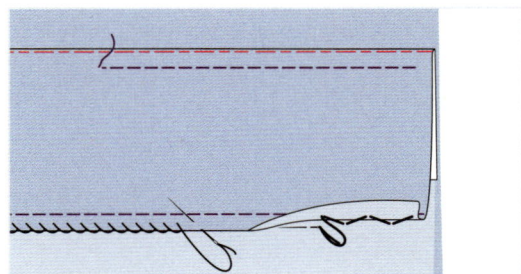

高级定制提示
无里衬设计的香奈儿上衣通常会缝一个小的加重链在锁针线迹上。

步骤1　裁剪并缝制内衬

- 修剪下摆缝份宽度，使其不超过 $1\frac{1}{2}$ 英寸（约3.8厘米）。
- 把上衣反面朝上平铺于桌面，下摆朝向操作者。
- 将内衬裁剪为与下摆缝份宽度相同。
- 剪下足够长度的斜裁布条作为内衬。
- 在内衬条长边翻折 $\frac{1}{2}$ 英寸（约1.3厘米）并熨烫。
- 将内衬条折边与下摆线对齐并用大头针固定。
- 用暗缲针把内衬条折边与上衣下摆折边缝合。

步骤2　缝制下摆

- 重新将上衣正面朝上平铺于桌面，下摆朝向操作者。
- 将下摆缝份折叠，在距折边 $\frac{1}{4}$ 英寸（约6毫米）处粗缝。
- 选配适宜的缝线，用锁针包缝下摆缝份边缘。
- 距下摆缝份边缘 $\frac{1}{4}$ 英寸（约6毫米）处再次粗缝。
- 用暗缲针缝合下摆和衣身。

处理边角

处理袖衩、背衩、前襟和贴袋的边角使其整洁平整。根据织物克重和边角位置有几种方法可以选用。

缝制搭门边角

对于轻到中等克重的织物，这种方法用于处理袖衩、背衩和门襟的搭门。如果后期需要调整长度，这是很好的处理手法，但会稍显厚重。当用于处理袖衩时，大袖或搭门会有一个连裁的贴边。以下说明用于处理搭门和大袖，首先将袖摆折叠定位，然后把贴边或垂直接缝余量折叠盖住袖摆。

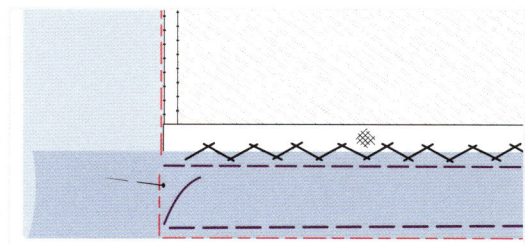

步骤1　折叠固定袖摆

● 沿着袖摆线和垂直折线做标记线。
● 将内衬置于袖摆合适的位置。
● 折叠并粗缝袖摆到袖衩贴边处结束。
● 将下摆缝份盖住贴边，修短外端缝份。

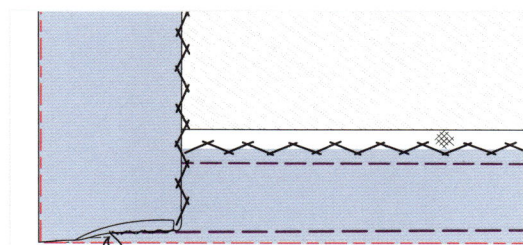

步骤2　缝制下摆和贴边

● 折叠贴边并熨烫。
● 在袖摆处握住贴边。
● 在袖摆处用暗缲针固定贴边。
● 用三角针将贴边的毛边缝制在袖摆缝份上。
● 检查重叠量边缘，袖衩开口须缝制一条平滑且不间断的缝线。

> **高级定制提示**
> 沿着贴边折线处粗缝所有层。

缝制底襟边角

这是缝制袖衩或背衩底襟边角最简单的方法。这种方法不适合缝制搭门，因为缝制出来的垂边不像其他方法处理得那样整洁。

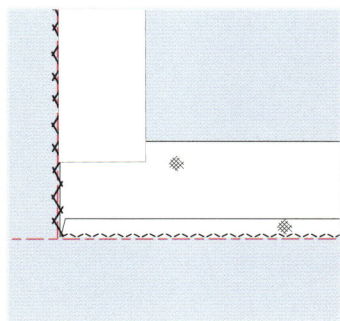

步骤1　将内衬置于袖摆合适的位置

● 将袖衩底襟内衬沿缝份位修剪。
● 用三角针将内衬沿折线缝合。

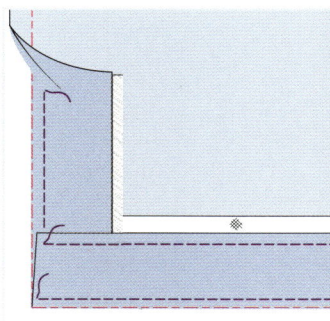

步骤2　成型边角

● 将袖衩底襟贴边或缝份折叠至上衣反面粗缝并熨烫。
● 折叠并粗缝袖摆缝份。

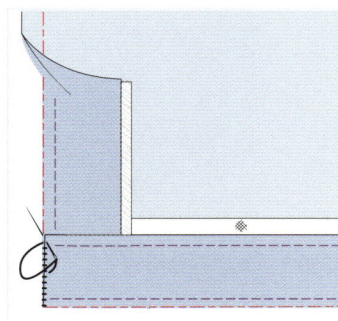

步骤3　缝合袖衩边缘

● 对齐袖衩开口处折边并粗缝。
● 用明缲针缝合下摆端角。
● 检查袖衩底襟开口边缘，外观可以看到袖摆缝份，欠缺美观度。

斜角接缝

这种方法处理的边角是最平整的，对于厚重的织物、袋盖和口袋来说是很好的选择。但用这种工艺处理的下摆后期不能拆剪和修改。

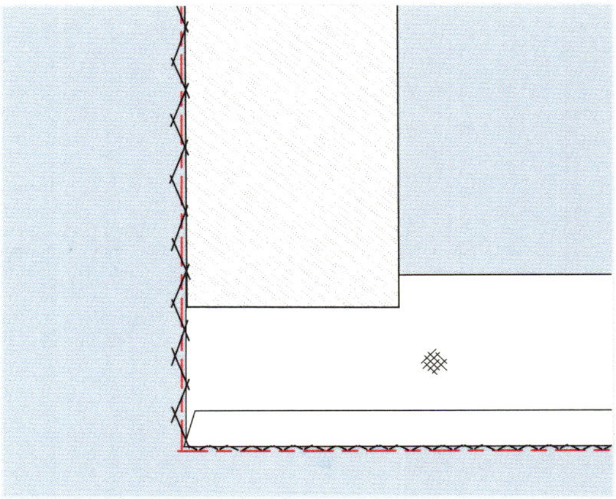

步骤1　将内衬置于下摆合适的位置

- 沿着贴边或垂直缝份边修剪内衬（内衬不要延伸至袋盖和口袋的缝份中）。
- 用三角针将内衬沿接缝线缝合。

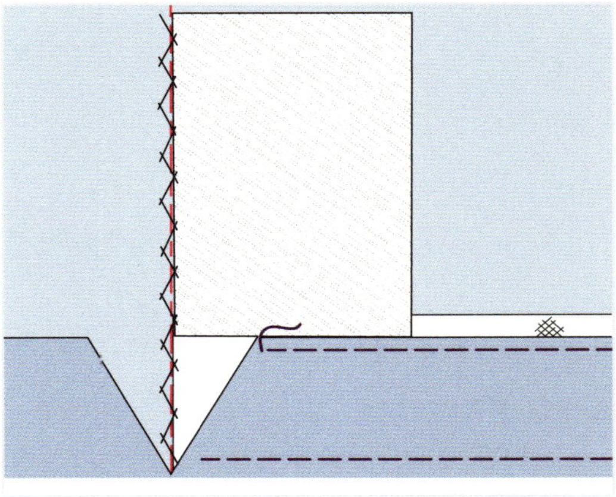

步骤2　成型下摆，修剪边角

- 折叠下摆，粗缝至距边角1英寸（约2.5厘米）处并熨烫。
- 修剪下摆缝份至拐角处。
- 切掉一个小三角形。

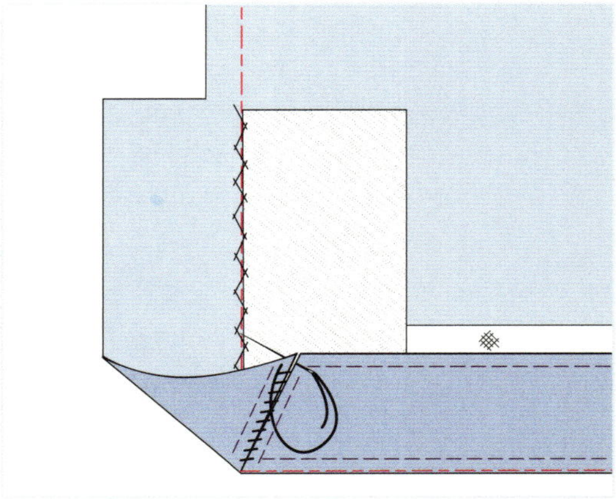

步骤3　成型斜角接缝

- 对齐切口边缘，在边角处折叠并粗缝斜角接口。
- 用小针距斜针缝缝合切口边缘。

高级定制提示
将大头针别在折线上，以定位所有织物层。

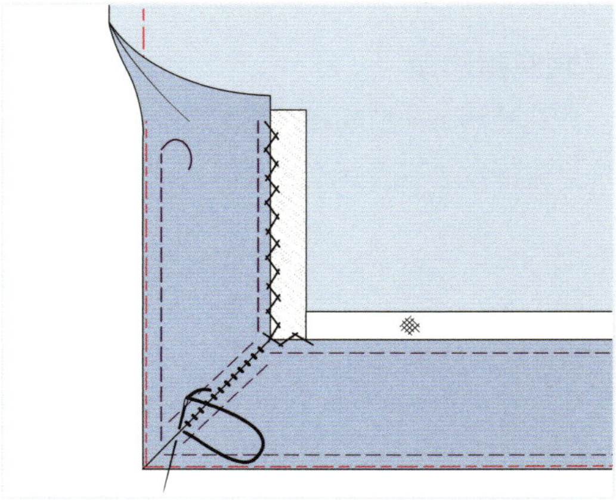

步骤4　缝制斜角接缝和下摆

- 折叠垂直边缘的贴边缝份盖住下摆。
- 粗缝斜角和折叠边缘，并熨烫。
- 使用暗缲针永久缝合斜角接缝。
- 用三角针把贴边和下摆缝份固定在内衬上。

熨烫

熨烫是高级时装定制的基本工艺，重要性不言而喻。优质熨烫可以改善缝制过程中的缺点，而不当的熨烫可能会损坏制作精良的服装。一开始就要建立意识，要花更多的时间熨烫而不是缝制。成功熨烫的关键因素在于熨烫温度、湿度、压力和时间。

熨烫好的上衣平顺整洁，具有精致的边缘和无褶皱的拼缝线。上衣外观不应有缝制细节的痕迹、不必要的折痕或皱纹，以及由熨烫引起的灼伤或极光。

若服装采用羊毛面料，可在拼合之前和缝制过程中，对裁片定型或通过归拔熨烫工艺来塑型；接缝和边缘处在缝合前后都可进行熨烫；缝制完成的上衣最后也需要熨烫定型。

熨烫测试

熨烫成功其实并不难，但需要耐心和一些经验。每一种面料的特性都是不同的，面料的纤维成分、织物克重、厚度和质地都将决定熨烫时所需的温度、湿度和压力。

一开始需要在织物废料上进行熨烫测试，并做好记录。用干熨斗、不同的加热装置、熨烫垫布和不同的压力来进行实验。熨烫织物的反面和正面。试着用不同的方法来加湿，如蒸汽熨斗、海绵或湿润的熨烫垫布。蒸汽熨斗熨烫是最简单的，但其效果也是最不可预测的。

粗花呢、仿羊羔呢、粗纺毛织物和一些松散的梭织织物通常比精纺毛织物、夏季羊毛织物和华达呢更容易熨烫；亚麻织物、丝织物、丝绒和充毛纯棉织物通常是最难熨烫的。

步骤1 用干烫布和海绵作熨烫测试
- 打开熨斗，待其完全加热，直至当水洒在熨斗上时会发出嘶嘶声。
- 用织物废料测试熨烫温度。
- 将废料沿斜纱方向折叠。
- 用一块干棉布作为烫布来覆盖织物。
- 将海绵沾湿，在烫布上擦拭。
- 用干熨斗中档温度熨烫，直至烫布基本干燥。
- 熨斗会轻微地粘在烫布上。如果烫布完全干燥，干熨斗应能平稳地在烫布上移动。如果熨斗和烫布粘在一起，有三个原因：烫布上过浆、熨斗温度过高或温度不够。
- 移除烫布，用压板拍打烫好的部分，木材会吸收水分并给予压力。
- 检查折痕。
- 如果想要更明显的折痕，可用肥皂摩擦折痕反面再次熨烫。

步骤2 用湿烫布作熨烫测试
- 把一块烫布打湿一半。
- 挤出水分并拧干。
- 把烫布折叠，让湿润的一侧盖住干燥的一侧。
- 熨烫垫布使水分均匀分布。
- 将织物废料沿斜纱方向折叠。
- 用湿烫布覆盖织物。
- 轻轻熨烫折叠的边缘。
- 移除烫布，用压板拍打烫好的部分。
- 检查折痕。

步骤3 用不同的烫布作熨烫测试
- 在织物的正反两面熨烫时，增加压力、湿度和温度。
- 装上烫靴作熨烫测试。

高级定制提示
测试前将所有烫布煮沸和清洗几次，以去除所有浆料。

熨烫接缝

技艺稍微成熟后，容易忽略熨烫测试这个阶段，这是错误的。进行不同的接缝和省道样品的熨烫测试，然后使用最合适的温度、湿度和压力进行熨烫。

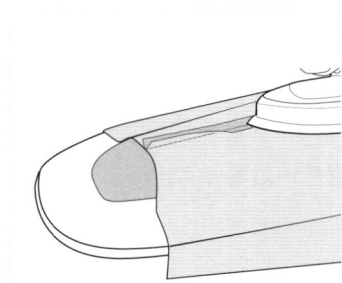

直线接缝

- 将缝合好的未分开的接缝熨烫平整，使缝线平顺。
- 将接缝放在分缝辊或分缝棒上。
- 用手指把接缝分开，然后将其熨开。
- 检查接缝边缘是否有压痕。
- 拨开缝份在其下方熨烫以去掉压痕。

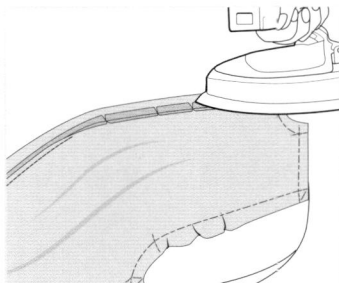

成型接缝

- 将未分开的接缝熨烫平整。
- 将接缝放在熨烫模具上，如烫凳、肩架或手套。
- 分开接缝，将其熨开。

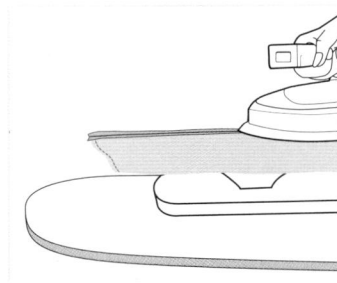

边角

- 把边角接缝熨烫平整。
- 将一侧接缝放在点烫板上，使熨烫点延伸到边角。
- 把接缝熨开直到拐点处。
- 重新放置裁片，熨烫相邻接缝。

熨烫设备基础知识

- 不要使用脏熨斗。用清洁剂或小苏打清洗脏熨斗。不要使用会划伤熨斗的清洁剂。
- 为防止熔丝粘在烫台或熨斗上，请将作品放在纸巾上，并在熨烫前盖上纸巾。谨慎使用白色的纸巾，漂白剂可能会沾染到织物上。
- 熨烫时不要把电源线带到作品上。
- 除非另有说明，否则蒸汽熨斗只能使用蒸馏水。
- 不使用时，把熨斗放在熨斗架上。
- 为了避免蒸汽喷溅，熨烫之前让熨斗加热一会儿并喷出适量的蒸汽。
- 熨烫完成后关掉熨斗开关。

使用哪种熨斗以及何时使用

- 使用带有恒温控制器的熨斗进行熨烫。
- 使用一个蒸汽熨斗来收缩和蒸熨织物。
- 用一个小熨斗熨烫衣领内部和其他狭小的地方。
- 使用烫凳、熨烫手套或小枕头来熨烫成型部分。
- 用小烫板或分缝棒熨开闭合的接缝，如衣领和前缘止口。
- 用小烫板把边角的接缝熨开。
- 用分缝棒或分缝辊熨烫直线接缝。
- 使用肩架、袖垫板或烫垫来塑型袖冠。

熨烫技术基础知识

- 沿着直纱方向熨烫。熨烫过程中需不停抬起和下压熨斗，以避免织物拉伸变形。
- 尽可能从衣物反面熨烫，一定要从反面熨烫衣领、门襟和挂面。
- 熨烫衣物正面时，需使用熨烫垫布。
- 每个缝制工艺流程都需要熨烫。
- 熨烫省道和接缝前需试衣。
- 在接缝和省道与其他线迹交叉缝合之前，将接缝和省道进行永久熨烫。
- 在熨烫之前，拆除所有大头针。
- 熨烫接缝前，先将缝迹线熨烫平整，使接缝与线迹平滑融合，再将其分缝熨烫。
- 为了避免在衣物正面产生压痕，将接缝反面放置在分缝辊或分缝棒上熨烫。如果没有分缝辊或分缝棒，在接缝或下摆缝份与衣料之间插入牛皮纸带再进行熨烫。要去除接缝或折边上的压痕，可将熨斗的尖端滑移到接缝或折边的下面熨烫。
- 为了避免过度熨烫造成极光、折痕或灼伤，二次熨烫要比去掉它们更方便。

- 为了去除极光或粗缝线痕，在距离衣物约 $\frac{1}{2}$ 英寸（约1.3厘米）上方的区域，用蒸汽熨斗蒸烫，然后用自身织物或刷子轻轻刷拭，或用一块厚的自身织物覆盖针板，然后将裁片反面放在针板上，用蒸汽熨斗熨烫。必要时重复上述步骤。
- 要去掉多余的折痕，可以用绿薄荷水或稀释的醋液。熨烫前请先在织物废料上测试。
- 熨烫滚边口袋或织物扣眼时，用一块厚的羊毛织物或毛圈毛巾覆盖熨烫，熨烫时衣服反面朝上。
- 熨烫衣袖时，先从反面开始熨烫袖孔，再使用袖垫板或烫垫熨烫袖冠；使用袖垫板、肩架或分缝辊以避免产生熨烫折痕。
- 将熨斗的尖端插入碎褶脊线之间，向聚集线方向熨烫，不要把碎褶熨平。
- 不要熨烫有污渍或污迹的部位。

参见第311—313页了解如何对已经缝制完成的上衣进行最终整烫。

归拢或拔开服装

在高级定制服装和定制剪裁中，通过归拢上衣裁片来塑造服装廓型以吻合人体曲线形态。

在处理羊毛和松散机织物时，可以通过归拢上衣裁片来消除省量。

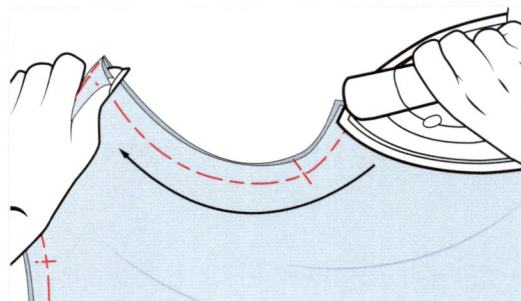

归拢边缘

当归拢短尺寸裁片和小面积织物时，可以使用这种方法。

- 操作时通常将裁片反面朝上；当归拢轻质织物时，则正面相对叠放。
- 根据面料种类，用蒸汽、湿润的熨烫垫布或海绵润湿边缘。
- 一只手握住织物的边缘，用熨斗施以压力使边缘弯曲和归拢。

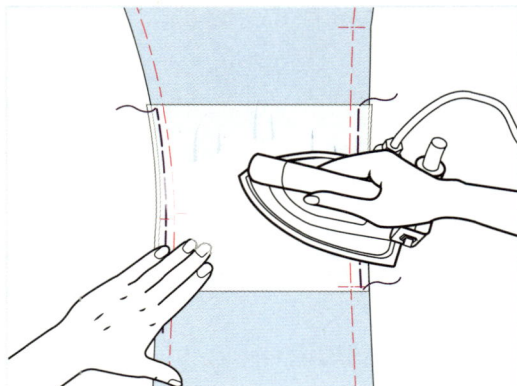

归拢衣身

归拢衣身的工艺技术有时可用来代替省道，可以借用一块较衣片更窄的欧根纱来完成。用几种不同的面料做实验，观察它们的归拢程度。

- 在上衣裁片上粗缝一个塔克或省道，正面朝上，以形成需要的形状。
- 将衣片翻至反面朝上。
- 放一片丝绸欧根纱在裁片上，用大头针在侧边固定。
- 拆除塔克或省道。
- 衣片正面朝上，根据不同的面料种类，用湿润的熨烫垫布或海绵浸湿需要归拢的部位。
- 在衣片的反面用蒸汽蒸烫，用手指在透明欧根纱下归拢并按压，注意避免产生压痕。这个过程可能需要一些时间，主要取决于面料的纤维成分和织造方法。
- 不再施以蒸汽，用熨斗将衣片的水分熨干。

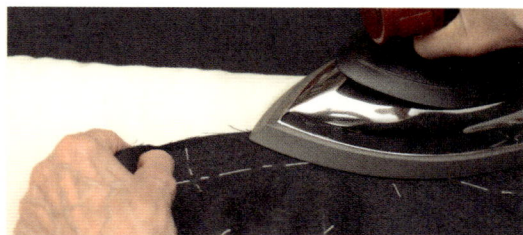

拔开边缘

拔开边缘可用于拉直和延长向内的曲线，或将直边转化为向外的曲线。拔开是用于拉直大袖的前缘、领里、驳头和腰带上下缘的工艺方法。

- 操作时通常将裁片反面朝上；同时操作两个裁片时，将它们正面相对叠放在一起。
- 根据面料种类，用蒸汽、湿润的熨烫垫布或海绵润湿边缘。
- 熨烫时，一只手握住衣片边缘，用熨斗施以压力使边缘拔开成想要的形状。
- 边熨烫边检查，以避免衣片过度拉伸。

特殊面料的工艺

许多纤维和面料需要采用特殊的熨烫工艺。一开始先做熨烫测试，以确定最适合面料的熨烫工艺。

棉或麻织物使用热熨斗和湿气来消除褶皱；继续熨烫，直到织物变干。深色织物从反面熨烫以防止极光。

羊毛织物或毛发纤维熨烫时应使用湿气，以免损坏纤维。使用羊毛熨烫垫布，并用羊毛或自身织物覆盖熨衣板或分缝辊。将接缝分缝熨烫，然后用压板拍打直到接缝平整，在接缝完全变干前不要移动。

丝织物在条件允许的情况下，尽量不要用湿气熨烫。使用较低的温度，以防止织物发黄。从正面熨烫时，用纸巾覆盖织物。

金属纤维用温热的干熨斗熨烫。用纸巾覆盖，以免损伤纤维。

缎纹织物和塔夫绸熨烫前检查纤维成分，条件允许的情况下，用干熨斗熨烫。

多种纤维混纺织物需找到适合织物中最敏感的纤维的温度。

合成纤维和超细纤维先以低温做熨烫测试，这些织物对热敏感且会融化。快速熨烫后，用压板按压接缝，直到织物完全冷却。

薄纱或轻质织物用低温熨烫。

厚重织物用蒸汽熨烫，然后用压板盖住并保持，直到织物变干。如果还是不够平整，再次熨烫并去除织物上的水分。

表面有纹理或刺绣的织物用厚毛巾覆盖表面，从反面熨烫。

起绒织物熨烫时将织物正面朝下放在针板或马海毛衬垫上，从反面熨烫。如果不具备这些工具和材料，在织物上方 $\frac{1}{2}$ 英寸（约 1.3 厘米）处用蒸汽熨斗蒸烫，或者用湿润的烫布覆盖熨斗以产生更多蒸汽，湿润状态下不要触摸绒毛。

针织织物沿纵向纹理反面熨烫，将熨斗上提或轻轻滑动。

第四章

细节设计

上衣前身的纽扣、扣眼和口袋是很醒目的特征，这些设计细节应该从一开始考虑，这样在裁剪布料之前就可以根据这些细节来设计上衣款式和样板。缝线扣眼和织物扣眼被广泛使用，但对于带有过肩和饰带的设计，内缝扣眼是不错的选择。口袋有很多不同式样，可以分为两种基本类型——贴袋和挖袋。

纽扣、扣眼的大小和位置应在设计服装或试穿样衣时确定。一件上衣可以有一颗纽扣或多颗纽扣，它们可以等间距或成组分布。除非有特殊设计，所有扣眼的长度和宽度都应相同，间距均匀，并且与上衣止口的距离相等。

定制口袋是指定制服装上设计的所有口袋。它们有各种各样的款式、形状和尺寸，适用于男装、女装和童装，可以是功能性的或装饰性

的，也可以是两者的结合。

基于不同的分类方式，口袋有不同的名称。根据使用方法不同，可以分为两大类：一类为明袋或贴袋，它们缝制在服装表面；另一类为挖袋，袋口位于切开缝或接缝线上。当使用商业样板时，很容易通过替换不同样式的口袋来改变设计。

左图：一件带有四个贴袋的香奈儿外套，饰以海军蓝镶边，立领造型贴合颈部线条。

中图：这款令人惊艳的阿德里安设计的上衣。设计中采用了大尺寸的织物扣眼和同料包扣，门襟采用盖帽暗扣扣合。

右图：出自克里斯汀·迪奥的一件优雅的双排扣外套，前身拼接设计和两对双嵌线挖袋。拼块、驳头、翻领装饰和口袋嵌线均采用相同的配搭面料。

纽扣和扣眼位置

　　上衣的款式、面料以及所选用的纽扣，将决定纽扣和扣眼的位置以及门襟宽。门襟宽或延伸部分，是前中心线与门襟止口之间的距离。门襟宽须至少为纽扣直径的一半加上 $\frac{1}{8}$ 英寸（约3毫米）。大多数门襟宽是纽扣直径的一半加上 $\frac{1}{4}$ 英寸（约6毫米）；有些是纽扣的直径或更宽。

　　大多数定制上衣和外套的纽扣都在前中心线上，横扣眼垂直于门襟止口，这样扣眼就可以延伸出中心线 $\frac{1}{8}$ 英寸（约3毫米）。纽扣位于中心线上，置于扣眼末端。

　　直扣眼用于镶有独立门襟的上衣中。扣眼位于拼条中心，与拼条和上衣止口边缘平行。这些扣眼通常是直线，只有最顶部的纽扣位于扣眼末端，接近领口边缘。剩下的纽扣都可以浮动在扣眼里。

左图：横扣眼位置。
右图：直扣眼位置。

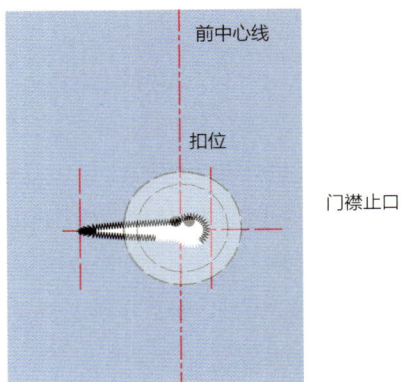

前中心线
扣位
门襟止口

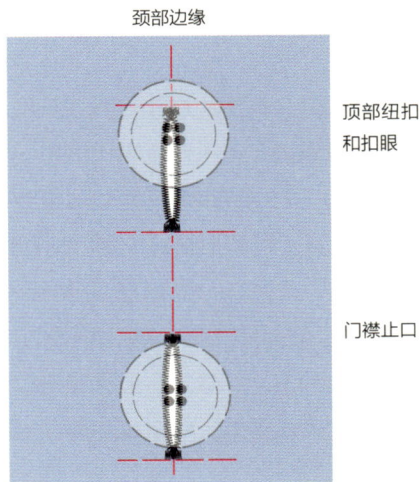

颈部边缘
顶部纽扣和扣眼
门襟止口

左图：平驳领或青果领的第一个扣眼刚好在驳点下方。
右图：翻领上衣的第一个扣眼刚好在领口下方。

　　平驳领或青果领上衣的第一个扣眼位于驳点下方 $\frac{1}{2}$ 英寸（约1.3厘米）处，即驳头或翻折线的起点，它能起到控制驳头起点的作用。

　　上衣最顶部的扣眼位置在领口边缘以下 $\frac{1}{2}$ 英寸（约1.3厘米），再至少加上纽扣直径的一半。

在腰带、袖口、搭襻和领座上，扣眼与长边平行。在口袋和袋盖上，扣眼可以与边缘平行、垂直或成一定角度。

在袖衩上，扣眼通常垂直于袖衩，有时与布纹成一定角度。

对于双排扣设计，将纽扣与前中心线等间距放置，两排均放置少量纽扣。一般来说，第一排纽扣是用于扣紧，第二排纽扣是用于装饰。最上面的装饰纽扣在对应的夹克内侧会有一颗内层组合扣。有些上衣有两个内层组合扣——一个在顶部，一个在底部。

确定纽扣和扣眼的间距

- 一开始先确定顶部和底部纽扣的位置。
- 测量顶部和底部纽扣之间的距离。
- 用这个距离除以纽扣数量减去1厘米的差。
- 尽可能将扣眼放于腰部或胸部等应力点。
- 一般来说，奇数个纽扣比偶数个纽扣更有魅力。
- 当设计有腰带时，将扣眼设置在腰带上方和下方至少 $\frac{1}{4}$ 英寸（约6毫米）处。

上图：这款纪梵希上衣设计采用威尔士亲王格面料，有六个纽扣和缝线扣眼。

成功制作扣眼的提示

- 给服装裁片加内衬，确保其与面料和设计相协调适应。
- 在扣眼区域加内衬。
- 标记准确，剪切准确，缝合准确，仔细熨烫。使用商业样板时，选择推荐尺寸的纽扣。
- 在状态最好的时候制作扣眼——通常是早上工作的第一件事。
- 挂面完成后，织物扣眼有缩短的趋势。
- 给上衣制作扣眼之前，在碎布和内衬上做几个样品扣眼。
- 先制作上衣袖衩或克夫处的扣眼（如有）。从下摆往上制作前片扣眼，这样工艺最好的扣眼就会在最显眼的位置。
- 对于缝线扣眼，先在上衣面料上做一个样品扣眼，垂直观察以检查缝线的颜色。有些面料上缝线颜色越浅越好，而有些面料上缝线颜色越深越好。

扣眼类型

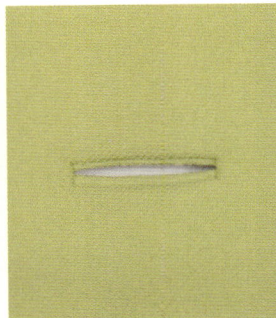

扣眼有三种类型：缝线扣眼、织物扣眼和内缝扣眼。缝线扣眼或手工扣眼用于传统定制剪裁，如定制裙套装、长裤套装、开襟羊毛外套，并且大多数用于男装。织物或滚边扣眼用于极简的剪裁及女装设计，常用于非羊毛面料的服装。内缝扣眼是接缝中的一个开口，用于连接边缘或过肩处的衣带。每种扣眼类型都有多种制作方法。

制作扣眼样品

制作扣眼样品，可确保扣眼尺寸正确。即使是同样大小的纽扣，粗糙的纽扣比光滑的纽扣需要更大的扣眼，不规则形状的纽扣也需要更大的扣眼。扣眼太小会使面料脱散（磨损）。

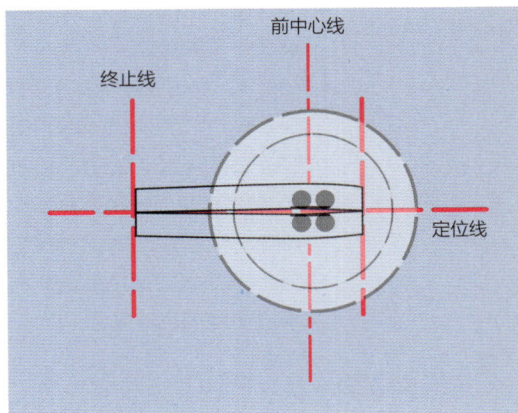

织物扣眼

标记扣眼位

织物或滚边扣眼在挂面缝制前制作；缝线扣眼是在挂面或里衬缝制后，上衣完成时制作。两种类型的扣眼位置都在一开始或上衣试穿时做标记。

- 用划粉笔或缝线在衣服正面标出扣眼位置。
- 使用白色粗缝棉线粗缝。
- 在熨烫过程中容易损坏的织物使用丝线粗缝，如丝织物、割绒织物和一些毛织物。
- 如果一开始未做标记，则在左右前中心线位置进行标记。
- 缝制一条粗缝线，标记扣眼开口或定位线。
- 超出扣眼的两端将定位线延长 $\frac{1}{2}$ 英寸（约 1.3 厘米）。
- 在每个扣眼的起点和终点处，与定位线成直角标记扣眼两端。

- 终止线应在定位线上方和下方延伸至少$\frac{1}{2}$英寸（约1.3厘米）。每个扣眼的标记线看起来都形成字母"H"。

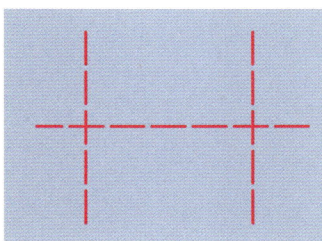

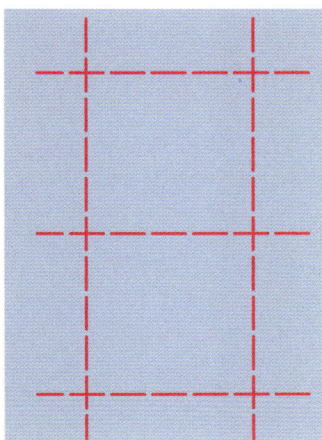

多个扣眼

当标记多个扣眼时，一次性粗缝所有终止线。完成后，标记线看起来像一个梯子。

当设计有腰带时，应考虑腰带宽度；扣眼与腰带的间距不得小于$\frac{1}{4}$英寸（约6毫米）。

缝线扣眼

制作缝线扣眼时，扣眼区域需设置内衬以支撑纽扣和扣眼。一般来说，前面的内衬会保留在扣眼区域，但有些裁缝会剪掉一个小小的矩形，用一块与上衣布料颜色相匹配的轻薄矩形内衬或里衬来代替，以防止它在扣眼缝针脚中显露出来。

许多工作室都有一两位技师专门制作所有的缝线扣眼。这些操作指南涵盖了一些专业裁缝都不会使用的步骤——在制作了几百个扣眼之后，就不用再粗缝（疏缝）和用机器缝制了。

缝线扣眼有多种类型——钥匙孔扣眼或圆头扣眼、椭圆形扣眼和直线扣眼。圆头扣眼多用于运动夹克、定制上衣、外套大衣和男装。对于男式上衣，锁眼形状是固定的；对于女式上衣，为了看起来更柔和，末端可呈扇形。对于成衣女上装和经典开襟羊毛上衣，当扣眼垂直或平行于止口边缘时，使用直线扣眼。

在服装上制作扣眼之前，花几分钟时间练手直到绣边对称且间距均匀。给上衣制作扣眼时，从最不显眼的开始——袖衩处的扣眼。在上衣前身制作扣眼时，先制作最底部的扣眼。

缝制缝线扣眼

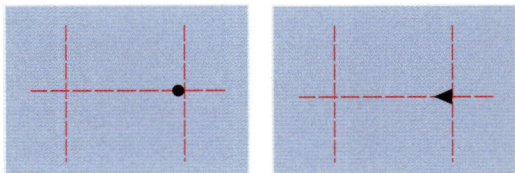

步骤1　标记扣眼长度并确定端部形状

- 参见第100页"标记扣眼位"。
- 在扣眼周围粗缝，防止各层移位。经过足够的练习，就不再需要粗缝。
- 对于钥匙孔扣眼，用打孔机在靠近开口的一端（如上面左图所示）打孔。为了剪得干净，可在扣眼下面垫一小块碎布。
- 如果没有打孔机，用小剪刀在末端剪出一个三角形（如上面右图所示）。
- 不要切割扣眼的长度。

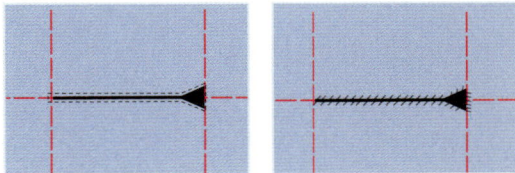

步骤2　缝制扣眼

- 将机器设置为每英寸15针（约1.75毫米针距）。
- 在距扣眼位置 $\frac{1}{16}$ 英寸（约1.5毫米）的扣眼周围进行缝合。专业裁缝师不会用缝纫机在扣眼周围缝制，而是在切割后用缝线覆盖边缘。
- 用小剪刀把扣眼剪开。
- 修剪掉所有线头。

> **高级定制提示**
> 纽扣应该很容易穿过扣眼切口，缝制后开口会变小。

封边

- 用蜡封边，握住扣眼，使剪切边朝上。
- 在热熨斗上加热小刀。
- 在刀上涂一些蜂蜡，动作要快，然后将蜂蜡涂抹在剪切边上。

> **高级定制提示**
> 在剪开扣眼之前，先在周围进行缝制会更容易。

- 重复上述步骤，直到所有边缘都密封。
- 或者用机器和线锁边。
- 也可以用白乳胶封边，用牙签小心翼翼地将它涂在剪切边缘上。

扣眼嵌线

比起无嵌线扣眼，嵌线扣眼更有轮廓，更易穿。裁缝用蜡线来镶边，当没有蜡线时，可以用锁扣眼丝线或棉线、装饰明线、珍珠棉线或刺绣棉线来代替。裁缝将蜡线放在布料上，

如果在学习的阶段，可以把线穿进针里，然后在末端缝一针使其绷紧，操作起来会比较容易。

- 给线绳上蜡并熨烫，然后把它穿过一个大针眼的针。
- 从应力最小的一端开始。
- 服装挂面朝上，在距离开口端 $\frac{1}{2}$ 英寸（约1.3厘米）处或在直线扣眼底部用散线结固定线绳。
- 在扣眼边缘的布料上放一根线绳。
- 在另一端，用大头针固定线绳。
- 拉紧线绳，但不要起绷。
- 用扣眼缝完成一条边后，将线绳放在另一条边上完成扣眼制作。
- 将针插入起始位置。
- 不要系紧线绳。

钥匙孔扣眼或圆头扣眼

钥匙孔扣眼或圆头扣眼在朝向上衣止口的一端有一个小圆孔，这个孔被称为眼，它能使纽脚在末端固定，而当衣服扣合时纽扣不会浮在扣眼里。

男式上衣的袖口和驳头上的扣眼大多采用圆形扣眼而不是钥匙孔扣眼。

在制作上衣扣眼之前，先回顾并练习扣眼缝针法（参见第68页）。

缝制钥匙孔扣眼

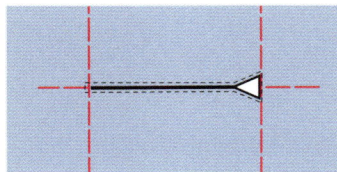

步骤1　标记剪切扣眼

- 标记扣眼位（参见第100页"标记扣眼位"）。
- 制作钥匙孔扣眼（参见"缝制缝线扣眼"步骤1，见上页）。将扣眼开始处修剪成一个小三角形，使其平滑过渡。
- 在扣眼的末端插入一个锥子，使之呈眼睛的形状。
- 把扣眼剪至所需的长度。
- 在继续下一步操作之前，检查确保纽扣能轻易地穿过扣眼。
- 在距边缘 $\frac{1}{16}$ 英寸（约1.5毫米）处用机器在扣眼和孔眼周围进行缝合。
- 扣眼封边（见上页）。
- 当具有一定的经验时，用锁缝代替机器缝合。

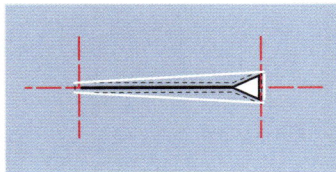

步骤2　添加嵌线

- 给扣眼上蜡，然后熨烫锁扣眼丝线或线绳（见上页）。
- 用散线结把线绳固定在扣眼的一侧。
- 在孔眼端，采取短针迹缝合；把线穿过末端，再缝一个小针迹。
- 把线绳放在扣眼的另一侧。
- 将线尾固定在起始位置。

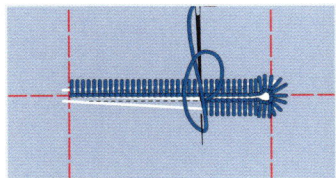

步骤3　锁扣眼

- 在挂面上远离孔眼的一端用散线结固定扣眼缝线。
- 始终从经受最小应力或易磨损的一端开始。
- 在边缘缝两针将线固定在扣眼的末端。
- 用扣眼缝覆盖线绳缝至扣眼末端，缝针深度和间距参考机缝线迹。

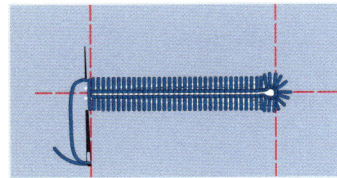

步骤4　缝合孔眼

- 小心地在孔眼周围以扇形进行锁缝，中间一针要与扣眼开口成直线。
- 在孔眼剩下的一侧进行锁缝，使最后一针与第一针相对。

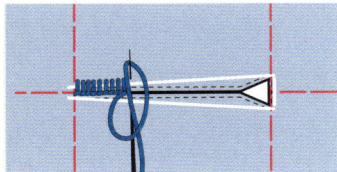

步骤5　末端套结

- 将缝线从第一针底部穿出。
- 将针插入最后一针的底部。
- 采用回针，重复两三次，做一个短套结。
- 拉紧缝线并剪断。
- 修剪两端的线绳。保持两端绷紧，紧贴面料剪断。
- 将扣眼粗缝合拢。

高级定制提示

有些裁缝把扣眼放在食指上，孔眼朝向指尖。

高级定制提示

锁扣眼丝线或棉线通常环绕在套结上，有时套结也采用锁边缝或扣眼缝。

椭圆形扣眼

椭圆形扣眼类似于定制扣眼，但末端不是一个小圆孔，而是一个更大的椭圆形，使扣眼看起来像一个大泪珠。椭圆形扣眼用于松散的机织物和风格独特的粗花呢服装。缝制完成后的扣眼外观看起来很不一样，但它们的制作方式与定制扣眼相同。

缝制椭圆形扣眼

- 标记扣眼位（参见第100页"标记扣眼位"）。
- 在扣眼末端剪一个长三角形，而不是孔眼形状。
- 在扣眼周围锁缝并封边（参见第102页"扣眼嵌线"）。
- 给扣眼添加嵌线，像之前一样在第一侧进行扣眼缝。
- 最后，在曲线处缝奇数针扣眼缝，中间一针要与扣眼开口成直线。
- 继续做扣眼缝至开始的地方。
- 做一个小套结。
- 拉紧缝线并剪断。
- 修剪两端的线绳。
- 将扣眼粗缝合拢。

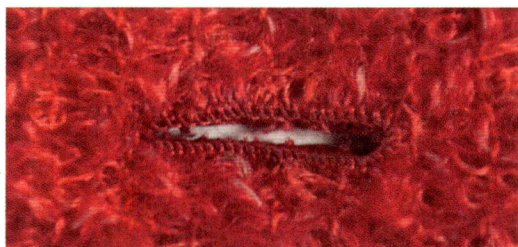

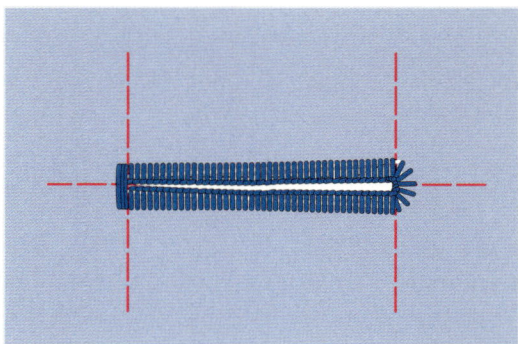

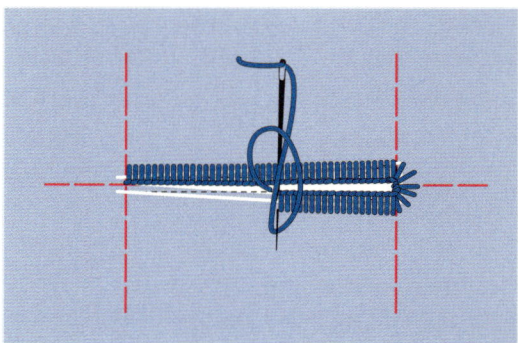

假扣眼

假扣眼通常用于袖衩，其制作好以后不用剪开。与剪开的扣眼不同，假扣眼通常是从缝制纽扣的一端开始缝制。高级定制服装中较少使用假扣眼。

直扣眼

　　当扣眼平行于边缘时使用直扣眼，有时袖口、口袋和袋盖也使用直扣眼，直扣眼两端各有一个套结。

缝制直扣眼

- 标记扣眼位（参见第100页"标记扣眼位"）。
- 剪切一个直扣眼。
- 在扣眼周围缝合，根据需要修剪，并封边（参见第102页）。
- 在扣眼的一边开始，沿着直线进行扣眼缝，直到第一边的末端。
- 最后，做一个小套结。
- 继续做扣眼缝至开始的地方。
- 再做一个小套结。
- 拉紧缝线并剪断。
- 修剪两端的线绳。
- 将扣眼粗缝合拢。

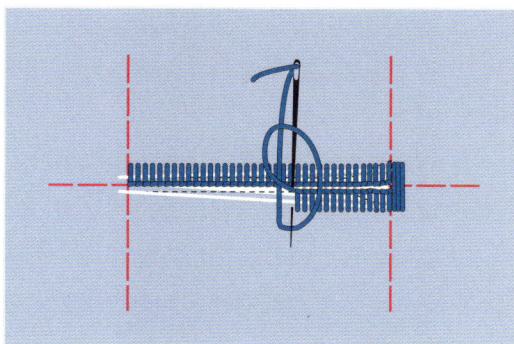

圆端直扣眼

　　这种扣眼类似于直扣眼，但是它的两端不是一个套结，而是在朝向边缘的一端形成扇形。扣眼用于上衣门襟、男式上衣的驳头和衣袖，以及半身裙、背心、女式衬衫和连衣裙中，它们的制作方法和直扣眼一样。这些扣眼质地较柔软，通常不添加嵌线。

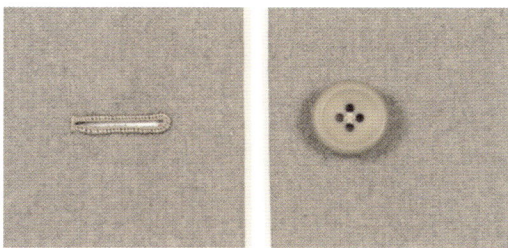

- 按照上述缝制直扣眼的方法进行扣眼缝，直到第一边的末端。
- 最后，在曲线处缝奇数针扣眼缝，中间一针要与扣眼开口成直线。
- 按照上述说明完成操作。

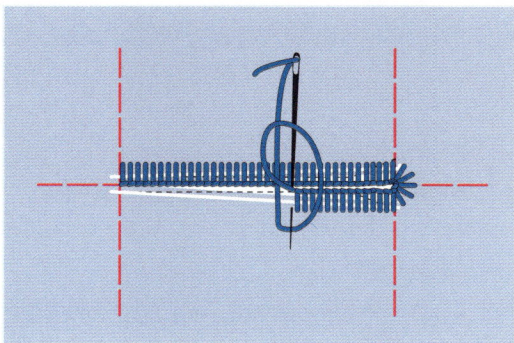

织物扣眼

织物扣眼通常被称为包边扣眼，最常用于极简剪裁、成衣女装以及皮革和绒面革等面料的上衣，在男装上衣中几乎不可见。制作精良的织物扣眼是平滑的，贴边均匀，边角方正。不同于缝线扣眼，缝线扣眼是在挂面缝制完成后制作的，而织物扣眼是在挂面缝制完成前制作的。

扣眼区域应覆盖内衬，以支撑纽扣和扣眼。一般来说，前身的内衬会保留在扣眼区域；如果它太重或太硬，就在扣眼位置剪切一个小矩形，用一块与上衣相配的轻薄矩形内衬或里衬来代替。

门襟处的织物扣眼至少长1英寸（约2.5厘米），这样更为美观。如果纽扣太小，不适合这个长度（这种情况很少见），可以采用滑针缝合扣眼的一端，使扣眼尺寸变小。制作扣眼时，一定要考虑扣眼的宽度和长度，又短又宽的扣眼和又长又细的扣眼都不美观。

扣眼嵌条有时称为唇边。羊毛织物上的扣眼嵌条通常为 $\frac{1}{8}$ 英寸（约3毫米）宽，这样制成的扣眼为 $\frac{1}{4}$ 英寸（约6毫米）宽。对于轻薄面料，考虑较窄的嵌条；对于厚重面料和大尺寸纽扣，可以考虑宽一些的嵌条。

直条法

直条法适用于不易脱散的织物，对于大多数羊毛织物来说，这是一个很好的选择。嵌条通常是在相近或撞色布料上沿直纱裁剪，但也可以沿横纱裁剪，以对位服装上的面料纹样。对于条纹布、方格布、格纹布、罗纹布、割绒织物和粗花呢面料的成衣，嵌条通常采用斜裁。

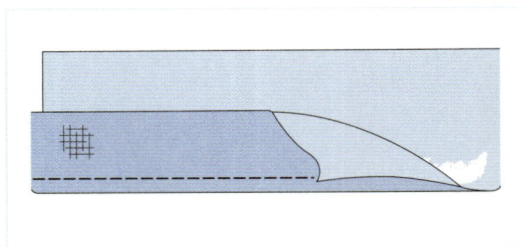

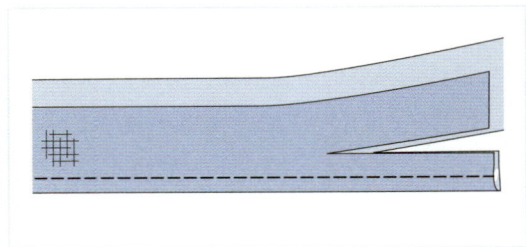

步骤1　制作嵌条

- 选用碎片布料。使用较大的碎布可以防止烫伤手指和起波纹。如果没有大的碎布，可以用几块小碎布。
- 沿着布料纱向修剪边缘。
- 如果需要，拉一根线来标记纱向并沿着纱向剪裁。
- 将修剪过的边缘折叠1英寸（约2.5厘米），并将布料反面相对熨烫。
- 为了使折痕更清晰，在熨烫之前，用一块肥皂在反面折痕处擦拭。
- 距折边 $\frac{1}{8}$ 英寸（约3毫米）处缝一条线迹作为参考线。

步骤2　修剪

- 沿两层厚度修剪条带，使参考线位于嵌条的中心。
- 如果剪得太多，成品扣眼的嵌条之间会有一个缝隙；如果剪得不够，嵌条会在中间重叠。

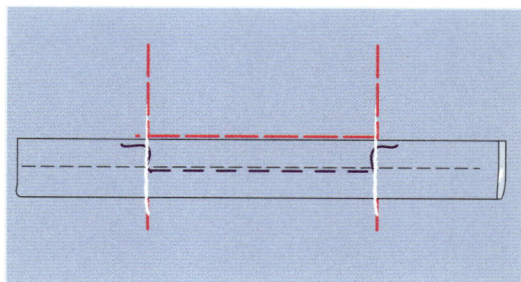

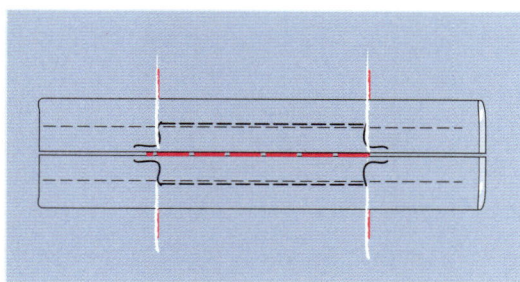

步骤3 粗缝嵌条

- 剪两条比扣眼长1英寸（约2.5厘米）的嵌条。
- 将一根嵌条的剪切边与扣眼的定位线对齐并用大头针固定，使两端超出扣眼标记$\frac{1}{2}$英寸（约1.3厘米）。
- 粗缝嵌条的缝合线。
- 用大头针别住另一根嵌条，使剪切边接触到第一根嵌条的剪切边。
- 以终止线为准，用划粉笔在两条嵌条两端做标记。

步骤4 缝合

- 将机器设置为每英寸20针（约1.25毫米针距）。当在多功能缝纫机上缝纫时，改为直缝压脚，这样可以更好地看到开始和结束的位置。
- 紧邻粗缝针迹，在折边一侧机缝。
- 根据两端标记的参考线，确定开始和结束位置。
- 不要倒回针或加固缝。

高级定制提示
经验丰富的裁缝很少采用粗缝，除非是需要对位面料纹样。

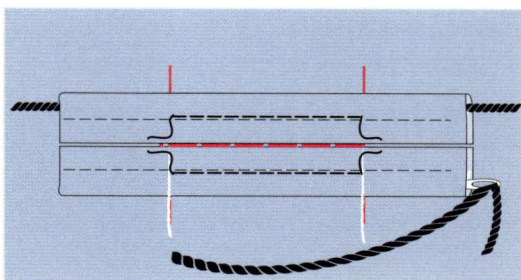

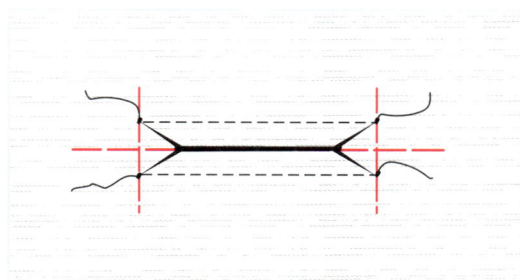

步骤5 扣眼嵌线

- 使用圆头针和腈纶或羊毛线对柔软织物或斜裁扣眼做填充，防止扣眼拉伸或裂开。
- 剪切前，将扣眼翻至反面朝上，检查缝合线。
- 缝合线应该是平行的，并且精确地始于和止于终止线。
- 如果缝得太远，用花毯针小心地除去多余的机缝线；如果缝得不够远，将缝线拉到反面，把它穿进一根容易穿线的针里，多缝一针。

步骤6 剪切扣眼

- 将机缝线拉到反面，拉紧然后在每一端打结。
- 小心地从衣服的里面剪切扣眼，注意不要剪到嵌条。
- 从扣眼的中心开始，用非常锋利的剪刀剪切，在距端部$\frac{1}{4}$英寸（约6毫米）时停止。
- 剪到每个边角处，使每一端剪成一个三角形（参见第80页的"切口"）。

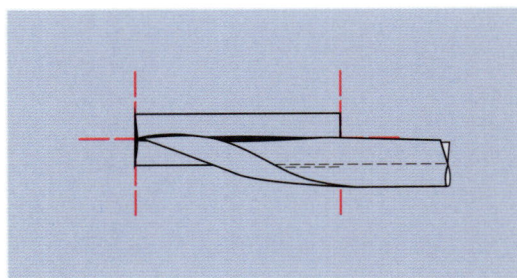

步骤7　翻到反面

● 布料正面朝上，将嵌条推压到反面。

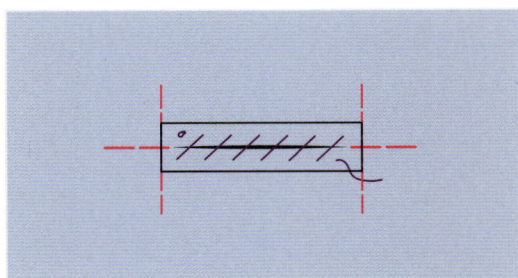

步骤8　粗缝

● 上衣正面朝上，拉直嵌条。

● 用斜针法将嵌条粗缝在一起。

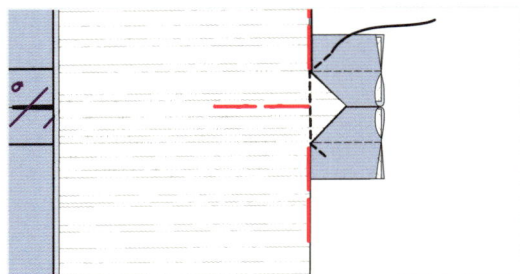

步骤9　缝合扣眼末端

● 将机器设置为短针缝距。

● 将上衣正面朝上，将上衣和内衬向后翻折，露出三角形和嵌条侧端。

● 尽可能靠近衣服翻折处在末端缝合。

● 在边角处稍微摆动一下缝迹线，以拉住所有切口量，摆动太多会起褶。重复上述步骤，在另一端将三角形和嵌条侧端固定。

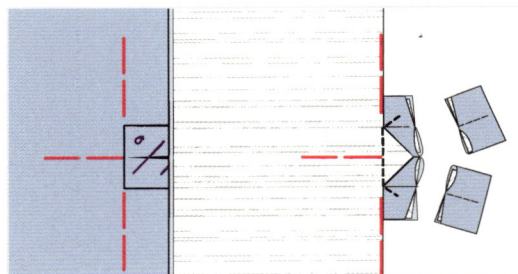

步骤10　完成嵌条制作

● 根据需要修剪嵌条，使其不会缝到挂面接缝中。

● 将扣眼反面朝上放在柔软的烫垫上。

● 用力熨压，但不要用力过猛，防止扣眼的边缘露到正面。

● 嵌条制作完成后，按照说明整理织物扣眼（参见第111页）。

包边法

　　包边法——有时也称为改良直条法——将嵌条镶在扣眼边缘。对于易磨损面料、厚重面料和需要对位纹样的纹样，这类织物扣眼是不错的选择。

请注意，这件迪奥上衣的织物扣眼与上衣前身面料纹样对位。

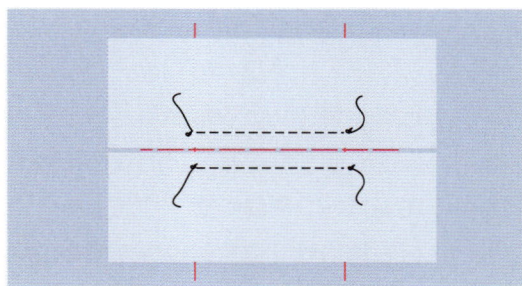

步骤1 缝合包边条

- 对于每个扣眼，剪两条比扣眼长 $1\frac{1}{2}$ 英寸（约3.8厘米），宽为1英寸（约2.5厘米）的包边条。包边条可以斜纱、直纱或横纱剪裁，以对位面料纹样。

- 将面料正面相对放置在上衣上，使剪切边与定位线重合。
- 用大头针在各端将包边条固定到位，使大头针与定位线成直角。
- 粗缝。当对位面料纹样（参见第146页）时，加倍粗缝防止包边条后期移位。
- 将机器设置为短缝针距，每英寸20针（约1.25毫米针距）。
- 缝制所有扣眼。
- 在两端打结把缝线固定。使用花萼眼针将两根线拉到一边，并在打结前用力拉紧。
- 拆除粗缝线。

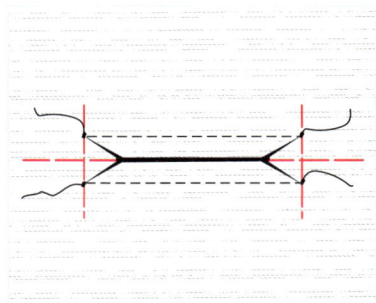

步骤2 剪切扣眼

- 从反面检查扣眼，确保它们间隔均匀，包边条长度和宽度相等。
- 从中间剪开扣眼，然后剪到边角。注意不要剪到包边条。
- 将包边条推过切口。
- 将接缝熨开。

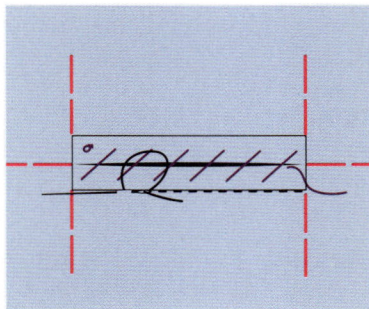

步骤3 粗缝扣眼

- 将包边条包裹在缝份上，这样可以形成扣眼的嵌条。
- 上衣正面朝上，调整包边，使其位于开口的中心，宽度相等。
- 用大头针将包边条固定在顶部和底部的接缝线上，并熨平接缝。
- 用斜针法将包边条粗缝在一起。
- 用一根细针和极短针距的回针缝将包边条永久地缝合在接缝处。

高级定制提示

如果包边条很厚且不平整，则松开它们并将顶部和底部的接缝熨平。然后根据需要修剪。

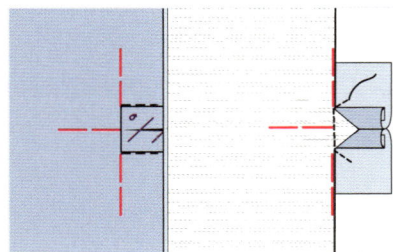

步骤4 缝合两端

- 正面朝上，将上衣和内衬向后翻折，露出一端的三角形。
- 采用短针距，用机器缝合末端，左右稍微摆动以拉住边角。
- 缝合另一端三角形。
- 反面朝上放置在垫料厚实的熨烫台面上，从反面熨压扣眼。
- 修剪包边条，使其不会被缝到接缝中。
- 包边完成后，按照第111页上的说明完成扣眼制作。

双面扣眼

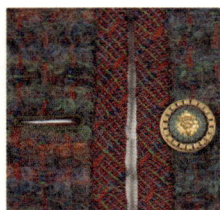

左图：椭圆形缝线扣眼。
右图：反面假织物扣眼。

采用双面扣眼的主要原因是美观。当上衣挂面或里衬采用对比色时，缝线扣眼和织物扣眼的反面很明显，通常会影响视觉效果。

当挂面或里衬采用不同面料或颜色时，香奈儿上衣常使用几种不同类型的双面扣眼。最常见的双面扣眼是正面有一个缝线扣眼，挂面上有一个假织物扣眼，但有时也使用两个织物扣眼。

缝制假织物扣眼

双面扣眼中的假扣眼看起来像挂面上的织物或包边扣眼，但更容易缝制。

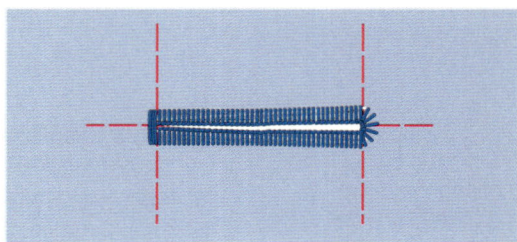

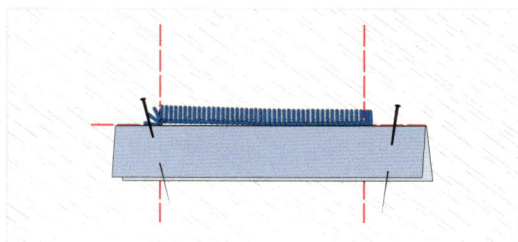

高级定制提示
如果里衬有纹样，裁剪条带时需要与里衬纹样对位。

步骤1　缝制缝线扣眼

- 将内衬贴附在上衣前身。
- 在上衣前身标记扣眼位置。
- 按照第102页上的说明，在缝合挂面前制作缝线扣眼。
- 许多上衣门襟止口只有里衬没有挂面。
- 按照第105页的说明处理上衣门襟边缘。

步骤2　用大头针固定第一根嵌条

- 要在反面制作假扣眼，使用挂面（里衬）布料裁剪两条比扣眼宽2英寸（约5厘米），长约2英寸（约5厘米）的直条带。
- 沿中心线折叠并熨烫直条带。
- 上衣前身反面朝上，用大头针将一根嵌条固定在扣眼背面，使折边与扣眼开口对齐。

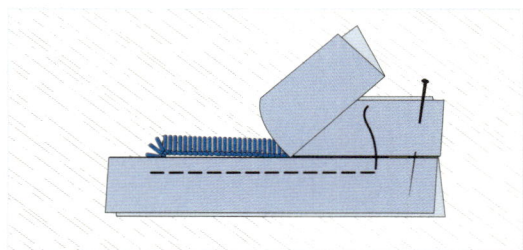

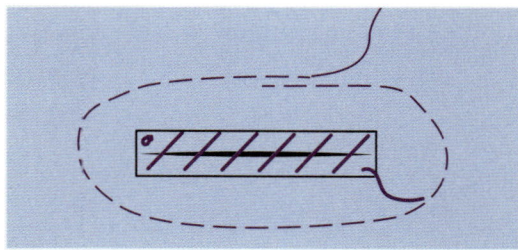

步骤3　缝制嵌条

- 用短绗针和相配的缝线将第一根嵌条永久缝合。
- 使短绗针迹位于扣眼缝迹底部。
- 将另一根嵌条缝在扣眼背面，使折边与第一根嵌条对齐。
- 用短绗针将第二根嵌条永久缝合。

步骤4　缝合挂面

- 缝合好挂面后，选择一种方法完成扣眼背面的缝制（见下页）。

缝合挂面

织物扣眼的反面可以在缝合好挂面后随时完成。挂面上的扣眼有三种形式：椭圆形、矩形和造型斜线。前两种最常用，第三种多用于较昂贵的定制上衣中。

- 如果之前没有粗缝上衣门襟止口的挂面，那就现在粗缝。
- 平整扣眼处的挂面；在扣眼周围大约 $\frac{1}{4}$ 英寸（约6毫米）的范围粗缝一个椭圆形。

由伊曼纽尔·温加罗设计的这件双排扣上衣为深领口设计，以展示内搭礼服连衣裙的镶嵌设计。领口和门襟止口处为连裁挂面，在第一个扣眼处设置了一个省道以吻合边缘造型。

缝制挂面椭圆形假扣眼

椭圆形不适合厚重面料或易脱散（磨损）的面料。

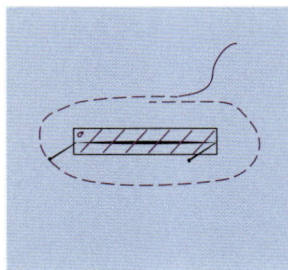

步骤1　标记扣眼位
- 将大头针垂直插入扣眼两端。

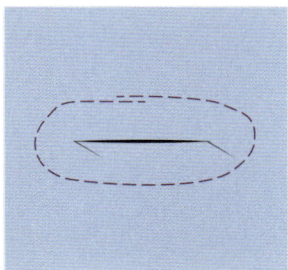

步骤2　剪切挂面
- 在挂面一侧，顺着织物纱向从扣眼中心开始剪切。
- 剪到两端大头针时，拆除大头针。
- 为避免扣眼变短，请在两端多剪 $\frac{1}{16}$ 英寸（约1.5毫米）。如果纽扣很小，不需要1英寸（约2.5厘米）的扣眼，则在远离门襟的一端缩短切口线长度。

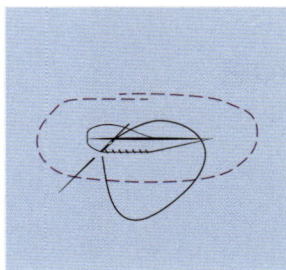

步骤3　完成扣眼缝制
- 使用细孔短针和与服装搭配的缝线从扣眼的中间开始缝制。
- 在不足 $\frac{1}{8}$ 英寸（约2毫米）的宽度内缝制（参见提示）；采用明缲针法将挂面缝到扣眼的缝合线上。
- 到端点处，缝合宽度逐渐减至零。
- 轻轻熨压挂面。

高级定制提示
用针辅助在边缘处转弯。在扣眼周围缝两次比缝细小针迹更容易。

缝制挂面矩形假扣眼

这种方法适合大多数织物。

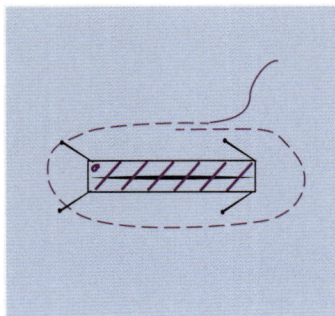

步骤1 标记扣眼位
- 将大头针垂直插入扣眼的每个角。

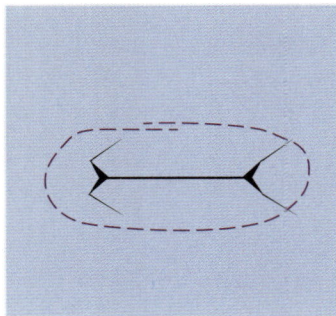

步骤2 剪切扣眼
- 顺着织物纱线，在挂面一侧从扣眼中心开始剪切。
- 在距末端大约 $\frac{1}{4}$ 英寸（约 6 毫米）处停止。
- 剪切到每个大头针的位置，拆除大头针。

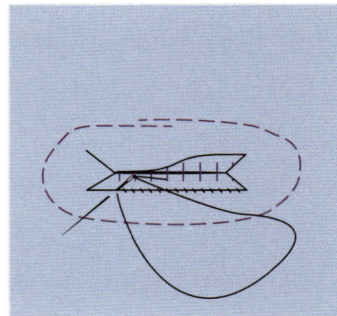

步骤3 翻卷缝合侧边
- 翻卷侧边至内侧。
- 从一侧长边开始，用一根小针将侧边和末端翻卷 $\frac{1}{8}$ 英寸（约 3 毫米）。
- 使用明缲针法和相配的缝线，将侧边和末端永久缝合，并轻轻熨压。

缝制挂面造型假扣眼

这种方法用于非常昂贵的服装缝制中。

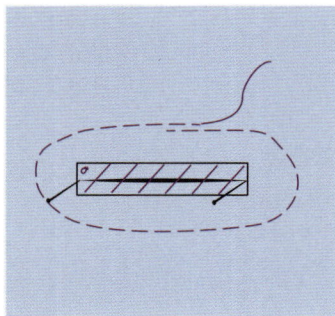

步骤1 标记并剪切扣眼
- 将大头针垂直插入扣眼两端。
- 顺着织物纱线，在挂面一侧从扣眼中心开始剪切。
- 剪切到每个大头针的位置。
- 拆除大头针，再剪 $\frac{1}{16}$ 英寸（约 1.5 毫米）。

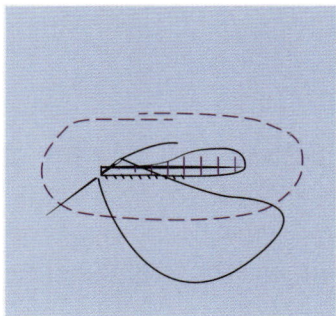

步骤2 翻卷缝合侧边
- 从一侧长边中心开始，用一根小针将侧边翻卷 $\frac{1}{8}$ 英寸（约 3 毫米）。
- 使用明缲针法和相配的缝线，将侧边永久缝合。

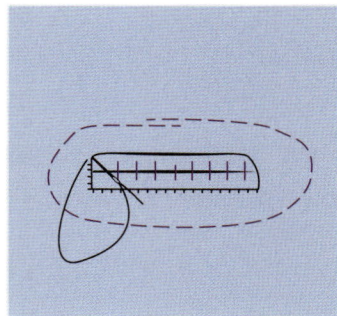

步骤3 锁缝边角
- 用针将两端塑型成矩形。
- 牢固地锁缝每个边角，使其呈方形。

内缝扣眼

内缝扣眼在剪裁中较少使用，它们位于垂直或水平接缝上。当扣眼位于接缝线上时，例如，位于门襟止口的镶边或水平育克接缝处，它们通常用来替代常规扣眼，也用于织物扣眼和内缝扣眼在挂面上的对合扣眼。

缝制完成后的接缝应平直。当有多个扣眼时，应间距均匀，长度一致。

巴黎世家的休闲灯芯绒上衣，育克底部有一个内缝扣眼。

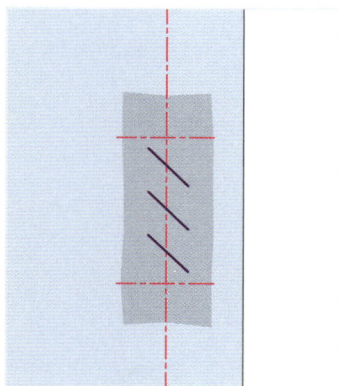

步骤1 扣眼内衬

- 在标记线上标记扣眼的两端。
- 裁剪宽1英寸（约2.5厘米）、比扣眼长1英寸（约2.5厘米）的真丝欧根纱作为扣眼两面的内衬。
- 将裁片反面朝上，将内衬放在扣眼中间。
- 如果需要，采用斜针缝粗缝内衬使其固定到位。
- 重复上述步骤，标记并给相应裁片缝制内衬。

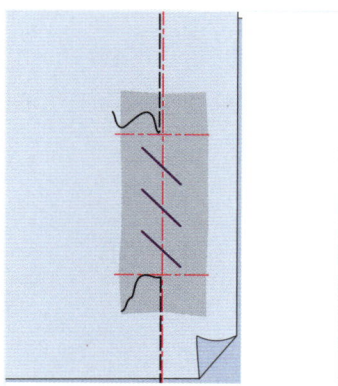

步骤2 缝合接缝

- 机器缝合到第一个扣眼，留下几英寸的缝线。
- 从扣眼另一端重新开始。
- 缝制所有接缝或扣眼（如有）。
- 在扣眼处剪断线。
- 将一根缝线拉到另一边，然后打结。
- 粗缝和缝制挂面上的所有扣眼。
- 拆除粗缝线。

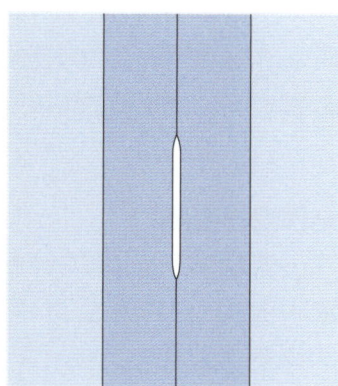

步骤3 分开熨烫接缝

- 将衣服和贴边上的接缝熨开。把反面相对合在一起，使扣眼对齐。
- 当挂面上有缝线扣眼时，将衣身的扣眼与挂面的扣眼对齐。
- 采用明缲针法将扣眼边缘缝在一起。

纽襻

纽襻既具有装饰性，又具有功能性。当用于门襟时，其可以用（或不用）搭门固定；它们可以单独使用或成组使用；形状可以是直的，也可以是椭圆形的；可以采用主面料或撞色面料制作，也可以购买成品；可以用主面料或线绳填充。纽襻通常是圆的、均匀的、牢固的，但也会有例外，例如，当用作口袋上的装饰细节时，扁管状纽襻通常更美观。纽襻比扣眼更有弹性，用于剪裁讲究的上衣和搭配异形纽扣时特别美观，富有吸引力。

纽襻的成品尺寸由面料的特性决定，包括质地、体积和重量。由双宫丝织物制成的纽襻比由羊毛法兰绒制成的纽襻更小，后者更重更

左图：这件香奈儿上衣的纽襻采用线绳制作。
右图：这件迪奥上衣的织物纽襻的末端插入用锥子戳成的小孔中。

厚，风格更粗犷。

一般来说，纽襻设置在连接前身和挂面的接缝中，也可以插入折边中或缝制在内衬上，但这在上衣中很少见。

制作织物纽襻

织物纽襻可以用配色或撞色织物制成。通常采用斜裁，但如果为了特殊设计效果，也可以按纱向裁剪。

主面料填充的纽襻可以由撞色或主面料制成。纽襻用缝份量填充，成品尺寸和织物条宽度取决于面料的重量和质地。可以先制作几个样品以确定适合面料的尺寸。

这件有趣的迪奥上衣有两对双嵌线袋。胸袋设计有装饰纽襻而下袋没有，前片的撞色拼布也用于袋口嵌线。

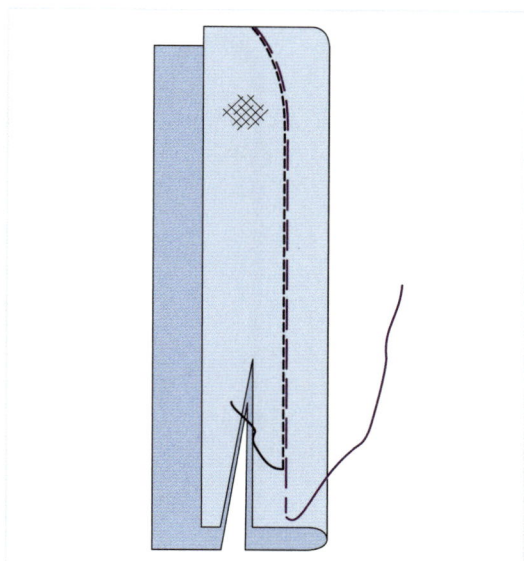

步骤1　剪裁和粗缝

- 为每个纽襻斜裁一块宽 $1\frac{1}{2}$ 英寸（约3.8厘米），长 3英寸（约7.5厘米）的布条。把管条缝得宽一些，做成扁管状。

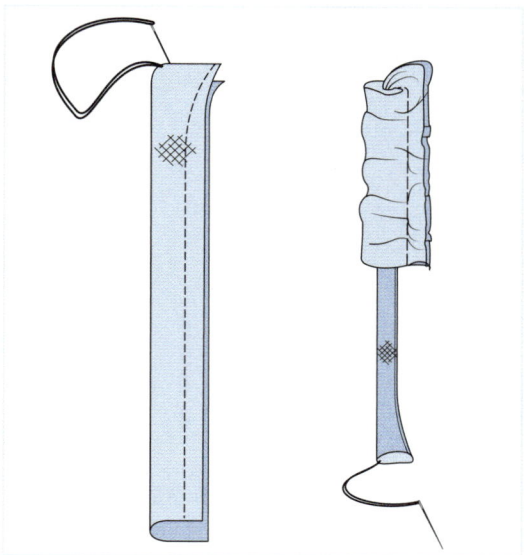

步骤3　翻转纽襻

- 使用织锦针和一根短的双股强力线，如锁扣眼丝线或棉线。
- 把线固定在漏斗的折边处。
- 将针插入纽襻并从底部拉出，将纽襻正面向外翻出。
- 如果管条很容易翻出，说明尺寸过大。再做样品时，缝线需要更靠近折边。

- 将斜裁布条正面相对折叠在一起。
- 用柔软的粗缝线或假缝线缝合（先在一端打结）。
- 向裁切边缝几针，缝成漏斗状。
- 继续粗缝至距折边 $\frac{1}{4}$ 英寸（约5.5毫米）。
- 末端留一段4英寸（约10厘米）的尾线，不要倒缝。

步骤2　缝合和修剪

- 将机器设置为短针距（每英寸15针或1.75mm针距）。
- 沿着粗缝线缝合。
- 为了防止纽襻正面向外翻出时缝线断裂，缝合时尽可能拉伸。管条会变窄，线尾变短。
- 拆除粗缝线。
- 修剪接缝，使其略窄于纽襻的宽度。
- 在漏斗状末端，靠近缝线修剪。

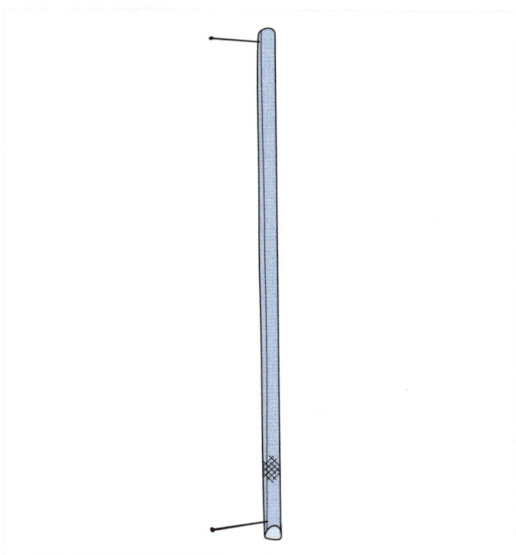

步骤4　拉伸纽襻

- 打湿纽襻，用纸巾将水分挤干。
- 用大头针将一端牢牢固定在烫凳上。
- 将管条上的接缝拉直，并尽可能拉伸，这将使其变窄，并消除所有的肿块和凸起。
- 用大头针将另一端牢牢固定。
- 把纽襻晾干。
- 根据需要制作多个纽襻。

高定提示

制作纽襻管条时，制作几个短管条比一个长管条更快更容易。

衬线纽襻比同料填充的纽襻更大更结实，线绳可以和轻薄面料一起使用，以制作更大的管条。

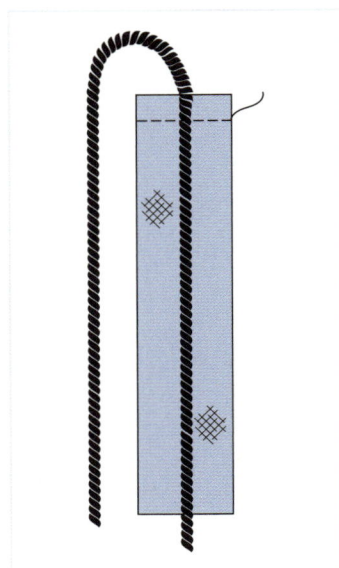

步骤1　剪裁和缝合

- 斜裁一块宽 $1\frac{1}{2}$ 英寸（约3.8厘米）、足够长的布条，用于制作所有需要的纽襻。
- 准备一根线绳，长度为斜裁布条长度的两倍加8英寸（约20厘米）。
- 标记线绳的中心。
- 将线绳放在斜裁布条的正面，标记中心的位置放在布条末端。
- 在标记中心的位置将线绳缝到斜裁布条上。

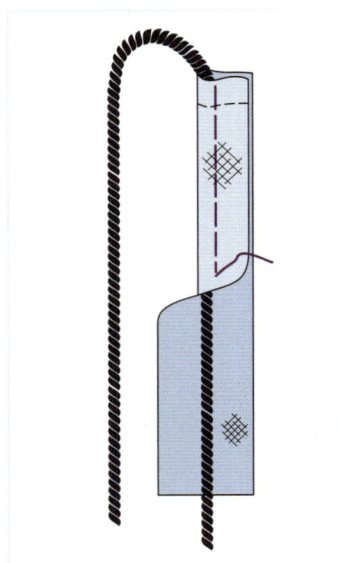

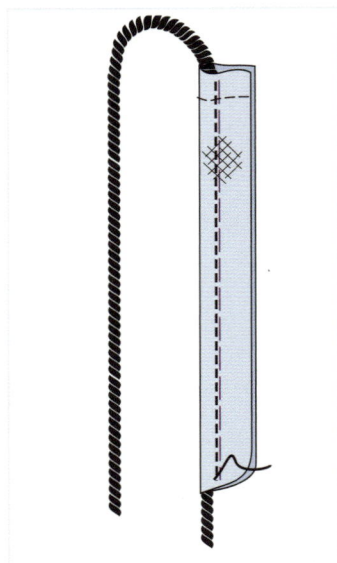

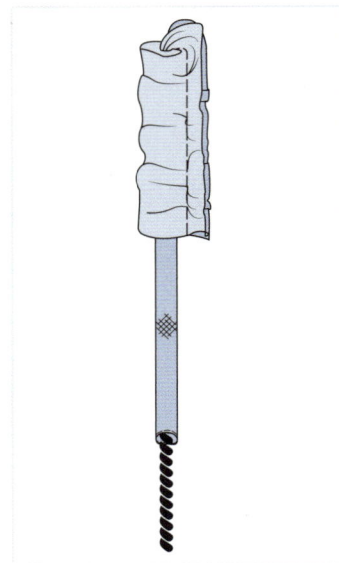

步骤2　包裹线绳

- 将斜裁布条正面相对包裹在线绳上。
- 用短线迹在线绳旁边粗缝。

步骤3　缝合纽襻

- 改用机器单边压脚。
- 将针距设置为每英寸15针（约1.75毫米针距）。
- 沿着粗缝线缝合。
- 小心缝合，避免缝到线绳上。
- 将缝份修剪至 $\frac{1}{8}$ 英寸（约3毫米）。
- 拆除粗缝线。

步骤4　翻转和整理

- 将管带正面向外翻转，抓住线绳未缝合的一端，并在线绳上滑动管带。
- 剪掉线绳的末端。
- 拉直线绳上的接缝。

确定纽襻管带长度

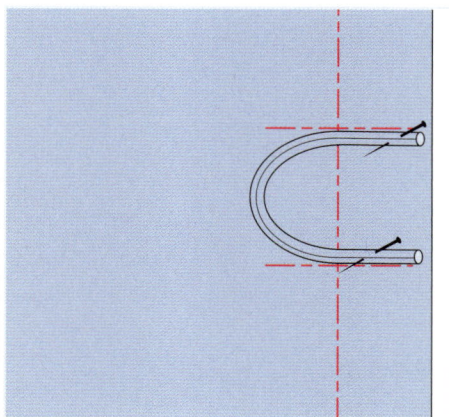

步骤1　制作样品

- 使用自身布料填充管带、线绳管带或购买的线绳来制作纽襻。
- 确定每个纽襻的尺寸，剪下3英寸（约7.5厘米）长的线绳，制作一个纽襻样品。
- 用大头针将线绳的两端别在一块碎布条上。
- 试一下纽襻的大小和形状是否适合纽扣。

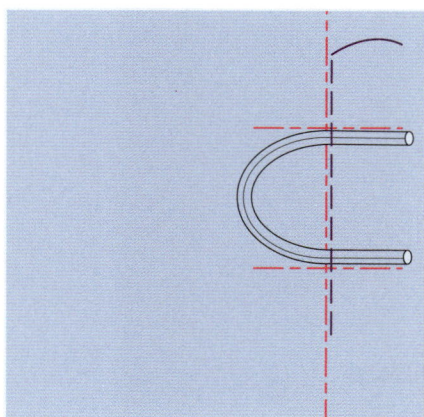

步骤2　测量

- 将纽襻两端粗缝在折边上，检查尺寸是否合适。
- 在接缝处的粗缝线上标记线绳。
- 测量接缝线两端的间距。
- 拆除粗缝线，测量它们之间的线绳长度。

将纽襻放置在接缝里

步骤1　标记放置位置

- 将纽襻放置在接缝里时，将每个纽襻剪成比成品纽襻长1英寸（约2.5厘米）。
- 采用短粗缝线迹标记前片顶部和底部纽襻位置。

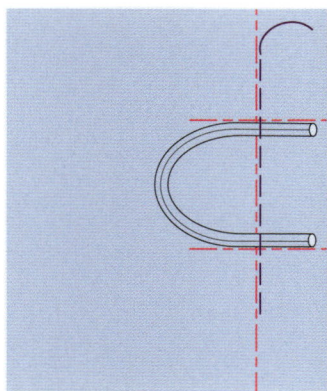

步骤2　粗缝接缝线

- 给上衣前片加内衬，把牵条缝在门襟止口。
- 右前片正面朝上，将纽襻粗缝在接缝线上。
- 将织物纽襻的接缝朝上粗缝，这样完成后接缝就在底面。

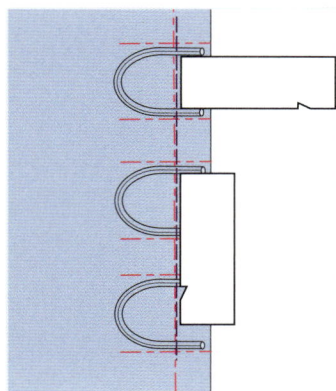

步骤3　放置多个纽襻

- 放置多个纽襻时，使用量尺。
- 使量尺的宽度等于纽襻两端之间的距离。
- 用量尺上的剪口标记纽襻之间的距离。
- 将纽襻粗缝到位。

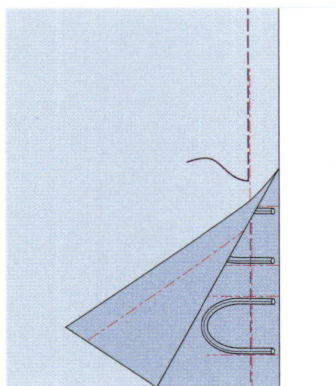

步骤4　机器缝合

● 将挂面与前片粗缝。

● 用机器缝合接缝，拆除粗缝线。

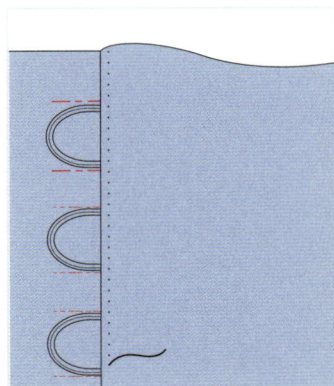

步骤5　暗定针缝

● 将接缝熨开，缝份朝向挂面。

● 用暗定针在挂面上距接缝线 $\frac{1}{4}$ 英寸（约6毫米）处缝制回针线迹，针距约为 $\frac{1}{4}$ 英寸（约6毫米）。

将纽襻放置在折边里

在高级定制服装中，纽襻有时会放置在折边里，这使得边缘比放置在接缝里更平整。

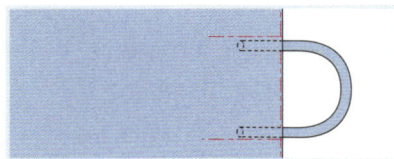

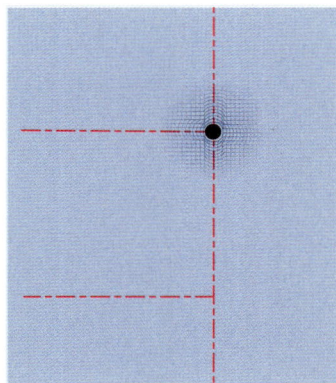

步骤1　开孔

● 给上衣前片加内衬，折边处设置拉条。

● 标记纽襻位置。

● 用织锦针、织针或锥子在折边上开孔。

● 小心地把纱线分开，不要弄断。

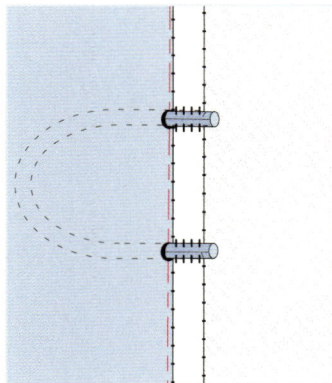

步骤2　固定纽襻

● 将纽襻的一端从正面插入第一个孔中。

● 翻到反面倒缝几针，将纽襻固定在门襟止口边缘的拉条上。

● 调整纽襻，使接缝位于底面。

● 再开一个孔。

● 将纽襻的另一端插入第二个孔中。

● 调整纽襻的长度。

● 采用倒回针将纽襻末端缝合到拉条上。

口袋裁制

口袋可以设计为任何尺寸，但应适合穿着者体型并匹配服装尺寸。口袋的大小和位置会受到上衣风格、所选面料和当前流行趋势的影响。如果是装饰性口袋，尺寸可大可小；如果是功能性口袋，应设置在适当的位置且足够大，以便于使用。设计时，口袋可以为单个、成对或多个。

在女式便装和男式西装中，腰部正下方有两个口袋，左胸前有一个手巾袋。在休闲上衣中，所有口袋都可以采用贴袋，有些款式在右胸前还有一个额外的口袋。

试穿样衣时，确定口袋的大小和位置。如果对尺寸或位置有任何疑虑，则等到第一次试穿后再确定口袋位置和缝制口袋。

本节所描述的定制口袋是最常用的口袋，但它们只是可以参考的许多不同类型口袋设计中的一小部分。对于其他类型的口袋，可以根据这些方法指南做相应调整。

口袋类型

在设计和选用口袋时，了解各种类型的口袋名称是很有帮助的。

贴袋是贴缝在衣服表面的所有口袋。

嵌线袋有时称为唇袋，类型属挖袋，底部有一个宽嵌线，顶部有一个窄嵌线。

双嵌线袋为袋口处有两条嵌线的挖袋，看起来像一个大的织物扣眼。有时被称为双嵌线挖袋、滚边袋、扣眼袋、双滚边袋、双唇袋、劈缝袋、唇袋、管条袋、切口袋或定制口袋。

袋盖指在上衣表面缝贴的一块小裁片。对于女式上衣，它有时插缝在两个嵌线之间，有时缝在口袋上方的接缝中，有时贴缝在上衣表面。

翻盖口袋在定制剪裁中，通常指有盖双嵌线袋。

框形口袋为一种贴袋，顶部有一个双嵌线袋。

插袋是一种不显眼的功能性口袋，嵌在省道或接缝中。

挖袋有时称为切口袋或内嵌式口袋，设置在切口中，可以是单嵌线袋或双嵌线袋。

垂片是用来固定口袋的片状悬垂物或环状物。

定制口袋为定制服装上的所有口袋，无关风格或位置。

单嵌线挖袋是上衣中有单条嵌线的口袋，也称为立式口袋、手巾袋或胸袋、定制口袋或一字嵌袋。口袋通常是倾斜的，末端位于直纱上。

口袋术语

口袋贴边是应用或缝制在一侧或两侧口袋布上的同料，用于隐藏口袋的内里材料。

袋口也叫开口线，是允许手放进口袋的开口部分。

口袋布是口袋的袋囊或包布。

袋宽为贴袋或挖袋袋口的成品宽度。

袋里下片是靠近身体的口袋布片。

袋垫布是应用或缝合到位的袋里下片顶部的主面料贴边。

袋里上片是靠近面布的口袋布片。

嵌线是应用或缝制在袋口处的一条或多条窄布条。

嵌线长度为嵌线的一端到另一端之间的距离。

嵌线宽度为嵌线上沿到下沿之间的距离。

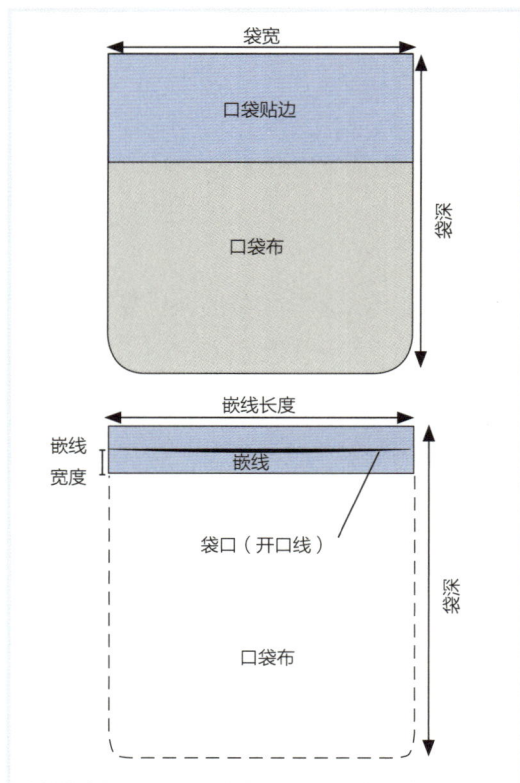

右图，从顶部顺时针方向：
这件伊夫·圣罗兰红色亚麻外套采用双嵌线袋，袋盖插在嵌线之间。
这件迪奥上衣采用贴袋，饰以滚边。
这件来自伯格多夫·古德曼定制店的上衣用立式嵌线装饰，没有口袋。
这件香奈儿上衣采用威尔士亲王格面料设计，采用双嵌线袋和扁平纽襻。

袋盖

袋盖在女装设计中应用非常广泛，它们可以单独使用，也可搭配任何类型的口袋，如插袋、挖袋或贴袋。它们可以是装饰性的假袋盖，也可以是功能性的保护盖，袋口可以水平、倾斜或垂直放置。它们可以缝在上衣口袋上方，缝在袋口上，或者插入袋口中——需要时，它们可以盖住不太完美的单嵌线挖袋。当与口袋一起使用时，袋盖通常覆盖整个袋口，有些设置在嵌线之间。

大多数袋盖采用主面料或里衬，但也可以采用撞色面料。少数口袋没有贴边，但饰有镶边。

可以像男式上装一样将袋盖插入嵌线之间的袋口中，它可以缝制在袋口单嵌线的上方，也可以直接缝在衣身上。袋盖的前缘平行于服装的门襟止口，对边平行于侧缝。

袋盖的形状通常由服装的款式决定。大多数情况下，前缘模仿门襟止口的造型。如果上衣前身为直边造型，通常采用有角袋盖；如果上衣前身为曲线造型，袋盖前缘角采用曲边，后缘通常有一个轻微的角度，并与侧缝平行。后缘角可以是锐角或曲线。

在高级时装和定制服装中有许多缝制袋盖的技术，以及将它们应用于上衣的各类方法。以下指南描述了最常用的两种方法。

左图：这件莲娜·丽姿上衣的袋盖手工缝制在贴袋上方。

中图：这件伊夫·圣罗兰上衣的袋盖缝制在嵌线上方的袋口中。

右图：这件华伦天奴上衣的袋盖手工缝制在衣身上，没有搭配口袋。

制作袋盖

在高级定制上衣中，袋盖通常缝在袋口单嵌线的上方；在男式上衣中，袋盖插在双嵌线之间。袋盖的侧边和底边都预先完成，但顶边是敞开的。

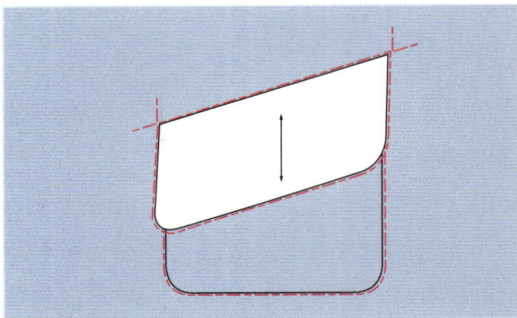

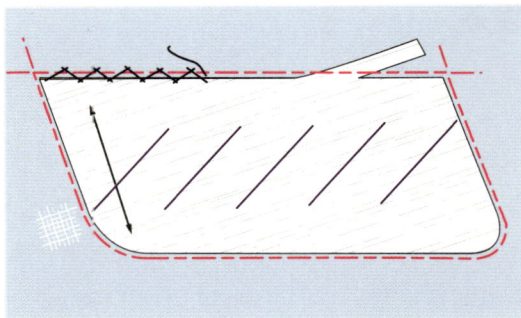

步骤1　在上衣前片标记位置

● 如果不确定口袋的位置，可以用坯布（平纹细布）裁剪袋盖裁片，这样就可以在衣服前片轻松移动它们。

● 修剪袋盖样板上的所有缝份。

● 将袋盖样板放在上衣前身，用大头针固定。

● 用划粉笔或标记线在衣服前片标记袋盖位置。

● 标记所有袋盖的位置，确保它们与边缘、省道和接缝的尺寸和距离相同。如果袋盖移动，检查袋盖样板的纱向，确保与上衣的纱向平行。

步骤2　粗缝内衬到位

● 用大头针将袋盖样板固定在碎布料上，使样板与服装的纱向相匹配。

● 用划粉笔或标记线在布料上描出袋盖的轮廓。

● 根据袋盖样板裁剪一块内衬，纱向与袋盖一致。

● 将内衬所有边缘修剪 $\frac{1}{16}$ 英寸（约1.5毫米）。

● 面料反面朝上，把衬布别在面料上。

● 采用斜针缝线迹将衬布粗缝在适当的位置。

● 采用三角针法和匹配的缝线将衬布边缘缝到袋盖上。

● 如果袋盖有明线装饰，参见第134页的"贴袋明线"。

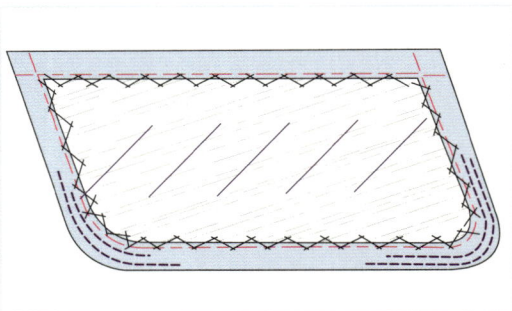

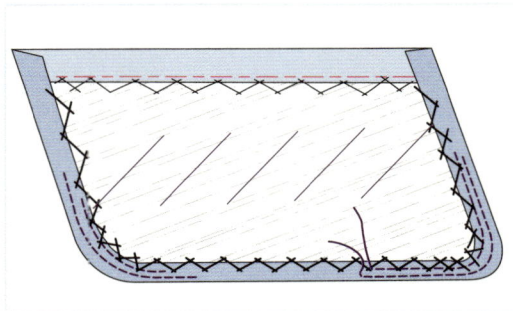

步骤3　弧线收缩粗缝

● 修剪多余的面料，在侧边和底边留出 $\frac{3}{8}$ 英寸（约1厘米）的缝份。如果面料散脱（磨损）严重，可留出较宽的缝份。

● 在离接缝线 $\frac{1}{8}$ 英寸（约3毫米）处的缝份上粗缝第一排。

● 在离第一排粗缝线 $\frac{1}{8}$ 英寸（约3毫米）处粗缝第二排。

步骤4　完成侧边和底边

● 拉动粗缝线，并用蒸汽熨烫曲线，以缩小缝份松度。

● 根据需要修剪缝份，以减少厚度体积。

● 将缝份折叠起来，采用三角针法将其缝到衬布上。

● 拆除粗缝线。

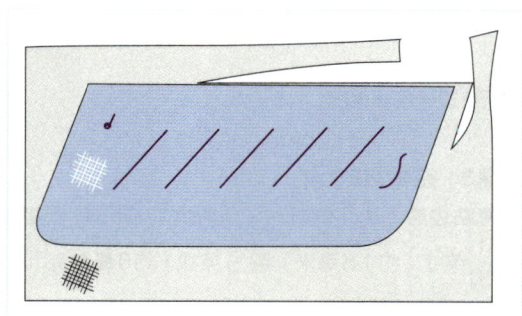

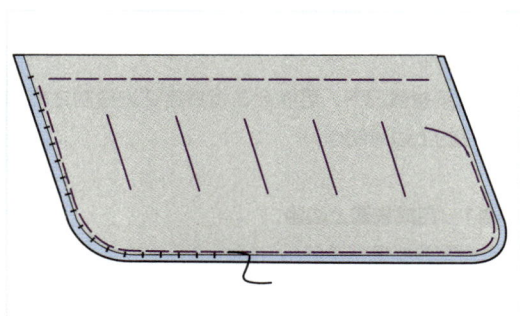

步骤5 制作袋盖贴边

- 准备一块比袋盖稍大的里衬碎布料。当使用轻薄面料时，可用上衣面料作为袋盖贴边。
- 将织物反面相对放在一起，把袋盖放在贴边上，袋盖与贴边的纱向对齐。
- 采用斜针缝线迹将袋盖和贴边中心粗缝在一起。
- 修整贴边，使其与袋盖上边缘齐平，侧边和底边超出 $\frac{1}{4}$ 英寸（约6毫米）至 $\frac{3}{8}$ 英寸（约1厘米）。

步骤6 完成袋盖贴边

- 保持上边缘未完成状态。
- 将贴边侧边和底边的毛边向内折叠，使其距完成的袋盖边缘 $\frac{1}{16}$ 英寸（约1.5毫米）至 $\frac{1}{4}$ 英寸（约6毫米）。
- 根据需要修剪贴边，以减少厚度体积。
- 将贴边边缘粗缝到袋盖反面。
- 用明缲针线迹将贴边永久缝合。

高级定制提示

一些高级定制时装屋会斜裁织物贴边，这样袋盖就能平顺地与臀部贴合。

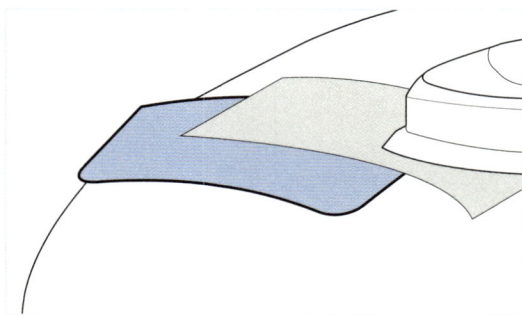

步骤7 熨烫

- 拆除所有粗缝线。
- 将贴边一面朝上，用熨斗尖端准确熨烫边缘。
- 将袋盖正面朝上，放在烫凳上。
- 覆盖羊毛烫布，开始熨烫。
- 完成所有袋盖。
- 将袋盖放在一边，直到准备制作口袋。

完成袋盖上边缘

在某些情况下，可能会在将袋盖贴边缝制之前完成袋盖的上边缘制作。

步骤1 完成袋盖上边缘

- 根据需要修剪袋盖缝份，以减少厚度体积。
- 根据第132页上的说明斜接边角。
- 折叠上边缘缝份，采用三角针法将缝份缝到衬布上。

步骤2 加缝贴边

- 按照第123页"步骤6"所述加缝袋盖贴边，但应在所有边缘预留缝份。

步骤3 完成袋盖贴边

- 将贴边的毛边向内折叠，使其距完成的袋盖边缘 $\frac{1}{16}$ 英寸（约1.5毫米）至 $\frac{1}{4}$ 英寸（约6毫米）。
- 根据需要修剪贴边，以减少厚度体积。
- 将贴边边缘粗缝到袋盖反面。
- 用明缲针线迹将贴边永久缝合。
- 熨烫袋盖。

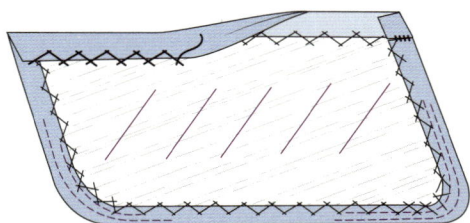

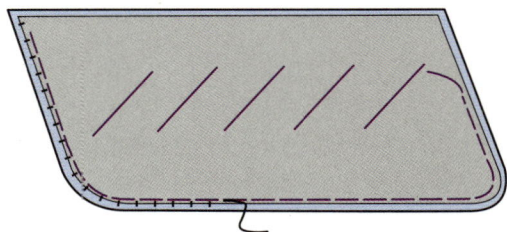

暗线袋盖

一些裁缝经常使用这种机缝法。

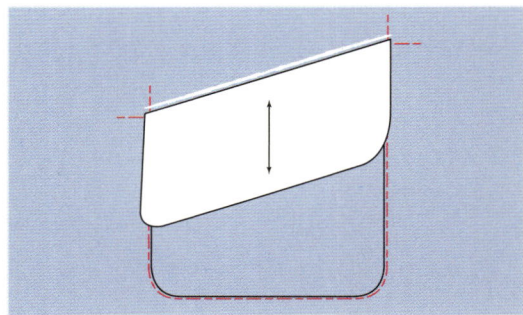

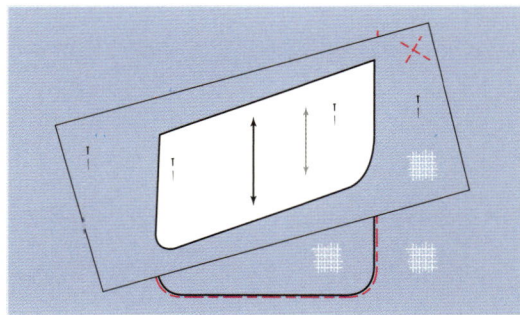

高级定制提示
采用十字针法标记织物正面和顶部，便于快速识别。

步骤1 准备前身和袋盖样板

- 修剪掉袋盖样板上的所有缝份。
- 将样板放在前身正面，用标记线或划粉笔在袋盖上边缘标记位置线。
- 为袋盖选择一块边角碎布料，比成品袋盖至少宽和长2英寸（约5厘米）。
- 在右上角用十字缝标记布料正面。

步骤2 袋盖标记线

- 把袋盖布料放在上衣前身，对齐纱向，用大头针将边缘固定。
- 将样板固定在袋盖布料上，使袋盖上边缘与上衣前身的纱向对齐。
- 用划粉笔在袋盖布料上沿样板做标记。
- 移除样板。
- 沿袋盖上的划粉印用标记线描出轮廓。

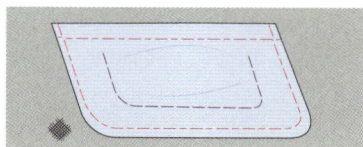

步骤3　加里衬

- 裁剪袋盖，使两端和底边缝份为 $\frac{1}{8}$ 英寸（约3毫米），上边缘接缝为 $\frac{5}{8}$ 英寸（约1.5厘米）。如果织物容易脱散，可在两端和底边保留 $\frac{1}{4}$ 英寸（约6毫米）的缝份。
- 在里衬碎布料上标注45°斜丝纱向。
- 把袋盖和里衬布料正面相对叠放在一起，用大头针将袋盖固定在里衬碎布料上。将袋盖的直纱与里衬的斜纱对齐。
- 先不要裁剪袋盖里衬。
- 在两端和底边距袋盖边缘1英寸（约2.5厘米）处进行粗缝。

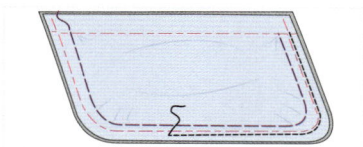

步骤5　缝制贴边

- 在距边缘 $\frac{1}{8}$ 英寸（约3毫米）的标记线上进行机器缝合。
- 将针距缩短为每英寸20针（约1.25毫米针距）。
- 在两端打结，顶部不要缝合。
- 修剪里衬，预留将近 $\frac{1}{4}$ 英寸（约5.5毫米）。

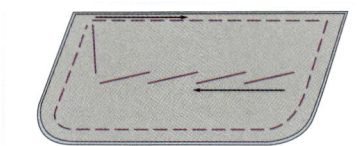

步骤7　粗缝袋盖里衬

- 将里衬一面朝上，距两端和底边 $\frac{1}{4}$ 英寸（约6毫米）处采用短线迹粗缝袋盖，不要断线。
- 将针从末端抽出约1英寸（2.5厘米）。
- 采用长针距斜针线迹在袋盖中心粗缝，然后粗缝顶部边缘。
- 袋盖会有轻微的卷曲，将里衬的一面朝上，轻轻熨压边缘。
- 如果要制作一对袋盖，制作第二个袋盖，要确保与第一个袋盖对称且尺寸相同。

步骤4　粗缝里衬到位

- 将袋盖放在手上，使里衬比袋盖短。
- 距标记线 $\frac{1}{8}$ 英寸（约3毫米）处，采用短线迹粗缝。
- 用拇指从两端和底边的中心稍微推动袋盖，使边缘和角能够缩入。
- 完成后，袋盖中心会起一个泡。

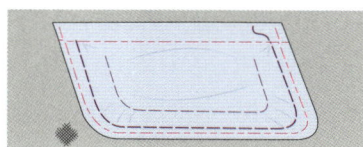

步骤6　翻出正面

- 将袋盖正面翻出。
- 用拇指和食指将接缝折向里衬。
- 用翻转器小心地处理边角。
- 用针线把尖角引出来。

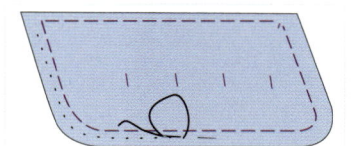

高级定制提示
手缝边线时，只露出凹点，不露出线。

步骤8　备选：手工或机器将袋盖缝边

- 缝边线迹既可以为单排线，也可以为双排线；如果缝双排线，第二排距边缘 $\frac{3}{8}$ 英寸（约1厘米）。
- 用丝线、细针和非常微小的挑针或暗缲针手缝边线。
- 如用机器缝双排线，采用丝线或丝光棉线和较长的针距——每英寸8~12针（2毫米~3毫米针距）。
- 将袋盖放在一边，直到准备将它们插缝入袋口或贴缝在衣身上。

将袋盖贴缝在口袋（也可能无口袋）上方

袋盖可以直接贴缝在上衣口袋上方，或者仅作为装饰细节也很多见。有时，将这些袋盖的侧边和底边完成后，直接贴缝到服装上，也可以在贴缝之前，先完成所有侧边缘。

方法一

下面这件莲娜·丽姿的上衣采用的就是这种方法，将袋盖缝在贴袋上方。

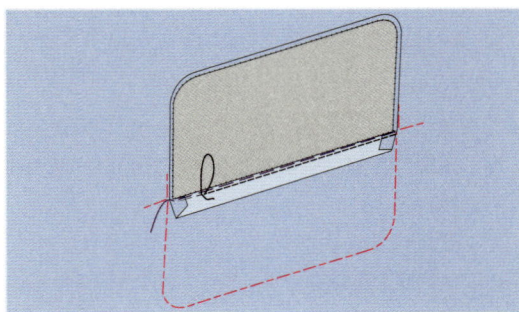

步骤1　将袋盖缝合到位
- 完成袋盖制作（参见第121页"制作袋盖"）。
- 袋盖反面朝上，修剪顶部贴边缝份。
- 将袋盖放在服装上，面料正对正贴合，使袋盖顶部的标记线与服装上的标记线对齐，然后粗缝。
- 使用绗针缝将袋盖永久缝合在粗缝线上。
- 用绗针缝在第一行上面缝第二行。
- 拆除粗缝线，修剪缝份至将近 $\frac{1}{4}$ 英寸（约5.5毫米）。

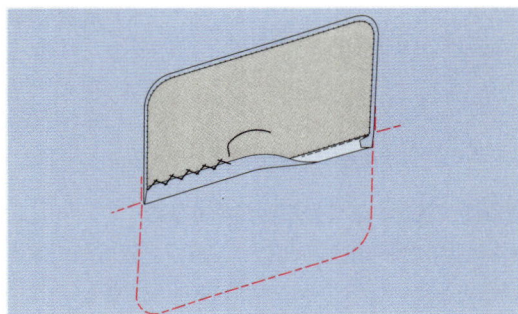

步骤2　采用三角针缝制缝份
- 将袋盖缝份折叠并用大头针固定在袋盖贴边上。
- 采用三角针法将缝份缝到贴边上。

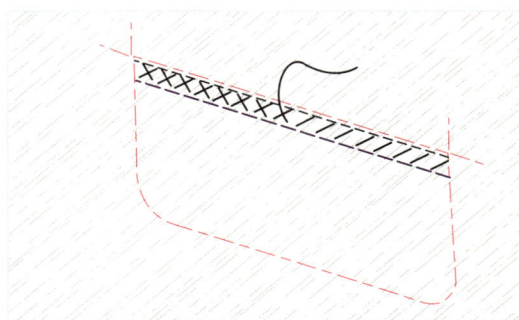

步骤3　牢固缝制袋盖
- 从正面将袋盖朝下翻折到位；在顶部下方 $\frac{1}{4}$ 英寸（约6毫米）处粗缝。
- 翻到上衣反面，采用两排斜针缝线迹将袋盖在顶部永久缝合。

方法二

这种方法经常被设计师使用，如图所示，这件赫迪·雅曼上衣直接将袋盖或嵌条贴缝在衣身上。有两个装饰袋盖，下方设计有一个双嵌线袋。

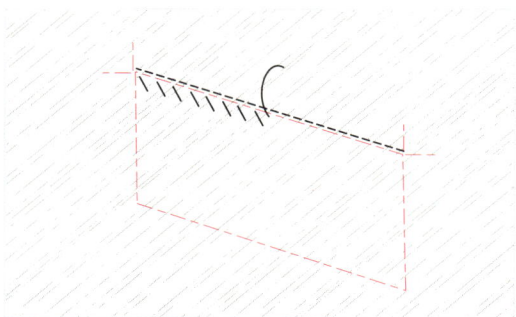

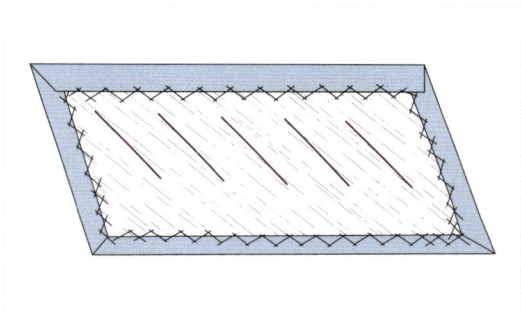

步骤1　完成边缘

● 在缝制袋盖贴边之前，完成袋盖所有边缘——侧边、底边和顶边，并斜接尖角（参见第132页）。

步骤2　缝制贴边

● 缝制袋盖贴边，确保覆盖所有缝份，包括顶边。将贴边缝份内折并粗缝。

● 将边缘固定到位。

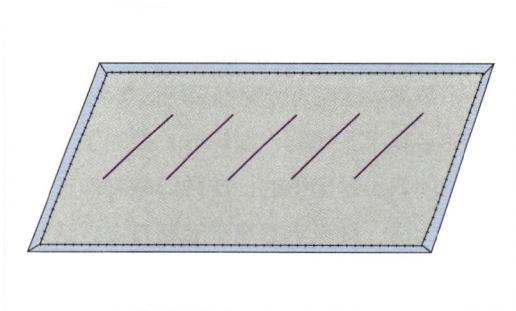

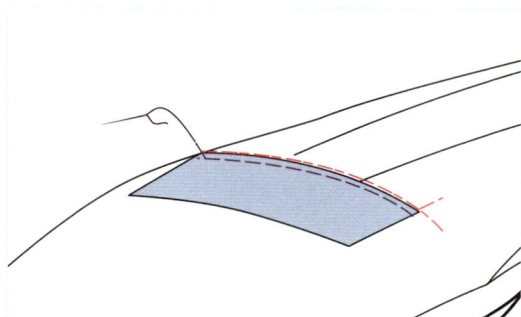

步骤3　将袋盖粗缝到位

● 将上衣正面朝上放在烫凳上，用大头针将袋盖固定到位。小心操作，避免袋盖太紧或太松。

● 在距顶边约 $\frac{1}{8}$ 英寸（约3毫米）处粗缝袋盖。

步骤4　永久缝合袋盖

● 袋盖反面朝上，在粗缝线上用短绗针迹将袋盖顶边永久缝合。

● 采用斜针缝迹再次缝合袋盖顶边。

● 小心操作，避免针迹显露在袋盖正面。

贴袋

贴袋是在服装正面贴缝一块布料而制成，口袋的一条边缘（通常是顶边）为敞开式。口袋通常由主面料裁剪而成，与服装具有相同的绒面或布纹方向。对于昂贵而精致的服装，口袋大多数会匹配纹理和面料纹样，数量可以是单个、成对或多个。

完全显露在外的口袋可以为任何尺寸或形状，有里衬或无里衬，有装饰或无装饰。袋口可用袋盖盖住，并用纽扣和扣眼开合固定，或者将袋盖贴缝在口袋顶部。

时装制作方法

多数高级定制工作室都采用这类制作方法。由于完全为手工缝制，很耗时，但为了最后达到惊艳的效果是值得的。这种口袋制作技巧应用广泛，是一种基本的高级定制方法，这种方法可以按照穿着的方式定位和缝制，将多层面料反面相对贴缝在一起。口袋需要加内衬并处理边缘，再和里衬反面相对缝合在一起，最后手工缝制到衣身上。

在将口袋贴缝到衣身上之前，有三次缝制明线的时机。这种方法有几个优点，可以在口袋表面以惯常的方式在上边缘、侧边和底边缝合明线，更容易将口袋手工缝制到衣身上，重新定位也很方便。

许多口袋设计都是不对称的——朝向上衣门襟止口的口袋边缘通常平行于前中心线，对边则平行于侧缝。成对的口袋形状可相同，也可成镜像。如果口袋造型不对称，尺寸较小的一侧口袋可比另一侧的稍窄。这种基本的高级定制方法也可用于袋盖和腰带。

左上图：这件克里斯汀·迪奥上衣有两对带盖的大口袋。口袋与衣身的格纹对齐匹配，几乎无法察觉。

右上图：这件香奈儿上衣的口袋没有加内衬，看起来柔和休闲。

左下图：这件诺曼·诺瑞尔上衣的口袋在腰带下方，向外蓬起。

右下图：这件伊夫·圣罗兰上衣有两对口袋。下摆上的一对口袋向外蓬起，而胸部的一对口袋平坦贴合。

样板和裁剪

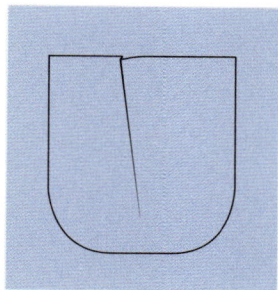

步骤1　检查口袋设计

- 如果袋口比口袋下方的衣身面料宽至少 $\frac{1}{4}$ 英寸（约6毫米），视觉上会更美观。
- 当上衣前身的口袋下方有接缝或省道时，在用标记线描出口袋轮廓之前，缝合并熨烫接缝或省道。

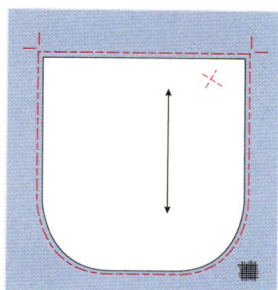

步骤2　用标记线描出轮廓

- 如果口袋不对称，则用"X"来标记靠近上衣门襟止口的一侧。
- 修剪掉样板上的所有缝份和折边余量。
- 选择一块比口袋样板宽度至少宽 $1\frac{1}{2}$ 英寸（约3.8厘米），且比口袋样板长度多出缝份或折边余量的碎布料。
- 沿样板边缘作标记线。

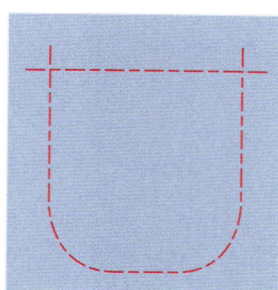

步骤3　裁剪口袋

- 裁剪口袋，留出1英寸（约2.5厘米）的缝份和折边余量。

高级定制提示

有些伊夫·圣罗兰上衣的袋口比口袋下方的衣身面料宽 $\frac{1}{2}$ 英寸（约1.3厘米）至 $\frac{3}{4}$ 英寸（约2厘米），所以口袋会稍微往外蓬起。

对位纹样

要对位口袋与上衣纹样并不难，只需要提前做好规划。当面料纹样是不均匀的花格纹或条纹，或较大纹样时，需要将每个口袋单独进行对位。在裁剪衣身衣片时，先为口袋粗略裁剪出一片足够大的布料。

面料纹样（罗纹、条纹、方格纹、花格纹或其他设计花纹）可能无法匹配所有边缘，但朝向开口的边缘处必须对齐，并在省道或接缝制作之前在顶部和底部对齐。

每个口袋都要采用无缝份和折边余量的纸、坯布（平纹细布）或毛衬样板，说明步骤中采用了坯布。

将口袋坯布和上衣前片布料层用分隔物隔开，以免大头针别到衣身。

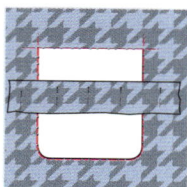

步骤1

- 用大头针将口袋坯布固定在前身衣片上。
- 用大头针将一小块碎布条固定在坯布样板上，将碎布条与衣身上的纹样对齐。
- 口袋朝向前中心线的侧边和底边对位衣身面料纹样。
- 用大头针将碎布条的两端固定在上衣面料上，中间位置固定在样板上。

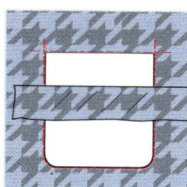

步骤2

- 采用斜针缝将碎布条粗缝在坯布样板上，移除大头针。
- 将坯布样板放在一大块上衣面料上，根据需要移动口袋，直到对齐面料纹样。
- 用大头针将坯布样板固定在面料上。
- 沿坯布样板边缘做标记线缝。

步骤3

- 裁剪口袋，留出 $\frac{1}{2}$ 英寸（约1.3厘米）的缝份和1英寸（约2.5厘米）的折边余量。
- 重复上述步骤，对位其余口袋。

口袋内衬

高级定制提示

　　采用斜丝内衬裁剪缝合更易成型，也更贴合衣身廓型。一些高定时装店给贴袋加优质热熔衬，所以口袋可以很好地蓬起，但较难塑型。

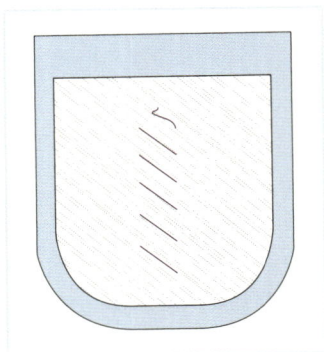

步骤1　裁剪内衬

- 对照口袋样板裁剪内衬，采用毛衬或海毛衬的斜丝裁剪。
- 将内衬的所有边缘修剪掉 $\frac{1}{16}$ 英寸（约1.5毫米）。
- 口袋反面朝上，用大头针将内衬固定在口袋上。采用长针距斜针缝在中间位置将各布料层粗缝在一起。

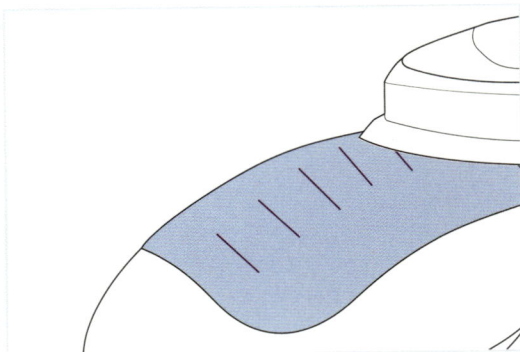

步骤2　熨烫

- 将加好内衬的口袋正面朝上放在烫凳上熨烫。
- 若要检查内衬尺寸，沿衬布边缘包裹缝份和折边余量，标记线应精确地位于口袋边缘。如果从正面可以看到内衬，根据需要修剪内衬。

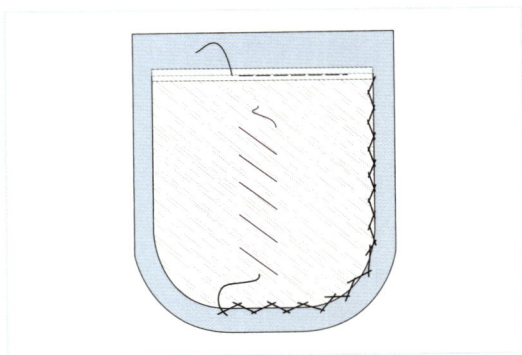

步骤3　缝合内衬

- 用三角针线迹将衬布边缘缝到口袋上，缝三角针时不要压平口袋。如果打算采用明线缝合口袋，就无须缝三角针。
- 用 $\frac{1}{2}$ 英寸（约1.3厘米）宽的轻质丝绸或里衬织物条固定袋口。
- 测量样板上的口袋开口。
- 在丝绸上标出长度。
- 将丝绸固定在口袋开口折叠线上的中间位置。
- 用长绗针线迹将其永久缝合。

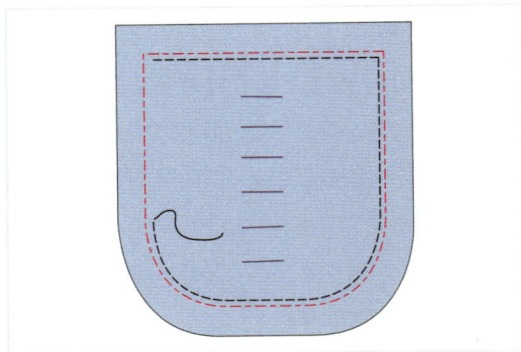

步骤4　口袋的明线缝合

- 这是三次缝制时机中的第一次明线缝合——参见第134页"贴袋明线"。
- 用短针距粗缝线迹或划粉笔标注明线走线。
- 用棉质或丝质机缝线缝合明线。
- 缝合明线时要调整线迹长度和缝线张力。
- 正面朝上，紧靠粗缝线迹用缝纫机缝合。
- 沿明线标记线从正面开始缝合明线。
- 缝完后，将所有缝线拉到反面。
- 用力拉紧线头，然后打结。

边缘整理

以下制作方法适用于边缘为曲线的口袋；

方形口袋请参见第132页"方角口袋"。

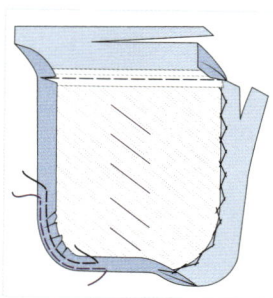

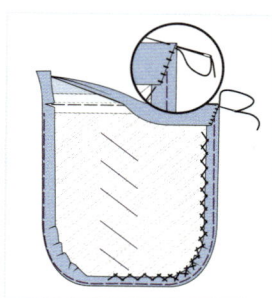

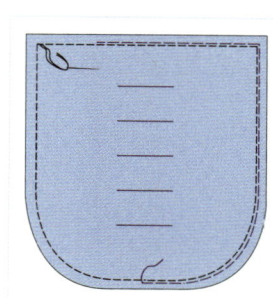

步骤1　完成边缘

- 将折边修剪至1英寸（约2.5厘米），缝份修剪至$\frac{3}{8}$英寸（约1厘米）。

- 在缝份上粗缝一排短线，距离接缝线约$\frac{1}{8}$英寸（3毫米）。

- 将折边折叠线位的缝份做剪口。

- 把折边的两端折成一定角度。

- 将侧边和底边的缝份朝衬布方向折叠，向上拉起抽缩粗缝线迹，使缝份平滑地贴合口袋曲线。

- 在距边缘$\frac{1}{4}$英寸（约6毫米）处沿口袋周围粗缝。

- 口袋反面朝上，熨烫折边和边缘，缩小曲线上的松度。

步骤2　口袋折边

- 如果口袋不缝合明线，则将缝份修剪至$\frac{3}{8}$英寸（约1厘米）。

- 用三角针线迹平贴在内衬上缝合边缘。

- 如果要缝合明线，就无须缝合三角针迹。

- 用明缲针迹固定口袋折边的两端。

- 口袋正面朝上放置在烫凳上轻轻熨烫。

步骤3　缝合明线

- 这是第二次明线缝合——参见第134页。

- 在距各边缘$\frac{1}{4}$英寸（约6毫米）处沿口袋周围缝合明线。

- 明线缝合时，将口袋边缘作为导向。

- 明线线迹会将缝份和内衬固定到位。

- 在明线线迹的端部，将线头滑入一根开尾针中。在口袋折边处缝一针，把线藏起来。

- 将缝份修剪至靠近明线线迹的位置。

高级定制提示

对于不对称的口袋设计，将较大一侧的口袋做得稍大一些，尺寸差异最大为$\frac{1}{4}$英寸（约6毫米）。穿着时，任何差异都不应太明显。

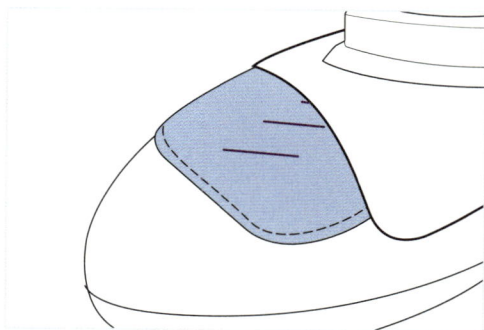

步骤4　检查口袋

- 拆除所有粗缝线迹。

- 将口袋正面朝上放在烫凳或烫垫上。

- 用羊毛熨烫垫布覆盖口袋，并用蒸汽熨烫。

- 检查口袋。如果效果不满意，可以重新制作一个。

- 口袋边缘应光滑无起伏。

- 如果需要一对口袋，现在就制作第二个。

- 仔细对比口袋，成对的口袋外观看起来应该完全相同。

方角口袋

采用此类缝制方法完成方角口袋的边缘。

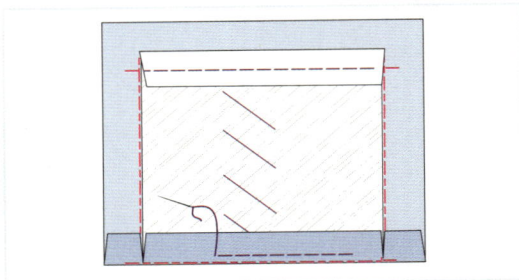

步骤1　缝合内衬

- 用斜针粗缝线迹将内衬粗缝到口袋的反面。
- 口袋反面朝上，将底边的缝份折叠到反面。
- 在距边缘 $\frac{1}{4}$ 英寸（约6毫米）处进行粗缝，起点和终点距离边角约1英寸（约2.5厘米）。

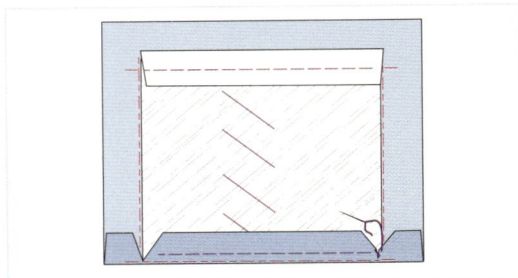

步骤2　制作斜角

- 修剪拐角处缝份，剪切掉一个小三角形。
- 对齐剪切边。
- 用短针距斜针缝迹把剪切的缺口边缝在一起。

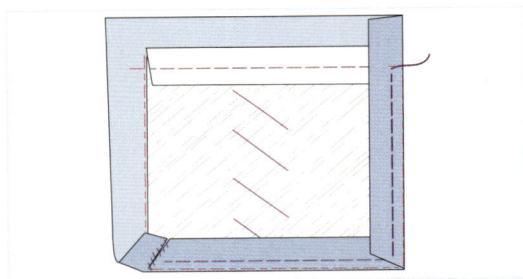

步骤3　粗缝和熨烫

- 折叠衬布边角处的缝份，使剪切的缺口边缘碰合。
- 用短针距斜针缝迹把剪切的缺口边缘缝在一起。
- 在距离边缘约 $\frac{1}{4}$ 英寸（约6毫米）处粗缝侧边，然后熨烫。

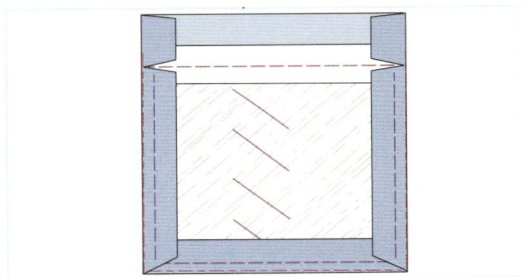

步骤4　完成折边

- 按照上述制作方法在边角处斜接边角末端。
- 端部呈锥形折叠，然后粗缝。
- 将折边折叠到位，在距离边缘 $\frac{1}{4}$ 英寸（约6毫米）处进行粗缝。

斜接边角

- 在拐角处，将缝份修剪缺口直至边角。
- 在缺口处剪掉一个小三角形，以减小织物体积。
- 在端部折叠出锥形。
- 用斜针缝迹将剪切的缺口边缘缝在一起。
- 把折边折叠到位，然后粗缝。

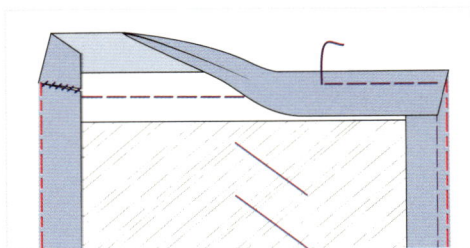

口袋里衬

多数高定工作室都不会直接裁剪口袋里衬，而是用一小块里衬碎料开始操作。

步骤1　口袋加里衬

- 为每个口袋剪一块长方形里衬，与口袋反面相对贴放在一起，对齐布料纱向。
- 用长针距斜针缝迹将口袋和里衬在中心位置粗缝。
- 修剪里衬，所有边缘至少留出 $\frac{1}{2}$ 英寸（约1.3厘米）。
- 将里衬的毛边向内折叠，使其距口袋的边缘 $\frac{1}{16}$ 英寸（约1.5毫米）至 $\frac{1}{4}$ 英寸（约6毫米）。
- 在顶部，最多可以向内折叠 $\frac{3}{4}$ 英寸（约2厘米）。
- 根据需要修剪里衬，以减小织物体积。
- 把里衬边缘粗缝到口袋反面。
- 用明缲针迹将里衬永久缝合。
- 拆除所有粗缝线。

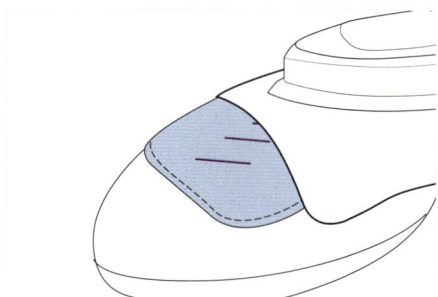

步骤2　缝合明线

- 将里衬一面朝上，用熨斗尖准确熨烫口袋边缘。
- 在将口袋固定到衣身上之前，最后一次在口袋上缝制明线——参见第134页。
- 把口袋翻过来正面朝上，放在烫凳上。
- 盖上羊毛熨烫垫布熨烫。
- 口袋正面朝上，在距离边缘 $\frac{1}{4}$ 英寸（约6毫米）处对边缘缝合明线。

固定口袋

缝合内衬后，将贴袋固定在女式上衣前身。

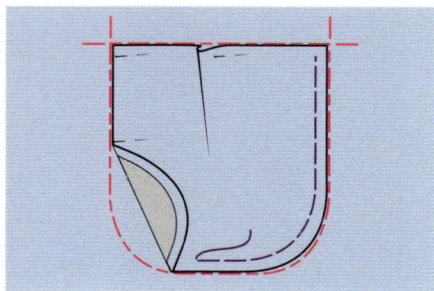

步骤1　定位口袋

- 口袋正面朝上放在加衬后的上衣前片上。
- 将口袋的边缘与上衣前片的标记线对齐。
- 用大头针暂时将口袋别住并固定到位，口袋远离上衣门襟止口。
- 在距离口袋边缘 $\frac{1}{4}$ 英寸（约6毫米）处均匀粗缝，以将口袋暂时固定到位，并为永久缝合提供参照。
- 在口袋永久缝合之前，应进行检查以确保口袋朝向止口的边缘在上衣前身的直纱上，并对齐所有纹样。

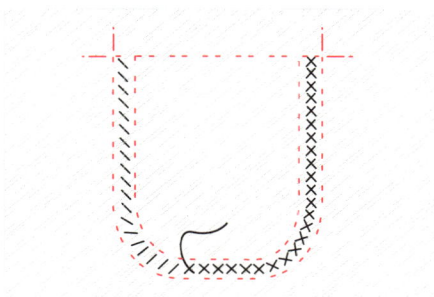

步骤2　缝合口袋

- 把上衣翻至反面朝上。
- 在口袋粗缝线迹和轮廓线迹之间缝合一排斜针缝线迹，以永久固定口袋。
- 为了更牢固地缝合，在相反方向上缝合第二排斜针缝线迹。
- 再将其余口袋缝合到位，完成的口袋看起来应浮于上衣表面。

贴袋明线

此类明线缝制方法也可用于袋盖。在将口袋缝合到衣身上之前，共有三次时机给贴袋缝制明线。画线展示出反面走线，可以看出差异。

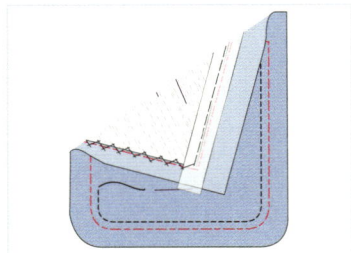

第一次明线缝制时机

口袋已加好内衬，但还没有折边，明线只能缝穿面料和内衬。
- 将衬布粗缝到口袋的反面。
- 用标记线或划粉笔在口袋上标出明线走线。
- 以标记线或划粉笔标记作为参照，从正面缝制明线。

第二次明线缝制时机

在缝份和折边余量粗缝和熨烫后，穿过布料、内衬和缝份进行明线缝制。
- 粗缝并熨烫缝份和折边余量。
- 将完成的边缘作为从正面缝制明线的参照。

第三次明线缝制时机

口袋加好里衬后，穿过布料、衬布和缝份缝制明线，有时还将里衬一并缝合。
- 把里衬固定到口袋上。
- 将完成的边缘作为从正面缝制明线的参照。

挖袋

插袋、嵌线袋和双嵌线袋只是定制上装中常采用的几种挖袋式样。挖袋，也称内置式口袋或袋囊式口袋，是最常见的装饰结构之一。与贴袋不同，贴袋是衣服外观上较大并可见的衣袋，挖袋是衣服里面的钱包袋或衣袋，正面只能看袋口。

挖袋用途广泛，从实用且低调的内缝口袋到装饰性比实用性强的嵌线袋，应有尽有。但尽管种类繁多，所有挖袋都可分为两类，即缝制在接缝线的插袋以及缝制在上衣衣身切口内的挖袋。

挖袋通常比贴袋更考究，但更不耐用。大多数布料都可做挖袋，除了一些透明薄面料和半透明面料。

在时装剪裁中，首先做好袋口，然后缝合袋布。定制剪裁中，在将袋布缝到衣身上之前通常会先缝到嵌线上。

双嵌线袋

双嵌线袋是女装和高级成衣最常用的口袋，也是所有男式上衣和西装上最常用的口袋，此类口袋有许多名称。在男装定制中，被称为唇袋；在高定服装中，被称为管条袋，这两个术语都描述了延伸到袋口中的织物嵌线或唇边。其他名称还包括滚边袋、挖袋、切口滚边袋、切口袋、狭缝袋、劈缝袋、双唇袋、扣眼袋、双嵌线挖袋和定制口袋。口袋设计有袋盖时，被称为翻盖口袋。

双嵌线袋是挖袋的一种，看起来像一个大的织物扣眼；把袋布隐藏在里面。通常有两条宽度相等的嵌线，有时也被称为滚边条或唇条；男装上使用的双嵌线挖袋有一窄一宽的嵌线。可以只有口袋，也可加袋盖。嵌线可以采用服装主面料或撞色面料制作，造型可为直线或弧线，可宽可窄，可以设置或不设置票袋——内部的小口袋。

在上衣中，双嵌线袋造型可以为水平、垂直、倾斜或弯曲的。这是一种简洁的口袋，适用于大多数面料，在光滑的密织平纹织物上特别美观——但由于使用时容易裂开，通常会在嵌线之间加一个袋盖，也可在衣身上贴缝袋盖来遮住袋口。

制作双嵌线袋的方法多样，但都可分为两类：滚边袋或嵌条袋。滚边袋的制作中采用单独布条、贴片或袋布对袋口边缘进行包边或滚边，而制作嵌条袋时则将窄布条缝合到口袋开口上。制作完成后，服装外观看起来大致相同。没有一种方法适合所有类型的面料或所有的口袋设计，因而有很多变化。

根据当前的流行趋势和面料，可在直纱、横纱或斜纱上裁剪滚条或嵌线。斜丝嵌线常用于纯色面料、粗花呢和起绒织物，有时也用于条纹和格纹面料，以产生特别的装饰效果。在纯色、细条纹、人字纹和粗条纹面料上，嵌线通常沿直纱裁剪，与袋口平行，但可以与服装衣身纹样对位裁剪。

在时装剪裁中，可在前身衣片加内衬之前或之后制作口袋；在定制剪裁中，则在前身衣片加内衬之前制作口袋。

口袋位置

口袋位置取决于服装款式，开口可以是任何尺寸。如果口袋用作装饰，可以很小；但如果需要实用，则应置于合适位置并且足够大以便使用。

口袋位置要在试穿坯布样衣时确定。如果对尺寸和位置有任何疑问，在第一次上衣试穿后再制作口袋，可能不太方便，但能准确定位口袋位置。

口袋开口加衬

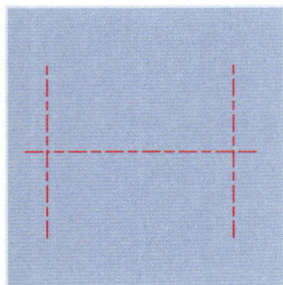

步骤1 标记口袋开口

- 衣片正面朝上，用划粉笔或线迹标记口袋开口，标记线两端延长约1英寸（约2.5厘米）。
- 用与开口成直角的线迹标记两端。

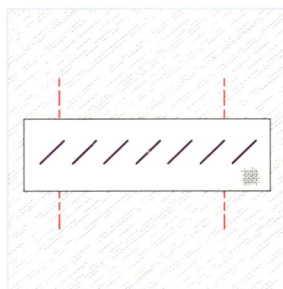

步骤2 裁剪和缝合拉条

- 如果上衣前身没有加全内衬，可以从轻质梭织内衬、丝绸或者预缩过的平纹细布（细棉布）直纱上裁剪一块口袋拉条，宽2英寸（约5厘米），比开口长2英寸（约5厘米）。
- 前身衣片正面朝上，将拉条放在口袋开口的中间位置，用斜针缝迹在适当的位置进行粗缝。

包边法

虽然通常被称为管条袋，但这种方法在技术上却采用包边法，而非嵌线法，它是采用织物包裹口袋切口边缘的方法形成包边。在面料纹样对位时，包边法是一个很好的选择（参见第146页的"面料纹样对位"）。

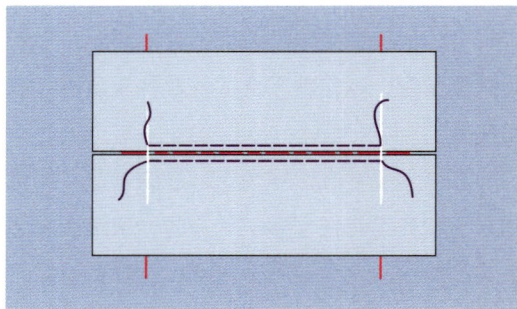

- 如果口袋是直线造型，则可在直纱、斜纱或横纱上裁剪包边条，以对位面料纹样。
- 当口袋开口呈曲线时，在斜丝上裁剪包边条。
- 把上衣正面朝上放在烫凳上，包边条与衣身正面相对贴放在一起。将一条包边的长边与袋口对齐，然后用大头针固定。烫凳表面略微弯曲，可以为布条增加一点松量，这样口袋就能很好地贴合人体。
- 重复上述步骤，将其余包边条也用大头针固定在袋口的另一侧。
- 用划粉笔在包边条上准确地标记出袋口末端。
- 在距离袋口 $\frac{1}{8}$ 英寸（约3毫米）处用柔软的粗缝（疏缝）棉线粗缝每条包边。
- 对于轻质布料，在靠近开口处粗缝；对于较重或较厚的布料，在离开口处较远的位置粗缝。

高级定制提示

在对位面料纹样时，额外需要三片碎料，其纹样与上衣纹样相同，用于嵌线和袋里下片。

步骤1 裁剪和粗缝包边条

- 衣片正面朝上，用标记线标记口袋开口，标记线两端延长约1英寸（约2.5厘米）。
- 用与标记线或划粉笔成直角的线迹标记口袋两端。
- 根据设计适当在开口加内衬。
- 裁剪两条宽2英寸（约5厘米），比口袋开口长2英寸（约5厘米）的包边条。

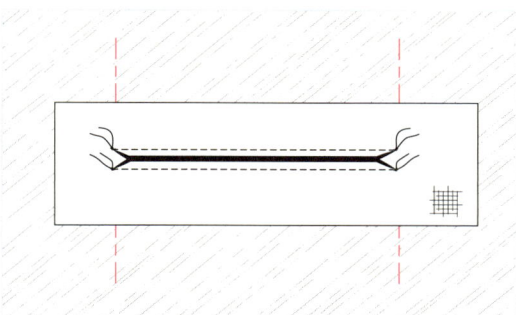

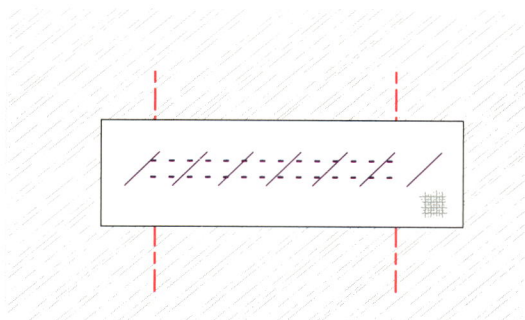

步骤2 检查包边

- 将口袋翻至反面朝上，测量粗缝线迹之间的距离。
- 如果粗缝线迹不完全平行，则拆除然后重新粗缝。熨烫包边。

步骤3 缝合包边

- 正面朝上，将缝纫机设置为每英寸15针（约1.75毫米针距）。
- 沿粗缝线迹缝合，精确地在标记好的两端开始和结束。
- 在靠近端部时，手动转动滚轮，精确地缝合两端。

高级定制提示

缝合成对口袋时，先缝合并检查两个口袋，然后再继续操作。

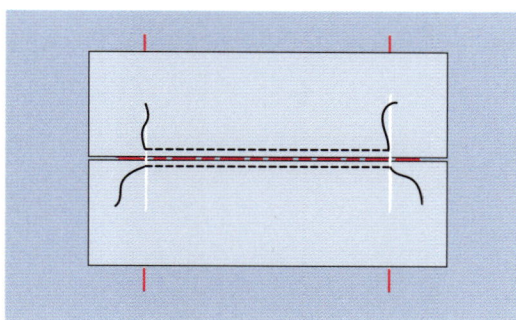

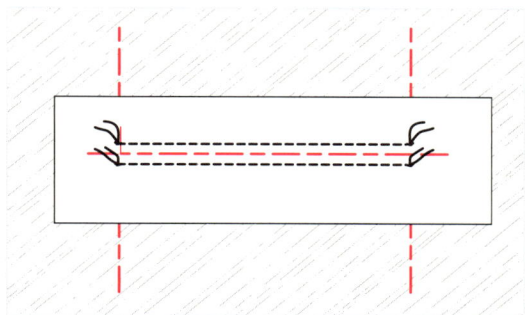

步骤4 检查缝合情况，拆除粗缝线迹

- 衣片反面朝上，检查缝线是否均匀且完全平行，并在两端准确开始和结束。
- 如果缝得太远，用织锦针去掉多余缝线；如果缝合长度不够，用花萼眼针手工补缝。
- 将两根缝线都拉到反面。
- 用力拉紧缝线，去除两端松弛的部分，然后牢固打结。
- 修剪线头，留下 $\frac{1}{2}$ 英寸（约1.3厘米）的尾线。
- 拆除粗缝线。

步骤5 剪切口袋开口

- 衣片反面朝上，裁剪口袋开口。
- 拨开包边，以免剪到包边。
- 在距离末端约 $\frac{3}{8}$ 英寸（约1厘米）处停止。
- 沿斜线剪切至缝合线的端部，在两端形成三角形。
- 要使切口准确，剪刀要放在合适的位置。让剪刀尖点延伸到缝合端，但不越过缝合端，再合上剪刀裁剪。如果剪切距离不够，边角处会形成一条皱褶；如果剪得太远，边角又会脱散（移位）。

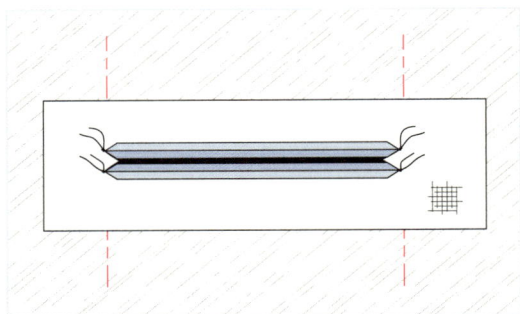

步骤6 熨烫和修剪

- 衣片反面朝上，把接缝熨烫平整。

- 将接缝熨开，使包边平整。

- 将接缝边缘的内侧修剪 $\frac{1}{16}$ 英寸（约1.5毫米）。

- 修剪要均匀，使完成的包边平直。

- 不要修剪外侧缝份。

- 衣片正面朝上，将包边推过切口。

- 把缝份上的包边抚平。

- 拉直包边使其平整，并恰好贴合开口。

- 如果包边在开口处重叠，可打开包边并稍微修剪一下内侧的缝份。

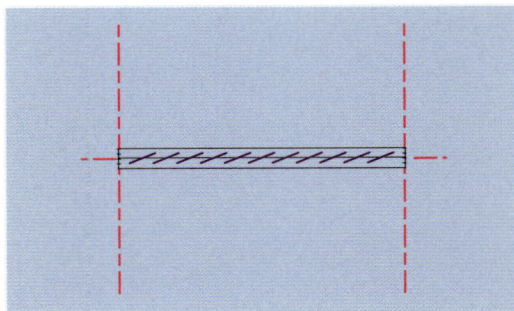

步骤7 包边永久缝合

- 在末端处折叠三角形。

- 用颜色匹配的轻质缝线和较短针距倒回针，从正面将包边永久固定在缝线上。

- 用斜针缝将包边粗缝在一起。

- 有些裁缝用对缝针迹粗缝包边，而有些则喜欢用三角针迹。

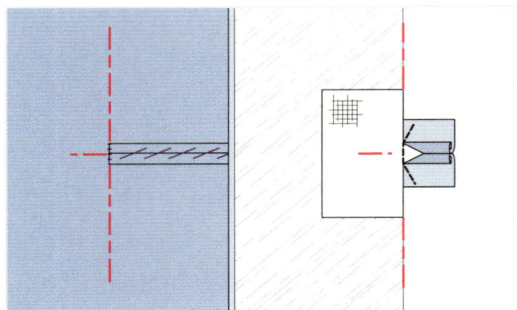

步骤8 三角形缝合

- 将上衣正面朝上，在口袋一端向后翻折，露出三角形和包边末端。

- 调短针距缝合三角形。

- 尽可能靠近上衣折叠处在端部仔细缝合，以稳固切口的边角。有些裁缝用短针距倒回针进行手工缝制，但没有那么结实。

- 重复上述步骤，缝合袋口另一端的三角形。

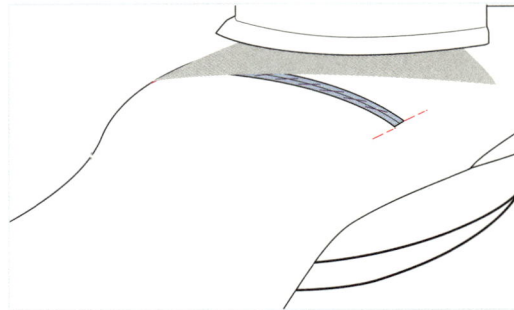

步骤9 熨烫

- 反面朝上熨烫。

- 为了避免出现烫痕，应在软垫表面上轻轻熨烫。

- 前身衣片翻至正面朝上，将口袋放在烫凳上，覆盖羊毛烫布，用蒸汽熨烫。

- 熨烫羊毛或毛纤维时，用羊毛烫布覆盖织物；当它被移除时，静电会使纤维变得有光泽。

- 如需去除烫痕，可将前身衣片反面朝上放在针板、裁缝刷或尼龙搭扣上，再用蒸汽熨烫。

- 根据第144页的缝制说明固定口袋布。

管条袋或直条法

管条袋或直条法是巴黎世家和迪奥最爱用的方法，常用于男式上装。与包边法不同，嵌线内部没有缝份，在触摸包边袋及其周围布料时，可以感受到包边周围的缝份。嵌线通常需要加轻质内衬或线绳，以免塌陷。

对于翻盖口袋，既可以像男式上装一样将

袋盖置于两条嵌线之间，也可以使用第127页的方法将袋盖手工缝制到袋口顶部。

管条袋由两条织物直条缝制而成。与包边法一样，成品口袋的嵌线宽度为 $\frac{3}{8}$ 英寸（约1厘米）。所有缝份都熨烫至远离开口的位置。

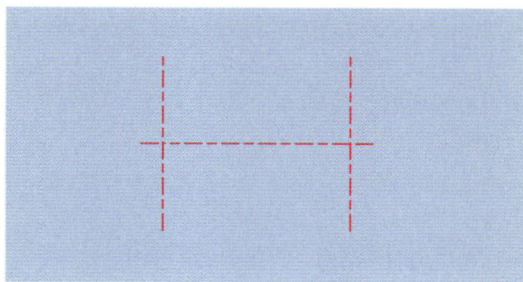

步骤1　标记开口线
- 裁片正面朝上，用标记线标记口袋开口，标记线两端延长约1英寸（约2.5厘米）。
- 用与标记线或划粉笔成直角的线迹标记口袋两端。

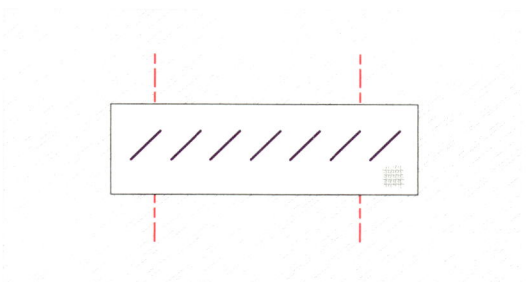

步骤2　口袋开口加内衬
- 前身衣片正面朝上，将拉条放在口袋开口的中间位置，用斜针缝迹在适当的位置进行粗缝。

嵌条

嵌条可以采用衣服的主面料、皮革、缎带或撞色布料。一般是在直纱上裁剪，但也可在横纱上裁剪以对位面料纹样，或者在斜丝上裁剪。为了形成特殊效果甚至可以采用纬瑕织物。

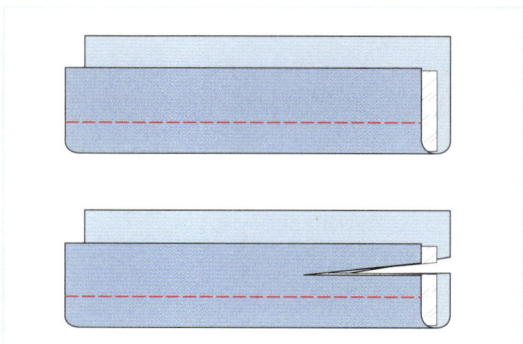

步骤1　制作嵌条
- 裁剪两条宽2英寸（约5厘米），比口袋开口长2英寸（约5厘米）的嵌条。
- 缝制细条纹织物时，尽量将嵌条置于直纱上的两条条纹之间。
- 缝制斜纹织物时，在直纱、横纱或斜纱的两条条纹之间裁剪嵌条。
- 如有需要，可给嵌线加内衬。
- 在距离折边不到 $\frac{1}{4}$ 英寸（约5.5毫米）处为每条嵌线粗缝一条参考线。
- 制作一个样袋，以确定所选布料的嵌线宽度。窄嵌线用在轻薄面料上更美观；宽嵌线用在较厚重的面料上或设计表达上更美观。
- 修剪嵌线，使缝线位于嵌线条的中心。如果修剪过多，嵌线会重叠；如果剪得不够，嵌线之间会有间隙。

> **高级定制提示**
> 高定上衣的嵌线宽度通常为 $\frac{1}{8}$ 英寸（约3毫米）或 $\frac{1}{4}$ 英寸（约6毫米），但最宽可达1英寸（约2.5厘米）。

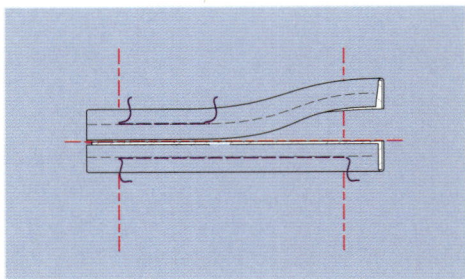

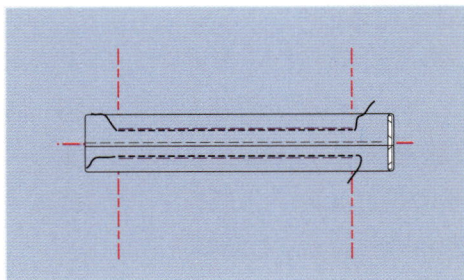

步骤2　粗缝嵌线

- 在上衣上放一条嵌线条，使两端至少超出口袋末端 $\frac{1}{2}$ 英寸（约1.3厘米）。
- 将嵌条的剪切边与口袋开口的标记线对齐。
- 精确地沿标记线粗缝。
- 在缝线处而非口袋开口处对位面料纹样。使用第一条嵌线条的制作方法，将第二条嵌线条粗缝到位。用划粉笔在两条嵌线条上标出口袋开口两端。
- 若布料有纹样或绒毛，朝开口的方向折叠嵌线，确保纹样或绒毛与上衣对齐。

步骤3　缝合

- 对位面料纹样时，要加倍粗缝以防止缝线在缝合时移位。
- 将机器设置为每英寸15针（约1.75mm针距）。
- 将上衣正面朝上，在折边一侧紧靠参考线缝合。
- 如果口袋用作装饰，可使用颜色匹配的蜡线和倒回针将其永久缝合。

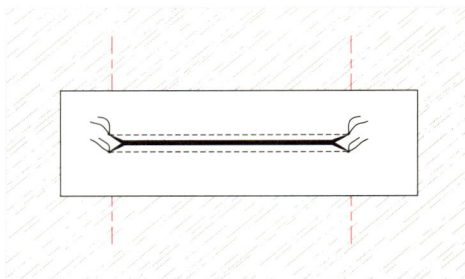

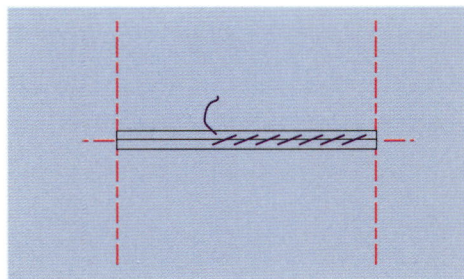

步骤4　剪切口袋开口

- 上衣反面朝上，检查缝线是否平行且间隔均匀，并在标记线上准确地开始和结束。
- 再次检查以确保所有纹样都对齐。
- 用力将缝线拉到反面，然后牢固系结。
- 从中间开始剪切口袋开口。
- 拨开嵌线，小心地剪出缺口直至边角，注意不要剪到嵌线。

步骤5　翻转嵌线

- 上衣正面朝上，将嵌线推过开口。
- 拉直嵌线，使其恰好贴合开口。
- 检查嵌线。如果嵌线看起来软塌或者是在斜丝上裁剪的，可用双股腈纶纱线或四股羊毛纱线填充。将纱线穿入织锦针，然后将其插入每条嵌线（参见第107页"步骤5"）。
- 用斜针缝迹把嵌线粗缝在一起。

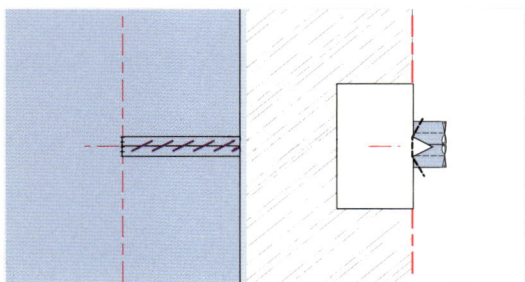

步骤6 缝合袋口末端

- 上衣正面朝上，向后翻折衣片，露出口袋末端。
- 用力拉扯嵌线。
- 靠近口袋端部缝合。
- 缝合时稍微摆动，以稳固边角处所有夹线。

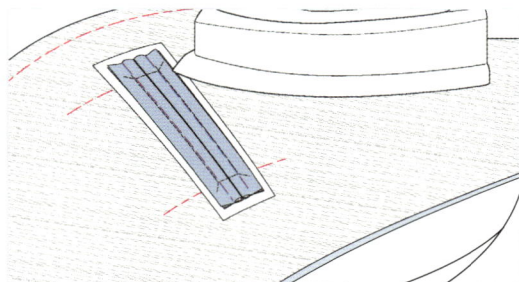

步骤7 熨烫和整理

- 反面朝上，在软垫表面熨烫嵌线。
- 要完成口袋的制作，请使用第144页"袋布"的缝制方法。

翻盖口袋

这种方法可以用于任何类型的嵌线袋。

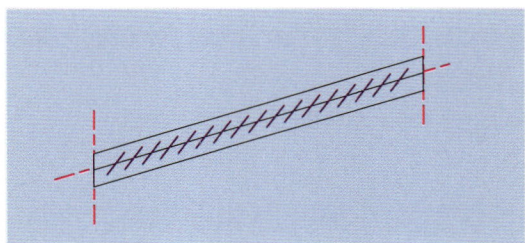

步骤1 缝合嵌线

- 采用包边法或直条法按照双嵌线袋的说明完成嵌线缝制，测量口袋开口。

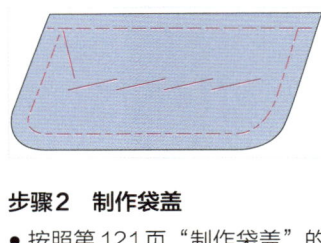

步骤2 制作袋盖

- 按照第121页"制作袋盖"的方法完成袋盖缝制。
- 在袋盖顶部用标记线描出缝合线。

高级定制提示

为确保袋盖足够长，使袋盖比口袋开口宽 $\frac{1}{8}$ 英寸（约3毫米），额外宽度将缩缝进袋口。

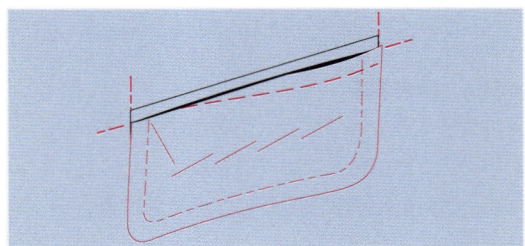

步骤3 贴缝袋盖

- 上衣正面朝上，将袋盖插入嵌线之间。
- 将袋盖顶部的标记线与开口顶部的接缝线对齐。
- 在开口正上方将所有布料层粗缝在一起。

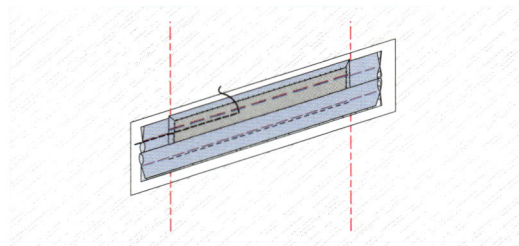

步骤4 缝合袋盖

- 上衣反面朝上，用短纤针将袋盖永久缝合到口袋顶部的接缝处。
- 要完成口袋的制作，请使用第144页"袋布"的缝制方法。

变化：带袋盖的单嵌线袋

这是伊夫·圣罗兰最偏爱的口袋造型，这款定制口袋类似于男式上装中使用的嵌线袋，没有两条嵌线，而是在底部有一条宽嵌线，顶部有一个袋盖。由于宽嵌线会更平服，所以使用直条法来缝制单嵌线。

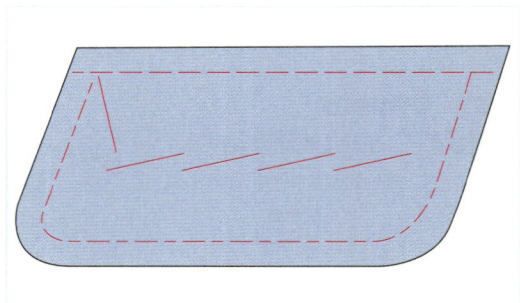

步骤1　制作袋盖

● 按照第121页上的缝制说明完成袋盖制作，在袋盖顶部用线迹标出缝合标记线。

● 将顶部的缝份修剪至 $\frac{1}{4}$ 英寸（约6毫米）。

● 将袋盖放在一边。

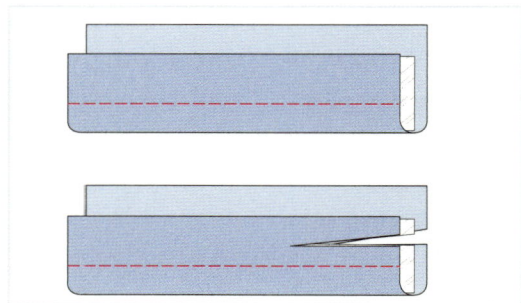

步骤2　制作嵌线

● 对于每个口袋，在直纱上裁剪一条宽3英寸（约7.5厘米）比开口长2英寸（约5厘米）的嵌线条。

● 如有需要，可给嵌线条加内衬。

● 在距离折叠边 $\frac{3}{8}$ 英寸（约1厘米）处用标记线描出参考线。

● 修剪嵌线条，使缝线位于贴边条的中心。

高级定制提示

嵌线的缝迹线比袋盖的缝迹线短，因此口袋开口会完全隐藏在袋盖下方。

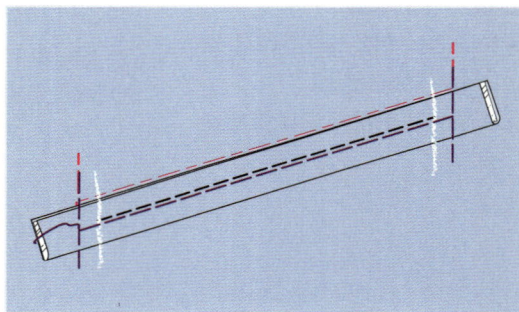

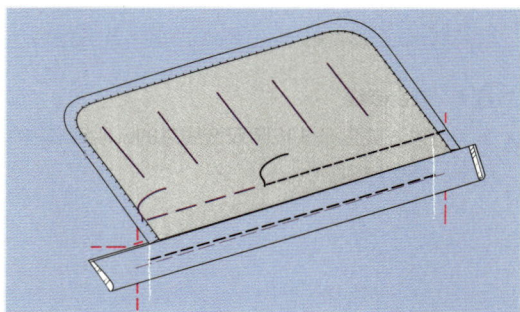

步骤3　定位嵌线条

● 将嵌线条置于上衣袋口下方。

● 将嵌线条的裁剪边与缝有标记线的口袋开口对齐。

● 精确地沿标记线缝粗缝。

● 用划粉笔在距离口袋开口两端粗缝线迹不足 $\frac{1}{4}$ 英寸（约6毫米）处做标记。

步骤4　缝合袋盖

● 将袋盖放在上衣前身上，正面相对贴放在一起。

● 将袋盖上的缝线与口袋开口对齐。

● 小心缓慢地将袋盖移至开口处，然后粗缝。

● 用划粉笔或肥皂片在袋盖和嵌线上标记口袋开口两端。检查并确保嵌线的两端比袋盖短不到 $\frac{1}{4}$ 英寸（约5.5毫米）。

● 缝合前，将袋盖折叠到位，确保其覆盖嵌线的两端。

● 将上衣正面朝上，沿粗缝线迹缝合。

● 再次检查以确保所有面料纹样都对齐。

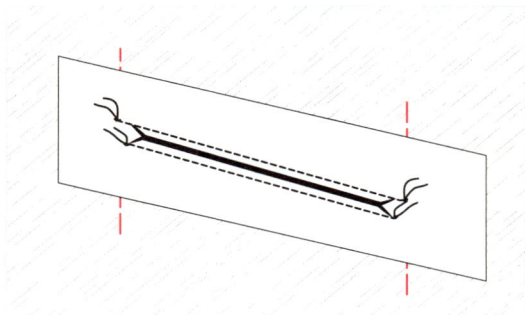

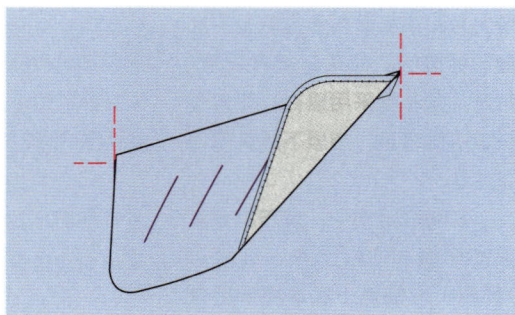

步骤5　剪切口袋开口

- 反面朝上，检查缝线是否平行、间距是否均匀且底线比顶线短。
- 检查并确保袋盖可覆盖嵌线末端。
- 最后，用力将缝线拉到反面，然后牢固打结。
- 从中间开始剪切口袋开口。
- 小心地剪出缺口直至边角，注意不要剪到嵌线。

步骤6　推入嵌线

- 衣片正面朝上，将嵌线推入开口。
- 拉直嵌线，使其恰好贴合开口。
- 由于底部的缝线比顶部短，因此两端会倾斜。
- 将袋盖折叠到嵌线上。

步骤7　端部交叉缝合

- 上衣正面朝上，向后翻折衣片，露出口袋末端的三角形。
- 用力拉扯嵌线。
- 靠近上衣的端部缝合。
- 正面朝上，用熨烫垫布盖住嵌线，轻轻熨烫。
- 要完成口袋的制作，请使用第144页"袋布"的缝制方法。

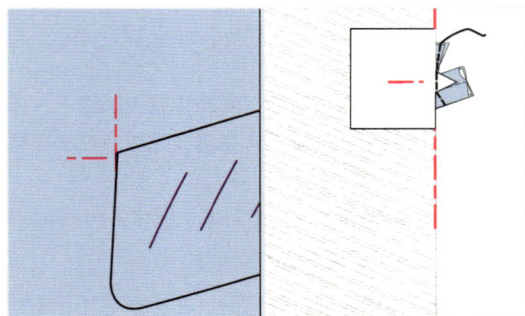

袋布

使用此类方法缝制所有挖袋的袋布。袋里上片朝向衣身，袋里下片朝向内衬。一般来说，女式上装中的袋布是用里衬作为口袋上片和衣身面料作为袋里下片缝制而成的。如果口袋有袋盖，则两片袋布都采用里衬；如果布料较厚或较重，袋里下片来用口袋贴边。

在高级定制中，袋布没有单独的样板。初板上衣、细棉布（坯布）样板或上衣本身被用来制作口袋样板，袋布是用面料和里料碎片制成的，裁剪纱向和衣身相同。当口袋处于水平位置时，缝制很容易；当口袋处于倾斜或垂直位置时，会稍微复杂一些。

袋布样板

此类说明方法可用于制作所有挖袋的袋布样板。

- 在细棉布（坯布）碎料上标记纱向，以制作袋里下片样板。
- 将细棉布碎料别在上衣的表面。
- 在袋口边缘上方对位面料纹样。
- 用铅笔在细棉布上标出口袋开口。
- 在细棉布上绘出袋布轮廓。
- 所有边缘增加 $\frac{5}{8}$ 英寸（约1.5厘米）的缝份。
- 在袋里下片的顶部下方画一条 $\frac{7}{8}$ 英寸（约2.25厘米）的线，以标记袋里上片的顶部。
- 将第二行标记为"裁剪袋里上片"。

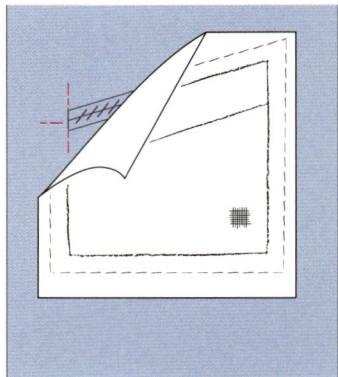

带贴边的袋里下片

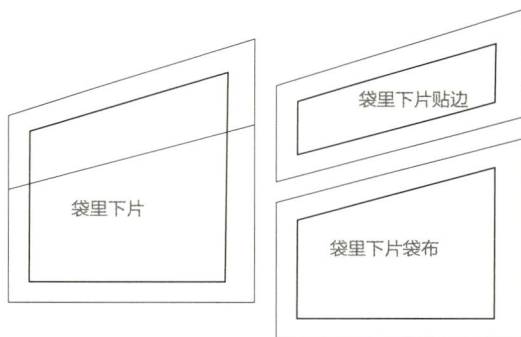

如果布料较重或较厚，将贴边缝到袋里下片的顶部。在男装中，袋里下片由带有贴边的口袋里衬制成。

- 在袋里下片的顶部下方画一条2英寸（约5厘米）的线，以标记口袋贴边的接缝线。
- 在口袋贴边样板顶部做标记，在底部增加 $\frac{5}{8}$ 英寸（约1.5厘米）的缝份。
- 在里衬样板底部做标记，并增加 $\frac{5}{8}$ 英寸（约1.5厘米）的缝份。
- 制作带贴边的袋里下片时，正面相对贴放在一起缝合接缝。
- 朝里衬一侧熨烫接缝或口袋底部。
- 使用极短针距的倒回针固定所有布料层。

袋布制袋

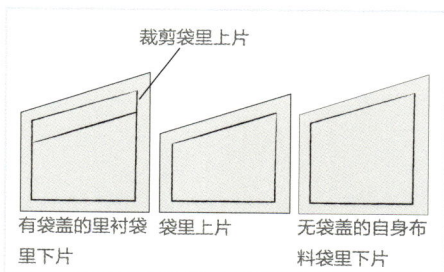

步骤 1　裁剪袋布

● 如果口袋有袋盖，在里衬上剪裁袋里下片。

● 在里衬上剪裁口袋上片。

● 如果口袋没有袋盖，用衣身面料剪裁袋里下片。

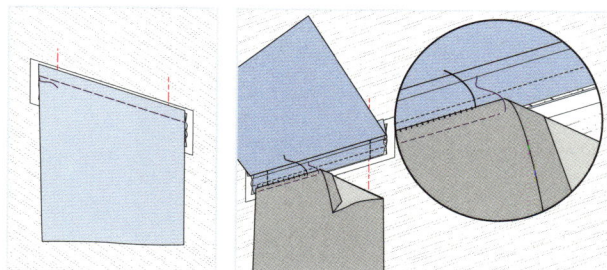

步骤 2　贴缝袋布

● 反面朝上，将袋里下片放在嵌线上，袋里下片的纱向与衣身上的纱向对齐。

● 将袋里下片粗缝（疏缝）至开口顶部的嵌线上。

● 将袋里下片向上翻折到一边。

● 反面朝上，将袋里上片放在嵌线上，袋里上片的纱向与衣身上的纱向对齐。

● 从袋里上片的顶部翻折到下方，用大头针别在下嵌线上。

● 粗缝后用明缲针迹缝合到嵌线上。

● 根据需要修剪袋布。

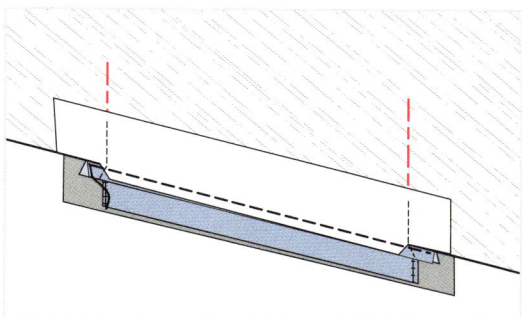

步骤 3　袋里下片缝合定位

● 上衣正面朝上，将衣身向下翻折，在靠近口袋顶部的接缝处缝合。

● 拆除粗缝线迹。

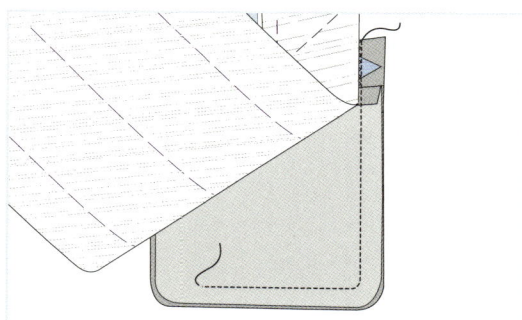

步骤 4　缝合袋布

● 如果布料较重或较厚，袋布可采用里衬，衣身面料作为袋口贴边。

● 反面朝上，将袋布平整到位。

● 拉紧袋里下片，用大头针将两层袋布别在一起。边缘不齐也不用担心。

● 沿袋布周围粗缝。

● 正面朝上，上衣向后翻折，沿袋布周围缝合。

● 剪掉多余的部分，边角修整为圆弧。

● 拆除所有粗缝线。

● 上衣反面朝上，轻轻熨烫袋布。

面料纹样对位

可以使用多种方法来对齐双嵌线袋的面料纹样，但包边法是最简单的方法之一。每个口袋需要图案或格纹相同的三片面料；每根嵌条一片，袋里下片一片。

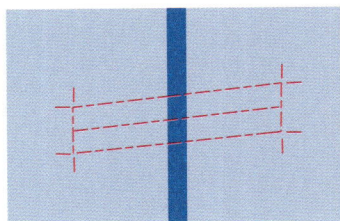

步骤1　标记开口

● 在裁剪嵌条之前，用标记线在开口的顶部和底部标记缝线。

● 用标记线在中间位置标记开口。

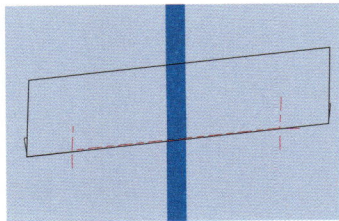

步骤2　标记下嵌线

● 每根嵌线选择一片碎料。

● 如果面料纹样较大，则需一片较大的碎料来对位纹样。

● 在与开口底部标记线对齐的碎料上画一条线作为参考，以制作下嵌线。

● 碎料边缘向下折叠，使折边与衣身上的标记线对齐。

● 用标记线标出折痕，然后熨烫。

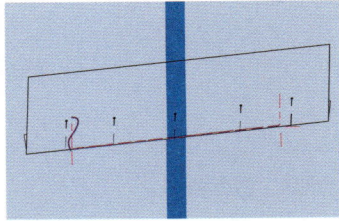

步骤3　别住下嵌线

● 对比标记线，确保各标记线在修剪之前相同。

● 将嵌条的折边与衣服上的标记线对齐，并用大头针别住，并对位面料纹样。

● 在靠近折痕的地方用短距线迹粗缝嵌线顶部。

● 再次用滑针线迹或明缲针线迹粗缝。

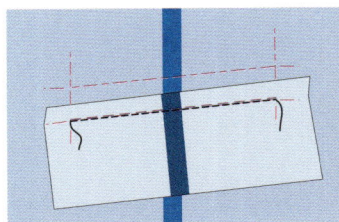

步骤4　缝合下嵌线

● 拆除顶层挑缝线，打开嵌条，使面料正面相对贴放在一起。

● 再次用短而均匀的缝线或斜针缝迹沿缝合线粗缝。

● 用倒回针和匹配的缝线进行永久机缝或手缝。

● 将缝好的接缝修剪为 $\frac{1}{4}$ 英寸（约6毫米），留出至少1英寸（约2.5厘米）用于包边。

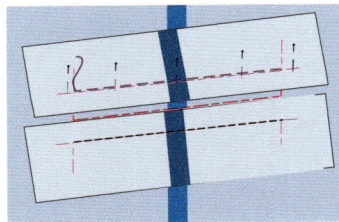

步骤5　制作和缝合上嵌线

● 将上面标记线作为参考制作上嵌线。

● 对齐并缝合上嵌线，与下嵌线的制作方法相同。

● 在继续下一步操作之前，检查并确保所有纹样都已对齐。

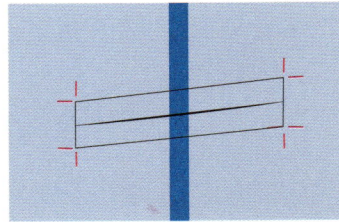

步骤6　完成

● 按照双嵌线包边袋的缝制说明完成口袋制作（参见第136页）。

前胸嵌线袋

前胸袋通常称作手巾袋或嵌线手巾袋，呈平行四边形，两端平行于直纱。口袋尺寸因上衣设计和穿着者体型而异。女式上装的口袋通常为4英寸（约10厘米）至5英寸（约12.5厘米）长，$\frac{3}{4}$英寸（约2厘米）至$1\frac{1}{4}$英寸（约3厘米）宽。男装口袋则通常为$1\frac{1}{4}$英寸（约3厘米）到$1\frac{5}{8}$英寸（约4厘米）宽，5英寸（约12.5厘米）长。

因为口袋几乎不受应力，所以前胸口袋无须拉条，除非是松织布料。

高定嵌线

以下制作方法稍作调整便可用于制作各种尺寸的嵌线口袋，嵌线完全由手工制作。

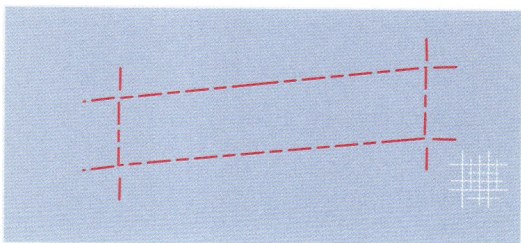

步骤1　标记嵌线位置

● 正面朝上，用标记线或划粉笔在左前身衣片上标出嵌线的位置，两端与直纱平行。

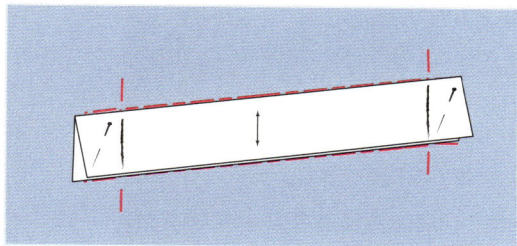

步骤2　制作样板

● 制作嵌线样板，完成的样板长4英寸（约10厘米），宽1英寸（约2.5厘米）。将纸样对折。
● 在距离折痕1英寸（约2.5厘米）处画一条与折痕平行的线。
● 用大头针将样板别在上衣前身，使折痕在标记好的嵌线顶部。
● 在平行于纱向的嵌线两端做标记。
● 在样板上画出平行于两端的纱向。
● 将样板从衣身上取下。

> **高级定制提示**
>
> 如果使用商业样板，则剪切去掉缝份。

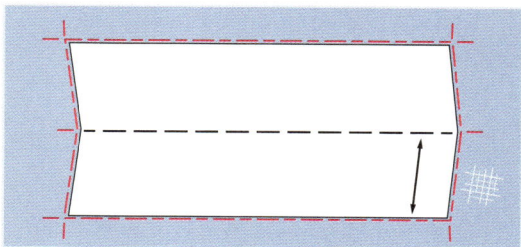

步骤3　沿嵌线四周做标记线

● 剪切纸样，不留缝份。
● 用大头针将嵌线样板别在碎料上，对齐纱向。
● 如果布料有样板，使用第149页的制作说明方法。
● 沿样板四周做标记线。
● 用标记线描出折叠线。

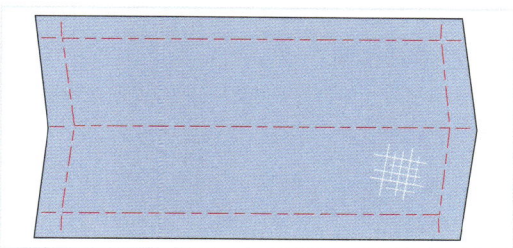

步骤4　裁剪嵌线

● 裁剪嵌线，所有边缘留$\frac{1}{2}$英寸（约1.3厘米）的缝份。

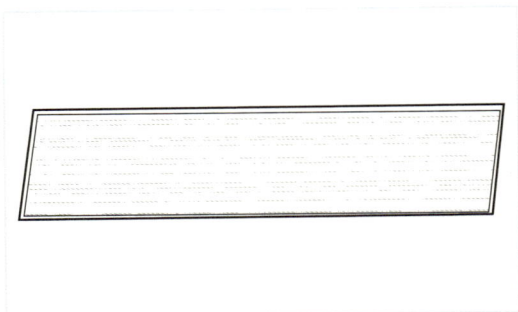

步骤5　裁剪内衬

- 裁剪内衬和袋布。
- 用大头针将折叠的嵌线样板和纹路对齐的内衬别在一起。
- 裁剪内衬。内衬纱向可平行于折痕，或与嵌线纱向一致，或直接在斜丝上裁剪。
- 所有边缘修剪掉 $\frac{1}{16}$ 英寸（约 1.5 毫米）。

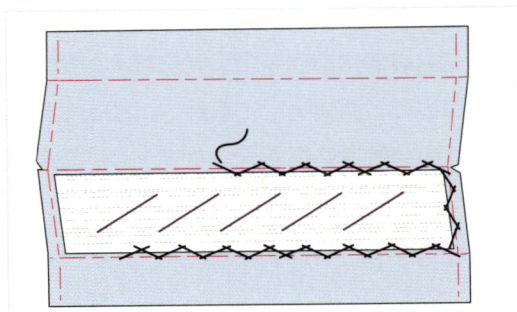

步骤6　嵌线加衬

- 用大头针将内衬别在嵌线的反面，将长边与折痕标记线对齐。
- 用斜针缝迹粗缝。
- 用三角针迹将内衬的边缘缝到嵌线上。
- 将嵌线贴边两端修剪掉约 $\frac{1}{8}$ 英寸（约 3 毫米）。
- 在折痕线的末端缝份上做剪口。

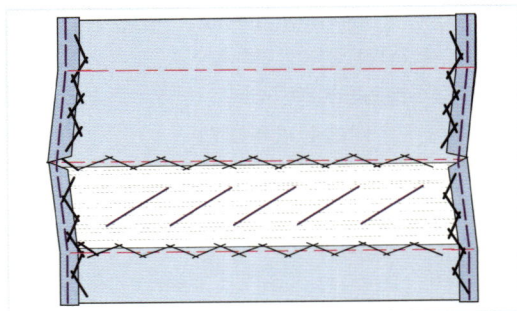

步骤7　完成端部

- 将两端的缝份折向嵌线的反面。嵌线贴边末端折叠量比嵌线末端多一些，以便隐藏在下面。
- 在距离两端折边 $\frac{1}{4}$ 英寸（约 6 毫米）处进行粗缝，然后熨烫。
- 修剪靠近粗缝线处的缝份，以减小体积。
- 用三角针线迹固定边缘。
- 反面朝上，熨烫嵌线。
- 如果需要，用压板将缝份拍打平整。
- 拆除所有粗缝线。

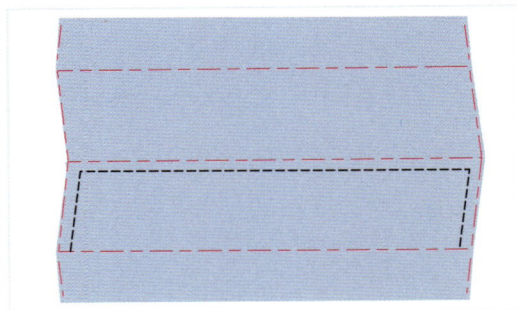

步骤8　备选：缝合嵌线明线

- 平整地打开嵌线。
- 嵌线正面朝上，从底部开始缝合明线，距离边缘 $\frac{1}{4}$ 英寸（约 6 毫米）。先缝一端，然后在折叠线下方 $\frac{1}{4}$ 英寸（约 6 毫米）处缝嵌线顶部，再缝另一端。
- 把缝线拉到反面然后打结。

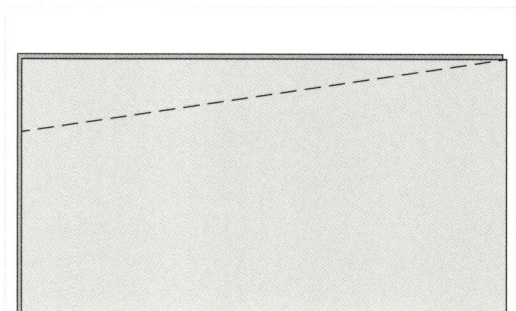

步骤9　裁剪并标记袋布

- 裁剪两块长方形的袋布，比嵌条宽1英寸（约2.5厘米），长5英寸（约12.5厘米）（参见提示）。

- 将矩形裁片正面相对贴放在一起。

- 从朝向前中心线一端的边缘开始，将顶部修剪至$\frac{1}{2}$英寸（约1.3厘米），到另一端逐渐变窄直至消失。

- 如果口袋或多或少倾斜，则调整修剪量，使袋布与衣身的纱向平行。

- 用划粉笔在距离口袋边缘$\frac{1}{2}$英寸（约1.3厘米）处标记接缝线。

- 用划粉笔在袋里下片裁片上标记一个"X"，表示其为袋里下片。

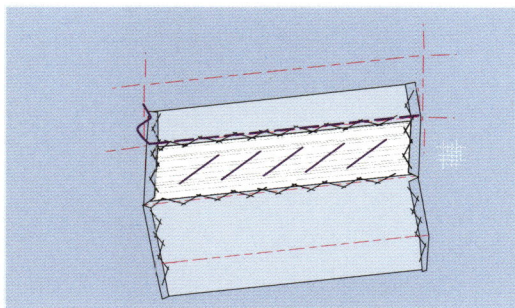

步骤10　定位嵌线

- 正面相对贴放在一起，用大头针把嵌线底部别在左前身衣片上，将嵌线上的标记线与前身衣片上嵌线下缘对齐。

- 嵌线的两端应与前身衣片的标记端相匹配。

- 在靠近嵌线内衬一侧的接缝线上粗缝。

> **高级定制提示**
> 缝制轻至中等克重上衣面料时，裁剪上衣面料作为袋里下片。

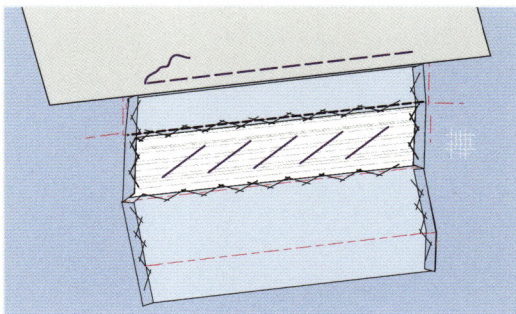

步骤11　嵌线和袋里下片缝合到位

- 正面相对贴放在一起，用大头针将袋里下片别在开口顶部的缝线上。

- 在距离开口两端$\frac{1}{4}$英寸（约6毫米）处进行粗缝。

- 在开口顶部和底部沿粗缝线迹缝合。

- 将嵌线向上折叠到缝线上，确保其覆盖缝线的末端。如果缝线末端露出，修剪完之后会有一个洞。这时需拆除缝线，然后再次缝合。

- 在缝线的末端打结。

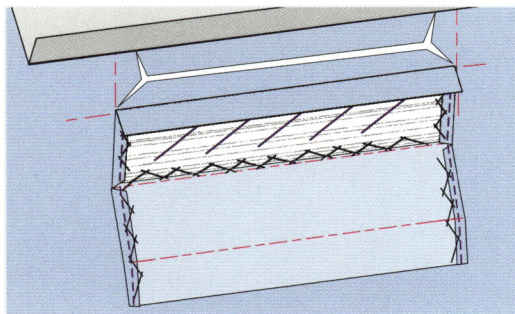

步骤12　剪切开口

- 小心地在缝线之间剪切，将嵌线和袋布拨开以免误剪。

- 剪切开口，沿对角线剪至缝合线末端。

- 将袋里下片翻到内侧，将嵌线向上翻。

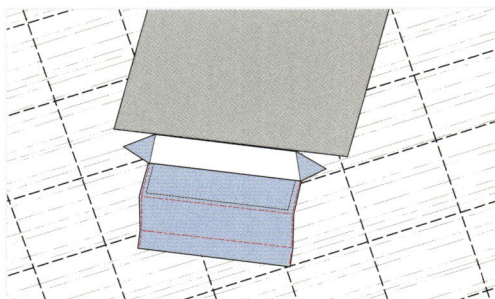

步骤13　反面朝上熨烫口袋

● 熨烫接缝和三角形至远离开口处。

● 将开口底部的嵌线接缝熨烫开。

● 将嵌线推至正面。

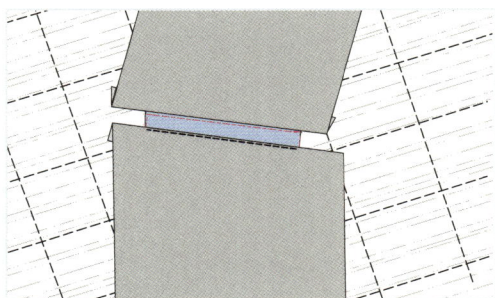

步骤14　完成嵌线末端

● 折叠嵌线，使反面贴合在一起。

● 用暗缲针将两端的折叠边缝合在一起，把两端粗缝在衣身上。

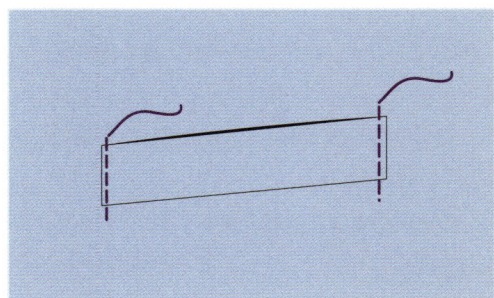

步骤15　添加袋里上片

● 衣身反面朝上，将袋里上片里衬的顶部下翻$\frac{1}{2}$英寸（约1.3厘米）。

● 用大头针将折边别到嵌线贴边标记的接缝线上，并粗缝。

● 用暗缲针永久缝合，然后熨烫。

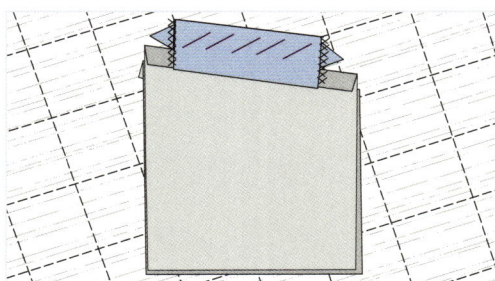

步骤16　末端粗缝

● 衣身正面朝上，将嵌线末端粗缝到位。

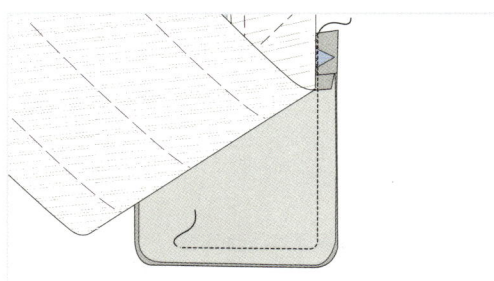

步骤17　缝合两端

● 衣身反面朝上，用十字缝迹将嵌线末端永久缝合。

● 缝线尽量靠近嵌线末端，以隐藏嵌线贴边，但不要过近，以免造成压痕。

高级定制提示

嵌线看起来应像"浮"在衣身表面，且看不出缝合的痕迹。

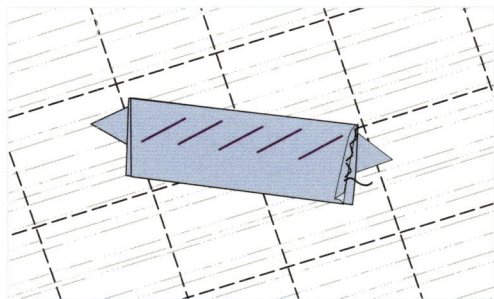

步骤18　缝合袋布

● 正面相对贴放在一起，将袋里上片平整地放在袋里下片上，拉紧袋里下片。

● 用大头针别住边缘。口袋上片较长，毛边不匹配。

● 拨开前身衣片以免误缝，抓住开口末端的三角形，然后进行缝合。

● 将袋布缝份修剪至$\frac{3}{8}$英寸（约1厘米），轻轻熨烫。

面料纹样对位

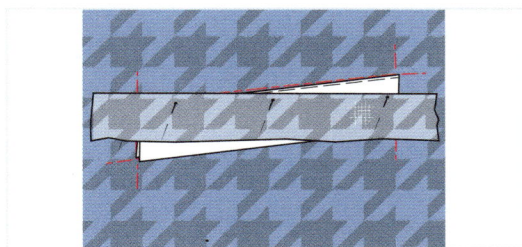

步骤1 面料纹样对位

● 如果面料有纹样，再次用大头针将折叠后的嵌线样板别在前身衣片上。

● 衣身正面朝上，在样板上放一块碎料，将嵌线纹样或任何条纹或格纹与前身衣片上的纹样对位。

● 用大头针将碎布片牢固地别在嵌线样板上。

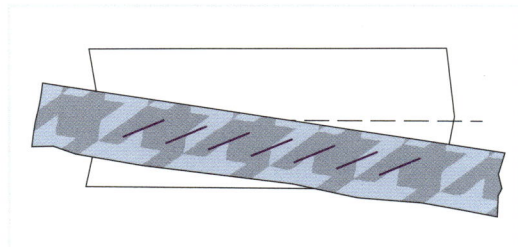

步骤2 将碎布料粗缝到样板上

● 移除样板，保留别在上面的碎布片。

● 小心地打开纸样，用斜针缝将碎布片粗缝在样板上。

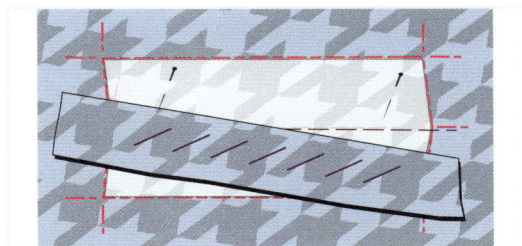

步骤3 对齐样片

● 正面朝上，将嵌线样板别在碎布片上，对位碎布片与面料纹样。

● 沿样板四周缝标记线。

● 用标记线描出折叠线。

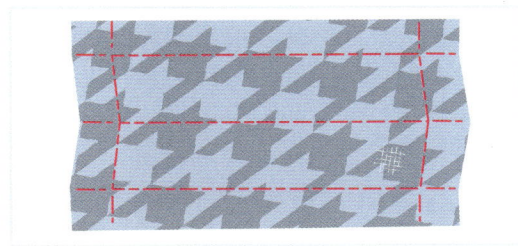

步骤4 裁剪嵌线

● 裁剪嵌线，边缘留出 $\frac{1}{2}$ 英寸（约1.3厘米）的缝份。

● 移除样板。

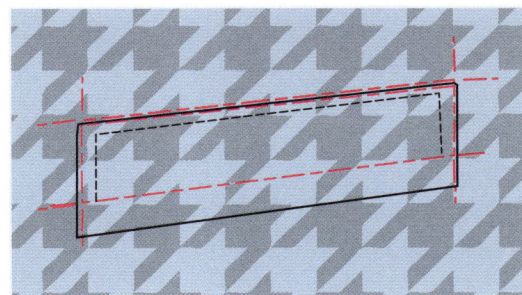

步骤5 检查纹样对位

● 继续下一步操作前检查纹样是否对位。

● 正面朝上，将折叠后的嵌线与前身衣片上的标记线对齐，确保面料纹样对位。

● 必要时可将嵌线向右或向左移动 $\frac{1}{8}$ 英寸（约3毫米）。如果需要移动超过 $\frac{1}{8}$ 英寸（约3毫米），则应重新制作嵌线。

定制嵌线

手巾袋的定制方法类似于高定法，但嵌线末端的处理方式不同。将嵌线缝到衣身前片时，不要在嵌线两端固定到衣身上之前就修整嵌线两端，而是让两端保持原始毛边，并简单向下翻转即可。

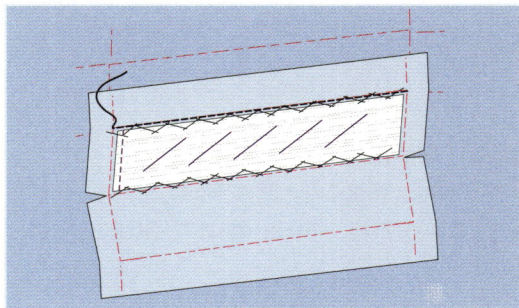

高级定制提示

剪切开口前，将嵌线向上折叠，确保在裁剪开口前，嵌线可将顶部缝线的末端覆盖住。

步骤1　制作和定位嵌线

● 使用第147页"高定嵌线"中的步骤1至步骤4来制作嵌线和嵌线样板。

● 裁剪并用标记线标记嵌线。

● 用三角针迹将内衬缝到嵌线反面。

● 无须修整嵌线两端。

● 将嵌线粗缝到开口底部，使嵌线两端的标记线与开口两端对齐。

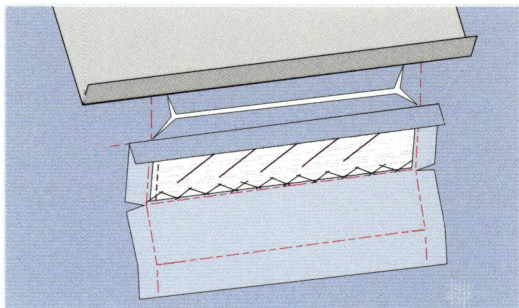

步骤2　缝合和剪切开口

● 将嵌线粗缝到口袋开口处。

● 把袋里下片袋布粗缝到袋口顶部。

● 在顶部和底部的接缝线上缝合。

● 把线头打结。

● 拆除粗缝线。

● 剪切袋口（参见提示），小心剪切开口直至端部，将嵌线和袋里下片拨开以免误剪。

● 成对角线剪出缺口，直至缝合线末端。

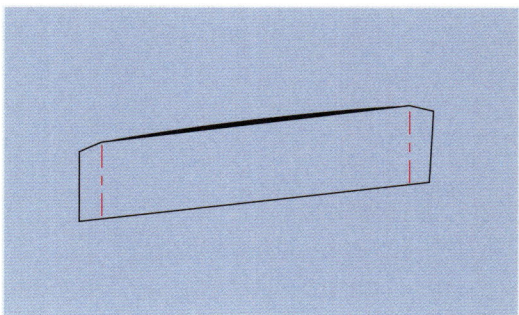

步骤3　袋里下片翻进内侧

● 将袋里下片袋布翻到内侧，将嵌线向上翻。

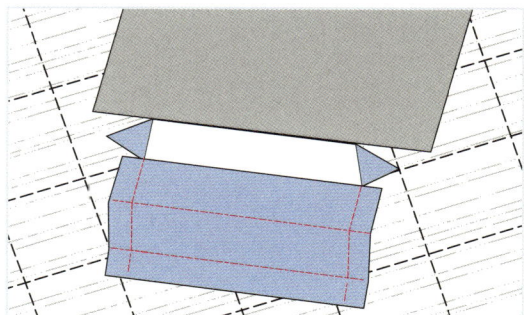

步骤4　熨烫

● 反面朝上熨烫口袋。

● 将接缝和三角形熨烫至远离开口。

● 将开口底部的嵌线接缝熨烫开。

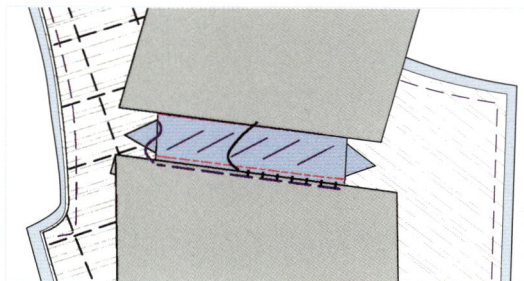

步骤5 嵌线缝合到位

● 将嵌线推到正面，根据需要在接缝处剪出缺口。

● 将袋里上片顶部向下翻折 $\frac{1}{2}$ 英寸（约1.3厘米）。

● 将折边别在用线迹标记的嵌线贴边接缝线上，并进行粗缝，在嵌线两端开始和结束，不要缝到缝份上。

● 用明缲针迹将其永久缝合到嵌线底部，然后熨烫。

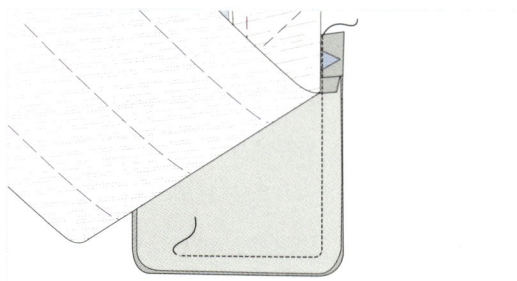

步骤6 缝合袋布

● 正面相对贴放在一起，将袋里上片平整地放在袋里下片上。

● 毛边不匹配也没关系，口袋最好光滑平整。

● 拉紧袋里下片并用大头针别住。

● 拨开前身衣片以免误缝，然后进行缝合，用三角针缝合端部的三角形。

● 将袋布接缝修剪至 $\frac{3}{8}$ 英寸（约1厘米）。

● 轻轻熨烫。

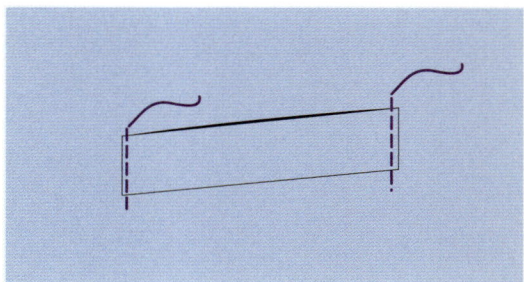

步骤7 完成嵌线两端

● 将前身衣片翻至正面朝上。

● 反面相对贴放在一起，在中间位置折叠嵌线。

● 把嵌线两端粗缝在一起。

● 两端向下翻，将缝份修剪到不足 $\frac{1}{4}$ 英寸（约6毫米）。

● 将嵌线两端粗缝到前身衣片上。

● 在距离折边 $\frac{1}{4}$ 英寸（约6毫米）处用极小针距的倒回针永久缝合嵌线。

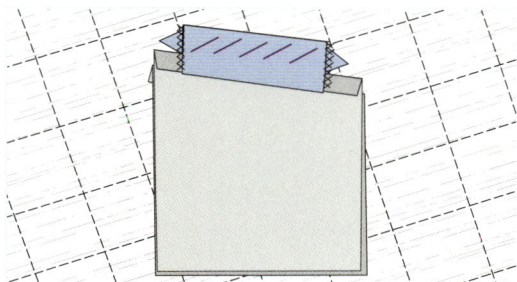

步骤8 缝合两端

● 衣身反面朝上，用十字缝迹将嵌线末端永久缝合。

● 缝线尽量靠近嵌线末端，以隐藏嵌线贴边，但不要过近，以免造成压痕。

● 男式上衣无须机缝明线。

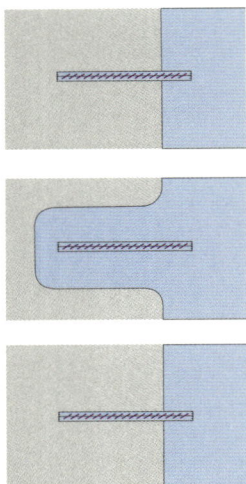

上图：直接缝制在里衬和挂面上的口袋。
中图：重新造型挂面上的口袋。
下图：口袋置于单独的布条上，手工缝制在里衬和挂面上。正确缝合时，口袋周围的明缝针线迹不可见。

内侧嵌线袋

　　里袋是男装的一个基本结构，但高级定制女式上装很少有里袋——尽管职业女性觉得里袋很有用。里袋位于左前身，要成功地缝制里袋，必须确保穿着上衣时口袋的位置不会被注意到。上衣应该有足够的丰满度来隐藏口袋的体积，穿着者不能在里面放大件物品。

　　里袋常制成嵌线袋或包边袋，通常在扣眼向下倾斜 $\frac{3}{4}$ 英寸（约2厘米）处，位于女式上装胸部的上方或下方，男装则位于袖窿处。尺寸为5英寸（约12.5厘米）至6英寸（约15厘米）宽，6英寸（约15厘米）至7英寸（约18厘米）深。对于较小尺寸的上装，宽度和长度可以减少，使其远离袖窿、胸部和门襟止口。

　　将口袋缝到上衣内侧有几种方法。最常见的方法是连接挂面和里衬接缝，然后在里衬上制作口袋，延伸至挂面约1英寸（2.5厘米）处。另一种定制方法是将挂面重新造型，使其在口袋位置更宽。第三种方法由定制裁剪师理查德·安德森（Richard Anderson）研发，在布条上制作口袋，再缝合至挂面和里衬上，完成后，口袋外观看起来和最常见的定制方法缝制得一样。

　　理查德·安德森的缝制方法有几个优点。

- 在布条上缝制口袋很容易。
- 布条对口袋可以起到支撑作用。
- 如果必须更换里衬，口袋和布条可以与新里衬一起使用，无须将其拆除。

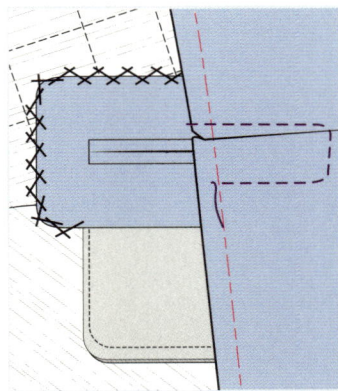

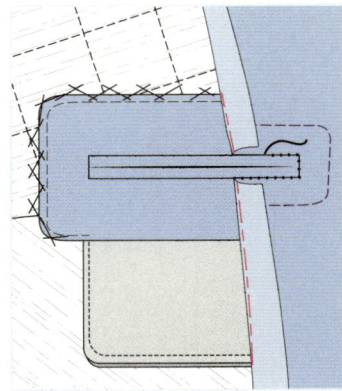

步骤1　制作口袋

- 裁剪一条宽3英寸（约7.5厘米），比口袋开口长2英寸（约5厘米）的嵌条。
- 用选定的方法在布条上做一个双嵌线袋。
- 加缝里料袋布（参见第144页）。
- 修剪布条两端。
- 把口袋放在一边，直到准备好固定口袋。

步骤2　固定口袋

- 上衣反面朝上，将口袋布条别在内衬上，使前缘在挂面下方约1英寸（2.5厘米）处。
- 用三角针迹将口袋布条缝在内衬上。
- 将挂面粗缝到口袋布条上。
- 剪切口袋上方的挂面，小心地剪至口袋末端的边角。

- 沿着口袋开口位剪切上方的挂面。
- 小心地剪至口袋末端的边角。
- 剪切边缘下翻，然后缝平到位。

插袋

大多数插袋都不显眼地设置在侧缝、前侧缝或省道中,配以嵌线或袋盖。对于冬季上装和大衣以及大码体型的人群来说,是个不错的选择。

内缝口袋的位置应便于使用,袋口需足够大以便手掌滑入和滑出,且足够深以防止物体掉落。

在高级定制上衣中,插袋通常是衣片的延伸部分;口袋袋布从轻质里衬织物、衣身面料上裁剪制成,有时也采用天鹅绒面料以起到保暖作用。

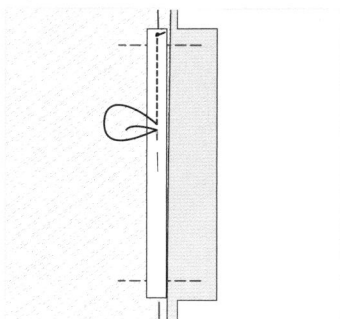

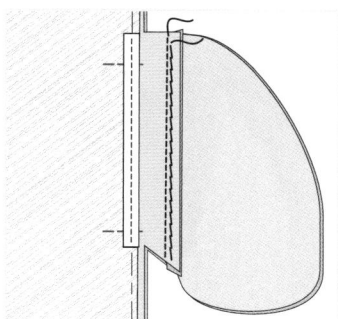

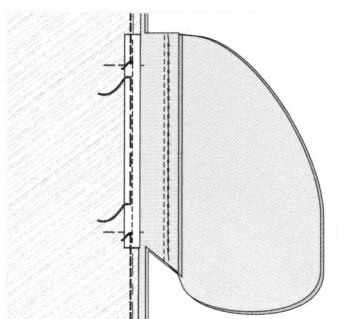

步骤1 标记并固定口袋开口
- 用标记线标记前身和侧身衣片的接缝线和口袋开口。
- 前身衣片反面朝上,用 $\frac{1}{2}$ 英寸(约1.3厘米)宽的轻质丝织物或里衬织物条固定袋口。
- 将拉条固定在口袋开口折叠线上方的中间位置上。
- 用短绗针迹将其永久缝合。

步骤2 将袋布粗缝至衣身裁片上
- 测量样板上的口袋开口。
- 在织物拉条上标记长度。
- 正面相对贴放在一起,将袋里上片粗缝到前身衣片上。
- 将袋里下片粗缝到在侧片上,缝合并拆除粗缝线迹。
- 将接缝朝向里衬熨烫。
- 朝向袖窿抚平口袋贴边,在袋口处留出一定松量。
- 在距离接缝 $\frac{1}{4}$ 英寸(约6毫米)处用暗定针和短距倒回针缝合。

步骤3 缝合侧缝
- 正面相对贴放在一起,将袋口上方和下方的前片和侧片粗缝在一起。
- 粗缝袋口使其闭合。
- 缝合袋口上方和下方的接缝。
- 在袋口处将线头拉到一边,用力拉紧然后打结。
- 拆除粗缝线迹。

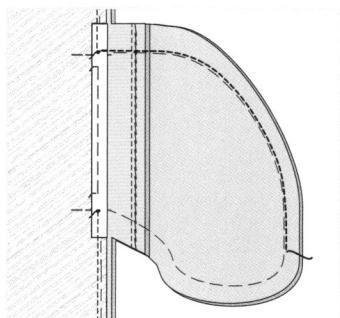

步骤4 缝合口袋
- 将袋口上方和下方的接缝分缝熨烫。
- 在开口处,将口袋朝向前身衣片熨烫。
- 在侧片上朝向口袋顶部和底部的接缝线做切口,使接缝保持平整。
- 在袋里上片上小心地平整袋里下片。
- 将口袋边缘别在一起并粗缝。
- 缝合口袋边缘。
- 拆除粗缝线迹,轻轻熨烫。

高级定制提示
袋布边缘未对齐也没关系,口袋光滑平整更为重要。

伊夫·圣罗兰，1997发布会

第二部分

高级定制上装缝制指南

这是一本用于制作高级定制上装的指南，运用经典时装裁剪技术，通过蒸汽和压力对面料进行塑型。该指南可用于商业或原创样板（参见"样板"，第162—165页）。

传统上装除了融合男装中平驳领、带袖衩或无袖衩的两片装袖，以及口袋或无口袋设计外，还可以选择一些体现女性元素的领型和袖型。细节缝制包括人字疏缝的翻领和驳头、拉牵条、内衬缝边、全身衬（白坯布）、手工里衬、前片挂面定型，以及口袋和门襟造型。

第五章
拟定工序方案

这可能是您制作的第一件定制上装，但它不会是您的第一个缝纫项目，也可能不是您制作的第一件上装。过去使用的商业样板将包括一套样板，以及预先安排好的使用传统的家庭缝纫方法制作服装的工序指南。

您既可以从头到尾完全遵循样板的工序指南，也可以更换操作顺序，或按自己喜好另选可替代的缝制方法。若您制作过原创样板，那对于构建操作工序就有一定经验了。

根据不同的上装造型，为顾客裁剪上装的经验以及裁缝自身的喜好和技能，专业裁缝师对最佳操作工序持不同的意见，但对操作工序的基本要求还是一致的。

经验丰富的裁缝在首次试衣前对衣袖和领里进行粗缝，还需检查衣身尺寸是否合适，然后在试衣过程中用大头针将衣袖固定在合适位置。

对于男装，通常在首次试衣前就将口袋缝制好；而对于女装，首次试衣后，可能会对口袋的位置，甚至是口袋的设计进行调整和修改。

在高级时装定制工作室里，整件上装通常与衣领、挂面、衣袖一起粗缝，有时还会将里衬一起粗缝。缝制时需预留出大量缝份，以备后期修改时使用。但在初学裁剪时，很难把控缝份量，所以在裁剪之前，可以先在坯布样衣上调整尺寸（参见第十一章）。

左图：诺曼·诺瑞尔设计的驳头造型，直纱与领边缘平行，边缘略微呈弧线。
中图：出自伊夫·圣罗兰的上装。采用粗直棱毛呢，面料上的横棱与驳头边缘平行。
右图：这款拉切斯的时尚设计采用英国羊毛粗花呢。虽然面料纹理不明显，但造型驳头的直纱与领边缘平行，这种微妙设计使驳头造型更加别致。

工艺流程

上装的工艺流程取决于造型、面料、合体程度、操作者的技能和时间、流程要求以及个人偏好。此处描述的基本工序将有助于制定工序方案，可根据工作进程调整工序。

1. 挑选样板、面料及辅料

2. 测量和制作样板
校正样板的长度和围度。
制作及试穿坯布样衣；根据需要再次试穿。
调整原有的样板，制作清晰的样板。

3. 一开始就准备好所有材料
检查并标记疵点。
测量布料，按需正纱向。
预缩所有材料，内衬、棉衬、口袋及拉条。

4. 排料
核对织物绒毛、造型、正反面、格纹和条纹，以及斜纹。
裁剪并标记布料。
使用记号缝、疏缝以及描线轮仔细标记。
前后片定型。

5. 裁剪内衬
制作衬布并对其定型。
裁剪领里；标记翻折线。

6. 准备首次试衣
将内衬粗缝（线钉）在衣身上。
为首次试衣粗缝衣身。
在领口接缝线粗缝拉条或领里。
粗缝垫肩。
底摆加衬并粗缝。
翻折和粗缝前片缝份（选做）。
粗缝衣袖和袖摆。

7. 首次试衣
回顾坯布样衣试穿清单（参见第331页）。
检查纱向、平衡和尺寸。
在服装上标记出修改处。

8. 逐一复查
拆除垫肩、领里和衣袖。
拆除衣身上所有粗缝线。
拆除衣袖上的粗缝线。
拆除内衬。
用不同颜色的缝线重新标记所有的更正处。
修正样板。

9. 准备第二次试衣
修正样衣。
检查扣眼的位置和尺寸。
缝制、平衡及熨烫省道。
缝制并熨烫前片所有接缝。
固定口袋（可在内衬缝制后固定）。
将内衬粗缝到衣身。
在翻折线处贴缝加固衬条。
用人字疏缝纳驳头。
前片止口拉牵条。
制作包边扣眼（如果需要）。
裁剪、定型及固定前片挂面。
用人字疏缝纳领里。
缝制及熨烫纵向接缝线。
完成底边缝制。
粗缝肩缝。
衣袖上部定型。

缝制纵向接缝线及熨烫衣袖。

制作袖衩上的包边扣眼。

完成袖摆及袖衩缝制。

粗缝领里到领口线上。

粗缝衣袖。

制作及粗缝垫肩。

10. 第二次试衣

核对改动处是否正确。

检查所有省道、接缝、前片、驳头、领里、衣袖及底摆。

这是缝合里料之前最后一次检查上衣构造及合体度的机会。

11. 第二次试衣结束之后

拆除垫肩、领里和衣袖。

拆除肩部粗缝线迹。

试穿后用不同颜色的缝线完成所有修正。

使用明缲针在缝合翻折线处拉牵条。

使用明缲针在前襟止口处拉牵条。

12. 准备第三次试衣

熨烫上衣。

完成包边扣眼缝制。

裁剪及装配里料。

将里料粗缝至上衣。

粗缝里料底摆。

粗缝肩缝。

粗缝肩部里料。

将领面贴缝到领里上。

粗缝衣领到领口线上。

粗缝串口线。

完成衣袖。

将衣袖粗缝至上衣。

制作及粗缝垫肩。

13. 第三次试衣

核对改动处是否正确。

检查衣袖、衣领及串口线。

此次是最后一次改动或更正的机会，试衣结束后将永久缝合肩缝。

14. 第三次试衣结束之后

拆除垫肩、衣领和衣袖。

拆除肩部粗缝线迹。

用不同颜色的缝线做所有修正。

按需更正样板。

15. 完成上衣制作

缝合肩缝。

固定衣袖，完成衣袖里料缝制。

粗缝并用明缲针缝制衣领。

完成领串口线缝制。

添加排汗罩（如果需要）。

固定垫肩。

完成里料缝制。

制作缝线扣眼。

拆除粗缝线迹。

完成上衣熨烫。

缝制纽扣。

备用工序

　　以上操作工序只是一个指南，针对不同的上装及顾客，裁剪师面临的挑战也不同。在更有经验之前，一开始先缝制坯布样衣是很有帮助的。

　　研发备用工序时，需考虑以下几个方面。

- 若试衣前没有完成所有裁片的制作，无须担心。
- 在缝制初期及每次试衣的过程中，做标记尤为重要。
- 粗缝比机缝更易更正。
- 可以在废旧布料上制作样衣来完善技能。
- 先调试衣身，再调试衣袖合体度。
- 两只衣袖都需调试合体度。
- 缝制肩缝前尽可能完成上衣其余部分的制作。
- 边缝制边熨烫。

样板

样板制作方式多样。可使用商业样板进行改制，而在定制裁剪中，则需依据顾客身材尺寸制作样板。在高级定制服装中所使用的样板是原创的，最初是在半身人体模型上用坯布（细棉布）制作样板——这样的样板称为坯布样衣。关于创作及调整坯布样衣，参见第十一章，再根据坯布样衣制作纸样，参见第341页。

裁剪和标记

根据需要将布料做归拔工艺处理，坯布样衣已经过试穿且纸样已修正，接下来准备裁剪和标记布料。准确裁剪及标记的重要性很容易被忽视，但其对于成功裁制上装十分重要。虽然这个过程比较耗时，但若高质量完成，是有利于节省时间的。

高定时装制作中，需标记所有接缝和底边，以便"按标记缝制"。因后续是按标记线进行匹配及缝制，所以缝份宽度不一定需要精确。

定制服装中需标记接缝线，遵循"先标记后缝制"。前片离接缝线 $\frac{1}{4}$ 英寸（约6毫米）处做标记；后片不做标记。未做标记的裁片毛边与前片标记线对齐，接缝线位于 $\frac{1}{4}$ 英寸（约6毫米）之外。

商业样板的接缝线一般不做标记。接缝线与毛边有一定距离——通常是 $\frac{5}{8}$ 英寸（约1.5厘米）。对于成衣，大多接缝与毛边相距 $\frac{1}{2}$ 英寸（约1.3厘米）或 $\frac{1}{4}$ 英寸（约6毫米）。

排料

高级定制时装中，通常将布料单层或双层排料，但大多数定制服装的裁缝师选择双层排料。对于经验不足的裁缝来说，单层排料更有利于做记号缝，对位布料纹样，为不对称的体型或上衣款式铺设样板，以及形成更紧凑的排料效果。

裁剪方法

- 大拇指放在剪刀的小环握把中，食指放在大环把手前，其余手指放在大环中。
- 将剪刀打开至尽可能宽且舒适的开合角度。
- 将下方的刀片放在布料下方与桌面之间，然后从靠近剪刀合页处的布料开始裁剪。
- 利用食指带动拇指向前运动，然后用拇指按压剪刀把手合上刀口。
- 左手在布料上向前移动。
- 打开剪刀，让其在桌面上向前滑行。
- 除了拐角或弧线的位置，布料裁剪要一气呵成。
- 避免在拐角处过度裁剪。
- 裁剪过程中，保持剪刀与桌面接触可以更省力，同时可避免布料边缘不平整。

单层铺料裁剪

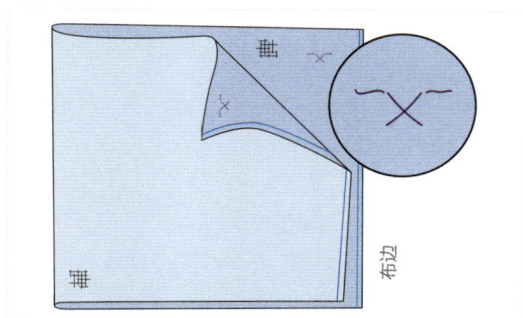

步骤1　准备布料

- 排料前将布料正面朝上铺展开来检查。
- 确保经纬纱垂直，无褶皱，不起泡。
- 修剪不平整的布边。
- 检查布料，确保疵点或变色处已做好标记，以便裁剪过程中避开这些位置或在裁剪时考虑将其安排在不太显眼的地方。
- 辨识织物正面，用单个十字缝在布料表面做标记。在正面或反面的角落做标记都行，但始终保持做标记的位置一致，方便快速识别和找到标记。

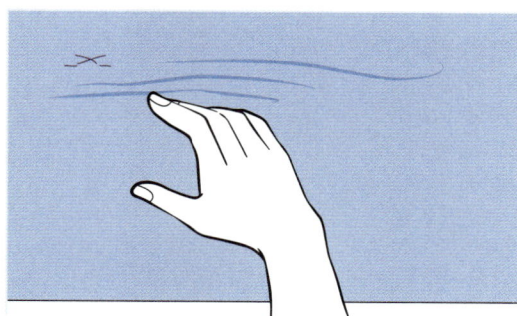

步骤2　单层排料

- 查看"面料纹样对位"（参见第166页）中条纹、方格、格纹及其他图案的纹样对位。
- 将布料反面朝上平铺在桌面，使布边与桌边相距约1英寸（约2.5厘米）。
- 用指端轻抚布料，直至完全平整。
- 裁剪轻质布料时，对织物吹气使其平整。
- 将布料正面朝上平铺在桌面上，对位面料纹样、裁剪不对称的图案或用碳描图纸做标记。
- 使用单向裁剪具有单向纹样或短绒毛的布料。裁剪过程中，所有样板朝同一个方向。
- 排料顺序为衣身——前片、后片和所有侧片——领里，将样板铺放在布料上。
- 将衣袖样板铺放在布料上。若不确定合体度和织物纹样如何对位，可先不放置衣袖样板。

> **高级定制提示**
> 处理毛织物和起绒织物的方法相同。许多毛织物，尤其是蓝色的织物，会有不易察觉的轻微色差，往往在组装衣片时才能察觉。

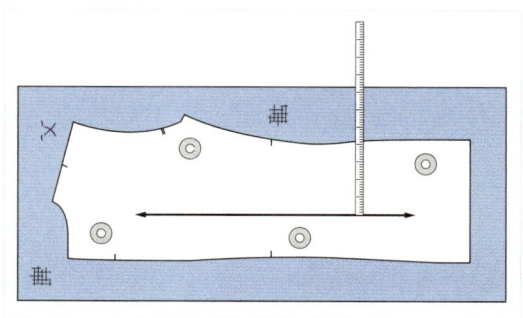

步骤3　排列样板

- 仔细将每个裁片的纱向与布料的直纱对齐。
- 各裁片间至少间隔2英寸（约5厘米），为缝份和底边留出空间。
- 若布料充足，将每个裁片裁剪成矩形，以便标记和处理。
- 使用样板砝码或大头针固定裁片，防止其移位。若使用大头针，要用新的大头针，且尽量不要用太多。

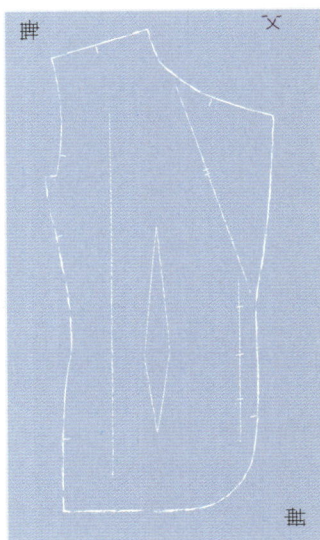

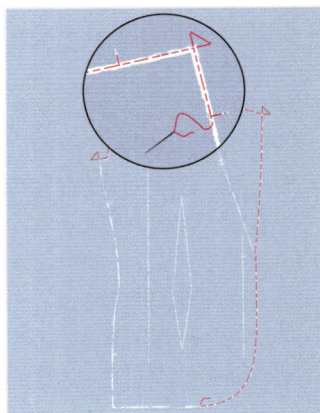

步骤4　规划部件裁片

- 留出足够布料用于裁剪其余裁片——口袋、挂面和领面——以便上衣衣身试穿完毕后对剩余裁片进行裁剪。
- 在剩余布料上排列出稍后要裁剪的样板，并拍照留作参考。

步骤5　划粉笔——标记布料

- 用划粉笔对前中心线、接缝线、下摆线、平衡记号、纱向线、省道和所有结构做标记。
- 用划粉笔对前片翻折线的起止位置做标记。
- 标记时，将划粉笔朝向操作者轻轻按压划线。
- 不要熨烫粉印或用蜡划粉在布料正面做标记（毛料除外）。
- 用自动出粉笔标记省尖和口袋位置。用小刀刮擦粉笔或使用购买的粉末，将粉末洒在样板的孔洞上。

步骤6　裁剪并用记号缝标记布料

- 裁剪前片、后片、侧片和袖片，留出1英寸（约2.5厘米）缝份和2英寸（约5厘米）底边缝份。
- 裁剪领里，留出$\frac{1}{2}$英寸（约1.3厘米）作缝份。
- 为确保裁剪精确，保持标记线介于操作者和剪刀之间。
- 小心扦叠未裁剪的布料，将其放在一边。
- 用记号缝对上衣前中心线、纱向线、翻折线、接缝线、下摆线、领咀、省道、口袋位置以及所有结构做标记。
- 准确标记拐角，以便从布料两面都能识别标记（参见第133页的"步骤1"）。

裁剪前检查排料

- 所有样板是否都是正面朝上？
- 所有样板是否按统一绒向排料？
- 每个样板的直纱是否都与布边平行？
- 各样板间是否为接缝线和底边缝份留有余量？
- 是否为未裁剪的裁片（包括挂面、领面、口袋和衣袖）留有足够布料？

双层铺料裁剪

以下关于双层排料的裁剪方式深受定制裁缝师的青睐。

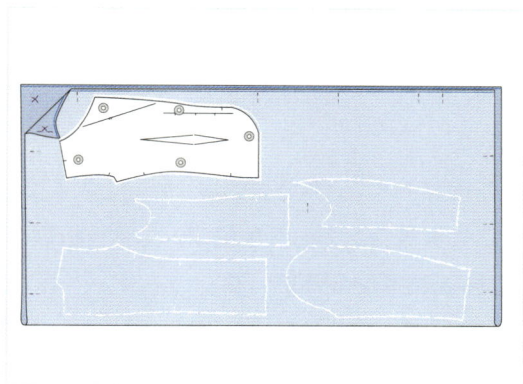

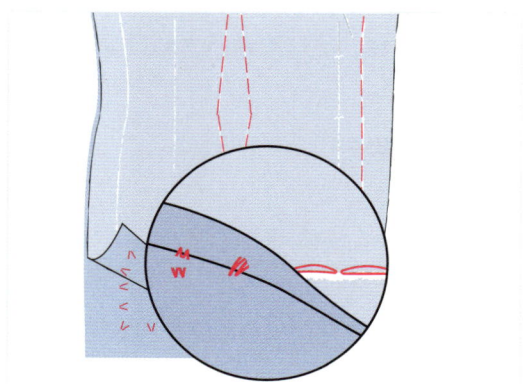

第一步　为裁片贴标签

- 在上衣裁片的正面贴标签，标签内容包括：姓名、裁片名称和裁剪编号。
- 在每个裁片上贴上"无接缝或底边缝份"。
- 将布料正面相对叠放在一起，放在桌面上，布边与桌边相距1英寸（约2.5厘米）。从一端开始，用码尺将各层布料分开。捋平布料，使其无褶皱或起泡，将布料末端用大头针固定在一起。
- 若布料纹样为条纹或格纹，需仔细对位纹样，并将各层布料粗缝在一起，防止后续裁剪时布料移位。
- 将样板放在布料上，所有样板朝一个方向。为给接缝和底边留出空间，各样板间至少间隔2英寸（约5厘米）。
- 检查所有样板是否对齐纱向。
- 用大头针或砝码固定样板。（裁缝师偏爱使用砝码，但在更有经验之前，大头针更可靠）
- 准确地用划粉笔在每个样板周围做标记，操作之前把划粉笔磨尖。

第二步　标记布料缝线

- 裁剪前片、后片、侧片和袖片，留出1英寸（约2.5厘米）缝份和2英寸（约5厘米）底边缝份。
- 将两片前身裁片放在桌面上。
- 检查所有裁切边缘是否对齐。
- 使用7号手缝针和柔软的粗缝线加倍固定，以防止大头针脱落。
- 如第59页所述，用手缝线迹在前片接缝及下摆上做标记线。
- 标记剩余裁片，一些裁缝师会在标记线上做记号缝。

> **高级定制提示**
> 小心操作，以防在标记缝合过程中各裁片滑动。

裁剪坯布（细棉布）样板

- 使用坯布样板裁剪时，采用双层排料并标记缝线。
- 沿着坯布样板表面的标记线裁剪。
- 小心移除样板。
- 轻轻抬起小部分顶层样板。
- 小心地剪断两层间的缝线。

面料纹样对位

许多面料，如提花、千鸟格、人字纹、斜纹、条纹及大面积印花的面料，不仅在缝制时需要对位纹样，而且需精心匹配以实现设计，所以在对这些织物排料时，需特殊对待，在缝制时也会投入更多时间和精力。其中，方格、格纹和苏格兰花格图案的布料最难处理。

排料基本要求

- 单向排料。
- 分别确定纵向和横向的主导纱向。
- 确定格纹尺寸是否均匀。
- 排料时，上衣裁片须与所搭配的衣裙面料纹样对位，使纹样从上衣延续至衣裙。
- 对位上衣和衣裙的前后中心线纹样。
- 若格纹不均匀，将主要的横纱朝向上衣下摆。
- 若垂直放置织物时颜色更深，则将样板顶部朝向织物颜色较深的一端。
- 若有可能，将省道转换为松量。
- 在主条纹之间放置纵向省道。

这件香奈儿上衣的领、袖口及腰带以打褶的方式消除乳白色条纹，采用三片袖及直条纹设计。

出自香奈儿的上衣，采用不均匀条纹面料，配以公主线前片和简洁后片的设计。前中心线位于乳白色条纹上，未居中。蓝色宽条纹在中心线上拼合，通过条纹边缘的接缝和省道实现造型设计。驳头及翻领非镜像，所有边缘用衣身面料镶边且采用三片袖设计。

出自菲利普·维尼特的双排扣上装。采用羊毛和马海毛平纹梭织的不均匀格纹面料，前后片配以公主线设计，接缝未在肩部对合。前中心线隐藏在条纹中，未居中。

横向对位

- 从下摆至腋下在纵向接缝上对位横向条纹。
- 勿将主要条纹安排在胸部或臀部。
- 将其放在前片肩缝或领口线下方。
- 由于后肩比前肩长，格纹无法在肩缝处对位。
- 对位衣领与后片中心线纹样，必要时，在后领设置中缝。

衣袖

- 在前袖剪口处，将衣袖上的横向条纹与前片对位。
- 规划衣袖排料，使面料纹样从前片延续至衣袖，衣袖上的纵向主条纹无须居中。
- 若整体接缝不能对位纹样，则从腰部至肘部，对位衣袖接缝。
- 若两片袖的接缝线均不能对位纹样，则对后袖缝进行对位。

口袋

- 将口袋、袋盖和嵌线与衣身对位纹样。高级定制中，很少在这些裁片上使用斜丝。
- 若整个口袋不能对位纹样，从朝向前中心线的边缘开始对位。

高级定制提示

迪奥上装有时在袋盖添加一条接缝，与前片纹样对位。

裁剪格纹上装工序

- 制作坯布样衣且仔细调整其合体度。
- 上衣需要斜裁时，坯布样衣也需斜裁。
- 在完成试衣的坯布样衣上绘制面料纹样。
- 使用净样板进行排料。
- 复制样板，使所有裁片以单层铺料方式排料；根据需要在样板上绘制面料纹样。
- 将面料正面朝上铺展。
- 可能的话，排料时使样板相邻接缝紧挨彼此。例如，前片紧邻侧幅，侧幅紧邻后片。
- 排料时，各样板之间至少间隔2英寸（约5厘米）。
- 用记号缝标记所有接缝线和对位点。
- 裁剪时留出缝份位置。
- 首次试衣时，用搭接缝粗缝上衣，正面朝外。
- 用滑针线迹粗缝接缝，且二次粗缝以防止裁片滑动。

衣袖纹样对位

将衣袖与前片对位纹样，在前片裁片上绘制面料纹样。对齐前片剪口的纹样，使纱向平行，将面料纹样复制到衣袖纹样上。

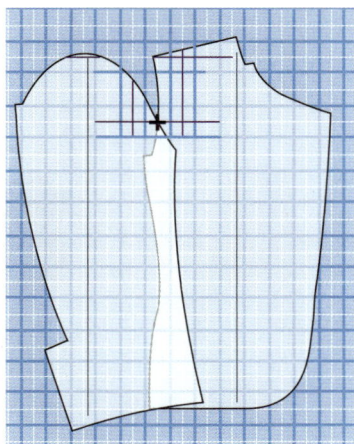

驳头造型设计

　　利用面料纱向可以巧妙地打造上衣的设计感，这也是一种将高级定制与其他裁制方式区分开来的几种设计元素之一，通常采用条纹织物，但也不是绝对的。正如这件出自拉切斯的上装（左图）中，驳头的纱向就不明显。右图所示为伊夫·圣罗兰1982年的一款上装，斜襟剪裁，其驳头边缘几乎笔直。用下装面料裁剪挂面，直纱与边缘平行。

　　这些上装都各自具有显著的造型特点。它们的共同之处是：驳头纱向与衣身纱向不一致，也不平行于前中心线，直纱与边缘可垂直可平行。

左上图：这件拉切斯的上装，驳头采用与边缘平行的纱向裁剪而成。粗花呢上的纱向纹理不明显，但它会改变驳头的色彩明暗关系。

右上图：这件伊夫·圣罗兰的上装为斜襟剪裁，驳头直纱与边缘平行。

左下图：这件伊夫·圣罗兰的上装采用罗纹面料，挂面的横向罗纹与边缘平行。

右下图：这件伊夫·圣罗兰上装的挂面经过裁剪和塑型，使边缘造型别致吸睛。前片与挂面的接缝处并未对位纹样，贴袋纹样与前衣片纹样对位。

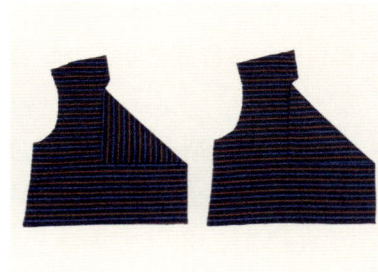

左边的裁片中，驳头的纱向与前片一致；右边的裁片中，驳头的纱向与边缘平行。

左边的裁片中，驳头的纱向与前片一致；右边的裁片中，驳头的纱向与边缘平行。

左边的裁片中，驳头的纱向与前片一致；右边的裁片中，驳头的纱向与边缘平行。

内部结构

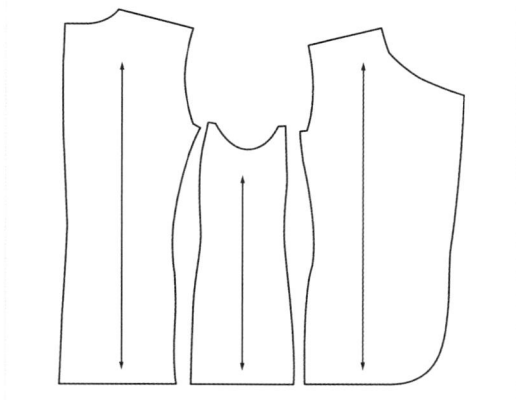

上衣内部结构在高级定制中至关重要，位于服装面料和里料之间。其作用体现在以下几个方面：打造服装造型、减少褶皱和拉伸、为口袋和袋盖等增加硬挺度、实现服装合体度以及衣身平衡。

上衣内部结构有各种名称：内衬、里衬、海毛衬布、毛衬、底托、背衬和底衬。这些名称对应单独的内衬和背衬，或者对应其组合材料，起到塑型和支撑面料的作用。

在高级定制中，这种结构也称为"全身衬"或"内衬"。在服装定制及传统缝制中，也称其为"衬布"；而在家庭缝制中，而称其为"内衬"。在本文中，"内衬"指单层内衬，而"衬布"由多层内衬构成。

在服装定制及高级定制中，"背衬"被称作底托；在家庭缝制中，其称为"底衬"。装配上衣前，将背衬贴缝在单独上衣裁片的反面，在缝合大多数缝线时，两层作为一层处理。

天然纤维的梭织内衬最适合作为嵌入式内衬。这种内衬有时也称为海毛衬或黑炭衬，以羊毛或山羊绒最佳，因其最易塑型，深受裁缝们的青睐。然而，许多新型的内衬也很优质，如由羊毛和亚麻、粘胶纤维或棉混纺而成。亚麻内衬有时用于制作亚麻和丝质上衣，以及搭配白色或柔和的浅色面料。马尾衬常用于男装胸衬，很少用于女装。其他材质如棉衬、盖肩衬、真丝欧根纱、细棉布和轻质热熔衬也有特殊用途。

热熔衬不用于高级定制，因其不易塑型，会使上衣设计显得平坦。热熔衬常用于半高级定制，有时也用于可拆卸式或嵌入式内衬，但一般不用于主要面料。

具有弹性的内衬最为上乘，缝制得当便不显眼。尽量购买能力范围内最好的内衬，因为较便宜的内衬塑型困难。优质面料可搭配上乘内衬，而价格较低的毛料也可通过优质内衬得到品质上的提升。

挑选与面料克重相匹配的内衬。它可以轻于面料，但不可重于面料。挑选内衬时，注意不要混淆克重和硬度两个概念。比如欧根纱质硬，但不重；亚麻质硬，可重可轻。

若面料色浅，要选择白色内衬。缝制丝、亚麻和棉质织物时，考虑选择衣身面料或亚麻布内衬。若想打造柔软的外观，可考虑选择真丝欧根纱、缎面欧根纱、亚麻帆布或上等细棉布作为内衬，而不选择毛衬。内衬可采用斜裁或平行于经纱裁剪。

前片内衬的用途是加固前片止口、领口和袖窿弧线。如今，对于高级定制及成衣工业生产，最常见的内衬结构是复制上衣前片。

定制上衣可打造多种造型，大致可分为两类：具有省道（有时还具有侧片）的一片式前片；拼接前片（具有两片及以上裁片）。拼接前片也通常称为公主线。

> **高级定制提示**
> 购买多种内衬小样来实验，通常平行于经纱裁剪，但也可以45°斜裁。

一片式前片身

一片式前身的内衬有三种纱向裁剪方式：沿直纱裁剪，且直纱平行于前中缝；沿正斜丝裁剪，且直纱与前中缝成45°角；沿斜丝裁剪且直纱与驳折线平行。上衣剩余部分，如侧片和后片，内衬的纱向裁剪方式可参照前片，也可采用其他纱向。

处理坯布时，有以下几个基本要素需要考虑：预期的效果；内衬材质；内衬克重；每片内衬放置的位置；每片裁片的形状、尺寸和纱向；省道及楔形插片的裁剪。如何选择主要还是由上衣设计和成品外观、穿着者的体型，以及上衣面料——克重、纤维成分、颜色及手感来决定。裁剪及制作坯布样衣时，不要害怕尝试不同的内衬。

首先要考虑预期效果，是精心裁剪还是简做缝制的休闲上装。想要打造无褶皱的服装结构，经典的伊夫·圣罗兰上装采用的斜裁毛衬是最佳选择。对于简做缝制，可采用欧根纱或亚麻背衬，以及轻质前片内衬，也可使用无背衬的内衬。

内衬纱向

直纱内衬是指内衬的直纱与前中心线和前片止口平行裁剪，而翻折线、肩缝和袖窿则沿斜丝（非正斜丝）裁剪，纱向通常与前片一致。这种纱向裁剪方式一般用于商业样板和成衣设计。直纱利于形成硬挺结构、无褶皱轮廓以及简洁的翻折线。需要注意的是，内衬材质不能太硬或太重，否则上衣会显得呆板。

正斜丝内衬指内衬的直纱与前中缝成45°裁剪，直纱从颈处延伸至下摆的侧缝。斜裁结构更为柔软，能更好地跟随身体移动。正斜内衬使整块裁片更具灵活性，使衬布更易塑型，贴合女性身材——相比沿直纱裁剪，斜裁门襟止口更易塑型以贴合穿着者的身材。正斜丝内衬的缺点是驳折线也为斜裁，但可以通过胸衬条或拉条来调节。斜裁内衬用于袖口和袖山。

> **高级定制提示**
> 内衬排料以决定用料量。

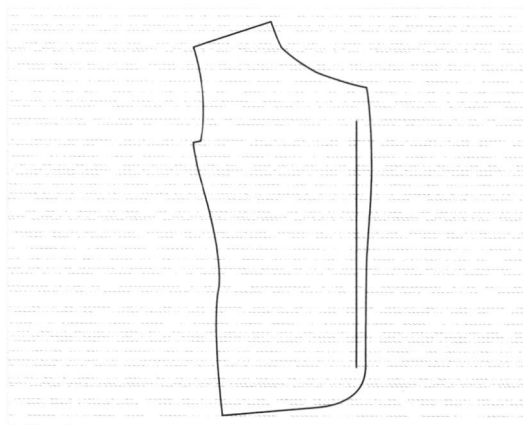

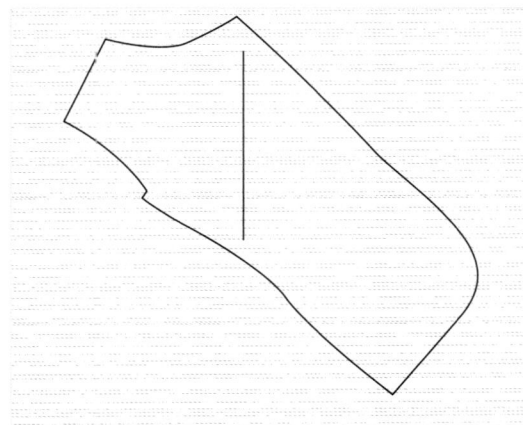

内衬裁剪方式：直纱裁剪（左图）和正斜丝裁剪（下图）

相比于直纱裁剪，斜丝裁剪需要更多内衬用料量（在直纱裁剪所需内衬基础上增加三分之一的用料量）。

部分斜丝内衬指使直纱平行于驳折线裁剪。一般来说，部分斜丝裁剪具有弹性，但因串口线、肩部及袖窿线是直纱，会更难塑型。而驳折线将具有更清晰的折痕。

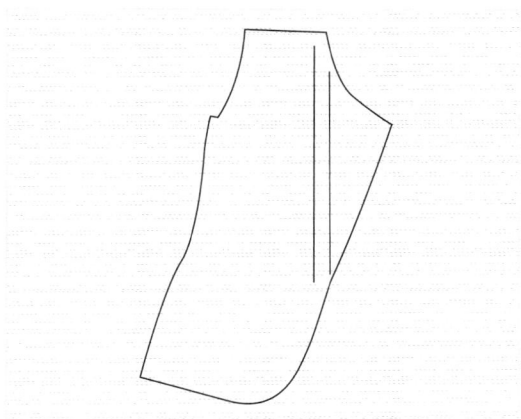

部分斜丝裁剪

拼接前片

拼接前片或公主线设计是从肩部或袖窿处开始，内衬可直纱裁剪、斜丝裁剪或半斜丝裁剪。另一种选择是靠近前中心线的裁片沿直纱裁剪，而侧片沿斜丝裁剪。直纱和斜丝组合裁剪能使前片更挺括，利于纽扣开合，且使侧片形状更柔韧灵活。

后片内衬

后片内衬和每块侧片均可整片的直纱裁剪或斜丝裁剪，也可部分（包括后片上半部分或腋下裁片）直纱裁剪或斜丝裁剪。后片内衬可短至后中心线颈部下方3英寸（约7.5厘米），延伸至腋下，或延伸至袖窿下方2英寸（约5厘米）处。虽然后片内衬可支撑衣袖，但一些上衣后片及侧片均无内衬。

直纱裁剪拼接前片，侧片斜丝裁剪。

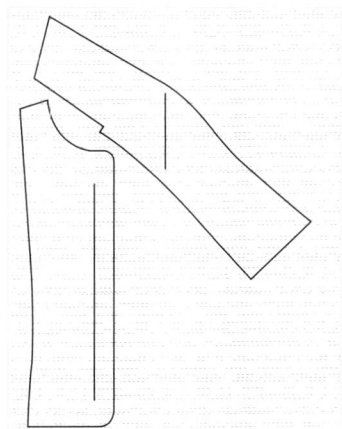

直纱裁剪后片和侧片。

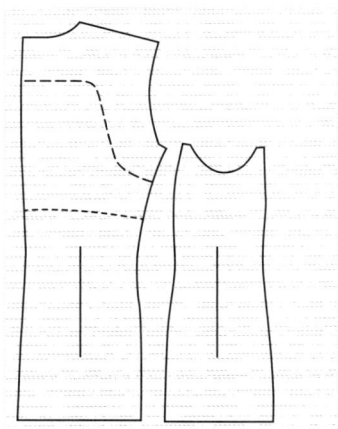

斜丝裁剪后片和侧片。

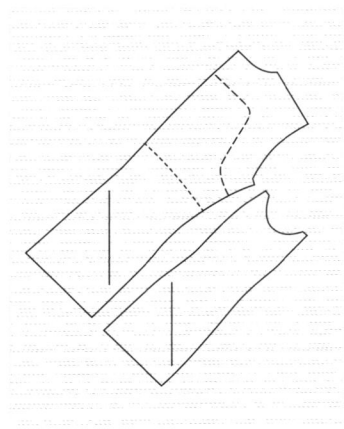

胸衬

胸衬应用于前片内衬上，作用在于填补胸部上方中空部分，使得从肩部到胸部形成流畅的廓型线条。若斜丝裁剪前片内衬，则从反方向斜丝裁剪胸衬，这样一来，直纱便能从肩部延伸至前中心线。以硬挺的衬布作为胸衬时，可使直纱与驳折线平行裁剪。嵌入内衬里的所有省道和楔形插片也要嵌入胸衬。

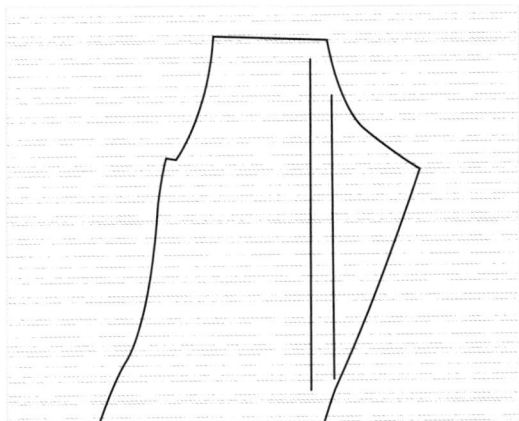

胸衬可延伸至驳折线，同时位于袖窿下方约3英寸（约7.5厘米）处，可含胸省。

衣袖

对于衣袖，只在袖口（有时是袖山）缝制内衬，可直纱裁剪，也可斜丝裁剪（斜丝裁剪更容易操作）。**衣袖内衬**可为袖山塑型，使其悬垂感强且不易塌陷。大多数衣袖内衬从袖顶点开始缝制，直至袖窿底部，有时也可至袖窿下2英寸（约5厘米）处或至袖山中部。

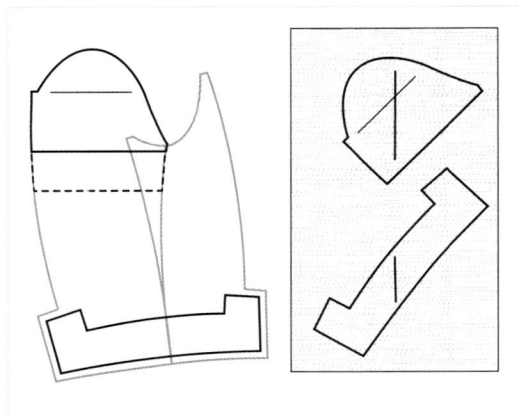

在袖口处将大袖和小袖别合在一起，以便勾画出袖口内衬的轮廓。

袖摆

如图所示，**袖摆内衬**可裁剪成一片，使下摆和袖衩相接，也可采用直条棉衬裁剪。

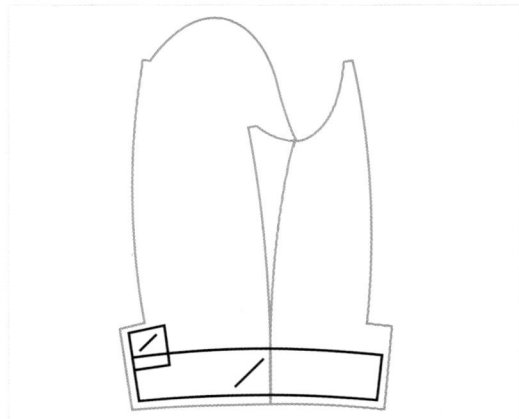

斜裁衬条在手腕处成型。

内衬样板

　　商用样板包括独立的内衬样板，但这只适用于无须试衣、不需做调整的上装裁剪。对于高级时装定制裁剪，没有内衬样板，前片、后片、侧片（若有）和衣袖样板均用于制作内衬样板。样板的纱向、尺寸和放置位置取决于上衣设计、成品外观、穿着者体型和面料。

　　这些说明描述了第180页伊夫·圣罗兰上衣（全身衬）。适用于制作后片和侧片的内衬，可以剪短，也可以使用更轻质的内衬或背衬材料，以获得更柔软灵动的外观效果。

制作内衬样板

- 使用前片样板，为前片内衬和胸衬制作单独的样板。裁缝师通常将所有上衣样板直接放在内衬上裁剪，但若经验不足，采用内衬样板裁剪能降低难度。
- 用铅笔在纸样上标记前片接缝和下摆缝线。
- 在内衬样板上标记直纱和驳折线。
- 在内衬样板上标记正斜丝，使直纱从领围延伸至侧缝。
- 在内衬样板上标记所有省道。
- 在内衬样板上画出胸衬样板，胸衬位于肩部下方12英寸（约30厘米），直至驳折线底部。若有需要，添加一个小省道。

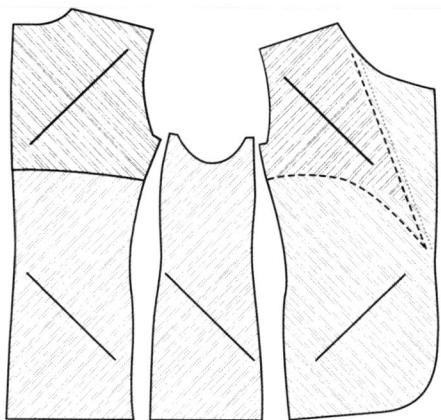

- 标记胸衬的正斜丝，使其与前片内衬样板的斜丝成直角。
- 在样板上拓印胸衬的纸样。

高级定制提示
伊夫·圣罗兰上衣制作中，首先标记出内衬斜丝，然后将纸样上的直纱与斜丝标记对齐。

裁剪内衬

- 将两片内衬纱向对齐前片内衬。
- 将内衬样板放在已预缩的内衬上，并用大头针固定，同时将内衬样板的斜丝与内衬的直纱对齐。
- 用铅笔或画粉笔拓印纸样，标记接缝线、下摆和对位点。
- 用描线轮和碳描图纸标记省道和驳折线。
- 前片内衬裁剪出1英寸（约2.5厘米）缝份和底边余量，宽缝份便于在首次试衣后按需调节毛衬。
- 沿标记线裁剪出胸衬。

高级定制提示
接缝和底摆已做标记，所以其缝份量无须精准测量。

山羊绒常用作内衬纬纱，其颜色比羊毛更深

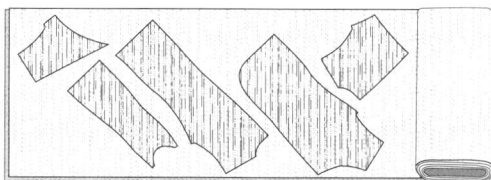

面料塑型

用熨斗塑造羊毛织物是将普通上衣转变为高级定制设计上衣的关键，被称为熨烫工序——使用重型熨斗（重约12英镑，即5.5千克）或更重的熨斗——对羊毛织物定型，以得到更舒适和光洁的外观廓型。时装制作中不称为熨烫工序，但它是用于描述塑型过程的术语。

归拔面料以塑型上装，即使是第一次接触高级定制，也不会对这一操作陌生。归，服装裁制术语，指归拢处理后片肩部，使其与前片匹配，还指归拢处理袖山，使其与袖窿匹配。一种更高级的家庭缝纫技术体现在拔开定制两片袖的前袖缝。归拢工艺可以用省道代替，但拔开工艺无可替代——若以省道代替拔开，将无法保持上装造型的完整性。

归拔工艺虽耗时，但十分重要，不可草率完成。一旦裁片完成定型，需小心处理，否则容易变形或拉伸。

前片塑型

前片可在缝制省道之前或之后塑型，也可在首次试衣之前或之后塑型。何时定型取决于上装造型、坯布样衣的合体度以及裁缝师的经验。首次试衣后，检查已塑型的各个裁片，然后决定是否需要修改调整。

高级定制提示

除熨烫省道外，始终在两层裁片正面相对的情况下操作归拔工艺，以保持两层形状一致。

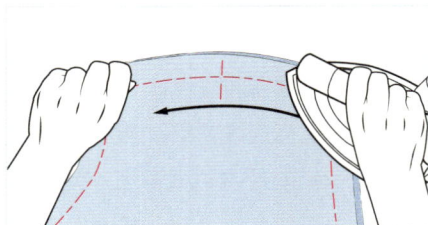

步骤1　拔开肩部裁片

- 拔开前肩，顺应肩部凹面，为身体肩部提供活动空间。
- 将前片正面相对叠放在一起。
- 使用干烫熨斗。
- 用湿海绵轻轻擦拭肩部裁片。
- 打湿海绵，但不能滴水。
- 将熨斗放在颈肩点处，延伸至肩部约1英寸（约2.5厘米）。
- 握住侧肩点熨烫至肩线末端，将肩部拔开 $\frac{3}{8}$ 英寸（约1厘米）至 $\frac{1}{2}$ 英寸（约1.3厘米）。这个拔开量不大，但足以调整上衣的合体度。
- 翻转裁片，重复以上操作，拔开需要处理的裁片。
- 使前片至肩部平整，检查拔开效果。

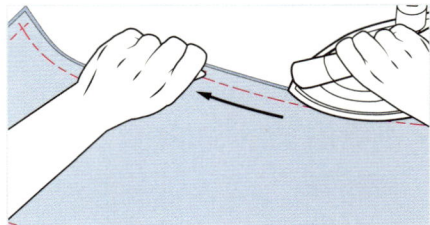

步骤2　拔开侧缝

- 拔开前片及侧片（如有），以完美熨烫接缝。
- 将前片正面相对叠放在一起，并打湿。
- 从腰部下方2英寸（约5厘米）处开始熨烫，熨斗在前片上延伸约1英寸（2.5厘米）。
- 握住接缝顶部，从裁片凹面部分开始拔开至袖窿。
- 翻转裁片，重复以上操作。
- 拔开对应的侧片，拔开量与之前操作相同。

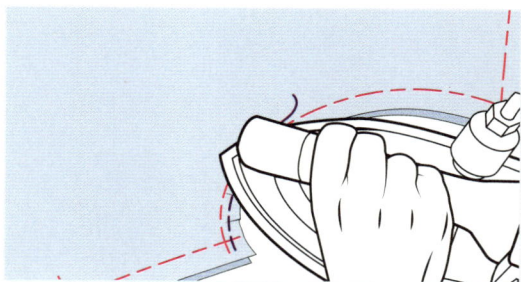

步骤3 归拢袖窿裁片

- 将前片正面相对叠放在一起，并打湿。
- 用左手手指增加侧缝至剪口之间的弧度。
- 将熨斗放在侧缝顶端。
- 在袖窿底部移动熨斗，将弧线归拢 $\frac{1}{4}$ 英寸（约6毫米）至 $\frac{3}{8}$ 英寸（约1厘米）。翻转袖窿裁片，重复以上操作。
- 若想归拢更多的量，可在袖窿缝份上做短针迹松量粗缝（疏缝）。

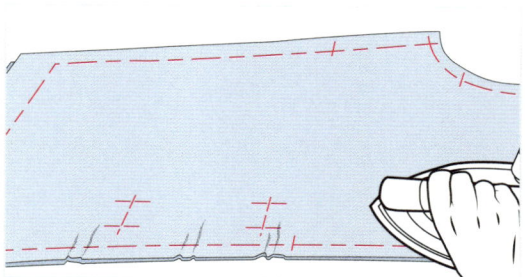

步骤4 归拢驳折线

- 将前片正面相对，叠放在一起，并打湿。
- 用手指沿驳折线做出小波纹。
- 仔细将驳折线熨烫平整。
- 翻转裁片，重复以上操作。
- 当驳折线用牵条带固定时，间隙会减少。

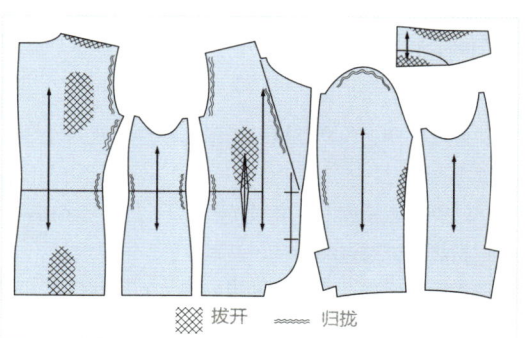

步骤5 对齐止口边

- 归拢处理顶部至底部纽扣及扣眼的前片止口边。
- 将前片正面相对叠放在一起，并打湿。
- 在纽扣（或扣眼）记号之间的布边用手指做出小波纹。
- 仔细将布边熨烫平整。
- 翻转裁片，重复以上操作。

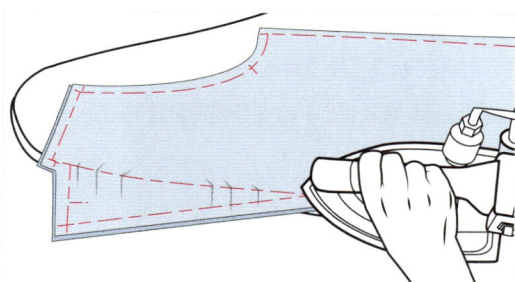

步骤6 省道

- 缝合并平衡省道。
- 熨烫缝制完成的省道。
- 将右前片反面朝上放置在烫凳上。
- 从省道最宽的位置熨烫至省尖点。
- 在省尖点处持续熨烫，确保无气泡。
- 从袖窿处提起上衣，使胸省上方的前片略微伸展。

高级定制提示

不能过度拔开。可以选择后期再进行拔开，因已拔开过的裁片更难归拢。

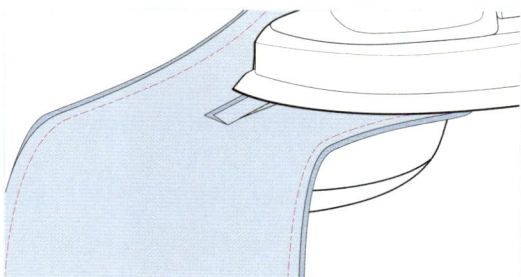

▨ 拔开   ∿ 归拢

这些均是装配上衣前需归拢或拔开的裁片。
归拢用波浪线标记，拔开用交叉线标记。

后片塑型

除了针对上了年纪的客户所制作的上衣（其后背通常较圆润），后片塑型通常比前片少。

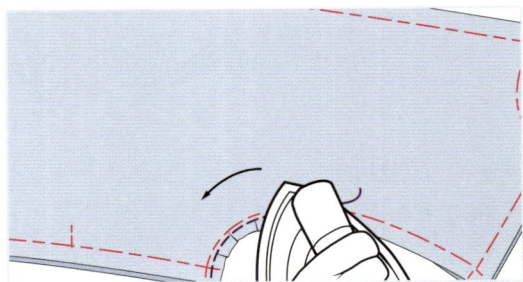

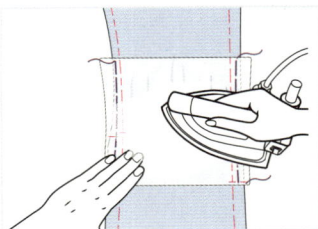

步骤1　后片上部塑型

- 将后片正面相对叠放在一起，用海绵打湿毛呢。
- 用左手手指调整下袖窿弧线的曲度。
- 将熨斗置于接缝顶部。
- 将熨斗呈弧形移动，对袖窿塑型，使其贴合人体。

高级定制提示

归拢处理袖窿及拔开后片上部时，可放在烫凳上操作。

- 针对圆背体型塑型袖窿时，靠近标记线粗缝缝份，形成一排极短的松量粗缝线，并在归拢袖窿时拉起粗缝线。
- 塑型袖窿时，拔开肩胛骨上方的裁片部分，以形成肩胛骨曲度松量。
- 重新调整后片，归拢背部中心，并拔开肩胛骨曲度松量。
- 翻转裁片，重复以上操作。

高级定制提示

关于袖山塑型，参见第274页。

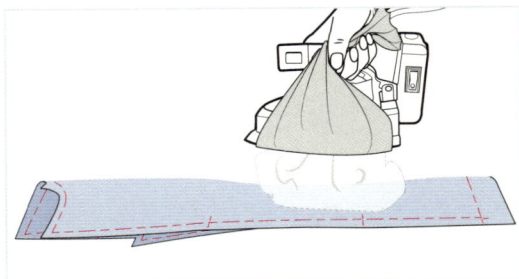

步骤2　后片腰部塑型

- 将后片正面相对纵向折叠。
- 用手指在后中缝塑造凹面。
- 用湿布包住热熨斗，蒸汽蒸烫裁片。
- 用手按压蒸汽处理过的裁片，归拢裁片的丰满量。
- 翻转裁片，在另一面重复塑型操作。

步骤3　归拢后片腰部

归拢工艺可以取代某些面料上的腰省。香奈儿上衣采用这种方法将丰满量减少约 $1\frac{1}{2}$ 英寸（3.8厘米）。丰满量的缩减程度取决于面料自身特性。香奈儿将后片绗缝至里衬上以保持形状。

- 为每块后片裁剪一块矩形真丝欧根纱，比裁片约窄 $\frac{3}{4}$ 英寸（2厘米）。
- 裁片反面朝上，将欧根纱边缘与裁片腰部的缝份粗缝在一起。
- 蒸汽蒸烫欧根纱（不能直接熨烫），归拢多余布料。
- 拍打蒸汽处理过的裁片，使其平整。
- 按需重复操作，直至丰满量归拢达到预期效果，熨烫至裁片干燥。

内衬塑型

用绵羊毛和山羊绒制作的内衬可以少量归拢及塑型，但即使是最上乘的毛衬也不如羊毛易塑型，它可用熨斗进行拔开和归拢。内衬裁片可通过裁剪塑型，要么裁剪形成省道（切除三角形），要么形成楔形插片（切插三角形）。楔形插片有时也称为尖角布或插角片，它的主要作用是在肩部形成轻微凹陷，以提供更多的活动空间量。

一般来说，内衬上有多个小省道比有单个宽省道更能均匀地分布丰满度。因内衬太硬，难以按照传统做法将其正面相对缝制省道。取而代之的做法是将布边对接形成省道，或手缝毛边形成省道，有多种方法制作同一件上衣的省道。

方法一

可在内衬任何位置设置省道。他们通常用在裁片省道或松量的下方，比如袖窿处或胸高点下方。

- 设定内衬省道的位置和移除的布料量。
- 在内衬上画出省道，然后裁切掉省道缝合量。
- 用大头针将省道固定在1英寸（约2.5厘米）宽的里衬条上。
- 将内衬布边与里衬条机缝在一起。
- 用折线针法处理毛边。

方法二

在内衬上剪掉省道缝合量后，必须直接将省道放在上衣前片省道下方。然后将内衬省道毛边手工缝制到面料省道的缝合线上。这种方法的优点在于，内衬成为上衣外层和省道间的缓冲层，使省道的体积不会影响成衣外观。

- 设定省道的位置和移除的布料量，并在内衬上画出省道。在内衬上裁切省道，从顶部至开口底部，长度从 $\frac{1}{4}$ 英寸（约6毫米）至 $\frac{1}{2}$ 英寸（约1.3厘米）。使省道平整，并用大头针固定省道周围的内衬。

- 将内衬开口的毛边与省道的缝合线对齐。
- 用三角针将内衬与省道缝线永久缝合。

楔形插片使前肩中央形成中空，在肩部及袖窿上部为人体肩提供活动空间量。可利用多个楔形省在肩部形成宝塔造型，但大多数情况下用于形成微妙曲线。添加一个楔形插片会增长前肩长度，增量后期会裁剪掉，以保证前片肩部长度不变。若没有使用楔形插片的经验，可在制作坯布样衣时，将楔形插片嵌进内衬以评估效果。

在内衬上添加楔形插片之前，评估上衣面料，确保添加楔形插片后能顺利塑型。大多数毛织物不会出现问题，但密度紧实的精纺毛织物难以塑型。

- 为每个楔形插片裁剪一条3英寸（约7.5厘米）至4英寸（约10厘米）长，2英寸（约5厘米）宽的斜裁条。
- 在肩缝中心画一条线。
- 沿楔形插片轮廓切开。
- 用机器将楔形省的一边与滚边条缝合。
- 将衬布剪开 $\frac{1}{2}$ 英寸（约1.3厘米）至1英寸（约2.5厘米），然后将楔形插片开口的另一边与滚边条缝合。使用多个楔形插片以塑造更多造型空间量。
- 在肩缝末端标记增量，以便后期裁剪掉。
- 将楔形插片嵌入剩余的衬布中。

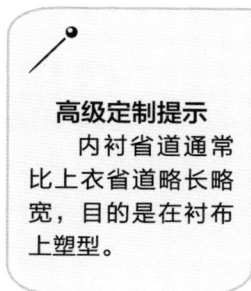

高级定制提示
内衬省道通常比上衣省道略长略宽，目的是在衬布上塑型。

楔形插片

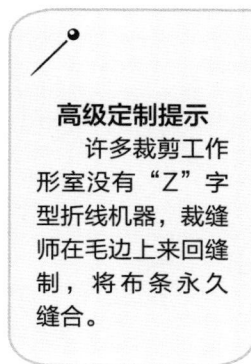

高级定制提示
许多裁剪工作形室没有"Z"字型折线机器，裁缝师在毛边上来回缝制，将布条永久缝合。

构建衬布基底

手工人字疏缝或机器绗缝多层内衬，形成可支撑毛织物的衬布。相比羊毛织物，布衬不易塑型，所以将衬布裁片缝合到衣身前需用省道和楔形插片使其成型。在第180页的"接缝后"部分中介绍了多种适合高级时装的内衬。

这些与前片衬布有关的说明同样适用于制作后片和侧片。

前片衬布

前片以斜裁全内衬支撑，胸衬沿反方向斜丝裁剪，共同塑造挺括而灵活的上衣。前片内衬和胸衬均可采用手工人字疏缝或机器绗缝。

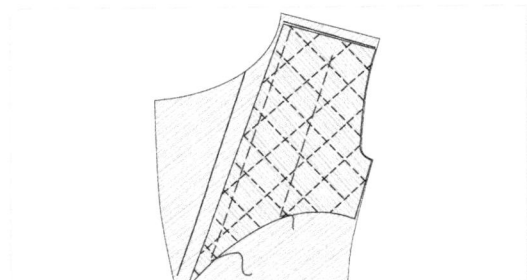

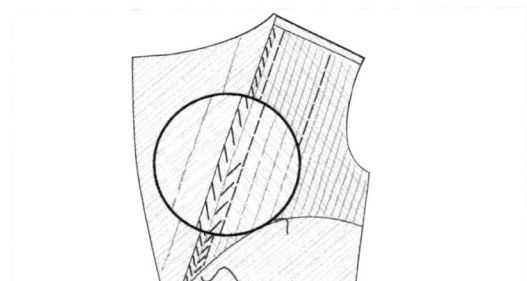

步骤2

- 手工人字疏缝裁片，在胸衬上绘制驳折线的平行线，间距约 $\frac{1}{2}$ 英寸（约1.3厘米）。
- 采用长针距斜针缝从肩部开始人字疏缝。
- 继续人字疏缝，直至完成整个胸衬。
- 将胸衬人字疏缝至剩余前片内衬上。

步骤1

- 斜丝裁剪两片前身衬，留出1英寸（约2.5厘米）缝份。
- 裁剪两片胸衬。
- 修剪胸衬肩线的缝份。
- 修剪驳折线附近的胸衬边缘，使其距驳折线 $\frac{1}{4}$ 英寸（约6毫米）。
- 以经纬纱为参照，在胸衬上绘制网格图案，网格线间距 $1\frac{1}{4}$ 英寸（约3厘米）。
- 将胸衬用大头针固定在前片衬布上，使肩部刚好位于接缝线下方，且前片止口与驳折线相距约 $\frac{1}{2}$ 英寸（约1.3厘米）。
- 距驳折线1英寸（约2.5厘米）缝制第一排粗缝线迹，第二排粗缝线迹距其3英寸（约7.5厘米），拆除大头针。
- 将针脚长度设定为每英寸12针（2毫米针距），进行机器绗缝。
- 从前中心线附近开始，沿经纱缝线。
- 再次从前中心线开始，沿纬纱缝线。
- 将胸衬绗缝至剩余前片内衬上。

高级定制提示
需小心处理塑型后的裁片，防止破坏形态。

178

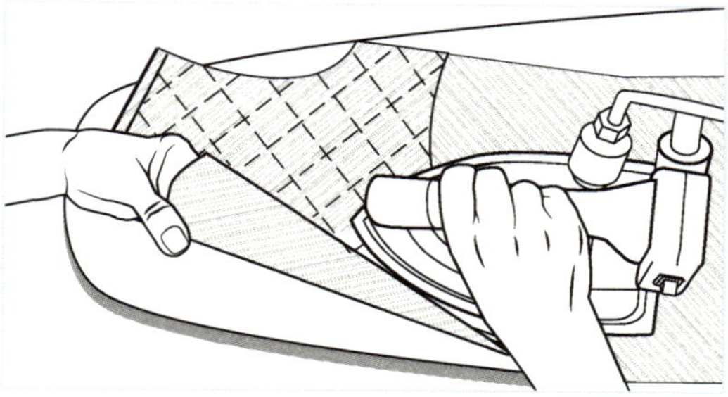

步骤3

- 将胸衬与前片内衬放在烫台上，胸衬在上。
- 抓牢袖窿，从驳折线至衬布中央进行蒸汽熨烫，熨烫过程中垂直提拉起一半衬布，以达到塑型目的。
- 调转衬布方向，提拉驳头朝中心熨烫，然后将衬布翻至另一面。
- 将衬布放在烫台边缘，使一半衬布沿烫台边缘悬挂，蒸汽熨烫。
- 调转衬布方向，熨烫剩下的一半。
- 熨烫前片衬布剩余部分。

后片和侧片衬布

同前片衬布一样，绗缝或人字疏缝后片和侧片衬布。可以简化工艺，根据面料和预期效果后可以选择全衬或部分衬布。

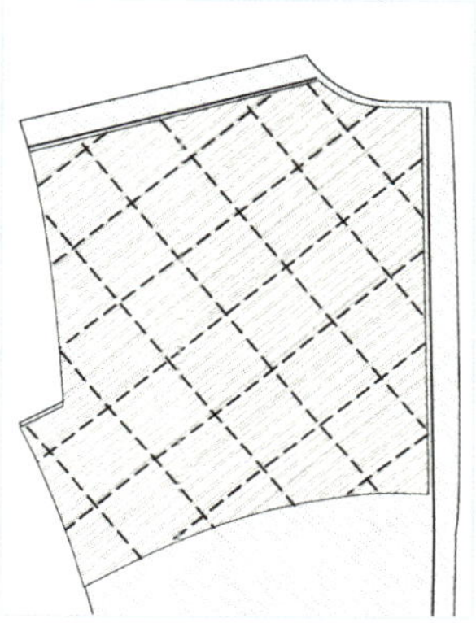

拔开塑型后的毛呢后片，在肩部中央形成曲面，为肩部活动留出空间；而内衬则借助楔形插片塑型，以贴合面料的形状。

省道和楔形插片

即使是最上乘的毛衬也不如面料那么有延展性，毛衬只能通过收缩塑型，且可塑空间不大。可利用小省道和楔形插片来解决毛衬不易塑型的问题。在内衬上添加多个小省道比添加单个宽省道更能均匀分布丰满度。

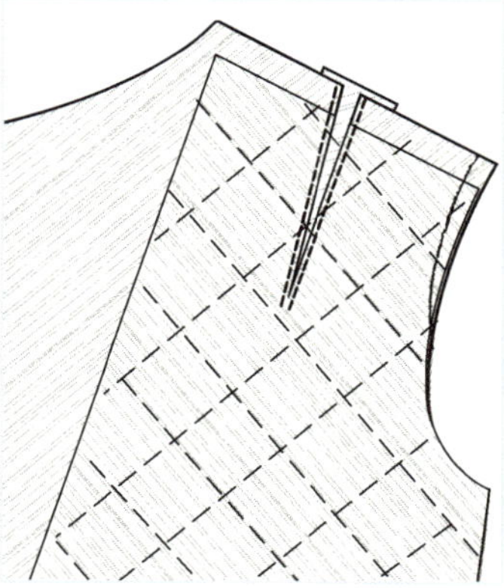

楔形插片

参见第177页的手缝楔形插片的说明。

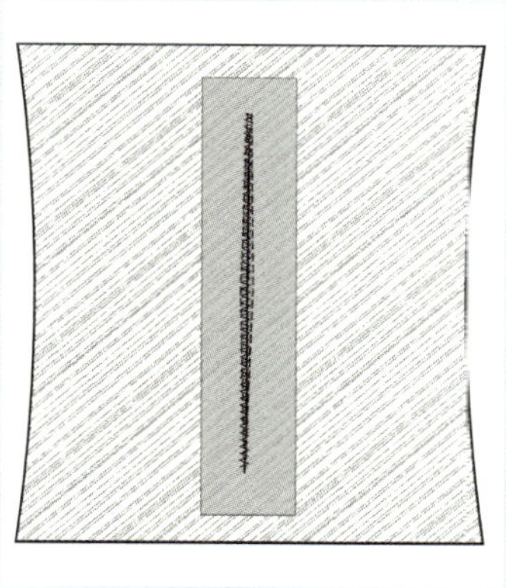

省道方法一

参见第177页的说明。制作内衬省道，使其比上衣省道略长略宽，以便更好地塑型。

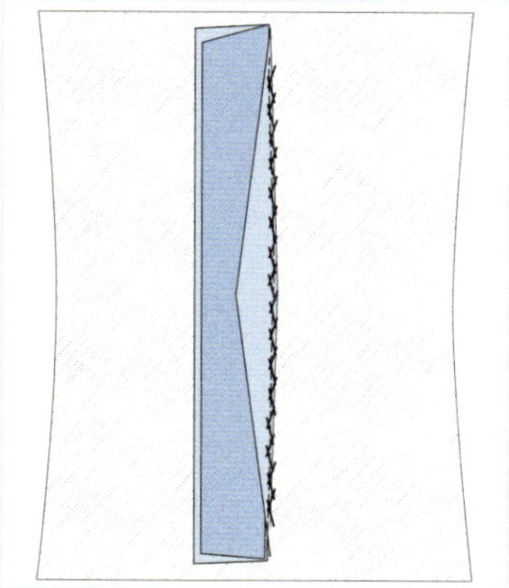

省道方法二

参见第177页的说明。

接缝后：衬布制作方式

有多种制作上衣内衬或衬布的方式。以下内容参照伊夫·圣罗兰、迪奥和香奈儿的制作理念。

全内衬

这件1982年制作的伊夫·圣罗兰上装已经被无数学生参看过，但因有内衬支撑，其造型仍保持得较好且无褶皱。

采用斜裁轻质全包毛衬支撑整个衣身。将衬布分别缝入肩缝、腋下接缝和袖窿接缝，衣身边缘和领口处不缝合，延伸至下摆止口线。由于衬布不会覆盖住折线，所以其边缘有轻微的波纹。

胸部会覆盖第二层中等重量的毛衬。斜纱裁剪过程中使经纱与较大面积内衬（第一层衬布）的纬纱平行，沿布纹用机器格形绗缝两层衬布，小片的衬布不

与前后肩缝缝合。

后片衬布与前片衬布相似。后片衬布为全毛衬，且上部与后片内衬绗缝在一起。后片上部内衬尺寸沿后中心线测量6英寸（约15厘米）。

在衣袖上，手腕处和袖衩以斜裁毛衬做内衬，宽为3英寸（约7.5厘米）。大袖上部内衬为直纱裁剪，但也可斜丝裁剪，且斜丝裁剪更利于塑型。小袖顶部不设内衬，只在袖口设内衬。大袖的内衬延伸至袖窿底端，在袖山处使用艾斯双股细毛线缝制，形成半月形。

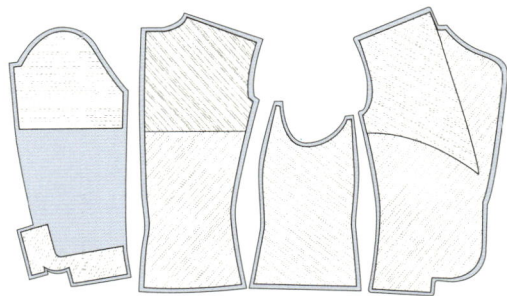

前身全衬结构

这件出自20世纪70年代末期的伊夫·圣罗兰的上装内衬制作精良。内衬包括前身全衬、胸衬、侧片、后片、后片上部、袖山和袖口。

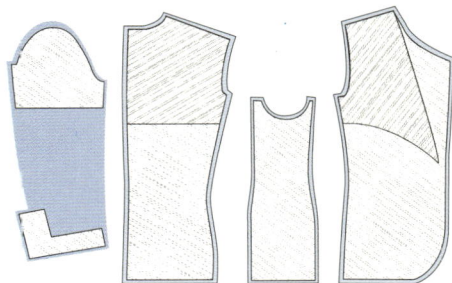

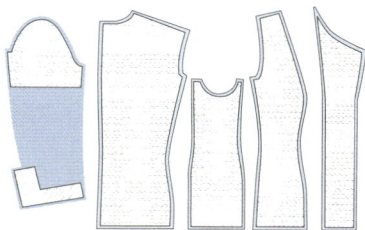

双排扣拼接上衣

这件 2001 年制作的迪奥上装采用薄型精纺织物。衣身的每个结构均采用超轻质内衬且以直纱裁剪。手工人字疏缝胸衬至前侧片内衬，以超轻质热熔衬支撑驳头及挂面。袖山处也采用轻质内衬且以直纱裁剪，袖口斜丝裁剪。

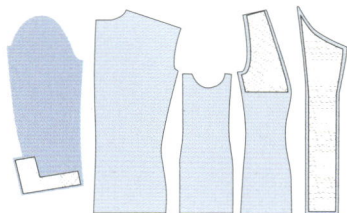

香奈儿拼接上衣

这件 20 世纪 60 年代的香奈儿拼接上装采用中等重量的羊毛面料和轻质内衬制作。内衬的尺寸和形状从前片复制，采用细薄织物且以直纱裁剪。

侧片内衬采用轻质羊毛织物且以斜丝裁剪，这和用于高档男式领带的内衬织物类似。侧片内衬与前片内衬重叠 $\frac{3}{4}$ 英寸（约 2 厘米），延伸至肩缝，下缘距袖窿接缝 2 英寸（约 5 厘米）。袖口和袖衩采用轻质、斜丝裁剪的内衬。后片及下摆无内衬。

前片拼接线几乎是直线，在靠近肩部的 $\frac{3}{8}$ 英寸（约 1 厘米）处做造型。

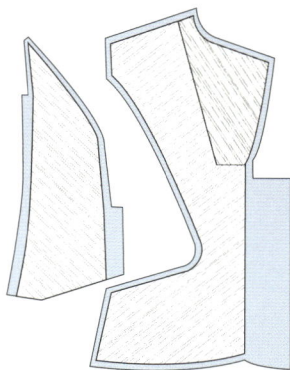

斜裁内衬

受迪奥新风貌（Dior's New Look）的影响，这件 20 世纪 40 年代晚期的拉切斯上装在口袋下方添加衬垫，以突显臀部并营造细腰的视觉效果。前片和侧片内衬均采用斜丝裁剪，后片无内衬。

前片衬布粗缝

衬布裁片已分别塑型（参见第177页），形状与经过归拔工艺处理过的前片轮廓成镜像

（参见第174页）。准备好后就可以将衬布粗缝到前片。

（参见第177页）
（参见第174页）

高级定制提示

若衬布没有延伸至腋下接缝，则在距衬布边缘1英寸（约2.5厘米）处粗缝。

步骤1

- 将右前片反面朝上放在桌面上，肩朝右。专业裁缝从前片最上端开始粗缝内衬。
- 将较大面积的内衬放在前片上，然后放置肩衬。
- 将衬布开口滑进省道。
- 根据需要移动衬布，直至各层衬布的胸高点对齐。（衬布裁剪比前片要稍大，方便移动）
- 检查肩部和驳折线，根据需要调整前片和衬布。
- 将所有裁片用大头针固定在一起，以便能翻转前片，使其正面朝上。

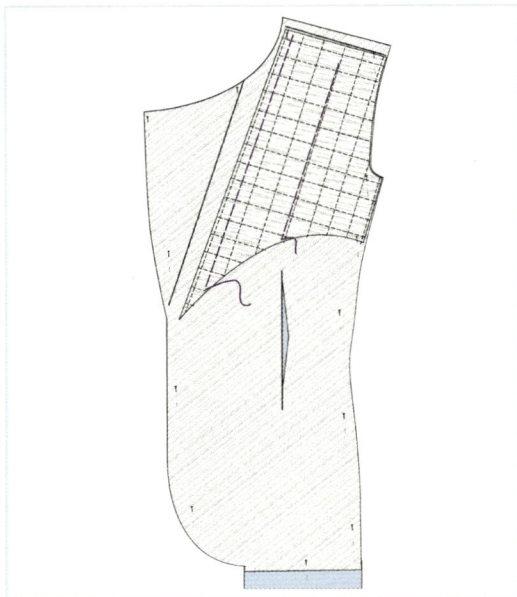

步骤2

- 将裁片平整地铺在桌面上，使前片在所有衬布上方。
- 将烫凳或者小烫枕垫在衬布下，模拟身体的曲线。
- 仔细操作，从肩至下摆平滑前片。
- 从肩缝中部下方2英寸（约5厘米）处开始粗缝，直至下摆上方1英寸（约2.5厘米）。
- 保持从肩部朝下摆方向粗缝，稍微增加前片衬布的松量。若衬布过短，会使前片变形且面料易起褶皱。
- 朝领口方向顺滑前片，从距驳折线1英寸（约2.5厘米），且肩缝线下方2英寸（约5厘米）处开始二次粗缝。
- 粗缝到前片底部纽扣的过程中持续平整前片。
- 粗缝至纽扣下方，以防前片下摆卷曲。
- 朝袖窿方向顺滑前片，为最后一次粗缝做准备。
- 从袖窿处且肩缝线下方2英寸（约2.5厘米）处开始粗缝。
- 绕袖窿一周粗缝，直至下摆。

步骤3

- 翻转前片，使衬布朝上。
- 以粗缝线为参照，用直尺和削尖的笔标记翻折线。
- 进行下一步前，检查已粗缝过的前片和衬布，确保两者平滑贴合。若不平整须立即修正。
- 将前片固定在人台上检查；若没有人台，则悬垂抓握每个前片进行检查。
- 前片反面朝上，借助湿海绵和干熨斗熨烫。
- 仔细熨烫，避免形状有误。
- 将前片与侧片和后片粗缝，准备首次试衣。

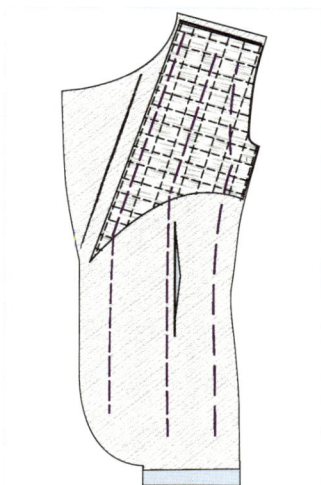

高级定制提示

若对样衣合体度有信心，便可设置口袋、人字疏缝驳头，以及在驳折线和前片边缘拉牵条。

分割线前片

相比于一片式前片，分割线前片上的垂直缝合线有多种形状可选。可在人台试衣时决定缝线的造型。将每片内衬裁片与相应的上衣裁片粗缝。

粗缝后片和侧片

以下针对后片的说明同样适用于侧片。

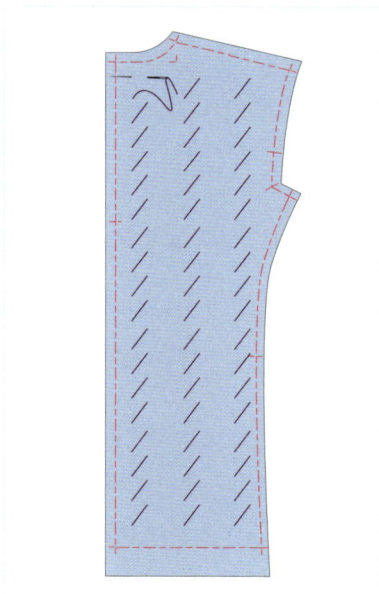

步骤2　将衬布与面料粗缝

- 翻转后片，使正面朝上。
- 用斜针缝将后片和衬布粗缝在一起。
- 重复以上操作，将衬布与左后片及侧片粗缝。
- 将后片正面相对叠放在一起，粗缝拼接后片。
- 至此，前片、后片和侧片均可粗缝在一起，以备首次试衣。

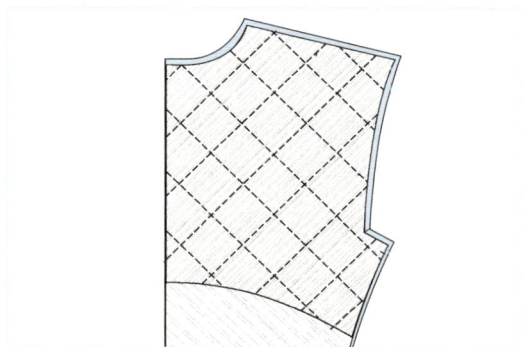

步骤1　准备衬布

- 参照第179页的说明准备后片衬布。
- 若衬布为斜丝裁剪，可在肩部增加松量；若衬布为直纱裁剪，则需裁切掉肩省。
- 将右后片反面朝上放置，肩部朝向右上方，调整后中缝和肩部，并用大头针固定。

为试衣粗缝

即使已经完成坯布试衣，首次试衣仍然很重要。若已仔细调整过坯布样衣的合体度，原则上来说首次试衣时便不需再做重大调整，但首次试衣时，羊毛织物的悬垂感与平纹细布（白坯布）有差异，这是初期调整上衣所有问题的绝好时机。例如，尺寸、长度、纱向、接缝线、面料悬垂度和衣身平衡等问题，在首次试衣时都容易被发现。

粗缝手法取决于上衣的合体度以及裁缝的个人偏好。粗缝可包括领里、衣袖、口袋，也可不包括。对于经验不足的裁缝，最保险的做法是在首次试衣时密切关注衣身的合体度。一旦衣身调整合适，就可以有把握地进行下一步操作并调整衣袖的合体度。

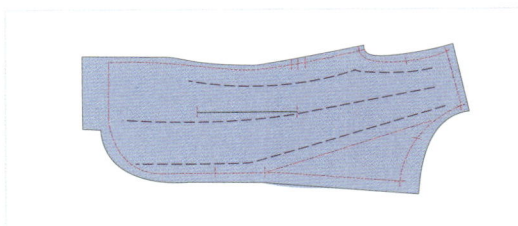

步骤 1

- 用标记线描出所有口袋的轮廓，或者在前片上粗缝平纹细布"口袋"。
- 在前片上从宽到窄粗缝省道。
- 参照第183页的说明将所有衬布粗缝至后片和侧片。

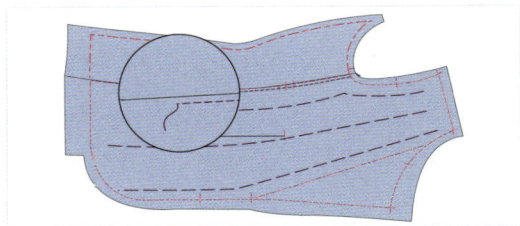

步骤 2

- 将布料正面相对叠放在一起，将前片粗缝至侧片，使衬布缝入接缝线。
- 仔细匹配剪口，粗缝袖窿缝线。
- 在不使用熨斗的条件下使接缝处平整，将接缝朝一边折叠，然后从正面距接缝线约$\frac{1}{4}$英寸（约6毫米）处顶层挑缝。

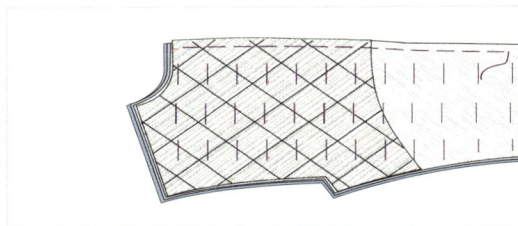

步骤 3

- 将布料正面相对叠放在一起，沿后中缝将后片粗缝在一起，使衬布缝入接缝线。
- 仔细匹配所有剪口，粗缝衣领接缝线。不要粗缝颈部缝份，否则会影响试衣效果。
- 在不使用熨斗的条件下使接缝处平整，将接缝朝一边折叠，然后从正面离接缝线约$\frac{1}{4}$英寸（6毫米）处顶层挑缝。

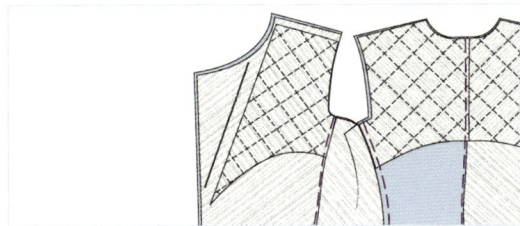

高级定制提示
若上衣偏紧身，则使用短针粗缝。

步骤 4

- 将布料正面相对叠放在一起，后片放在侧片上。若上衣无侧片，就将后片与前片粗缝。
- 对齐接缝处的标记线。
- 从袖窿至下摆匹配剪口粗缝，使衬布缝入接缝线。
- 重新定位上衣，粗缝左侧接缝。
- 顶层挑缝，使接缝保持平整。

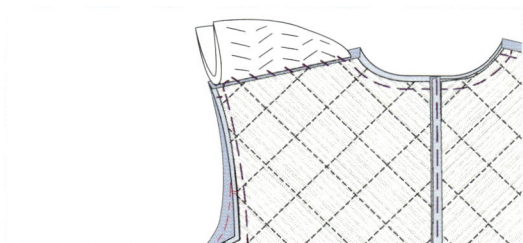

步骤5

- 将布料正面相对叠放在一起，从颈至肩粗缝肩缝。
- 从距颈部约1英寸（约2.5厘米）开始，为后肩增加松量。
- 朝后片折叠接缝，在距接缝线 $\frac{1}{4}$ 英寸（约6毫米）处顶层挑缝。
- 粗缝垫肩，使垫肩超过袖窿标记线约 $\frac{1}{2}$ 英寸（约1.3厘米）。
- 可以用几对不同厚度的垫肩进行测试。

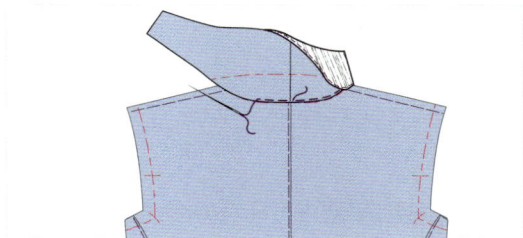

步骤6

- 将下摆朝反面折叠，在距折边 $\frac{1}{4}$ 英寸（约6毫米）处粗缝。
- 备选处理方式：将前片止口的缝份朝反面折叠。
- 在距止口边缘 $\frac{1}{4}$ 英寸（约6毫米）处粗缝。
- 轻轻熨烫边缘。不要熨烫出后期难以消除的折痕。
- 若不准备匹配衣袖和领里，衣身已为试衣准备完毕。

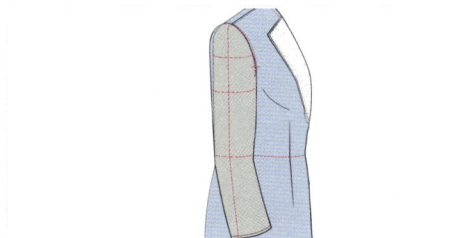

步骤7

- 首次试衣时，可选择为衣身匹配或不匹配领里。领里可选用平纹细布、面布、麦尔登呢或坯布样衣领里。
- 若试衣时不匹配领里，则在领围缝线上粗缝一根拉条，以防颈部面料在试衣过程中拉伸变形，高级时装制作中拉条不采用机器缝制。
- 用标记线描出接缝线和翻折线；若使用平纹细布，可用铅笔做标记。
- 将布料正面相对，缝合并熨烫后中缝。
- 轻轻拔开翻领边缘。
- 翻出领围线的缝份。
- 参照第237页步骤17的说明，用大头针将领里固定在颈部标记线上。
- 从后中心线开始粗缝领里，直至距领里一端约 $\frac{1}{4}$ 英寸（约6毫米）处。粗缝领里另一边。

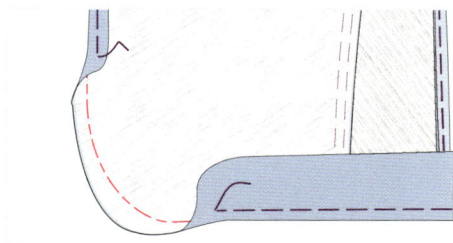

步骤8

    可选择是否为衣身匹配衣袖。试衣过程中可粗缝衣袖，也可用大头针将其固定。以下说明中，将衣袖粗缝或固定在衣身上。

- 为试衣准备一对用面料或平纹细布制作的衣袖。保证同时匹配两个衣袖，以防影响上衣的悬垂感。
- 用标记线描出袖中线的经纱，以及袖山线、袖肥线和袖肘线的纬纱。
- 用标记线描出衣袖的接缝和袖摆。
- 在两个剪口之间的袖山顶部，粗缝两排或三排缝线。
- 用拔开工艺处理大袖的前侧接缝。
- 将布料正面相对粗缝接缝，顶层挑缝以保持接缝平整。
- 若衣袖有袖衩，将其粗缝合拢以便试衣。
- 折叠袖摆，在距折边 $\frac{1}{4}$ 英寸（约6毫米）处粗缝。

首次试衣

试穿坯布样衣（参见第330页）有利于在裁剪布料前对上衣的平衡、尺寸和长度进行调整。首次试衣是为了观察服装的上身效果，检查面料悬垂度，以及查看面料、上衣造型和客户体型等参数情况。可以利用镜子辅助试衣，如有三面镜再好不过，试穿者可借助镜子观看服装上身效果。更重要的是，试衣工作人员能更直观地看出服装可能存在的缺陷。

试衣过程中，试穿者应选择合适的内衣或搭配得当的内层服装。试衣过程中，辅助试穿者试穿上衣，正面朝外，避免上衣拉伸变形，同时帮助试穿者捋顺衬衫、毛衣或连衣裙。

> **高级定制提示**
> 小心操作，避免过度拟合。

上身试衣

- 调整肩部和竖向分割线。
- 若还未粗缝垫肩，需立即粗缝，否则无法试衣；若还未制作垫肩，可用购买的垫肩替代。
- 将上衣位置调整好后再试衣。
- 保持门襟张开，检查前片止口。
- 未拉牵条的前片止口在臀部会轻微豁开；若已拉牵条，止口则垂直于地面。
- 搭接前片止口，匹配中心线。
- 在每颗纽扣的位置用大头针固定门襟。
- 检查前片、后片和侧片。
- 检查并调整左右两侧的合体度。
- 勿使上衣过于紧身。若估计需要调整 $\frac{1}{4}$（约6毫米），可以先调整 $\frac{1}{8}$（约3毫米）。

检查衣身平衡

- 以下摆为参照，前后衣片应对称悬垂。
- 腋下应平顺，无斜向拉纹。

检查尺寸

- 上衣应穿着舒适，不宜太大或太小，有合适的松量。
- 上衣偏大，试穿更容易。

- 上衣偏小，则试穿困难。
- 拆开接缝时，先拆开一部分，并用大头针固定。边拆边固定，直到重新固定整个接缝。

检查纱向

- 前片止口应垂直于地面。
- 若前片止口未拉牵条，在下摆处会轻微豁开。
- 横纱应与地面平行，贯穿前胸和后片。
- 后中缝应垂直于地面。

检查省道和接缝

- 前片省道应指向胸高点，省肚位于腰线或稍微偏下。
- 所有后片省道都是垂直的。
- 接缝应垂直指向地面，不应歪斜。

检查肩部和袖窿

- 肩部的宽度和高度应符合当下的流行趋势。
- 后片肩线应比前片稍长，以适合肩胛骨形态。
- 检查肩部接缝线长度和位置。
- 肩部应流畅平整，检查是否需要调整或消除褶纹。
- 检查两侧肩部是否完全对称。
- 前后袖窿应紧密贴合人体，余量为仅容纳一根指头的空间。
- 袖窿两侧或底部应无褶纹。

检查领口和翻领

- 避免领口过高或过低、过宽或过窄。
- 翻开衣领，检查翻折线位置。
- 翻折线不应起豁，翻领应优雅地垂在前片上。

检查后片

- 检查领口线。
- 查看后片领口下方和腰部是否有褶皱。
- 后片腰部是否过于宽松或紧绷，腰线是否太高或太低。

检查垫肩、口袋和纽扣位置

- 这些部件的尺寸和位置应与上衣造型和穿着者体型相衬。
- 顶部纽扣位置不宜过高或过低。

检查领里（若有）

- 领里应与领口衔接流畅，领里外缘需覆盖领口接缝和肩缝。
- 领里内缘需包裹颈部，且对齐驳折线。
- 后中心线翻领底部不应有褶纹。

检查下摆

- 下摆围度要适量，且视觉上与地板平行（除非有特殊造型设计）。

检查衣袖（如有）

- 粗缝衣袖。伸展手臂，用大头针固定腋下布料。
- 放低手臂，粗缝两个剪口之间的袖山顶部。
- 接缝缝份可翻转至底部，也可平整地固定在缝线上。
- 手臂自然悬垂在身体两侧。
- 衣袖应有足够的空间满足手臂活动，衣袖前后靠近袖窿线处形成垂直褶纹。
- 从肩部至手肘的直纱应与地面垂直。
- 袖山顶部的横纱和袖肥应与地面平行。
- 衣袖长度应与上衣造型、穿着者体型和当下流行趋势相衬。

脱掉上衣

- 用划粉笔或缝线标记所有更正处。
- 检查并确保所有调整过的地方，包括衬布的更正都做了标记。
- 小心拆除所有粗缝缝线。

高级定制提示
再次从各个角度仔细检查上衣，确保改动处和调整量均已做好标记。

首次试衣时标记改动处

裁剪师和缝纫师遵照速记标记法做标记——这是一套所有裁缝师都能读懂的通用法则。这套法则十分重要，因为在高级定制服装中，负责试衣的工作人员很少对时装和定制服装进行修改。在时装工作室里，设计师或设计助理负责试衣，制版师负责修改。对于定制服装，剪裁师负责试衣标记，缝纫师负责修改。

有四种不同的标记用于表示各种类型的更正：

- 与下摆或接缝平行的直线表示减量或改短。接缝与直线间的距离表示调整量。
- 一条直线与短线交叉表示增量加长。直线与接缝间的距离表示调整量。
- 十字符号在样板及标记更正时，表示拔开工艺。
- 波浪线符号在样板及标记更正时，表示抽缩或归拢工艺。

克利斯朵夫·何塞
（Christophe Josse）
高级时装，2018冬季发布会

第六章
上装前片

多数上衣的前片是服装设计的重点，有一片式、拼接式以及异形式。后片的装饰造型分割通常是独立的，但也可从前片的造型分割线做延伸。前片衬布经过垫缝、镶边及熨烫成型，再和侧缝与后片缝合。之后将裁剪的驳头／挂面与前片接合。

粗缝（疏缝）样衣试穿能够达成以下目的——观察服装合体度、检查面料的悬垂性以及评估顾客上身效果。在继续加工之前对版型作更正，这有助于对比了解修改之后与样衣的变化关系，以及这些调整是否会对其他裁片结构产生影响。校正后的样板可用于挂面和里衬的样板设计。即使这套样板不能用于其他款式的上衣制作，调整修改的过程也会让您对以后可能出现的试衣问题更加了解。

试穿后

- 将所有裁片和部件平铺放置
- 拆除垫肩、领里和衣袖
- 拆除肩部和衣袖垂直接缝处的粗缝线
- 拆除衣袖上的粗缝线
- 移除衬布
- 修改原始样板
- 修改上衣裁片和衬布
- 如果必要的话，重新标记口袋以及纽扣／扣眼位置
- 修剪缝份至 $\frac{3}{4}$ 英寸（约2厘米）或1英寸（约2.5厘米）
- 使用上衣裁片或样板制作里衬样板
- 将衬布粗缝至衣身
- 除上衣前片外，收起其余裁片

左图：这款伊夫·圣罗兰女式短上衣，正面为一片式，宽驳头，贴袋上饰有缝线扣眼。
中图：出自香奈儿的女式上衣，正、背面均采用分割线设计。从肩线中部开始沿着金色花纱边缘接缝。立领沿纬纱裁制，与颈部完美贴合。
右图：这款来自梅因布彻的紧身女式短上衣，配以独立的青果领和连裁挂面，斜裁袖口上饰以缝线扣眼和单粒扣。

样板修正

首次试衣后拆除所有粗缝线并将上衣裁片平放。如果刚接触高级定制或定制剪裁，或许会觉得这些步骤没有必要。但是随着制作经验越丰富，就越能体会到，在机器缝合前纠正是否合体等问题是多么有意义的事。用不同颜色的缝线重新对需要修改的裁片做好标记。在时装工作室里，不同粗缝线色的顺序是由工作室负责人决定的，当出现多次粗缝工艺时，就可以较容易地找出最后一次修正。各色缝线会按修正次数的顺序排列在色带上。

里衬样板可以由校正后的样板或修改合身后的平铺上衣裁片裁制完成。如果在首次试衣时没有试穿衣袖，则需要给衣袖和其里衬预留足够布料。以下说明中，上衣样板用作第二次试衣后制作里衬样板的依据。

上装前片加衬

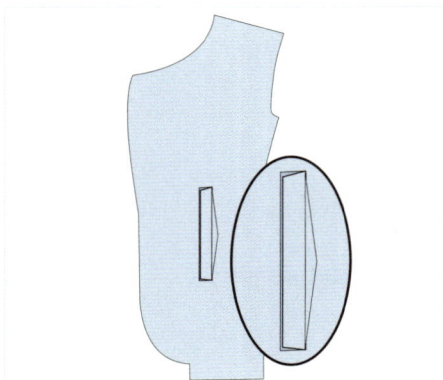

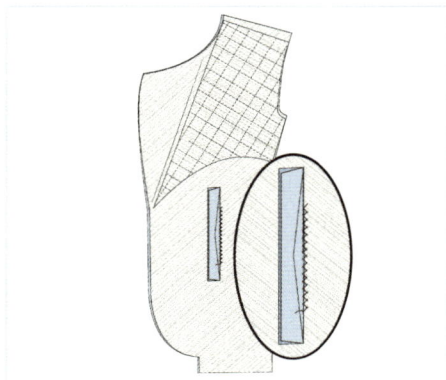

高级定制提示
末端请勿倒回针，会使面料僵硬。

步骤 1　粗缝前片省道
- 平衡省道时，将面料或内衬裁剪的直条带用软质粗缝线缝制在省位上（方法参见第84页）。
- 在同一件上衣中可以用不同方法来平衡省道。
- 除了最后一条粗缝线外，其余粗缝线均需拆除，同时去除线痕。

- 将省道和直条带沿粗缝线迹缝合。
- 在精确的点位开始和结束。
- 末端打结。
- 备选处理方式：按省道的形状修剪直条带。
- 衣身前片反面朝上放在烫凳上。
- 用熨斗和湿海绵熨压省道。
- 将省位熨压向一侧，直条带压向另一侧。小心地熨压末尾部分，注意去除省尖气泡。
- 按照第201页的说明缝制口袋或者在衬布缝制后再缝制口袋。

步骤 2　将衬布粗缝至前片
- 如果之前没有做过修剪，现可剪掉衬布省道。
- 衣身前片反面朝上，将衬布放于前片上。
- 把衬布省道开口处放置在前片省道上。
- 衬布的省道开口紧贴前片省道两边固定。
- 使用三角针将衬布在省道缝合线处牢固接合。
- 按照第182页的说明将衬布粗缝在前片上。
- 完成前片口袋下方所有接缝（注：这些说明中的线条图没有显示口袋图例）。

固定衬条

衬条贴缝在驳折线旁边，以防止过度抻拉且使成衣更有型。衬条可以是窄棉布或亚麻布带、人造丝滚边条或轻质布边。许多英国裁剪师会在驳折线上用直纱里衬条代替。

伊夫·圣罗兰的许多上衣驳折线上没有牵条，因为它会使成衣造型显得呆板。除非在更有经验的情况下，否则没有牵条控制驳折线可能会很难。

- 测量样板上的驳折线长度并增加1英寸（约2.5厘米）。
- 剪一段同样长度的牵条。
- 确定需要定型的驳折线宽度，通常是$\frac{1}{4}$英寸（约6毫米）至$\frac{1}{2}$英寸（约1.3厘米）。
- 试穿样衣时，在驳折线上别一个褶裥。当客户的胸围很大时，褶裥可大可小。如果面料较硬挺，则可能很难将织物松弛地贴缝在牵条上。
- 从距离牵条一端$\frac{1}{2}$英寸（约1.3厘米）开始，在上面标记驳折线长度。
- 在颈围线下方3英寸（约7.5厘米）处和驳点上方4英寸（约10厘米）处标记驳折线。驳点是驳折线的起点，位于第一颗纽扣处。
- 将牵条贴缝在上装前片，外边缘位于驳折线上；用大头针将一端固定在驳点处的接缝线上，另一端固定在颈部接缝线上。
- 将牵条准确地从驳点到第一个标记点平铺并用大头针固定。
- 将牵条从第二个标记点平铺到颈部接缝线并用大头针固定。
- 两个固定点间的牵条留短一些。
- 在牵条下方均匀固定松量，大头针方向与牵条成直角。
- 将前片放在工作台上且衬布朝上；平整驳折线。
- 使用短针粗缝（疏缝）牵条。
- 在开始和结束端系紧粗缝线，以将衬条固定到位。
- 为使驳折线起点处的翻卷效果更加自然，驳点上方的最后2英寸（约5厘米）至3英寸（约7.5厘米）处无须粗缝。
- 用明缲针牢固缝制牵条的两侧，针距约$\frac{1}{4}$英寸（约6毫米）。

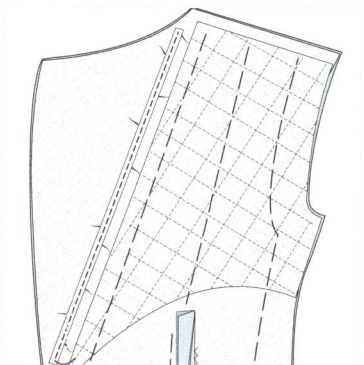

松弛驳折线上的衬条

人字疏缝

人字疏缝工艺运用于衣身，为驳头定型使其可沿驳折线处翻卷，还可以使衬布与衣片接合。人字疏缝是由平行于驳折线的对角线针迹构成。在驳头边角处，人字疏缝针迹缝制方向会有所变化，为防止驳头边角处卷边，针迹相应变得更小且更紧密。

线迹的长度以及针距影响驳头的牢固度。间距更小的短针迹缝制的驳头更加硬挺。棉线或丝线是首选的缝线材质。资深裁剪师更喜欢用丝线（A型）人字疏缝，它比棉线更有弹性，但丝线比棉线更难获取，价格也更昂贵。

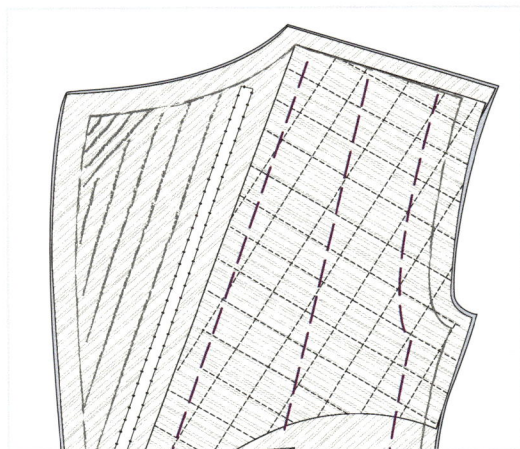

步骤 1

- 衬布一面朝上，用铅笔在领角处画一个三角形，起点与终点距边角 1 英寸（约 2.5 厘米）至 2 英寸（约 5 厘米）。
- 距驳折线 $\frac{3}{8}$ 英寸（约 1 厘米）处平行纳针，每行线迹间隔约 $\frac{3}{8}$ 英寸（约 1 厘米）。
- 铅笔线痕仅作为人字疏缝时直线纳针的依据。

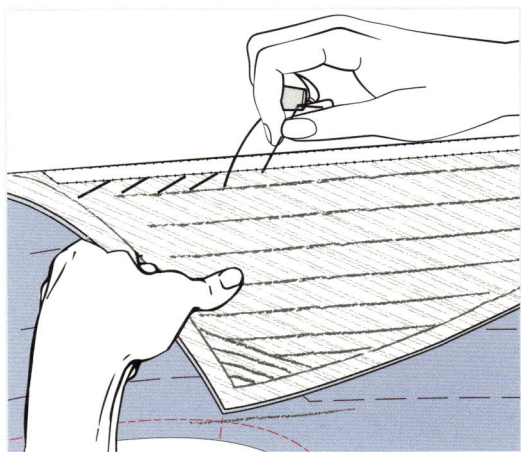

步骤 2

- 第一步完成后，重置前片，正面朝上。
- 按照成衣驳头设计位置，将其沿驳折线折叠。驳头回折后，其边缘处会露出面料反面。
- 以边缘处的标记缝线为引导，用铅笔在衬布上标记接缝线。
- 手执驳头，平行于折痕线开始纳针。
- 使用纽孔短针及与毛织物颜色匹配的棉线或丝线缝制。

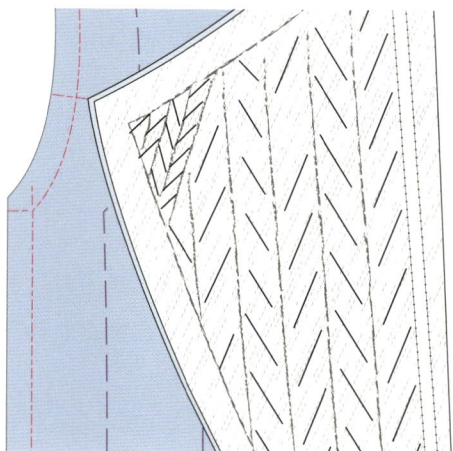

步骤 3

- 对角线针迹长度约 $\frac{3}{8}$ 英寸（1厘米），为确保缝线不会在正面露出，只在面料反面挑纱。
- 在颈部接缝线处纳针，针迹牢固但不紧绷。
- 左手拇指慢慢将衬布向驳折线推进，动作平缓以免起皱。
- 换行反缝，从另一端开始平行于第一行运针，并与前一行针迹错开。
- 继续平行纳针，将衬布缓慢地在每行针迹间移动。以接缝线处的针脚为引导，避免纳入缝份。
- 垫缝驳头，三角区以及颈围和前缘缝份不纳针。

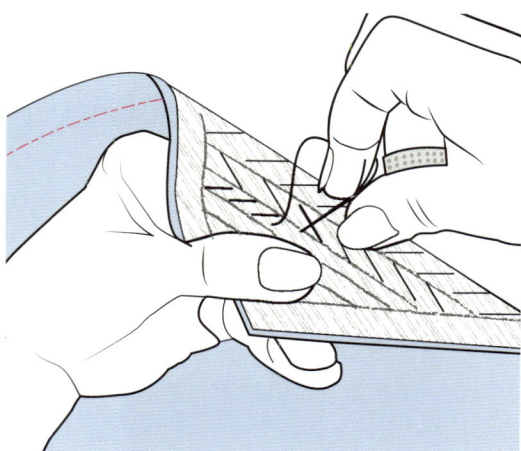

步骤 4

- 调整驳头位置垫缝三角区，使其在成衣上翻卷自然。
- 食指放于三角区底部边缘。
- 与标记线平行纳针，每行针距 $\frac{1}{4}$ 英寸（约6毫米），行间距 $\frac{1}{4}$ 英寸（约6毫米）。
- 人字疏缝另一个驳头，注意两个驳头保持一致。

高级定制提示

　　在具备隐藏缝线的能力之前，不妨尝试使用对比色线缝制。一些裁剪师用此来防止打结。

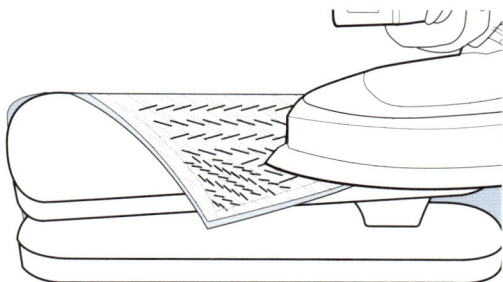

步骤 5

- 在烫凳上铺一块羊毛垫布。
- 衬布面朝上，将前片放于烫凳上，驳头翻到一边。
- 将前片衬布润湿，熨斗烫平直至变干。小心熨烫保持胸部造型。
- 调整裁片位置，将驳折线置于烫台边缘熨烫前片。
- 熨烫另一片前片。
- 继续熨烫前，将前片样板放于已垫缝的前片上，检查其形状是否有变化。
- 如需要，重新标记接缝线。
- 检查左、右前片是否完全一致。

高级定制提示

　　在条件允许的情况下，为给前片裁片作支撑，可以将烫凳置于工作台上。

固定前片牵条

多数定制上装边缘裁剪有型，并有独立的挂面以顺应驳头设计。

有些上衣挂面连裁，在上衣边缘折叠。

牵条成型边缘

牵条用于前片边缘是减少此处接缝体积的一种方法。在距接缝 $\frac{3}{16}$ 英寸（约 5 毫米）处修剪衬布，牵条置于接缝线旁，覆盖衬布毛边以便在两层接缝处入针。此外，牵条还可以支撑前片边缘不被拉伸变形，以及在服装未系纽扣的情况下依然保持垂直于地面。

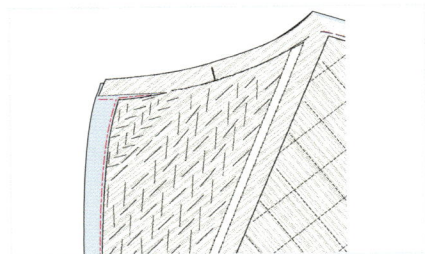

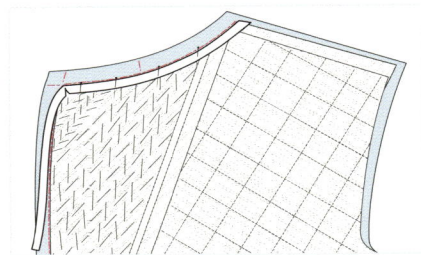

高级定制提示
如果没有专用牵条，可以使用 $\frac{3}{8}$ 英寸（约 1 厘米）宽的轻质直条丝带。

步骤 1
- 用削尖的铅笔在前片衬布边缘、驳头和串口线处标记接缝线。
- 从领咀处开始，仔细修剪衬布缝份，多留出 $\frac{3}{16}$ 英寸（约 5 毫米）。
- 如果服装为翻领设计，需从领口末端处开始修剪。

步骤 2
- 衬布一面朝上，将牵条沿领围线固定，可稍超出牵条。
- 将预缩处理后的牵条在距上衣接缝线 $\frac{1}{16}$ 英寸（约 1.5 毫米）处用大头针固定，并在边角处拉紧。
- 在该处修剪牵条，仅留一根纱线。
- 搭接边角处修剪过的牵条，并重新调整其在前片边缘的位置。

缝前熨烫

缝前熨烫，即熨烫上衣里层结构，这个过程需要耗用一些时间，与外观熨烫同等重要。熨烫前片至平整细薄。

- 在烫凳上铺一块羊毛垫布。
- 衬布面朝上，将前片置于烫凳上。
- 用一块湿海绵将衬布润湿。
- 拉直驳点下方牵条固定的边缘部分。
- 仔细多次熨压边缘部分，直到接缝处面料变干。
- 如果熨斗与衬布粘连，在衬布上擦一点肥皂即可。
- 从腰部至下摆熨烫衬布。
- 以同样的方式由下至上熨烫驳头至衬条处。
- 接下来开始熨烫胸部，将上衣提起，用熨斗尖为胸部塑型，或使用烫凳熨烫胸部。

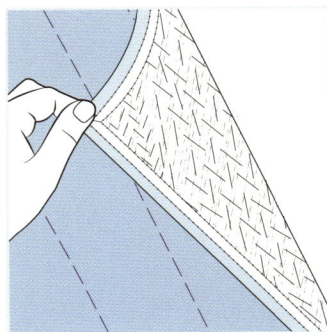

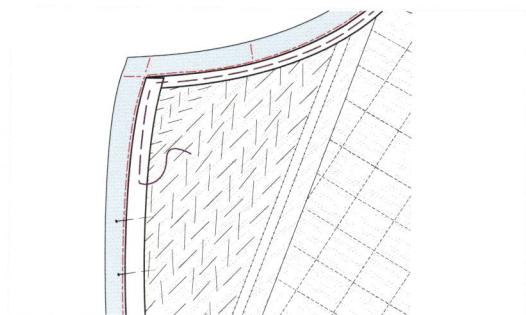

步骤 3

- 重新调整牵条位置并用大头针将其小心固定于边角。
- 一边按压牵条一边用大头针固定，直至驳点上方约1英寸（约2.5厘米）处。
- 稍微松开牵条并将其在驳折线的末端固定。
- 按紧牵条，但在顶部与底部纽扣间不要太紧。
- 继续将牵条平整固定于下摆处。
- 用 $\frac{1}{4}$ 英寸（约6毫米）针迹粗缝（疏缝）牵条。
- 在转角前后立即倒缝，以确保形成方角。

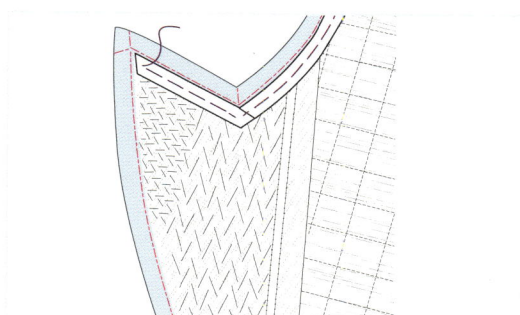

步骤 4

- 要以牵条固定戗驳头内边角，需用大头针固定牵条形成"∨"形。
- 在"∨"形驳头处折叠翻转牵条。
- 继续于边角处固定牵条。
- 剪断牵条，然后开始固定前片边缘。

> **高级定制提示**
> 确保在开始和结束处粗缝固定，否则牵条可能会滑落。

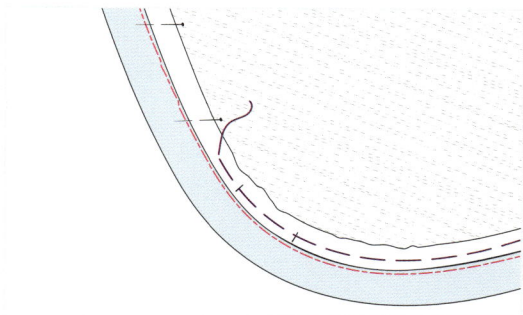

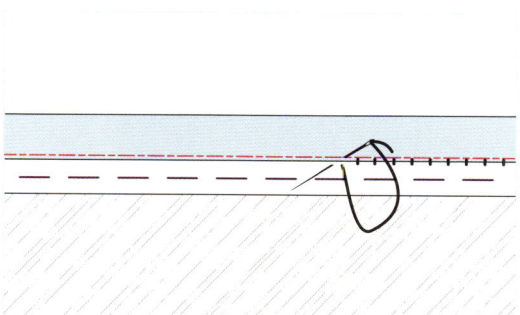

步骤 5

- 要以牵条固定弧线下摆，需将其稍微拉紧，使上衣弧线边缘向身体略微弯卷。
- 仅在必要时，在几处用大头针固定内边缘牵条，使其在弯曲部分平坦无鼓包。
- 继续固定牵条于挂面边缘约4英寸（约10厘米）处。
- 此方法可用于弧形驳头。

步骤 6

- 使用色彩匹配的丝线或棉线以及细孔短针，采用明缲针缲缝紧邻接缝线的牵条外边缘。小心运针以避免针迹露在面料外观。
- 内边缘缲缝于衬布上。
- 从底部开始用牵条固定左前片。
- 比较左、右前片裁片，确保牵条固定一致，且在挂起前片时边角和弧线位置不会卷曲。
- 轻微熨烫边缘。
- 如果上衣设有织物扣眼，需在缝制挂面之前将其制作完成。

> **高级定制提示**
> 如想在下次试衣身时测量牵条的长度，可以稍后进行缲缝。

备选拉条

在半高定中，轻质布条代替牵条用以固定上衣边缘。将其缝入前片接缝处，增加少量体积。拉条可以直纱、横纱或斜纱裁制。轻质丝织物包括平纹丝、欧根纱、真丝薄绸和雪纺都是不错的选择。斜纱拉条更容易为弧线造型的驳头及下摆塑型。

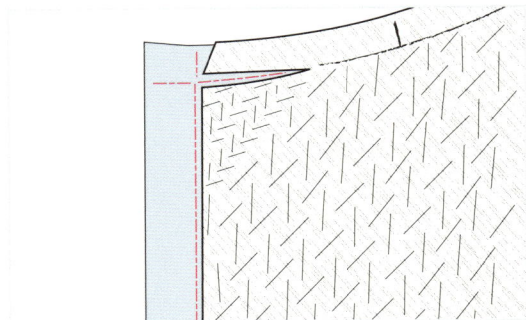

步骤1

- 从剪口处至弧形前片挂面边缘修剪衬布缝份，多留出 $\frac{3}{16}$ 英寸（约5毫米）。
- 对于直线造型的前片，修剪内衬至下摆。
- 修剪上衣前片缝份至 $\frac{1}{2}$ 英寸（约1.3厘米）。
- 测量修剪边缘的接缝线长度。
- 按此长度裁剪两条1英寸（约2.5厘米）宽的直条带，裁剪数条 $1\frac{1}{2}$ 英寸（约3.8厘米）宽的斜条带备用。
- 润湿丝质拉条，熨烫预缩布条。
- 斜条带熨烫后会变窄。小心熨烫，尽量保持条带宽度均匀。

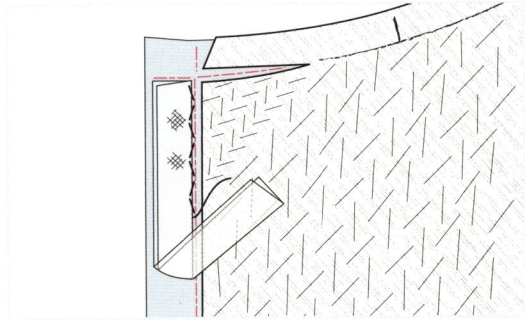

步骤2

- 从驳角开始，使条带剪边处与前片边缘重合。
- 边握住拉条边用大头针将其固定于驳头边缘。
- 在驳点处缓慢放松条带，前片至下摆短距握住条带。
- 用暗卷缝针迹将条带沿前片标记线缝制，一直缝到下摆或挂面尾端。
- 如有必要，修剪条带使其贴合前片弧线造型。
- 从驳角开始粗缝条带至领咀处。
- 使用斜针缝锁缝条带边缘至衬布。
- 粗缝挂面至前片，针迹及熨烫操作参见第201页。

定位折边

一些上装会有连裁挂面，需在边缘处折叠。这类上衣可用拉条固定，通常是由轻质织边或布条完成这一操作。轻质里衬是不错的选择。

- 裁剪或撕出一条1英寸（约2.5厘米）宽直条带，以形成清晰的折痕，为柔质折边斜裁条带。该条带的纱向可为经纱、纬纱或者斜纱，因其在熨烫过程中会损失延展性，斜裁条带时略微宽一些，避免熨烫时变窄。
- 润湿条带。
- 将其熨烫预缩。
- 纵向对折后熨烫拉条。
- 前片反面朝上，用大头针将拉条折边沿标记线缝于前片。
- 使用对比色缝线和暗卷缝针迹，将拉条折边缝于面料。

上衣挂面及驳头

使用挂面处理上衣前片边缘。传统裁制上装一般为平驳领，独立挂面结构与衣领两端接合，以构成驳头或翻领。

无论上衣为翻领、立领或无领造型，其挂面通常是由前片的延伸部分裁剪而成，并在衣片边缘处折叠。一些上衣的驳头设有独立挂面，驳折点下方为连裁部分。

左图：这款伊夫·圣罗兰的传统女式上衣设有独立挂面，配以开衩两片袖和一对独立贴袋。
中图：出自克里斯汀·迪奥的羊毛华达呢女式上衣，挂面连裁，沿前片边缘折叠。前后片均饰以宽褶，腰线上贴缝腰带。
右图：这款巴黎世家的女式上衣的衣领设有独立挂面，第一颗纽扣下方为连裁挂面。配以包边扣眼，挂面于第一个扣眼处接缝。

独立挂面

独立挂面不显眼，却是上装设计中的必要结构，可采用同色或对比色面料。成衣及家庭缝纫上衣中，挂面通常由与上衣前片同纱向的面料裁剪而成。在高级定制中，多数挂面由直纱裁剪所成，纱向平行或垂直于驳头边缘而非平行于前中心线。所有男装挂面均采用直纱裁剪制成。

平行于边缘的裁剪方式有一些优势。其应用于女式短上衣最明显的亮点是颇具美感；许多面料，尤其是条纹或格纹面料，采用该工艺制衣会更富吸引力。需要注意的是，直纱更为稳定，不易伸缩起皱——应用于易磨损的男式西服与上装裁制当中。

此示例图中右前片驳头的纱向平行于边缘裁制，而左前片驳头类似于商业样板方式裁制，其纱向平行于前中心线。

制作挂面样板

高级定制与定制服装中，多数挂面是直边裁制，熨烫直边以匹配前片边缘。肩缝处挂面宽度很少超过 $1\frac{1}{4}$ 英寸（约 3 厘米），通常略去肩缝的制作使里料直接与领口接合。后片挂面极少制作。这样做出的上衣舒适性更佳，挂面及里衬也更易缝制。

独立驳头样板

在时装工作室中，一些裁剪师用一块矩形面料裁制挂面，将其塑型以匹配上衣边缘；有的裁剪师则通过切割前片样板来制作挂面样板。这些操作方式在商业样板或原创样板中均适用。

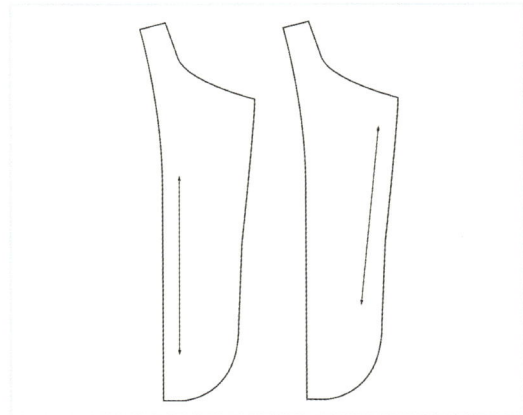

步骤1　在前片样板上绘制新的挂面样板

- 如前片样板中颈部有省道，需将其折叠。

- 在距颈肩点不超过 $1\frac{1}{4}$ 英寸（约3厘米）处测量肩部挂面内缘的长度，并做标记。

- 从前中心线沿下摆测量 $2\frac{1}{2}$ 英寸（约6.3厘米）至 $3\frac{1}{2}$ 英寸（约9厘米）宽度，并做标记。

- 绘制挂面从肩部到下摆的内缘，肩部更窄，下摆更宽。

- 标记点间的线条越直，挂面越易成型，里衬也就越易缝制。

步骤2　切割样板

- 在牛皮纸或轻质纸板上复制绘出该挂面样板。

- 新样板中未设置接缝或下摆缝份。

- 平行于前片边缘在挂面样板上绘出布纹线方向。

- 测量新挂面样板的长度和宽度。

高级定制提示
　　驳头样板中未添加松量。

塑型独立挂面

塑型挂面并不困难。女式上装的驳头设计通常比男式上装的更宽，大多数面料与男装精纺面料相比也更易成型。

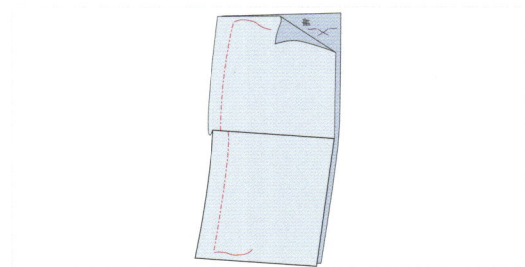

步骤1

- 测量挂面样板。裁剪两块矩形面料，长度及宽度至少超出样板2英寸（约5厘米），条纹或格纹面料需要裁得更大。

- 每块矩形面料中，距长边1英寸（约2.5厘米）处沿直纱缝制标记线。

- 将矩形面料正面相对叠放，对齐并沿布纹线粗缝。在腰部临时做一个褶裥以便随时观察和调整边缘形状。

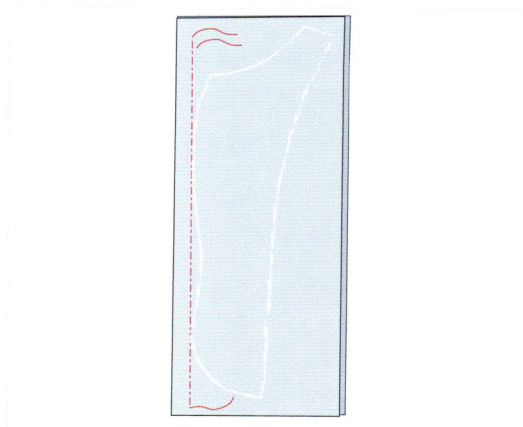

步骤 2

- 将挂面样板放于矩形面料上，最宽的位置与标记的布纹线贴合。
- 用画粉笔标记样板轮廓后移去样板。

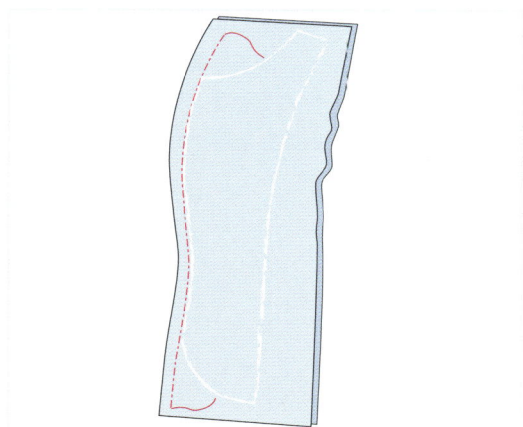

步骤 3

- 用湿海绵润湿挂面。
- 从颈部边缘开始，熨烫前片边缘成"S"形。向左弧线移动熨斗，同时将下摆向操作者的方向拉动。
- 在对边边缘留少量宽松余量，这样挂面就不会太短。
- 继续熨压驳头直至面料变干。将样板重置于挂面上，查看是否还需调整形状。

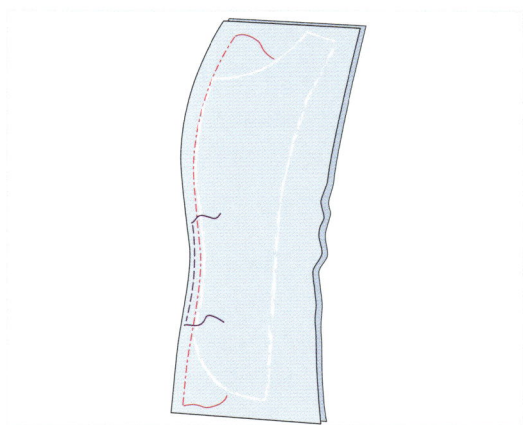

步骤 4

- 如果驳点处曲线不易熨烫成型，可以于腰部上下方2英寸（约5厘米）的接缝线处，粗缝一排较短线迹。可双层粗缝或单层分别粗缝。
- 抽拉粗缝线使挂面边缘成型；润湿边缘并熨压至面料变干。
- 将挂面样板放于成型的矩形面料上。
- 沿样板用画粉笔描出颈部、肩部及下摆轮廓。
- 在两片挂面的颈部及下摆用大头针固定，将衣片翻面。
- 以颈部及下摆的大头针为引导，将样板置于挂面上；用画粉笔描出轮廓。拆除颈部及下摆固定的大头针。

步骤 5

- 在挂面的颈部、肩部、内缘及下摆处缝标记线。
- 裁剪挂面，留出1英寸（约2.5厘米）缝份。
- 小心地将挂面放在一旁，直至需将其粗缝于前片。

右图所示为迪奥女式上衣样板，连裁挂面，弧线造型下摆以省道成型。

连裁挂面样板

连裁挂面有时也称为延长挂面，通常应用于无领、翻领或立领上衣。此类服装多数为垂直下摆。

连裁挂面可以除去衣片边缘厚度，但缺点是限制了驳头尺寸及面料的选择，且在弧线造型边缘很难成型。

- 在前片样板上绘制新挂面。
- 从前中心线沿下摆测量 $2\frac{1}{2}$ 英寸（约6.3厘米）至 $3\frac{1}{2}$ 英寸（约9厘米）宽度，并做标记。
- 在距颈肩点不超过 $1\frac{1}{4}$ 英寸（约3厘米）处测量肩部挂面内缘的长度，并做标记。
- 绘制挂面从肩部到下摆的内缘，肩部更窄，下摆更宽。
- 在纸上复制绘出挂面样板，将其切割，并与前片样板用胶带粘贴在一起。
- 用连裁挂面制作新样板。

拼接挂面

拼接挂面有时也称为分割挂面，其优点为：驳头可由更美观的纱向裁剪制成；可采用多种不同的面料，如燕尾服的设计；适用于亚麻等不易成型的面料。挂面通常于第一和第二颗纽扣之间接缝，有的接缝位于第一个扣眼处——当有包边扣眼设计时适宜采用该方法。

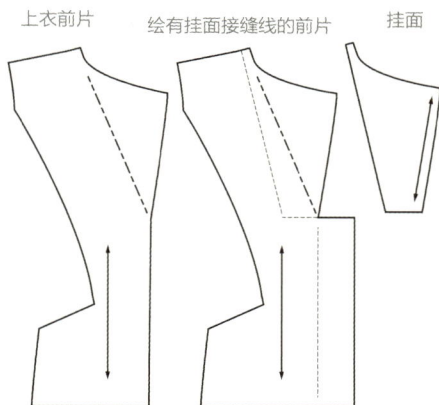

这款拉切斯上衣（参见第15页），驳头纱向与边缘平行——虽然这在粗花呢面料上不易显现，但与前片面料纱向形成对比，的确更具吸引力。

- 在前片样板上绘制新挂面。
- 在距颈肩点不超过 $1\frac{1}{4}$ 英寸（约3厘米）处测量肩部挂面内缘的长度，并做标记。
- 标记第一与第二个扣眼间的挂面接缝。
- 从前中心线沿下摆测量 $2\frac{1}{2}$ 英寸（约6.3厘米）至 $3\frac{1}{2}$ 英寸（约9厘米）宽度，并做标记。
- 绘制挂面内缘，从肩部延伸至接缝。
- 从接缝至下摆处绘制延长挂面的内缘。
- 要制作新驳头样板，需在牛皮纸上复制绘出接缝以上的衣身裁片。
- 标记驳头样板，标记布纹线并注明"无缝份"。
- 在接缝下方添加延长挂面。在另一张纸上复制绘出挂面，将其剪切，并与前片样板用胶带粘贴在一起。
- 用延长挂面制作新的前片样板。

上衣前片　　绘有挂面接缝线的前片　　挂面

缝制挂面

挂面是成品上衣的重要元素。其边缘应该薄而平整，接缝线卷到内侧。挂面的设计必须能使驳头轻松翻折，但松量不能太多，以免驳头起皱或起泡。与里衬接合的挂面内边缘须设计一定松量，否则会导致挂面太短，前片起皱。

前片挂面的缝制可采用机缝或手缝。两种缝制工艺不相上下；裁剪师根据自身偏好在二者中作出选择，但不管哪种工艺，所耗费的时间都大致相同。以下是机器缝制的说明。

所有驳头都需要在长度和宽度上有一定余量，以防驳点及驳头边缘起卷。粗花呢及厚重布料与轻质或中等重量的精纺毛呢相比，需要

的余量会更多。带有夸张造型设计或明显弧线造型设计的驳头，通常需要在其粗缝于衣片上时做额外的外形调整。具备多次缝制的经验之后，便能判断挂面裁剪所需松量的多少。在固定粗缝面料的过程中可以通过手指比量来进一步确定松量。

如果尚未缝制口袋，须在制作挂面前完成。

有些裁剪师更偏爱手工缝制挂面；对于一些面料及设计，手工缝制会更容易获得更高的专业完成度，采用这种工艺的优点是可在裁制过程中比较直观地看到挂面所能呈现出的效果。具体操作参见第 205 页说明。

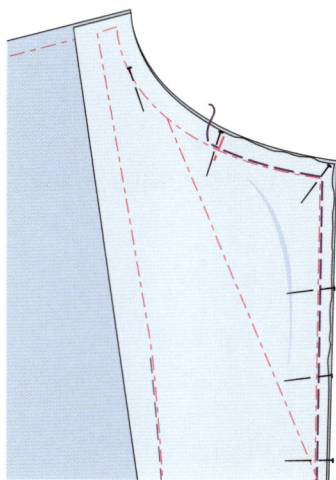

高级定制提示
有经验的裁剪师可以沿着布料纱向而非标记缝线迹固定驳头边缘，不过在布料纱向不易识别时，标记缝线迹则很有帮助。

步骤 1

- 检查前片及挂面，确保边缘接缝线已准确无误地完成标记缝。
- 面料正面相对，将挂面与右前片叠放在一起。
- 平顺挂面边缘。
- 以前片标记缝线迹为引导，将挂面与前片沿驳折线用大头针固定。
- 在驳角处对齐前片和挂面的标记缝线迹，用单个大头针固定。
- 拆除驳折线上的大头针，将挂面朝驳角斜向移动约 $\frac{1}{4}$ 英寸（6毫米）。如果衣料较厚或易于塑型，还需将挂面多移动一定距离。
- 重新在驳折线处固定前片与挂面，并粗缝。
- 在驳角固定于领咀前，先将挂面在驳角处松弛（留松量）。松量大小取决于面料性能以及到翻领的距离。
- 粗缝从驳角到领咀的接缝部分。剪口位于翻领末端，驳头上部的驳角与领咀呈阶梯形。
- 从驳角重新开始操作，需留有松量；前片边缘稍微拉紧，根据标记缝线迹用大头针固定，直至驳折点上方约 1 英寸（约 2.5 厘米）处。
- 当前片边缘拉紧时，对应的驳头边缘则相对松量较多。但过多的话，挂面会产生气泡；太少则接缝线和领咀会向服装表面翻卷。

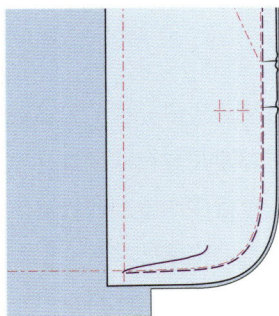

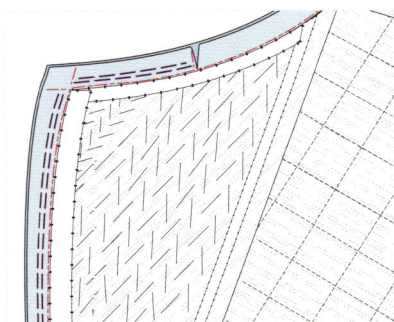

步骤2

- 在驳点附近 $1\frac{1}{2}$ 英寸（约3.8厘米）至2英寸（约5厘米）处为挂面留有大概 $\frac{1}{4}$ 英寸（约6毫米）松量。轻质或编织紧实的面料，余量稍小；厚重或松散的面料，余量偏大。

- 如果上衣配有织物扣眼，则在右前片挂面的扣眼区域留出松量，从而有足量布料平顺地完成扣眼背面的缝制。

- 在扣眼下方，握住挂面边缘并用大头针固定，如果边缘为弧线造型则需固定整个挂面边缘；如果边缘为直线，则固定下摆线即可。

- 紧贴拉条用短针距粗缝驳角至下摆线，使用彩色粗缝线区分线迹。

- 将接缝修剪至 $\frac{1}{2}$ 英寸（约1.3厘米）。

> **高级定制提示**
> 缝前熨压缝份和余量，可使接下来的缝制过程更顺畅。

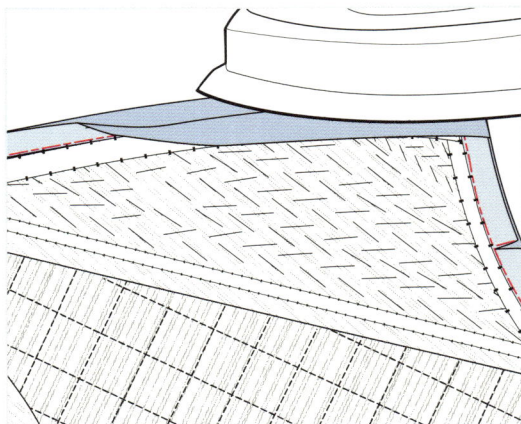

步骤3

- 在衣领末端直线修剪前片边缘，不要修剪挂面。

- 在驳角处折叠接缝，使其平整。用尖压器保持其平整，再将挂面的正面翻出。将已粗缝的接缝线翻至驳头内侧时，挂面仍应平顺自然。

- 将挂面置于另一侧驳头处比对，检查是否匹配。

- 重新放置所有裁片，左、右片同置。

- 拆除标记线迹，仅留一条粗缝线迹。

- 双层挑缝接缝线，以防止缝合时滑线。

- 熨烫接缝。

- 前片一面朝上，紧邻拉条缝合前片边缘的接缝线。因为挂面已做双层挑缝定位，可从前片任意一端开始缝合。

- 再从翻领两端（难点）缝至驳角。

- 在驳角与领咀处打结。拉动线头，确保针迹末端不松弛。

- 拆除粗缝线迹。

- 将挂面置于左前片。

- 将两个前片的正面翻出；检查是否对称。

步骤4

- 衬布一面朝外，拆除余下粗缝线迹。

- 将接缝熨压平顺（修剪前更容易）；使用压板熨烫驳角及接缝。

- 将接缝打开置于尖压器或分缝辊上；分别熨压各层接缝至驳角。

- 修剪两层缝份为 $\frac{1}{4}$ 英寸（约6毫米），修剪至领咀处。如果面料散开（磨损）或为松散织物，需留出更宽的缝份。

- 修剪驳点下方的挂面接缝至 $\frac{1}{8}$ 英寸（约3毫米）。

- 修剪驳点上方的前片接缝至 $\frac{1}{8}$ 英寸（约3毫米）。

- 在驳角处做少量修剪。如果修剪过度，驳角会显得呆板不美观。如驳角处面料堆积过多时，可多做修剪。

缝制驳角

驳角成型清晰，末端无气泡。

下面有几种缝制驳角的备选操作工艺，根据需要选用最适合面料的方案。

A 运针至驳角处抽针，后旋转改变方向，从驳角处往外缝。

B 缝制接近驳角处，采用斜针缝在驳角运针。缝合邻边。

C 领咀处不缝针，折叠前片缝份覆盖拉条。修剪接缝至 $\frac{1}{4}$ 英寸（约6毫米）并将其缝于衬布上。挂面缝至前片边缘之后，再将挂面颈部边缘缝入。

D 用缲缝针迹将颈部边缘两个折叠层缝合，直至领咀处。

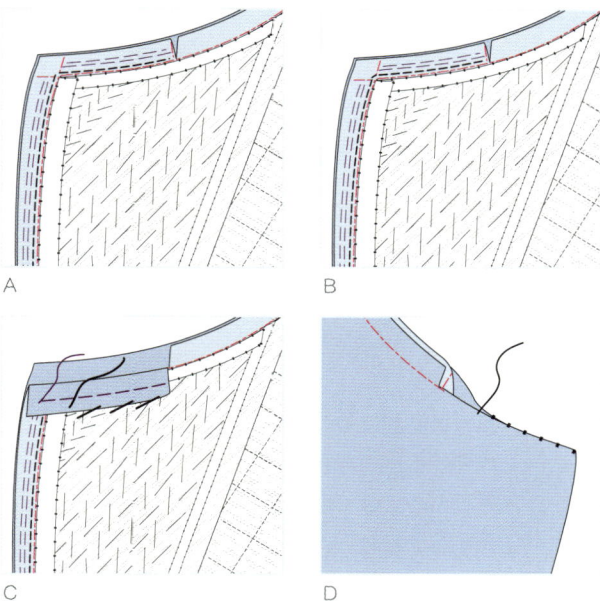

A

B

C

D

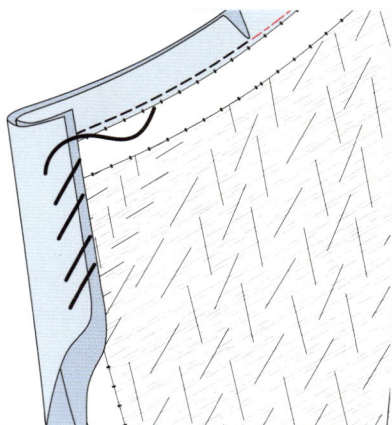

步骤5

- 在继续之前检查驳角。在缝份上粗缝几针使驳角处平整。翻出驳角正面，如果面料堆积过多，拆除粗缝线，再多修剪一些缝份。

- 用短针迹斜针缝将接缝缝至拉条边缘（一些裁剪师称为锁边）。

- 平整驳角处的垂直缝份，再缝合领围线缝份。熨烫并拍压驳角。

- 翻转至前片正面，用尖压器平整驳角。

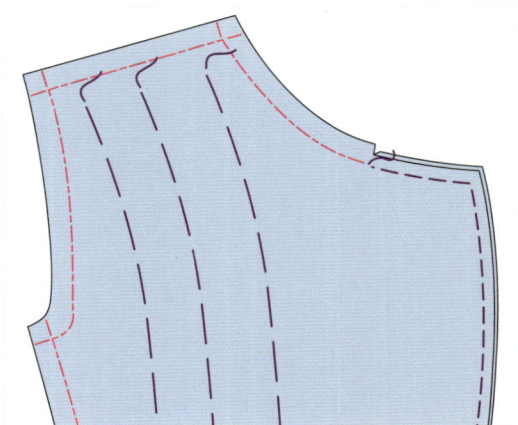

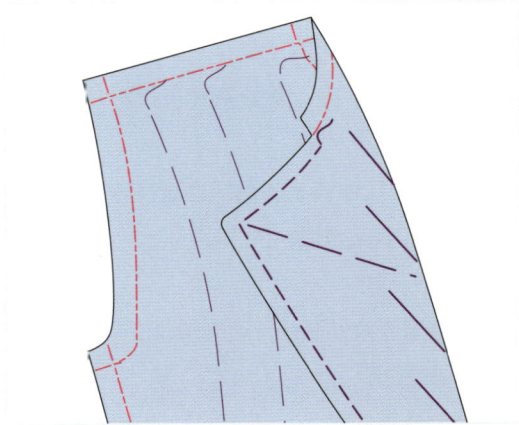

步骤6

- 将右前片朝向操作者的方向放置，粗缝驳头边缘。向前片卷起接缝使其隐藏。

- 在驳点以上约1英寸（约2.5厘米）处开始粗缝。

- 距边缘$\frac{1}{4}$英寸（约6毫米）处密且牢固地粗缝所有布料层，大约缝制$1\frac{1}{2}$英寸（约3.8厘米）至2英寸（约5厘米）的长度。

- 向前片稍微卷起接缝，继续粗缝至驳角。握住边缘使其略微向前片卷曲。

- 重新调整前片位置使挂面朝向作者，再次于驳点以上开始粗缝。

- 转动接缝线，使其在驳点附近正好位于边缘$1\frac{1}{2}$英寸（约3.8厘米）至2英寸（约5厘米）。

- 在驳折点以下，稍微朝挂面卷起接缝线，握住边缘使前片略微向挂面卷曲。

- 密且牢固地粗缝直至弧形前片的挂面尾端或垂直前片的下摆处。

步骤7

- 将驳头翻至穿戴时其所处的衣身位置。

- 平滑地将挂面从驳角推向驳折线处。

- 用斜针缝针迹，粗缝驳折线至驳点。

- 从反面粗缝驳角至驳点。

- 挂面朝上，将衣片置于烫凳上，驳点以下挂面边缘保持竖直。

- 用羊毛垫布覆盖上衣，用湿海绵将衣片润湿。

- 从下摆至驳点熨压挂面，直至面料硬挺变干。

- 打开驳头，盖上熨烫垫布，润湿后熨压驳折线直至面料硬挺变干。

- 熨烫前片其余部分。

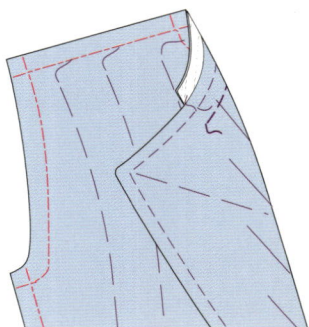

高级定制提示
这是在粗缝衣身之前最后一次熨烫前片。

步骤8

- 如果之前未缝制口袋，现在可以开始裁制。

- 衣片反面朝上，小心地将挂面平滑推向前片。将边缘用大头针固定于衬布，检查挂面的松紧度。

- 挂面的肩缝通常为1英寸（约2.5厘米）至$1\frac{1}{4}$英寸（约3厘米）宽，但也可以窄至$\frac{1}{4}$英寸（约6毫米），里衬有时会延伸至颈肩点。

- 用松弛的短绗针迹将挂面边缘缝于衬布。

- 继续操作之前，检查前片的缝制工序是否全部完成。

手工缝制挂面

手工缝制挂面有多种方法，但基本原则都一样。本部分说明中，前片边缘是首先制成的，紧接着将前片与挂面粗缝，最后将完成的边缘缲缝在一起。

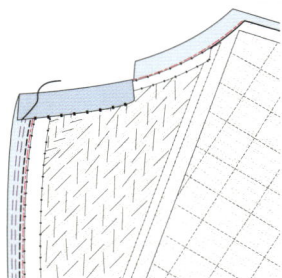

步骤1

- 缝制前片从驳头上部开始；在上衣前片的领咀处修剪接缝至拉条。
- 从领咀处开始，将缝份翻至驳角拉条处，大头针固定，然后折叠前片边缘并固定。
- 斜接缝制驳角，在距边缘 $\frac{1}{4}$ 英寸（约6毫米）以内粗缝。
- 熨烫边缘，斜接驳角。
- 驳点以上紧挨粗缝线迹处修剪。
- 驳点以下，修剪接缝为 $\frac{3}{8}$ 英寸（约1厘米）。
- 将缝份永久固定于拉条上。
- 拆除粗缝线迹。

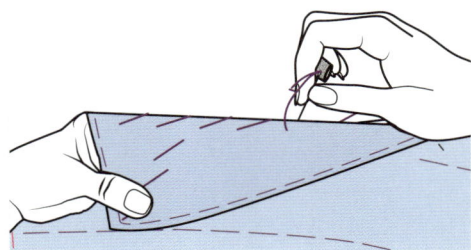

步骤2

- 沿着颈部及挂面前片边缘的接缝线做标记缝。
- 参照第208页说明为挂面塑型。
- 向内翻折并粗缝前片边缘缝份，直至距驳角约1英寸（约2.5厘米）。
- 斜接缝制挂面领角处缝份，翻至反面朝上并粗缝领咀缝份。
- 衣片反面朝上放置，小心烫压边缘，使其不会变形。
- 在驳点以上修剪缝份至 $\frac{3}{8}$ 英寸（约1厘米），驳点以下修剪至 $\frac{1}{4}$ 英寸（约6毫米）。

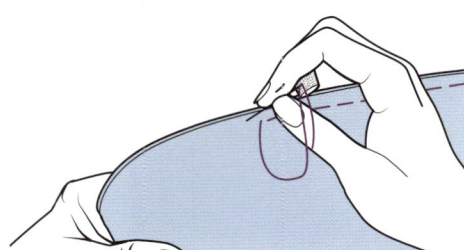

步骤3

- 反面相对，将衣片和挂面于驳折线处用大头针固定并粗缝，挂面延伸至前片外 $\frac{1}{16}$ 英寸（约1.5毫米）处，必要时可留有松量。
- 将驳头处挂面平滑推向前片。
- 粗缝驳角至驳折线。
- 在驳点处用大头针对齐并固定折叠边缘大约1英寸（约2.5厘米）。
- 驳点以下，用大头针固定，使前片边缘超出挂面 $\frac{1}{16}$ 英寸（约1.5毫米）。

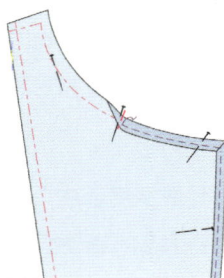

步骤4

- 前片朝上握住驳点以上边缘，挂面超出 $\frac{1}{16}$ 英寸（约1.5毫米）。开始粗缝。
- 挂面朝上握住驳点以下边缘，前片超出 $\frac{1}{16}$ 英寸（约1.5毫米）。开始粗缝。
- 使用配色的缝线完成边缘缲缝。若使用丝线可将针脚隐藏得更好。
- 拆除粗缝线，并熨烫。

高级定制提示

驳头粗缝在最终成型的位置。如果不满意其外观，可拆除粗缝线再次缝制。

拼接式前片

通过精心设计，拼接式前片（或公主线）设计可以缝制出令人惊艳的上衣。秘诀在于对样板作略微调整，选用羊毛织物或松散编织的面料，将这些裁片塑造成所需形状。经典的拼接式前片设计，如由方格、格纹或条纹面料缝制，外观会略显逊色，因面料纹样很难在胸围上方拼接得当。

样板

经典的公主缝线从肩部中段开始缝制。上衣的前片为凹形接缝线，侧前片呈凸形接缝线。当接缝向颈肩点偏移时，前片接缝会更平直，侧前片的接缝曲线也变得不明显，这比原来的弧形接缝更易成型。新的接缝与后片接缝在肩线上不匹配。这就是为什么以此设计风格闻名的香奈儿上衣，后片通常会采用普通缝制，后背中缝可有可无。

这款巴黎世家的女式上衣，从肩部开始的传统公主线设计。配以缝线扣眼及一对翻盖嵌线挖袋。

经典拼缝设计

高级定制提示
新的接缝更靠近颈肩点。

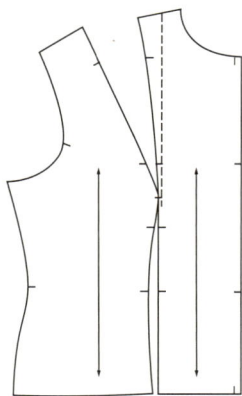

步骤1 绘制样板
- 绘制经典拼接上衣前片的样板。
- 拷贝前片及侧前片样板，修剪掉缝份。在前中心线标记布纹线。
- 测量胸凸点至前中心线距离。
- 在胸凸点以上2英寸（约5厘米）处做标记点。
- 描出胸凸点下方原型的拼接缝；穿过胸凸点及标记点绘制一条新的拼接缝至肩缝处。

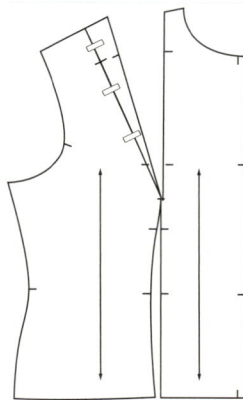

步骤2 切割样板
- 以胸凸点为圆心，旋转上段拼接缝。
- 沿新拼接缝切割样板至胸凸点。
- 用胶带合并原型拼接缝，胸凸点以下拼接缝位置不变。
- 标记新的拼接缝并添加剪口。
- 绘制修改后的样板，不加缝份。备选方案：采用无纺布为所有裁片制作模板。

裁剪内衬

衣片内衬根据服装的结构设计，可采用几种质地的织物裁剪。与软质面料如细棉布、真丝欧根纱或类似面料相比，轻质毛衬可为衣片裁制提供更多的结构支撑。拼接式衣片内衬的设计方式有多种：前片及侧前片内衬可直纱裁剪；或者前片内衬为直纱裁剪，侧前片为斜纱裁剪，以提高衣片的灵活度——如以下说明所述。侧前片内衬斜裁时，需要准备更多的内衬。

前片与侧前片可在内衬或模板上塑型。以下说明是直接在内衬上完成塑型。

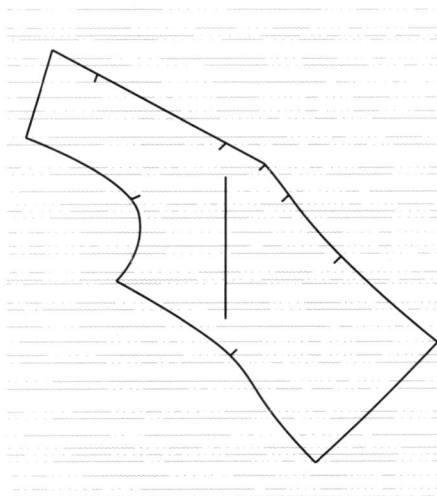

直纱裁剪前片内衬

斜纱裁剪侧前片内衬

裁剪内衬

- 为前片内衬裁剪两块相同纱向的矩形裁片，比样板长与宽均多出1英寸（约2.5厘米）。
- 裁剪两块足够大面积的矩形内衬裁片，足以裁剪出各边长度均多出1英寸（约2.5厘米）的侧前片斜纱内衬。
- 将前片样板置于单层内衬上。
- 对齐裁片样板和内衬的纱向，样板间至少留出1英寸（约2.5厘米）的距离。

- 用削尖的铅笔沿着样板绘制，标出接缝线与对位点。在样板上标出"正面"字样。
- 样板翻面，为左前片重复绘制内衬。
- 将前侧片样板置于单层内衬上。内衬的正斜丝与样板布纹线对齐。根据侧前片样板绘制轮廓，并做文字标记。
- 样板翻面，为左侧前片重复绘制内衬。
- 在内衬上做文字标记。

面料塑型

先为前片塑型，与侧前片相比，其塑型较简单。侧前片比前片造型结构更多，因而塑型难度更大。

这款香奈儿女式上衣，靠近袖孔处的暗色条纹有一条拼接缝，前片及侧前片均为直纱面料裁剪接合，各裁片通过塑型来实现服装的轮廓，配以造型立领设计。

步骤1　前片塑型

- 检查面料纹样，确定拼接缝位置。
- 为每个裁片裁剪两块矩形面料，长与宽均比样板多出2英寸（约5厘米）。
- 确定新的拼接缝的纵向纱向；在拼接缝和前中心线做标记缝线。
- 面料正面相对叠放在一起，使用蒸汽熨斗熨烫前片，使其在拼接缝处收缩形成浅凹形曲线。

步骤2　粗缝内衬并塑型前片拼接缝

- 将右前片的矩形面料正面朝上置于前片内衬上。对齐并用大头针固定前中心线。
- 备选方案：除了用内衬外，还可选择模板。
- 将做好标记缝线的前片拼接缝与内衬上标记的接缝线对齐。新的拼接缝几乎垂直，因此不再需要过多的松量。
- 使用斜针线迹粗缝前片至内衬。此过程中保持粗缝线迹松弛。
- 在熨烫收缩前需拆除所有大头针。
- 用蒸汽熨斗小心熨烫使其收缩多余松量，以内衬上的标记缝线为引导，为接缝线定型。必要时在面料上覆盖一块熨烫垫布。
- 使用干熨斗为前片定型，熨压直至面料和内衬变干。
- 重复此操作，为前片余下部分定型。

步骤3　前侧片塑型（如下图所示）

- 沿着矩形面料裁片上新的拼接缝线做标记缝，使其与前片匹配。
- 面料正面相对叠放在一起，使用粗缝线迹对齐重叠的矩形面料。
- 使用蒸汽熨斗在胸凸点以上熨压拔开，形成凸型曲线。
- 同时归拢对边的袖窿区域。

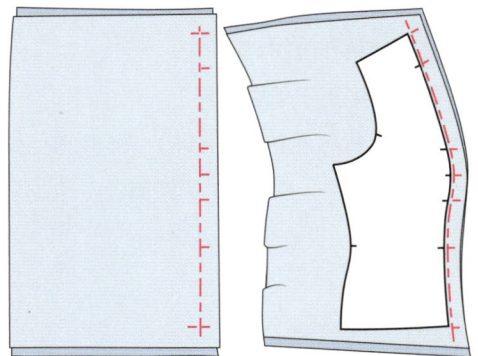

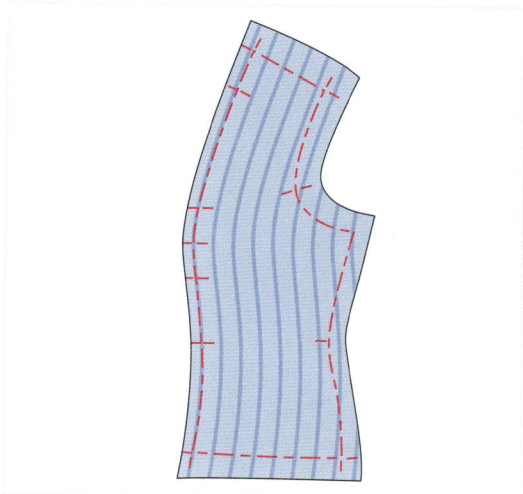

步骤4　前侧片塑型

- 将前侧片的矩形面料正面朝上置于前侧片内衬上。
- 将做好标记缝线的前侧片拼接缝与内衬上标记的接缝线对齐。
- 使用斜针线迹粗缝前侧片至内衬。此过程中保持粗缝线迹松弛。
- 在熨烫收缩前需拆除所有大头针。
- 用蒸汽熨斗小心熨烫使其收缩多余松量，以内衬上的标记线为引导，为接缝线定型。
- 衣片反面朝上，使用干熨斗小心熨压前侧片直至面料变干，为其定型。
- 重复此操作，为前侧片余下部分定型。

> **高级定制提示**
> 熨烫面料正面时，必要时覆盖一块熨烫垫布。

缝制拼接缝

步骤1　沿接缝线做标记缝线，准备边缘缝合

- 以原型样板为依据，在保留的接缝线上做标记缝。
- 为接缝及下摆留出缝份，修剪多余的面料。修剪内衬接缝与下摆的缝份。
- 使用三角针迹将内衬边缘缝于接缝线上（参考"提示"）。
- 或者在接缝缝制完成后再修剪内衬接缝及下摆缝份。

步骤2　缝合裁片并整烫

- 面料正面相对叠放在一起，粗缝前片与侧前片。
- 机缝接缝；拆除粗缝线。
- 将接缝熨烫平整，再将其置于软垫上分缝熨开。

> **高级定制提示**
> 在衣料与内衬间放置烫垫，避免缝制过程中两者误缝在一起。

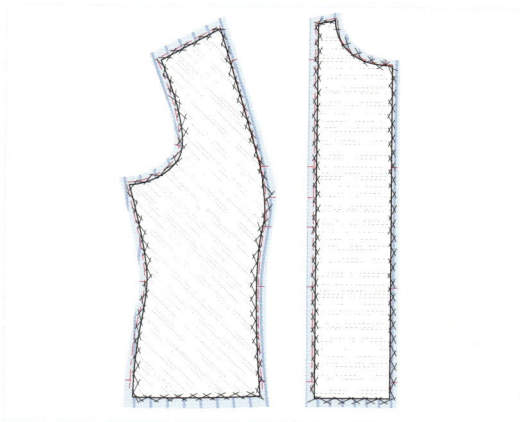

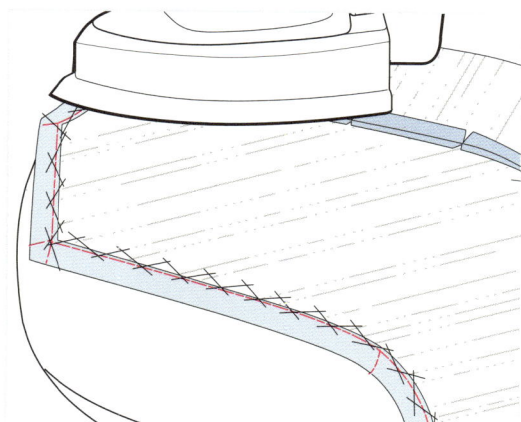

朱利安·富尼（Julien Fournie）
高级时装
2017—2018秋/冬发布会

第七章
上装后片与里衬

与前片相比，上装后片造型结构相对较简单；后片通常平直，只有省道或宽松的肩部设计。当然，后片也有其他结构，如省道、省褶、后中缝、拼接缝、一或两个背衩，或断腰拼接设计。前片带有拼接缝的上装，其后片可以为拼接或简单的设计，也可以融入一些装饰细节，如肩覆式、裙撑式褶裥、装饰腰褶、褶裥、燕尾、腰带、襻扣、冒肩，甚至是源于紧身胸衣的系带设计。

缝制上装里衬有多种不同的方法。高级定制服装的里衬可全部由手工缝制，或部分机缝部分手缝，而成衣则完全由机器缝制。本书提供了两种解决上衣起皱或变形的方法。两种方法中，为上装缝制里衬的准备工序均相同。除肩缝未缝合外，上衣衣身缝制已完成——这使得上衣可以平放，以便添加里衬。

方法一（参见第222页）中，里衬上所有垂直接缝一开始均为机缝，前片里衬采用明缲针缝于挂面和门襟止口；方法二（参见第224页）中，里衬后中缝以及连接前片及腋下镶片接缝为机器缝制。前片里衬使用绗缝线迹缝于挂面，腋下镶片或侧缝为手工缝制。

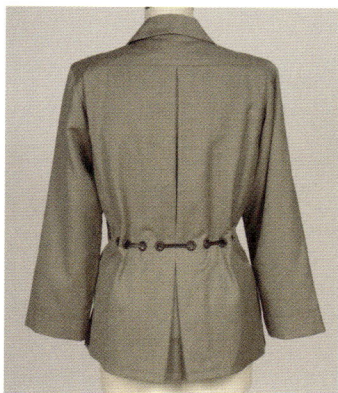

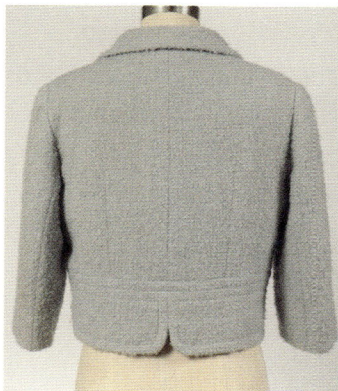

左图：这件伊夫·圣罗兰休闲旅行上衣，背部中央有一个阴褶，平驳领设计，衬衫袖，一对立式贴袋。
中图：这款巴黎世家上衣，背部饰有小片拼接，下摆造型背衩。接缝缉明线，肩部宽松，拼接缝设有省道。
右图：出自香奈儿的后背束带式上衣，在后中海军蓝条纹处接缝，腰部收紧 $\frac{1}{2}$ 英寸（约1.3厘米）。

背衩

多数女装后背无开衩设计，相比之下，很多男装则带有背衩，便于穿戴者插入裤兜。无论女装或男装，开衩通常设置在拼接缝处或后中缝处。

上衣衣身的长度决定开衩高度，以及在腰线以下的具体位置。短款上衣的开衩通常在腰线以下1英寸（约2.5厘米）至3英寸（约7.5厘米）处；而长款上衣的开衩，则在腰线以下5英寸（约12.5厘米）或6英寸（约15厘米）处。一般为平衩，也可以加几颗纽扣或穗带作装饰。纽扣可置于衩位搭门重叠上方，或缝于衩位接缝上。有的开衩有扣眼，但多数情况下不做此设计。

男式上装的背衩，后片左盖右或右盖左样式均可，拼接缝开衩，则为后中衣片覆盖侧片。

后中缝背衩设计

本操作说明所缝制的背衩为左盖右样式。

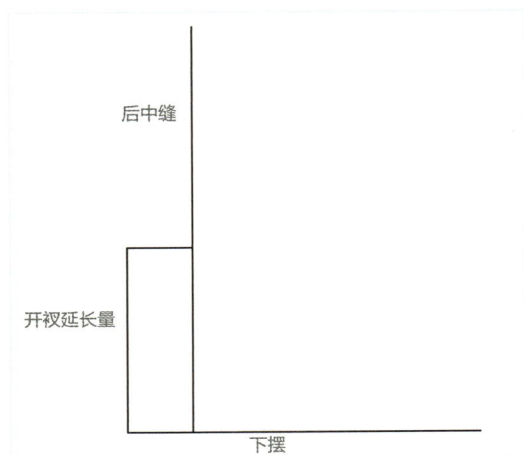

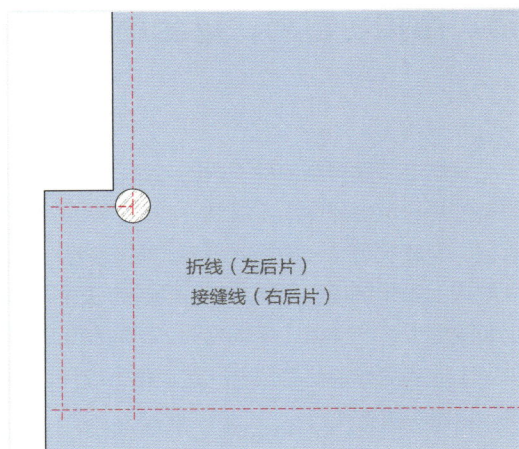

步骤1
- 为缝制接缝底部的背衩，在衣片上绘制2英寸（约5厘米）至3英寸（约7.5厘米）宽的开衩延长部分，长度根据设计所需。
- 要移除样板上的衩结构，可延长接缝线，再修剪掉开衩延长部分。

步骤2
- 添加接缝及下摆缝份，并裁剪后片。
- 如原接缝线未提前标出，需在此部分做标记缝线。在左片折线做标记缝，接缝线匹配右片搭门重叠部分。
- 用1英寸（约2.5厘米）的圆形里衬加固衩口。

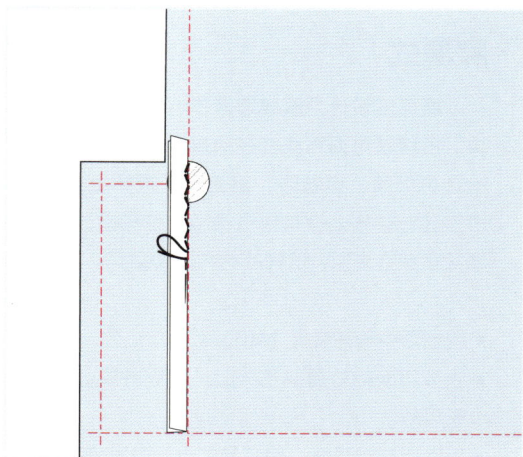

步骤3

- 用欧根纱或里衬直条加固左后片折线，所需宽度为1英寸（约2.5厘米），长度比开衩部分长1英寸（约2.5厘米）。
- 将布条对折熨烫；再次熨烫预缩。
- 从衩口以上1英寸（约2.5厘米）处将布条对折，边缘与有标记缝线的折线对齐，并用大头针固定。
- 将布条牢固暗卷缝于折线处。
- 如有必要，在下摆处修剪布条。

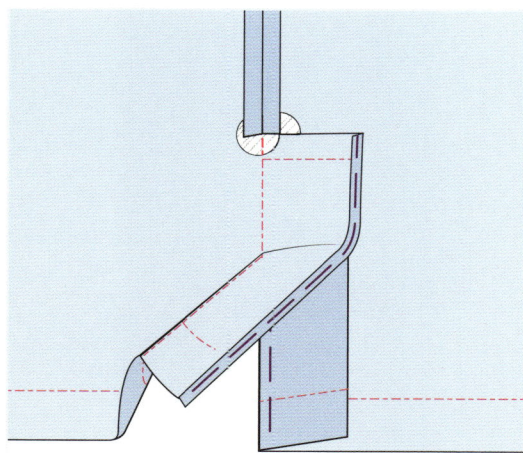

步骤4

- 后片正面相对叠放在一起，粗缝（疏缝）并机缝接缝直至衩口。线尾打结。
- 翻至反面朝上，粗缝底襟缝份。
- 翻至反面朝上，粗缝搭门的开衩延长部分。
- 将下层衣片（右后片）的缝份固定于衩口处。
- 拆除开衩上方接缝的粗缝线。
- 分压熨烫后中缝，熨压开衩折边。
- 使用短绗针迹将衩口缝于一起。

高级定制提示

　　如使用厚重面料，开衩会下凹。使用欧根纱或里料直条缝入衩口至领口接缝；按实际需要调整直条长度，以达到开衩在衣片下摆处不会自然张开的效果。

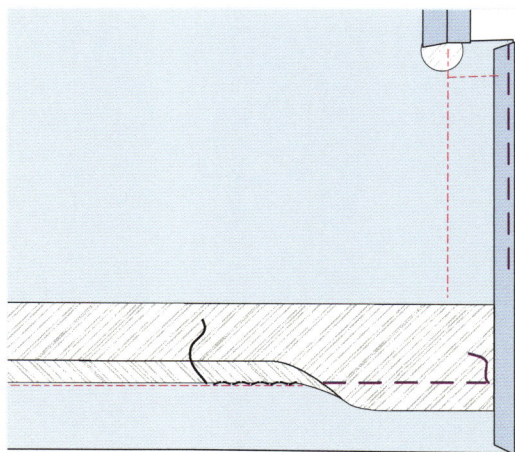

步骤5

- 给下摆缝制内衬，拆除底襟及搭门处几英寸的粗缝线。
- 将下摆内衬用大头针固定，使其延伸于搭门折叠线处及底襟边缘。内衬在下摆处重叠$\frac{1}{2}$英寸（约1.3厘米）。
- 使用暗卷缝针迹永久缝制内衬。如上衣采用轻质面料，需根据第322页说明为底襟缝制内衬时使用加重体。
- 修剪搭门延长部分的下摆缝份，以减少面料体积。

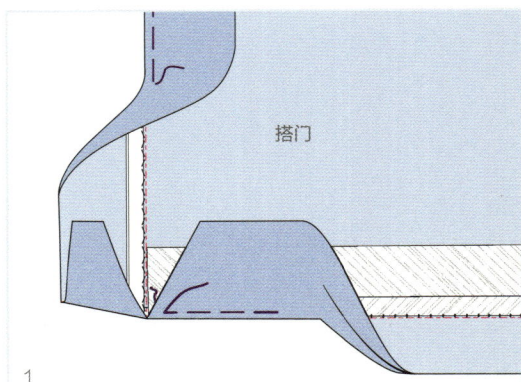

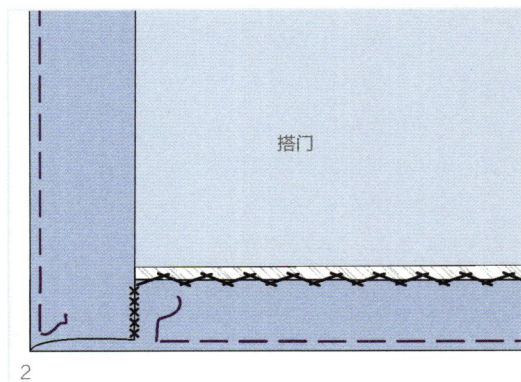

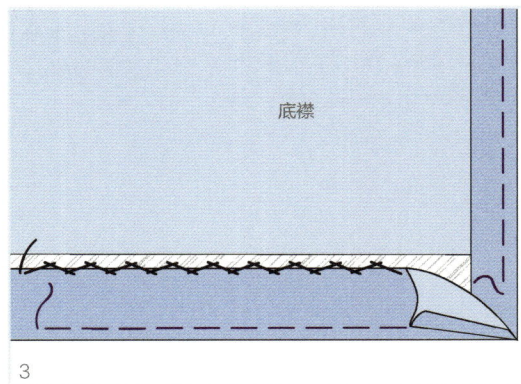

肩覆式

肩覆式设计为服装增添了运动风格的外观效果。拼接缝可为直线或在两端向上翘起。后者设计会更吸睛，穿着时，拼接缝在视觉上为直线。拼接缝在袖窿处会有包含省道的结构设计，对于厚背穿着者来说，这样的结构非常重要。

- 缝制后中缝并熨烫（如有）。
- 衣片正面相对叠放在一起，粗缝并机缝肩覆式于后片。
- 拆除所有粗缝线，朝肩覆式方向熨烫接缝。
- 如需要，可加缝装饰明线。
- 使用上衣肩覆式及后片样板裁剪里衬。

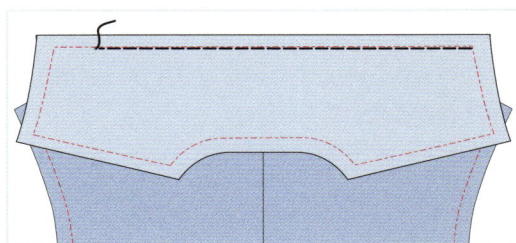

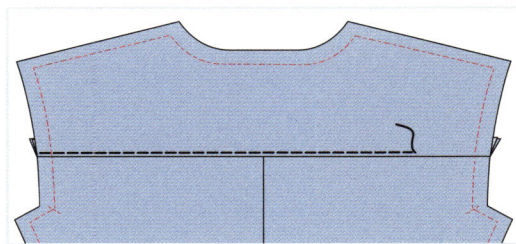

步骤6

- 在搭门的下摆处，缝制一个小的斜接角；粗缝下摆于实际位置。仔细检查下摆确保底襟不漏出（图1）。
- 折叠底襟，朝面料反面折叠并粗缝下摆。遮盖住底襟后，先缝制垂直边，再将底边折叠到位（图2）。
- 根据第223页或225页说明，完成上衣下摆缝制（图3）。
- 关于如何为开衩缝制里衬，参见第226页。

准备第二次试衣

- 拆除所有粗缝线，并调整首次试衣时指示的所有改动。
- 为第二次试衣粗缝上衣前，尽可能调整修改好上衣的每个裁片。
- 将衣片正面相对叠放在一起，将粗缝后的衬布缝于垂直接缝中。
- 机缝并熨烫。如果预测试衣时会遇到一些问题可能影响接缝，那么在首次试衣时粗缝接缝并做顶部粗缝，这个过程用手工制作取代机缝。
- 在距接缝线 $\frac{1}{8}$ 英寸（约3毫米）处修剪衬布。
- 根据第222—225页说明为上衣缝制内衬和下摆（如衬布为斜裁，并且其长度已延伸至下摆缝份，则无须再为下摆加内衬）。

- 将衣片正面相对叠放在一起，粗缝肩缝，后肩留出松量，不使用机缝。
- 朝后片折叠肩缝缝份，做顶部粗缝使其平顺。
- 加内衬，使用人字疏缝，并根据第234页说明为领里定型。
- 将领里粗缝于领围线。
- 按照第265—269页说明为衣袖定型并粗缝。
- 如衣袖已完成首次试衣，缝合衣袖前缝并熨烫。
- 将衣袖粗缝于衣身。
- 粗缝垫肩。

第二次试衣

- 核对首次试衣的检查清单。
- 用大头针在所有扣位固定。
- 上衣整体大小适中，不宜过大或过小，围度有舒适的松量。
- 仔细检查上衣前片、后片及侧片。
- 从左右两侧检查是否裁剪合身。
- 检查领围、肩及后背是否裁剪得当。
- 检查驳折线是否与身体完美贴合无缝隙。
- 核对首次试衣后的修正情况。
- 检查确保领里与颈部贴合，以及与上衣的匹配度。
- 检查上衣下摆是否平整，长度有无偏差。
- 检查衣袖的悬垂感、纱向及长度是否裁剪得当。

第二次试衣后

- 移去衣袖及垫肩。
- 移去领里。
- 拆除肩缝处粗缝线。
- 修正合体度。
- 在样板上标注需要调整的地方。
- 仔细熨烫整件上衣。
- 将衣片反面朝上放平，以便缝制里衬。
- 绘制里衬样板。
- 裁剪里衬。

上衣里衬

多数高定上装都有采用全里衬，以隐藏服装的内部结构，使服装穿起来更加舒适贴身。即使脱下上衣，里衬也足够美观，里衬通常为单色，并与衣片面料颜色一致或类似——当上衣为套装的一部分时，里衬颜色通常与衬衫和连衣裙一致。尽量避免使用白色及浅色的里衬，这类面料不耐脏且太透明。

高级定制服装里衬可由多种轻薄丝质材料制成，如桑蚕丝、电力纺、斜纹绸、双绉、缎背绉、素绉缎、塔夫绸、织锦缎，甚至雪纺及真丝绡，而轻质毛织物、绗缝面料及皮草可用来提升保暖性。当然，如果不担心价格问题，可以考虑订制设计师款丝质里衬。

大多数男式上装里衬采用本伯格铜铵丝，或质地稍厚的混纺缎纹或斜纹织物，经久耐穿。一般来说，衣袖里衬质地更轻，可为品牌或工作室独有的纹样设计。

高定服装制作中，先将衣片各部分组装完成，在肩缝缝合之前，手工缝制里衬。当衣袖里衬缝制后，将其与衣身缝合，手缝机缝均可（参见第279—280页）。最后将衣袖里衬与袖窿手工缝制在一起（参见第77页）。

里衬样板

使用上装衣身裁片或修正后的衣片样板均可绘制里衬样板。两种方法的优势体现在——上衣衣身裁片已添加缝份，而衣片样板没有。除了这两种方法外，里衬也可直接在衣身上立体裁剪。

专业裁剪师很少绘制里衬样板。一些裁缝师在首次试衣后，直接将里衬面料置于放平的衣片上进行操作；还有一些裁剪师会在衣片上用矩形里衬裁片立裁。立体裁剪其实并不难，由于肩缝还未缝合，衣片可处于平放状态。

本说明包含了使用修改后的衣片样板制作里衬样板的方法，以及如何直接在衣片上立裁里衬。在所有试衣阶段完成和样板修正后，进行里衬样板的绘制。

绘制里衬样板

服装面料与质地紧实的里衬相比，弹性及伸缩性更强，因而在制作里衬时，需给各里衬裁片的长度及宽度均留出一定松量，以防止其太紧。如可能，前片止口处里衬可在布边上裁剪。后中心线裁剪 $\frac{1}{2}$ 英寸（约1.3厘米）至1英寸（约2.5厘米）宽的褶裥；可在折叠处裁剪。

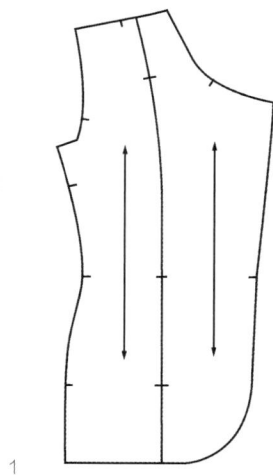

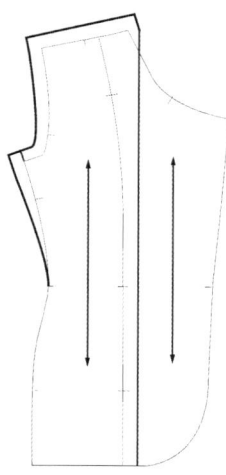

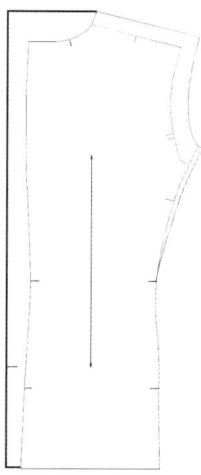

步骤1 绘制前片里衬样板

由于里衬并非机缝,高级制定服装的前片挂面通常比家庭缝制样式及成衣的略窄一些。通常在肩部处仅 $\frac{1}{2}$ 英寸(约1.3厘米)至1英寸(约2.5厘米)宽,但也可窄至 $\frac{1}{16}$ 英寸(约1.5毫米)。

- 在上衣前片样板上绘制挂面接缝线。
- 在柔韧的表面铺上样板纸。
- 将上衣裁片样板置于样板纸上,每个样板周围预留1英寸(约2.5厘米)至2英寸(约5厘米)。
- 用图钉或直角钉固定样板。
- 使用铅笔或点线器描出前片样板在挂面、肩部、袖窿及侧缝处的接缝线以及下摆。
- 若前片有拼接缝装饰,如公主线,需先将各裁片拼接在一起。若上衣设计有侧片,需单独绘制该裁片样板。
- 标记布纹线及剪口。
- 肩部及袖窿处留出1英寸(约2.5厘米)。
- 平行于前中心线绘制里衬前止口,使其搭接于下摆1英寸(约2.5厘米)处的挂面接缝线上。
- 在里衬前止口标记"置于布边处"。
- 在布边裁剪的边缘更易操作和塑型。肩部多余的量可在挂面上折叠,抑或在此处打褶。
- 为给止口处接缝线做标记,在距挂面边缘测量1英寸(约2.5厘米)处的下摆做标记点。
- 由于多数里衬在肩部搭接挂面超过1英寸(约2.5厘米),多余的量可在顶端向内翻折。
- 除布边外,为所有边缘添加1英寸(约2.5厘米)接缝和下摆缝份。

步骤2 绘制后片里衬样板

- 描出后片样板。
- 在后中心线添加 $\frac{1}{2}$ 英寸(约1.3厘米)至1英寸(约2.5厘米)宽的褶裥。如可以,标记后中心线,以便在衣折叠处切割。
- 在肩部及袖窿处多留出1英寸(约2.5厘米)。
- 腋下接缝增加 $\frac{1}{2}$ 英寸(约1.3厘米),此量逐渐减小消失至腰线。
- 从后中心线至肩部画垂线。无须在样板或里衬上裁切后领口。
- 如服装有开衩设计,在衩口上方2英寸(约5厘米)做标记。
- 如果服装有褶裥设计,里衬无须添加。
- 标记下摆。
- 增加1英寸(约2.5厘米)接缝和下摆缝份。

步骤3 绘制侧片及衣袖里衬样板

- 如服装设计有侧片,需描出侧片样板。
- 标记布纹线及剪口,作为缝制里衬的依据。
- 腋下接缝增加 $\frac{1}{2}$ 英寸(约1.3厘米),此量逐渐减小消失至腰线。
- 袖窿增加1英寸(约2.5厘米)。
- 标记下摆。
- 增加1英寸(约2.5厘米)接缝和下摆缝份。

高级定制提示
去掉所有固定于样板上的直角钉,避免误用在面料或里衬上。

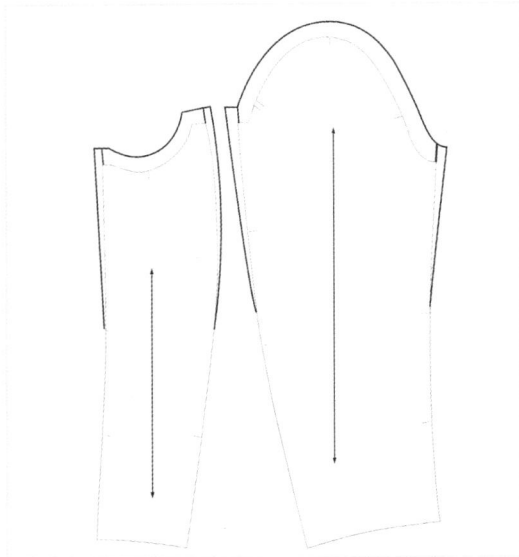

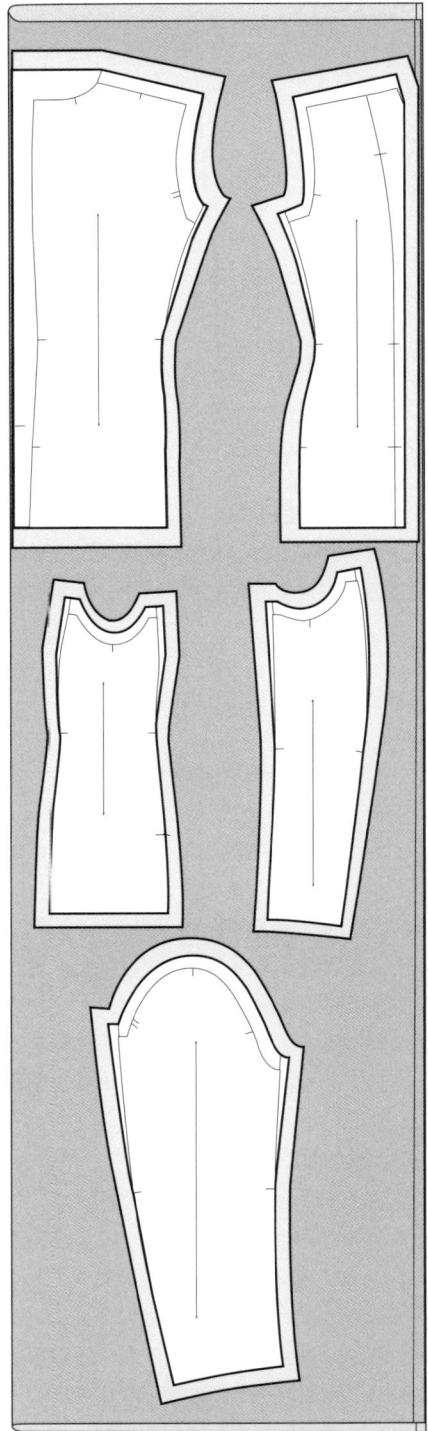

步骤4　绘制大袖和小袖里衬样板

● 描制大袖及小袖样板。

● 标记布纹线及剪口。

● 袖山头及腋下处增加1英寸（约2.5厘米）。

● 腋下接缝处增加$\frac{1}{4}$英寸（约6毫米），此量逐渐减小消失至腰线。

● 标记下摆。

● 增加1英寸（约2.5厘米）接缝和下摆缝份。

裁剪里衬

● 使用里衬样板裁剪里衬。

● 裁剪前片里衬，止口位于布边处。

● 裁剪后片里衬，后中心线设单个褶或接缝线。

● 用画粉笔或绘图用白色复写纸标出垂直接缝线及对位点。

● 在省中线用单线标记省位。

● 无须标记下摆、后领口、肩部及袖窿。

立裁里衬样板

如衣身进行了大量调整，但样板未修改，可将里衬面料悬垂于衣身上，绘出垂直缝线。如果对立体裁剪并不熟悉，可能操作起来相对烦琐。事实上，在为衣身加制里衬的过程中，此操作可在第一步完成。若衣袖无须做太大更改，则其样板可用于绘制里衬样板。操作之前，您需仔细阅读第216页"绘制里衬样板"以及第222和224页"加制里衬"。

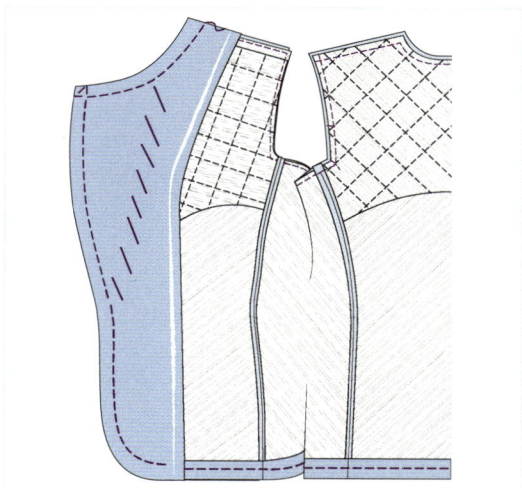

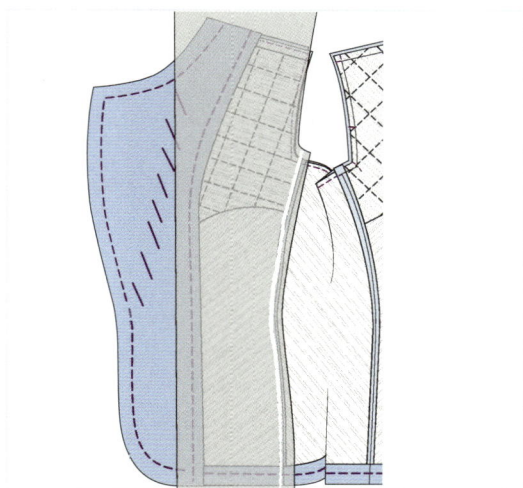

步骤1

- 如内衬为斜裁，用划粉笔在内衬上标出衣身布纹线，或将里衬覆盖于衣片正面进行立体裁剪。
- 将上衣反面朝上铺开。
- 在前片挂面上，从颈肩点1英寸（约2.5厘米）或更短距离开始，用划粉笔标记挂面/里衬接缝线。
- 测量衣片各裁片长度及宽度。
- 熨烫里衬，裁剪或撕出矩形里衬，比所测量的长度和宽度数值多出至少3英寸（约7.5厘米）。
- 在布边上裁剪前片矩形里衬。
- 反面相对叠放在一起，里衬纱向对齐前片布纹线，将前片矩形里料平滑推向前片并固定，使其搭接于前片挂面至 $1\frac{1}{4}$ 英寸（约3厘米），于侧缝至1英寸（约2.5厘米）。
- 如有必要，用标记线在矩形里衬上描出布纹线。
- 水平及垂直固定里衬时，各方向均留出松量，避免上衣缝制完成后里衬过紧。

袖窿褶

为便于活动，男式上装前片里衬袖窿处有横向褶裥设计。不过，这种设计很少在女式上装中体现，其一般位于袖窿中部，延伸至挂面处。褶量在 $\frac{1}{2}$ 英寸（约1.3厘米）至1英寸（约2.5厘米），或在袖窿处减小至消失。为添加褶裥结构，需在前片里衬肩缝处双倍增加褶量。

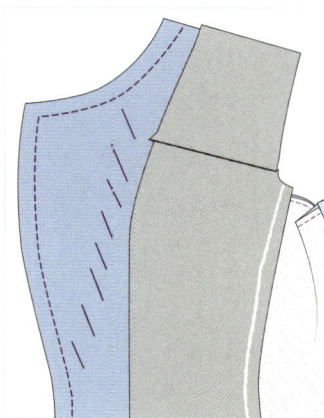

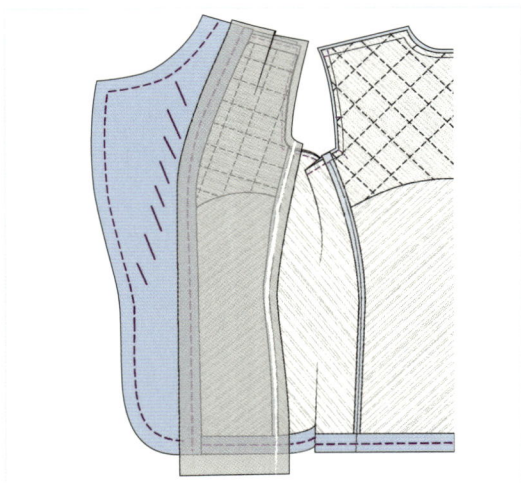

步骤2

● 将里衬余量在肩部收成褶。

● 修剪袖窿及肩部里衬。在边缘留出多余的里衬，以避免永久缝合里衬时尺寸变短。

● 用大头针或划粉笔标记腋下里衬接缝线。

● 在前片挂面处折叠里衬，驳折线需清晰显出。

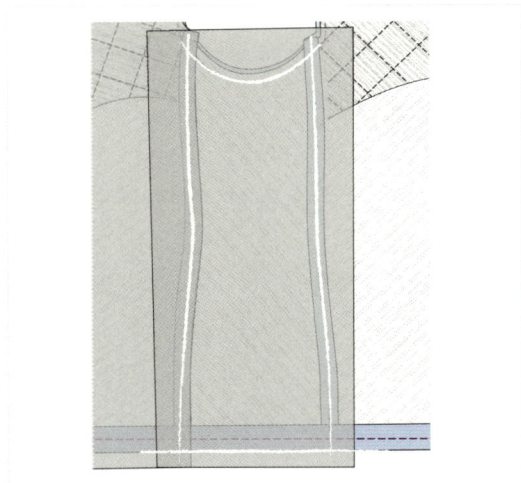

步骤3

● 立体裁剪余下的前片里衬及侧片里衬。

步骤4

● 在后片里衬的中心线处，做单个 $\frac{1}{2}$ 英寸（约1.3厘米）至1英寸（约2.5厘米）的褶，并用大头针固定。

● 对齐布纹线，在衣身后中心线处用大头针固定里衬褶裥。

● 将里衬分别平滑推向袖窿、肩部及下摆，并用大头针固定。

● 修剪肩部及袖窿多余里衬。在边缘留出多余的里衬，以避免永久缝合里衬时尺寸变短。

● 用大头针或划粉笔标记接缝线。

● 无须修剪后领口曲线。

● 在移开里衬裁片前，请仔细阅读第222和224页"加制里衬"（方法一与方法二）。采用方法二，可在下一步直接于衣片上加制里衬。采用方法一，先移开里衬裁片并缝合腋下部分。

加制里衬准备

- 加制里衬前，先将衣片肩缝打开，置于工作台上放平。
- 如衣片下摆未缝合，先完成此下摆缝制。
- 加制里衬前先熨烫整个衣身。
- 使用松弛的暗卷缝或三角针迹将前片挂面缝于内衬上。
- 用三角针迹将挂面覆盖于下摆上。
- 如上衣设有内袋，可按第226页说明将其粗缝（疏缝）定位。
- 如上衣设有装饰滚边，需按照第227页说明将其粗缝于挂面。
- 如里衬还未裁剪，需裁剪并留出1英寸（约2.5厘米）缝份。

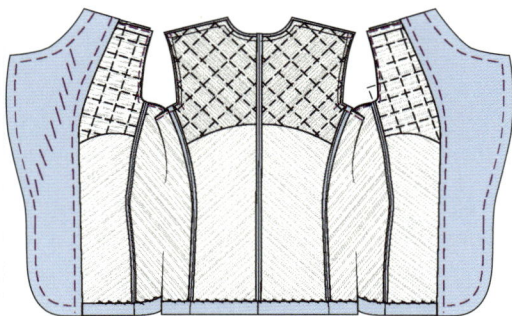

里衬省道

在为衣片加制里衬前，省道可由机器缝制；也可在加制里衬时，手工将省道打褶或手缝省道。里衬与衣身当中插入分隔物或平尺，以便用大头针固定时不会误缝衣身。若里衬使用软质材料时，无须缝制省道，保持里衬宽松。

- 机缝里衬省道时，用划粉笔标记里衬省中线。
- 缝制时略微缩小省道长度和宽度，避免里衬过紧。
- 制作省褶时，先将其折叠，为衣片加制里衬时用大头针固定褶裥。
- 使用弧线缝（图1、图2），或使用套结（图3）维持褶形。
- 手缝省道，加制里衬时用大头针固定省位。
- 折叠并用大头针固定里衬省道，粗缝省道。
- 使用明缲针或跳针缝永久缝合省道（图4）。
- 在缝制对称省道时，检查确保其尺寸及位置相同。

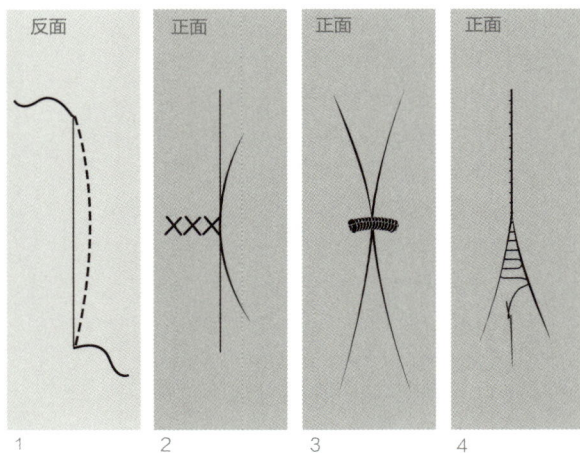

反面　正面　正面　正面

1　　2　　3　　4

加制里衬（方法一）

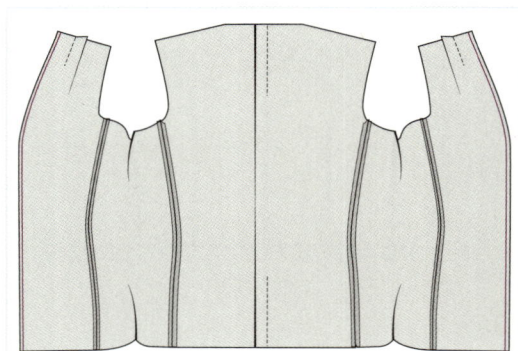

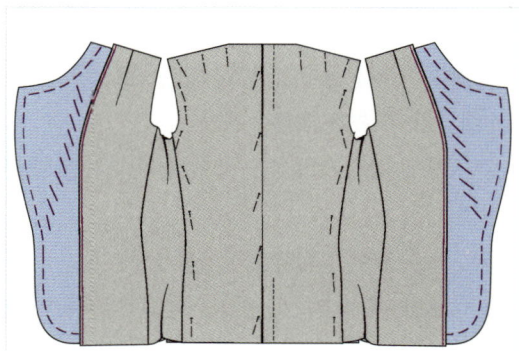

高级定制提示

缝合里衬接缝时，宽度需比缝份窄 $\frac{1}{8}$ 英寸（约3毫米）。缝份宽度为1英寸（约2.5厘米）时，里衬接缝为 $\frac{7}{8}$ 英寸（约2.25厘米）。

步骤1　缝制里衬接缝

- 粗缝并缝制里衬上所有垂直接缝。
- 在后中心线缝一个褶裥，褶量1英寸（约2.5毫米），顶端及底端固定2英寸（约5厘米）至3英寸（约7.5厘米）。
- 分缝熨烫垂直接缝处缝份。褶裥向一边熨压，朝左朝右均可。

步骤2　加制里衬

- 将里衬和外层衣片反面相对叠放在一起，里衬在上，对齐垂直接缝、后中心线及下摆。
- 从后中心线开始，将里衬平整地用大头针固定于上衣后片，里衬纱向与衣片保持一致。
- 不要将里衬拉太紧。如事先未固定 $\frac{1}{8}$ 英寸（约3毫米）的细褶，需留出一些松量，以确保密实的里衬不会限制衣片面料。如松量太多，会导致里衬起皱或在上衣穿着时露出。
- 平滑地将里衬推向后领口及肩部，并用大头针固定。
- 将里衬平滑推向每个袖窿及腋下接缝，并用大头针固定。
- 如上衣设计有侧缝镶片，则将后片里衬平滑推向第一个拼接缝。
- 平滑地将后片里衬推向下摆，并用大头针固定，留足里衬长度。

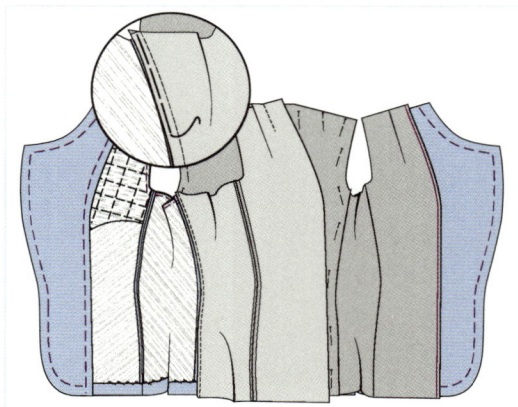

步骤3　缝合垂直接缝

- 将前片里衬向后折，露出腋下接缝。
- 从袖窿下方3英寸（约7.5厘米）处使用松弛的绗缝线迹将里衬与衣片腋下接缝缝合，直至下摆以上3英寸（约7.5厘米）。

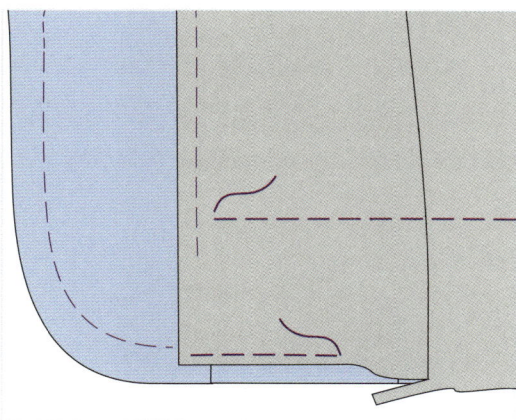

步骤4 粗缝前片里衬

- 将前片里衬平滑固定于袖窿周围。
- 平滑地将里衬推向挂面。
- 肩部做1英寸（约2.5厘米）省褶固定。当穿着者胸围较大时，此褶可相应增大。
- 将里衬缝份向内翻折，用大头针将布边固定于前片挂面。
- 如肩部里衬松量过多，增大布边向内的翻折量，或者做更宽的褶。如里衬太紧，则做较小的褶。
- 从肩部以下2英寸（约5.5厘米）处粗缝前片里衬边缘。
- 重复操作，将里衬加制于余下前片衣身裁片。
- 从肩缝下方3英寸（约7.5厘米）处粗缝袖窿周围及后片。
- 粗缝完成后拆除大头针。
- 用大头针固定所有腰部的省道或省褶。
- 在下摆以上5英寸（约12.5厘米）粗缝里衬于衣片。

步骤5 粗缝下摆里衬

- 将里衬下摆向内翻折，使折边处于下摆以上 $\frac{1}{2}$ 英寸（约1.3厘米）的位置。
- 根据需要修剪里衬。
- 在折边以上 $\frac{3}{8}$ 英寸（约1厘米）处开始粗缝。

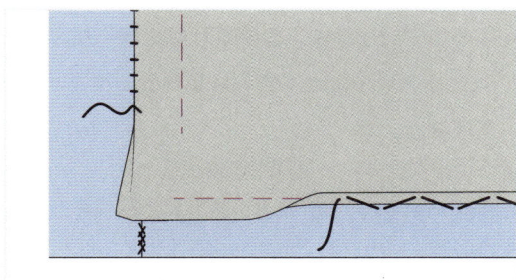

步骤6 暗缲缝下摆

- 用暗卷缝针迹缝制下摆里衬。左手拇指向后按住折边粗缝线。小心握住里衬层，确保移去粗缝线后褶裥能松弛地搭于下摆处。
- 拆除下摆粗缝线。
- 使用明缲针及配色缝线完成肩部以下的前片里衬边缘缝制。
- 如挂面下摆的毛边之前未作任何操作，现使用三角针迹将其缝合。
- 根据第221页说明完成里衬省道及省褶的缝制。
- 肩部及领口边缘里衬暂不缝制。

加制里衬（方法二）

本说明中，里衬接缝及下摆缝份均为1英寸（约2.5厘米）。加制里衬前，后中心线里衬接缝已由机器缝合。如上衣前片有拼接缝设计，机缝接缝；如后片有拼接缝设计，则手缝接缝。使用短绗针迹将前片里衬缝于挂面。

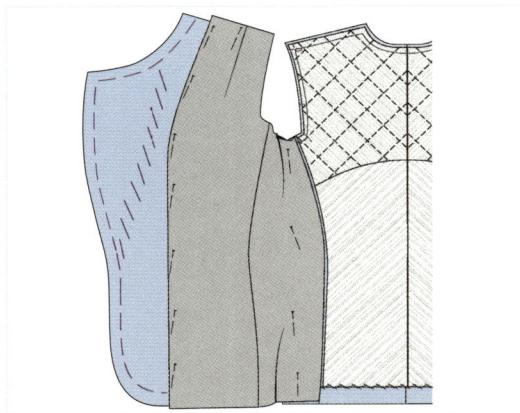

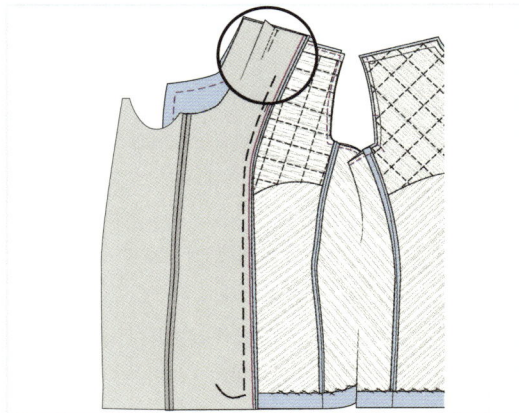

步骤1　缝制后中缝

● 后片里衬正面相对，缝合后中缝。如上衣设计有侧缝镶片，将前片里衬与侧片里衬接合。缝制所有标记的省道。

● 由于里衬质地密实，为使衣片里衬保持松量，每个里衬接缝均需比外层衣片缝份少 $\frac{1}{8}$ 英寸（约3毫米）。

● 将里衬和外层衣片反面相对叠放在一起，右前片里衬放于衣片上，检查腋下、肩缝及下摆位置。

● 将前片里衬边缘向内翻折1英寸（约2.5厘米），折叠边用大头针固定到位。

● 在里衬肩部打褶，褶量为1英寸（约2.5厘米）至 $1\frac{1}{2}$ 英寸（3.8厘米），并用大头针固定。

步骤2　挂面处里衬的缝制

● 仔细调整前片里衬于挂面处的位置，正面相对将其置于一起。重新固定大头针，使里衬能平放于挂面上。

● 使用短绗针迹将前片里衬牢固缝于挂面上。

● 从肩缝下2英寸（约5厘米）至3英寸（约7.5厘米）开始运针，以便后期完成肩部里衬的缝制。

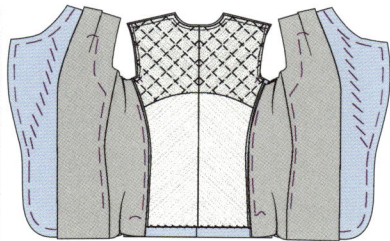

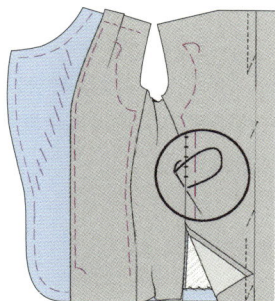

步骤3　里衬余量的处理

- 将里衬与外层衣片反面相对叠放在一起，重新定位里衬。
- 轻轻熨烫挂面接缝。
- 将里衬平滑推向前片并用大头针固定，留出一些松量以保证里衬不会紧绷。
- 检查肩部褶裥。如太大，需重新做一个较小的褶；如肩部余量过多，将靠近肩部的前片里衬布边向内的翻折量增大。根据需要，可做适当修剪。
- 将衣身的松量缝制成褶裥或小量省道，并用大头针固定。
- 平滑地将里衬推向肩部、袖窿周围及腋下接缝处，并用大头针固定。
- 在距肩缝及袖窿2英寸（约5厘米）至3英寸（约7.5厘米）处粗缝。
- 从袖窿下方3英寸（约7.5厘米）处使用松弛的绗缝线迹将里衬与衣片腋下接缝缝合，直至下摆以上3英寸（约7.5厘米）。
- 如上衣设计有侧缝镶片，将其与后片里衬缝合。
- 松开固定的褶裥。
- 重复操作，将左前片里衬缝于衣片。

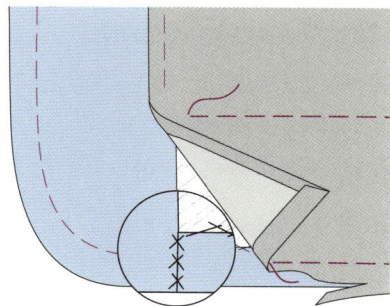

步骤4　加制里衬于上衣

- 将里衬和外层衣片反面相对叠放在一起，里衬在上。
- 将褶裥在后中心线固定到位。
- 将里衬平滑推向肩部、袖窿周围及背部，并用大头针固定。请勿在长度和围度方向拉拽里衬，以免使其过紧。
- 将衣身的余量缝制成褶裥或小量省道，并用大头针固定。
- 在距肩缝、领口线和袖周围2英寸（约5厘米）至3英寸（约7.5厘米）处粗缝。
- 在肩缝下方3英寸（约7.5厘米）处粗缝整个袖窿，未缝合的里衬肩部便于装配衣袖和垫肩。
- 小心抚平后片里衬于腋下接缝处，避免过紧拉拽。
- 将里衬向内翻折，粗缝接缝。用明缲针牢固缝制。
- 根据第221页说明完成所有省道或省褶。
- 请勿担心粗缝线迹是否过多，因其容易拆除。
- 肩部及领口边缘里衬暂不缝制。

步骤5　完成下摆缝制

- 在下摆以上5英寸（约12.5厘米）粗缝里衬于衣片。
- 将里衬下摆向内翻折，使折边处于下摆以上 $\frac{1}{2}$ 英寸（约1.3厘米）至 $\frac{3}{4}$ 英寸（约2厘米）的位置。
- 根据需要修剪里衬。
- 在折边以上 $\frac{3}{8}$ 英寸（约1厘米）处开始粗缝。
- 用暗卷缝针迹缝制下摆里衬。
- 拆除下摆粗缝线。
- 使用三角针迹缝合挂面下摆的毛边。

> **高级定制提示**
> 在里衬与衣身当中插入分隔物或平尺，避免缝合里衬接缝时误将其缝于衣片接缝。

> **高级定制提示**
> 用暗卷缝针迹缝制下摆里衬。左手拇指向后按住折边粗缝线。小心握住里衬层，确保移去粗缝线后褶裥能松弛地搭于下摆处。

加制开衩处里衬

高级定制的服装，不会参照商业样板缝制说明中的建议将开衩处里衬修剪掉。相反，会为开衩处缝制里衬，并做相应修剪。以下说明中，后背中缝的褶裥结构为左后片覆盖右后片。

- 根据第212页说明完成衣身开衩的缝制。
- 裁剪里衬，留出后片的开衩延长量。
- 缝合里衬接缝至衩口上方2英寸（约5厘米）处。缝线尾端打结。
- 选择操作者偏好的方法，加制后片里衬。
- 拉直衣身开衩，使左侧搭门与右后片上标记的接缝线对齐。
- 对齐里衬与衣片的后中接缝。
- 将里衬平滑推向开衩，并用大头针固定。勿将里衬拉拽过紧。
- 沿整个开衩周围4英寸（约10厘米）处粗缝（疏缝）。
- 将底襟折至一边，露出搭门里衬。
- 在开衩贴边顶部做标记点，位于里衬接缝末端下方1英寸（约2.5厘米）处。
- 沿着该标记点斜向修剪。
- 修剪里衬，留1英寸（约2.5厘米）缝份。
- 向内翻折顶端和侧边里衬缝份，并粗缝。

- 修剪底襟里衬，固定于缝线末端。
- 将底襟里衬折至一边。
- 将底襟平整到位。
- 如有必要，拆除开衩周围粗缝线。

- 向内折叠底襟里衬顶端及开口，并粗缝。
- 底襟顶端里衬可用直线或斜针缝制。
- 里衬可延伸至底襟边缘处，或距边缘 $\frac{1}{8}$ 英寸（约3毫米）至 $\frac{1}{4}$ 英寸（约6毫米）。
- 向内翻折，在已完成的衣身下摆上方 $\frac{1}{2}$ 英寸（约1.3厘米）处粗缝里衬下摆。
- 用明缲针将里衬固定于开衩搭门与底襟处。
- 拆除粗缝线。

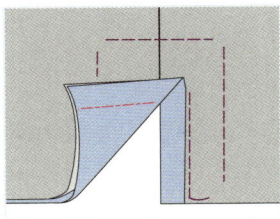

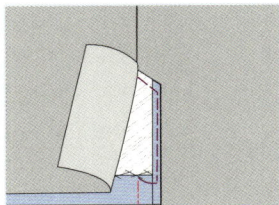

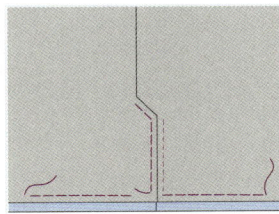

缝制内袋

上衣通常在左前片或右前片设计有单个内袋，或两边都有。本说明中的口袋是依据第154页操作步骤，由布条缝制完成。

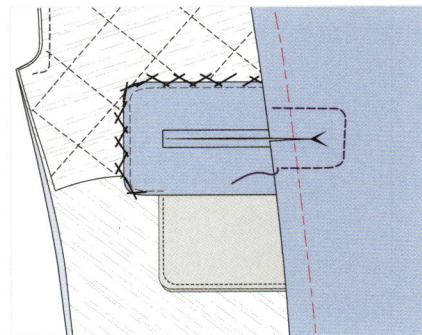

步骤1

- 上衣反面朝上，使用三角针将口袋布条缝于衬布上，使口袋延伸至挂面接缝线内侧1英寸（约2.5厘米）处。
- 将口袋向下倾斜约 $\frac{3}{4}$ 英寸（约2厘米）缝制，穿着者使用起来更方便。
- 距开口处约 $\frac{1}{2}$ 英寸（约1.3厘米）的位置，粗缝挂面于口袋布条上。
- 修剪挂面至口袋末端边角处。

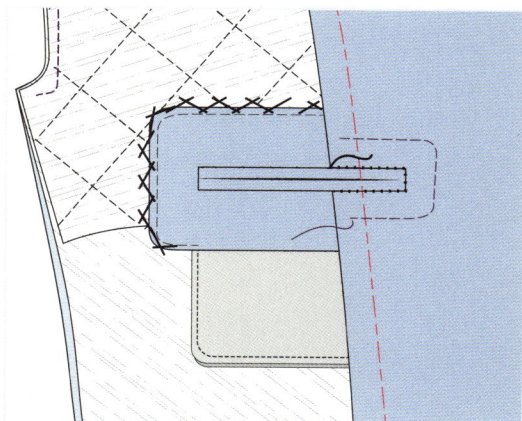

步骤2

- 向内翻折挂面边缘，将其粗缝（疏缝）于口袋布条上。
- 将挂面折叠边与口袋嵌线对齐，使口袋外观看起来像缝于挂面，而不是布条上。
- 用明缲针将前片挂面缝于口袋布条上。拆除前片挂面粗缝线。
- 在粗缝里衬于前片时，在口袋位置上方的里衬上做一个小量褶裥。

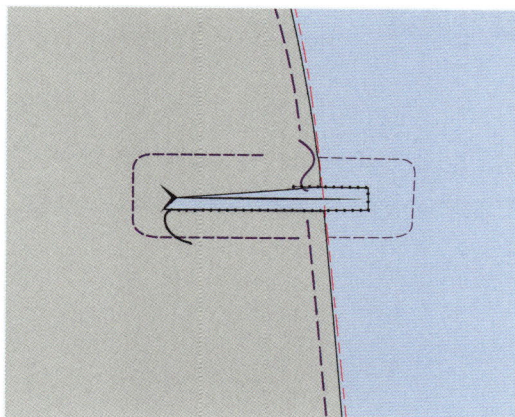

步骤3

- 前片里衬粗缝于挂面上后，修剪口袋末端边角处的里衬。
- 向内翻折，用明缲针将里衬缝至口袋布条上。仔细操作，很难发现袋口是缝于布条上，而非里衬上。

里衬绲边

　　迈克先生（Mr. Michael）是伊丽莎白女王二世（Queen Elizabeth II）的私人裁缝师之一，他开始在前片里衬与挂面接缝之间插入绲边，这一设计在服装界盛行。当服装后片没有设计挂面时，绲边通常仅应用于前片挂面。这种简约而富于装饰性的设计受到了很多顾客的青睐。绲边条可由里衬或撞色面料裁剪制成。

制作绲边

- 测量挂边以确定绲边条长度。
- 裁出该长度的布条，宽2英寸（约5厘米）。斜纱布条更易塑型——当面料有纹样时，外观会更加精美。
- 布条反面相对纵向对折，轻微熨烫。
- 距折叠边$\frac{1}{4}$英寸（约6毫米）处做标记缝，标示出接缝线；修剪留出$\frac{3}{8}$英寸（约1厘米）缝份。
- 将绲边条置于挂面正面，用大头针固定并粗缝到位。肩部绲边条末端缝入后片里衬。衣片下摆处绲边条与挂面一起向内翻折。

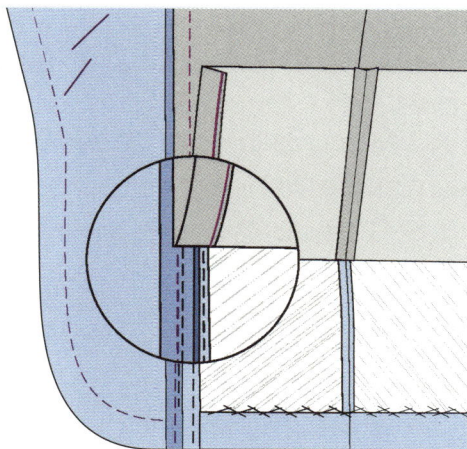

缝合肩缝

肩缝可由回针手缝或机缝完成。与机缝相比，建议使用回针手缝——这种操作更灵活且易于控制，也更符合肩部形状。同样重要的是，回针手缝肩缝处理起来步骤相对简单。缝合肩缝后，上衣衣身的组装基本完成，接下来是缝制衣领、衣袖及垫肩，最后制衣完成。

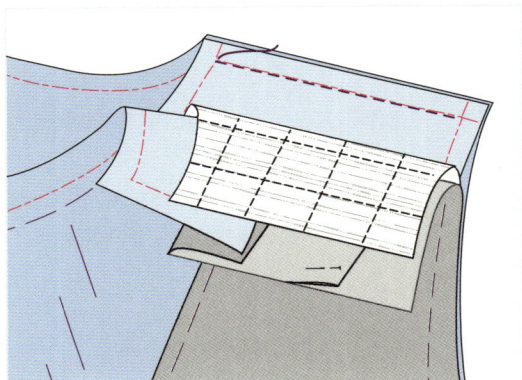

步骤1　粗缝肩缝

- 将衣片正面朝上置于工作台。
- 前片在上，将前后衣片的正面相对叠放在一起。
- 将里衬与衬布翻到一边。
- 一些裁剪师会将衬布缝于肩缝，但这样处理的肩缝较难熨烫。
- 将肩缝用大头针固定，并粗缝（疏缝）在一起。
- 后肩缝比前肩缝长约 $\frac{1}{2}$ 英寸（1.3厘米）。对于大多数体型，上衣后肩松量始于肩部中间至颈肩点。
- 使用回针线迹或链式线迹牢固缝合肩缝。拆除粗缝线。

> **高级定制提示**
> 分缝熨烫接缝前，在袖窿处插入袖烫垫或衣袖分离板。

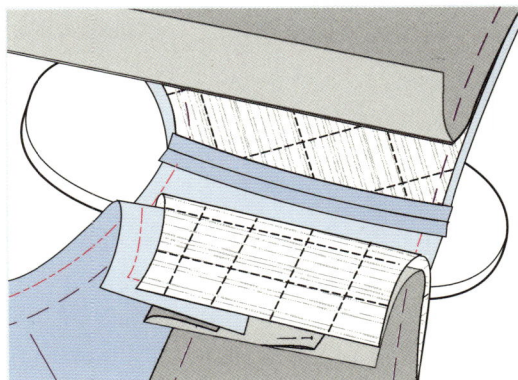

步骤2　缝合肩缝

- 小心熨烫肩缝使其平顺。
- 分缝熨烫接缝，使其朝前片弯曲。仔细熨烫避免接缝伸缩。
- 修剪缝份至 $\frac{3}{4}$ 英寸（约2厘米）。
- 如内衬已缝入接缝，需修剪内衬至 $\frac{1}{8}$ 英寸（约3毫米）。
- 如内衬未缝入接缝，将前后片内衬平滑推向接缝处。根据实际情况修剪多余内衬。
- 缝合里衬肩缝前，拆除里衬粗缝线，以便缝制领口（参见第242页）、垫肩（参见第306页）及衣袖（参见第288页）。

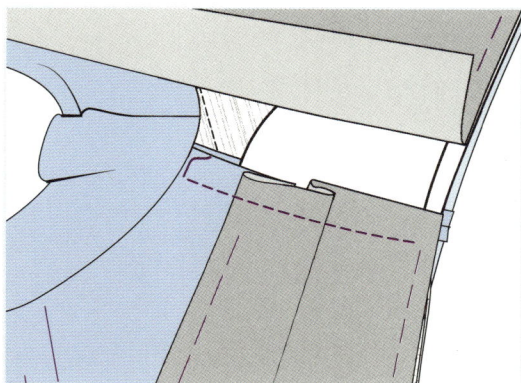

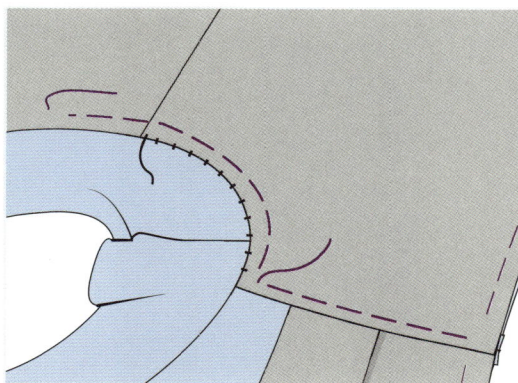

步骤3　粗缝前片挂面及里衬

- 衣片各部分铺放到位，将前片挂面及里衬平滑推向垫肩与接缝处。
- 在将前片里衬及挂面推向肩部的过程中，移开后片衬里。
- 注意后领口处里衬无须修剪。
- 用大头针在前片里衬上固定肩部褶裥。
- 将未缝合的里衬向挂面翻折，用大头针固定其于前片挂面顶端。
- 如肩部里衬仍有余量，将里衬向内翻折量增大，或在肩部固定一个较大的褶裥。
- 如肩部里衬太短，重新固定一个相对较小的褶裥。
- 粗缝里衬/前片挂面接缝。
- 根据需要修剪以减少布料体积。
- 使用明缲针牢固缝合。
- 用绗针缝将前片挂面及里衬缝于垫肩或肩缝处。

步骤4　缝合里衬肩缝

- 将后片里衬平滑推向领口及肩缝处。
- 将肩缝处里衬向内翻折，按实际所需进行修剪以减少体积。开始粗缝。
- 根据需要修剪后领口里衬余量，将其修剪至边缘能够平整地向内翻折。开始粗缝。
- 使用明缲针缝制肩缝及后领口里衬。
- 拆除粗缝线迹。

缝合袖窿处里衬接缝

　　衣袖里衬制作工艺在袖窿处不是直接平整缝合，这是由于腋下与袖山的结构不同所致。

- 缝合肩缝，如之前还未完成这一操作。
- 将前后片里衬平滑推向袖窿处，并用大头针固定。
- 使用绗缝针迹将里衬沿袖窿接缝线内侧缝合。
- 修剪多余里衬、垫肩或袖窿接缝。
- 向内翻折，用大头针固定衣袖里衬缝份。
- 用大头针将折边朝向袖窿处固定，使衣袖里衬盖住绗缝线迹。
- 如腋下部分的里衬太短，高于衣片接缝线，需拆除大头针，减小向内翻折的缝份量。
- 如袖山处松量过多，则增加向内翻折的缝分量。
- 高级定制服装中，袖山头处里衬常留有足够的丰满度，袖山边缘并不平顺。
- 紧邻折叠边粗缝里衬。
- 用明缲针缝合接缝。

优丽亚娜·瑟吉安科（Ulyana Sergeenko）
高级时装
2018—2019秋/冬发布会

第八章

衣　领

衣领是服装设计的重要元素，需要美观、合身、舒适。如果裁制不当，整体设计也将难如人意，还可能影响上衣的合体度。衣领有多种类型，形状和尺寸也有很多分类。有的类型有特定的名称，如彼得·潘（Peter Pan）圆领或海军领，但许多类型没有具体的名称。

这一部分重点介绍定制上装和外套中最常见的四种衣领设计：平驳领、翻领、青果领和立领。这四种领型缝制的基本原理适用于所有衣领。定制上衣在衣领和领口接合处有领围线，且在衣领外边缘有造型线。

手缝或机缝？

机缝多用于大多数时装设计工作室，而手缝多用于定制服装。由时装工作室负责人或者裁缝师选择缝制方式，这通常取决于面料材质和衣领样式。例如，带有麦尔登呢领里的衣领、青果领或立领，手缝的难度都比平驳领要低。将领面机缝到较小的裁片结构（领里）上也比缝到较大的裁片结构（衣身）上容易。同时，有些巴黎世家上装中使用的特定手缝工艺也是非常简单的。

在使用机缝的方式将领面缝于领里时，一般会在将衣领缝于上衣领口线之前把领面缝制准备好。或者也可以先将领里和领口线缝合，然后手工缝制领面（具体细节可参见第251—255页"青果领"）。

左图：一件缎质衣领和驳头的伊夫·圣罗兰紧身羊毛上衣，配以织物扣眼和包扣设计。
中图：这件克里斯汀·迪奥的上衣是用四层丝绸、真丝薄绸和丝缎缝制而成，设计亮点是青果领和前身打褶。
右图：这件皮尔·卡丹羊毛上衣正面饰有拼接缝，设计在领口线上。斜裁翻领，领端悬垂度稍有差异。配以包边扣眼和插肩袖。

术语

领底　领里上起支撑作用的单独结构，在领折线处与领面缝合。

领座　位于领围线和领折线之间的裁片结构。

领折线　有时也叫翻折线、折痕线、驳口线、驳折线，是衣领的领座和领面的分界折线。

翻领　也叫领片，位于衣领外缘和领折线之间的裁片结构。

串口或串口线　也叫串口接缝或领串口，是平驳领上连接驳头和翻领的过渡缝线。

领围　有时也叫领口线，是衣领与衣身的缝合线。可为凸形弧线、凹形弧线和直线。

领咀　也叫驳嘴，是翻领末端与驳角之间的空间。

造型线　衣领的外缘线，在立领设计中为衣领的顶部边缘线。

领面　衣领外层的可见部分结构，通常沿着后中心线的纱向裁剪，并匹配后中心线的面料纹样，也可在后中心线处沿斜纱裁制。

领里　衣领的下层结构，在后中心线处有接缝。通常采用正斜纱或45°斜纱裁制，有的定制裁缝师采用33°斜纱裁制.

关键词
A领座
B 翻领
C 领折线
D领围
E 造型线
F 驳头
G 领串口
H领咀
I前中心线
J领折点
K后中心线
L颈肩点
M串口线对位点
N后领围
O前领围
P领角

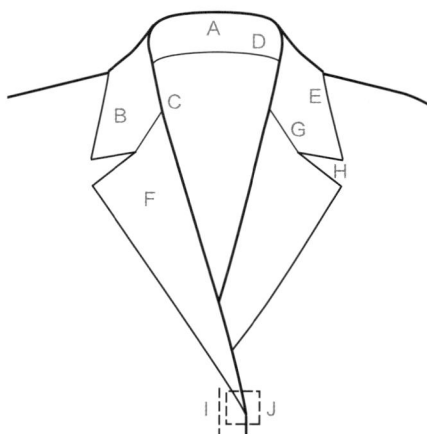

平驳领

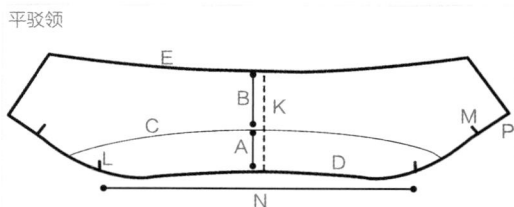

无领座翻领

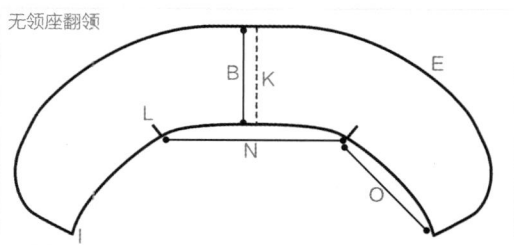

衬衫领

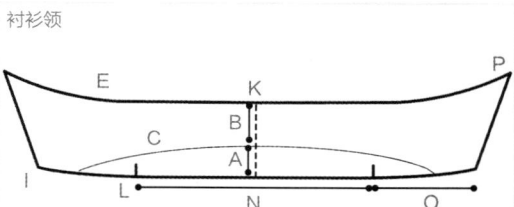

试穿并缝制衣领

衣领的设计、造型和尺寸都是上装设计的重要元素。每次试衣时都把领里粗缝（疏缝）在上衣领围上，以便评估样衣是否美观，衣领和领口是否舒适合身。在前片缝制完成、上衣整体组装完毕、里衬加制之后，才将缝制成型的衣领永久地缝合到衣身上。

- 试衣时将领里粗缝至领围线上。
- 在试衣后移除领里。
- 根据需要在领围线上重新做标记。
- 如果需要对领里进行修改，可立即进行；如果改动较大，重新裁剪领里和衬布。
- 对领里和领围线的所有问题进行修正。

- 如果领里尺寸合适、造型美观，则根据第234页开始的说明，人字疏缝领里并塑型。
- 将缝制完成的领里粗缝到位，准备下一次试衣。
- 在接下来的试衣完成后，将领面手缝或机缝到位。
- 加制里衬之后，缝合肩缝。
- 将衣领粗缝并缲缝到位以便进行最后一次试衣。
- 完成平驳领的串口线缝制。

左图：立领是很多香奈儿的开襟羊毛西服的特征之一。有些是横纱裁剪的，有些是直纱裁剪的。该示例采用的是横纱裁剪，并成型以适合颈围线。

右图：这件迪奥上衣的平驳领末端采用与之搭配的织物装饰。

左图：这件香奈儿上衣的翻领采用面料的反面加以装饰。

右图：这件小青果领设计的梅因布彻上衣，设计有手工缝制的斜裁饰边。

平驳领

平驳领是目前定制上装、男/女式西装、休闲上装、传统制服和晚礼服上最流行的衣领设计。这种独具特色的衣领在翻领和驳头的接合处有明显的接缝线。平驳领也被称为缺口领，因在翻领与驳头相接合处的外侧边缘有缺口设计（参见第232页图片）。

衣领裁片包括领里、领面和衬布。在高级时装中，通常采用机缝将领面缝到主面料裁剪的领里上，但也可以手工缝制。巴黎世家经常运用各种不同的手工缝纫方法。在定制剪裁和男装中，通常是用手工缝制的方法将领面与麦尔登领底呢缝合。

无论是机缝还是手缝，都被用以将平驳领的领面和领里缝合在一起。两种方式都要首先制作领里，然后将领里和领面用机器或手工缝合。

领里成型

在以下说明中，领里是用主面料剪裁，内衬用毛衬剪裁，也可以用亚麻布剪裁。

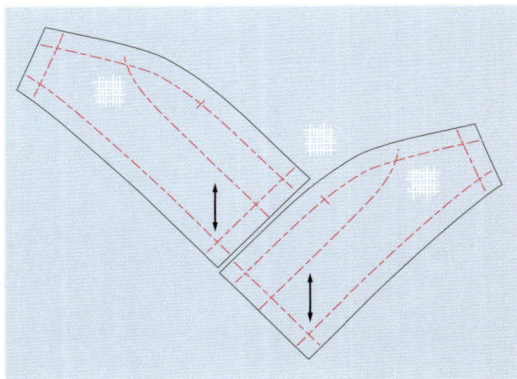

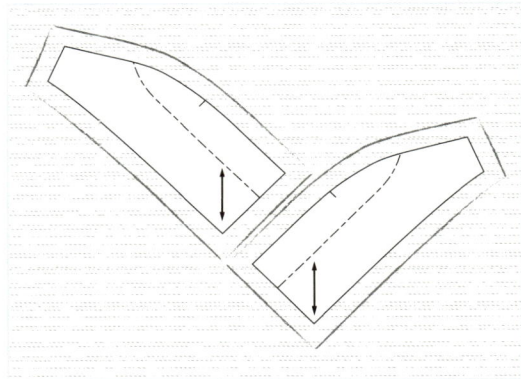

高级定制提示

内衬必须斜裁，两端要沿一样的纱向裁剪。角度通常是45°，也可以是33°。

步骤1　裁剪领里

- 用主面料或者羊毛法兰绒斜裁领里，所有边缘的缝份为 $\frac{5}{8}$ 英寸（约1.5厘米）。
- 领里通常在后中心线有一条拼接缝，这样左右两侧便呈现相同的纱向。
- 给所有的拼接缝做标记线。

步骤2　裁剪内衬

- 将内衬织物提前用冷水浸泡至少两个小时预缩，并晾干。
- 将领里样板放在内衬织物上并用铅笔描边。
- 在内衬裁片上沿领折线做标记。
- 裁剪内衬裁片，缝份为 $\frac{5}{8}$ 英寸（约1.5厘米）。

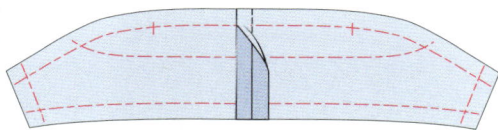

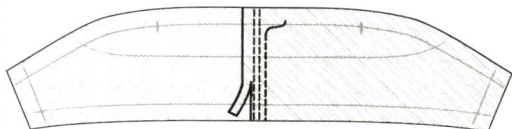

步骤3　拼合内衬裁片

- 在后中心线处搭接内衬边缘，对齐接缝线拼合。
- 沿接缝线两侧大约$\frac{1}{8}$英寸（约3毫米）处再次缝合。
- 修剪靠近缝线的内衬。

步骤4　拼合领里裁片

- 将领里正面相对叠放在一起，沿后中心线处缝合。
- 领里反面朝上放置在羊毛垫布上，分缝熨烫接缝。
- 修剪接缝至$\frac{1}{4}$英寸（约6毫米）。

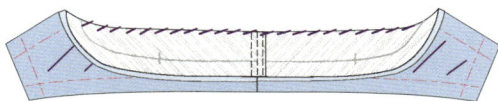

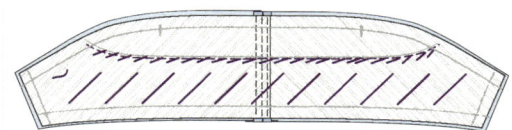

步骤5　粗缝内衬至领里

- 将内衬放于领里的反面上。
- 用长针距斜针缝将内衬粗缝（疏缝）到位。
- 用短绗针沿领折线运针并拉紧。
- 用短距斜针缝沿领折线固定折痕。

步骤6　领里成型

- 将衣领正面相对沿领折线折叠。
- 将衬布一面朝上，熨烫领里边缘使其定型，领折线收缩成一条凹形曲线。
- 轻轻拉伸后中心线处的领外缘线。
- 不要拉伸过多，否则会难以收缩。

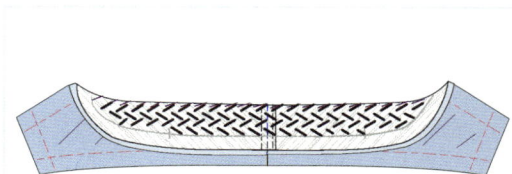

人字疏缝衣领

步骤7　人字疏缝领里

- 用人字疏缝在领折线和领口线之间纳领里。在试衣前后，可以沿水平方向纳衣领，这也是大多数裁缝师选用的纳针方向。如果是平肩体，则沿垂直方向纳针，这样在试衣之后，可根据需要拔开边缘。
- 衬布一面朝上握住折叠后的领折线；从大约$\frac{1}{4}$英寸（约6毫米）处开始纳针。
- 用$\frac{1}{4}$英寸（约6毫米）针距的人字疏缝纳针，每

一排针脚紧挨在一起，这样领座才能支撑衣领造型。领座会轻微卷曲，如不小心缝到了缝份，可以后期再修剪多余的缝线。

高级定制提示

在纳领里之前，检查后中心线处领面的宽度，至少比领座宽$\frac{3}{8}$英寸（约1厘米）。

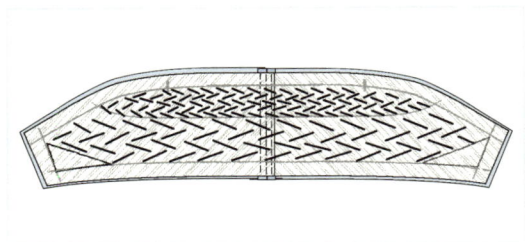

步骤8　领角处做三角形标记

- 在纳领面之前，用铅笔在每个领角处标记一个大三角形。

- 保持领里的卷曲状，并沿平行于折痕线的方向人字疏缝领面。

- 针距大约 $\frac{1}{2}$ 英寸（1.3厘米），每一排间距 $\frac{1}{4}$ 英寸

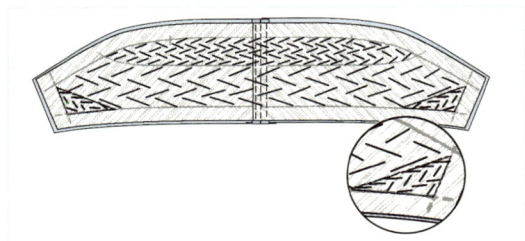

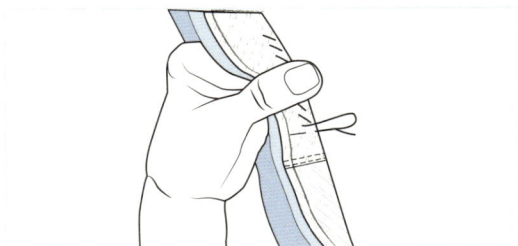

（约6毫米），一直延续到接缝线处，避免纳到缝份或领角的三角形中。

- 用左手拇指缓慢地将衬布移动至领里上。小心操作，避免移动得太多或太少。

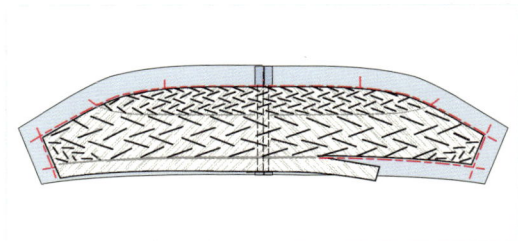

高级定制提示

　　如果身型不对称，衣领的两侧可能不完全一样，但穿上身之后，它们的外观看上去应该是一样的。

步骤9　人字疏缝领角

- 将标记线置于食指之上。

- 平行于标记线做 $\frac{1}{4}$ 英寸（约6毫米）针距的人字疏缝。

- 每一排之间紧密排列，在纳领角时每一排间距大约 $\frac{1}{8}$ 英寸（约3毫米），这样可确保领尖下翻。

步骤10　修剪衬布

- 用削尖的铅笔参照领里上的标记线，重新在衬布上标记接缝线。

- 仔细检查所做的标记，标记线应平顺准确，衣领两侧应完全对称。

- 修剪衬布为缝份加上 $\frac{1}{16}$ 英寸（约1.5毫米），并熨烫。

- 如果缝多了，可以拆除多余的缝线；如果没有缝够，可以再补几针。

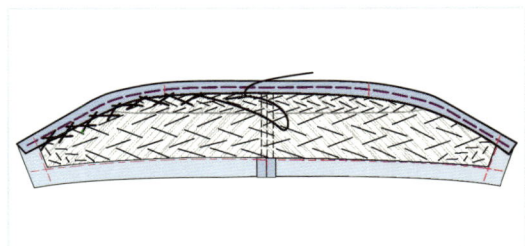

步骤11　缝制衬布领围线

- 在领围线处折叠衬布缝份。

- 粗缝并熨烫折叠边缘。

- 修剪靠近粗缝线的缝份，并用三角针将边缘缝制衬布。

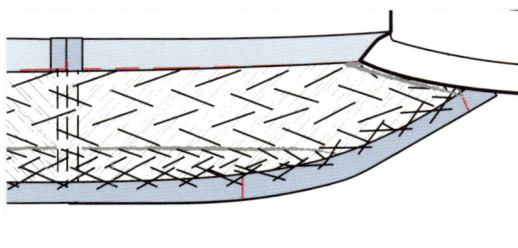

步骤12　熨烫领里末端

- 用一块羊毛垫布盖在熨烫表面。

- 衬布一面朝上，用海绵润湿领里。

- 先熨烫领里末端，使其硬挺变干。

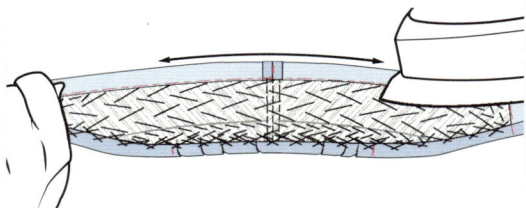

步骤13　熨烫领里下翻部分

- 用一块海绵来润湿下翻部分，衬布一面朝上。
- 沿曲线熨烫下翻部分边缘至接缝线部分，轻轻拔开外侧边缘。不要拔开末端或是把领折线烫平直。
- 熨烫至完全变干。

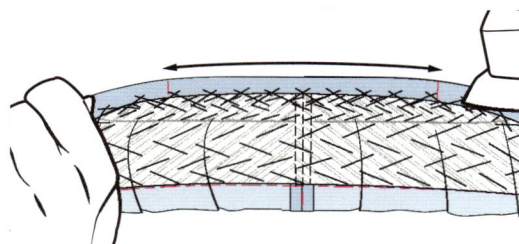

步骤14　熨烫领座

- 重复之前的步骤来熨烫领座。

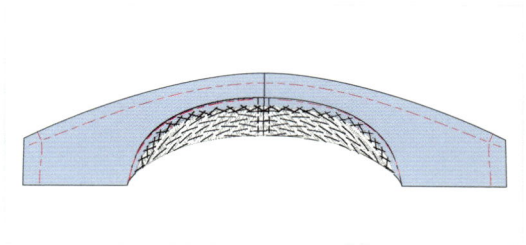

步骤15　熨烫领折线并检查衣领

- 检查领座，确保其向后折叠平整，防止外翻。
- 对于斜肩和平肩体，根据需要塑型衣领（参见238页的"塑型衣领"）。对于正常肩型，曲线在中部的深度大约为2英寸（5厘米）。

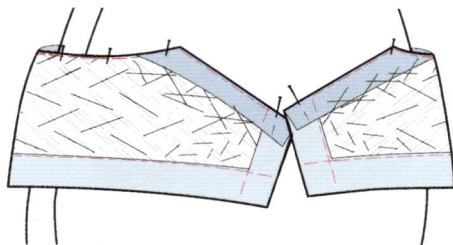

步骤16　将领里固定在烫垫上

- 用大头针将领里固定在烫垫上，直到准备好将其与上衣的领口线缝合。

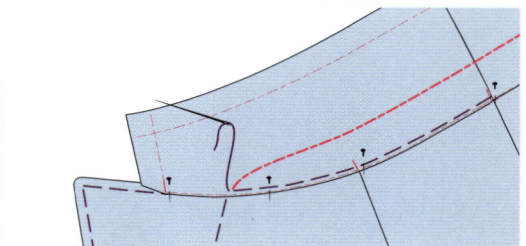

步骤17　将领里缝至衣身

- 从后中心线开始将领里用大头针固定在衣身领口线上。握紧衣领中部，对齐领里与领口接缝线，缝至距肩缝1英寸（约2.5厘米）。
- 将衣领的一端固定在与之对应的剪口处。
- 对齐领里翻折线与驳折线，形成一条直线；并用大头针固定。

- 将衣领小心地固定到肩缝上方的领口线处，长度 $2\frac{1}{2}$ 英寸（约6.3厘米）。
- 对衣领的另一端重复上述操作。
- 从后中心线至衣领一端粗缝领里，距边缘约 $\frac{1}{4}$ 英寸（约6毫米），然后粗缝另一端。
- 检查衣领两端。衣领后中心线是否和衣身对齐，翻领和驳头的折线是否完全吻合，两端的尺寸和形状是否相同，领咀长度是否一致，衣领下翻部分是否在后中心线处的领口接缝线下方 $\frac{3}{8}$ 英寸（约1厘米）。
- 试穿领里后，将它从衣身上拆下。
- 用大头针将领里固定在烫垫上，直到需要将其与领面缝合。

制作领面

领面通常在后中心线沿直纱裁剪，起绒织物的绒面倒向一般从领折线顺至翻领部分的外边缘，并与衣身的面料纹样相匹配（在此章节中领面在后中心线沿直纱剪裁）。如果需要匹配衣身后片的面料纹样或者有特殊的设计，可在后中心线设置拼接缝（参见第245页）。有时领面在后中心线处会沿正斜纱剪裁，但这样可能会影响衣领的悬垂度和视觉美感，且两侧领角处的面料纱向会不同。

领面往往裁剪得比领里大，使其可以平顺地和领里缝合。一般来说，领面的所有边缘比领里都要大 $\frac{3}{8}$ 英寸（约1厘米），如面料质地松散、容易收缩，需裁剪得更大一些。质地紧密的精纺毛织物、亚麻或棉质西服料则不易收缩。

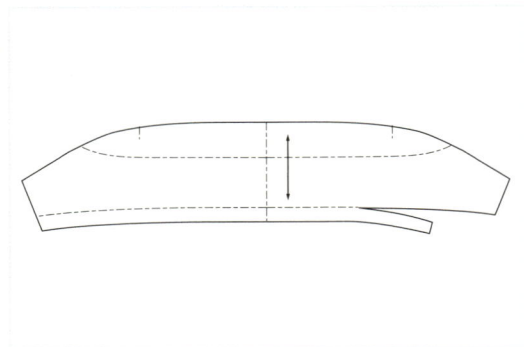

步骤1　制作领面样板

- 如果使用的是商业样板，修剪掉缝份，制作领面净样板。如果没有领面样板，可用领里样板替代。
- 不要在对折后的纸板上切割领面样板，因其不如使用完整的样板和单层切割准确。

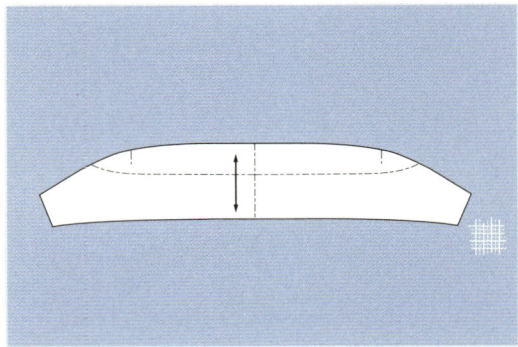

步骤2　裁剪领面

- 在后中心线沿直纱裁剪一块矩形面料。
- 矩形面料比样板长度和宽度都至少多出3英寸（约7.5厘米），绒面倒向从领折线顺至翻领部分的外边缘。

塑型衣领

肩斜度决定翻领曲线的凹度。如果是平肩，曲度更大，领外口拉伸量更大，这样领折线会更贴合颈部，翻领部分的外边缘也能更好地贴合肩部。如果是斜肩，则曲度更小。后期拔开曲线会比归拢曲线处理起来更简单。

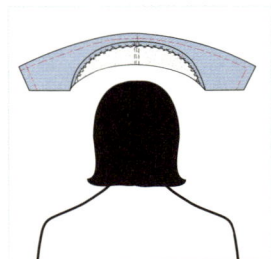

正常肩

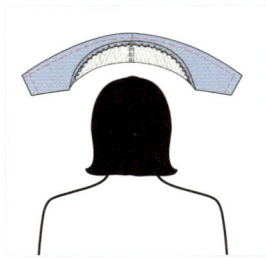

平肩

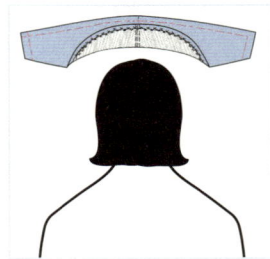

斜肩

步骤 3　领面做标记缝

- 裁剪并标记接缝线，以作为领面粗缝至领里时的依据。
- 在后中心线沿直纱做标记缝。
- 在领面上沿领折线上做标记缝。
- 添加缝份并修剪余量。因接缝线已做标记，所以缝份的宽度不必十分精确。

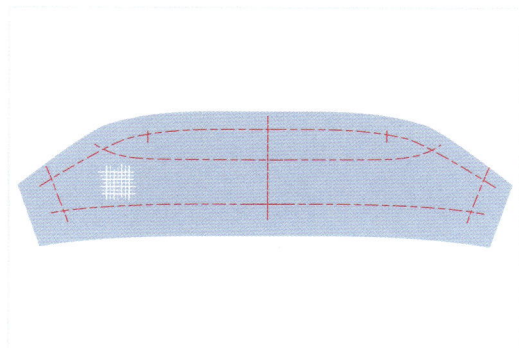

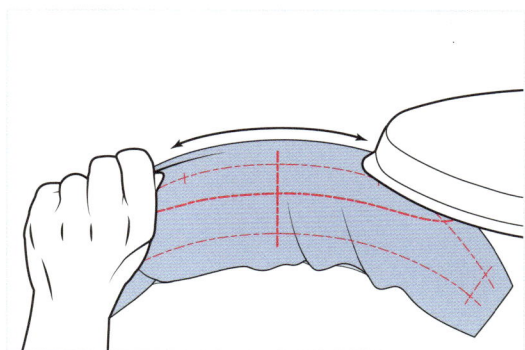

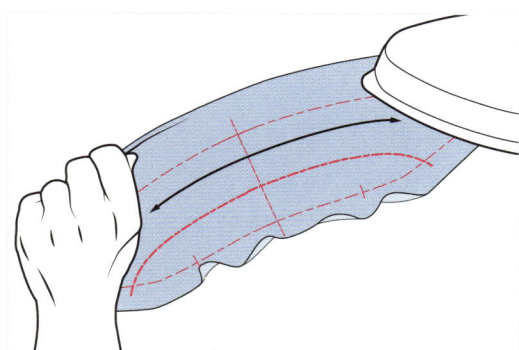

步骤 4　塑型领外缘线

- 正面朝上塑型领面，用海绵或者蒸汽熨斗润湿衣领。
- 将翻领部分和领座分别朝上熨烫领折线。这一步只需要轻熨，不会让衣领成型。

- 再次用熨斗在领座和翻领部分划圈熨烫，让衣领边缘稍微成型。
- 不要把领折线烫平。

高级定制提示

熨烫时让熨斗接近领折线，避免过度拔开领座和翻领部分的边缘。

步骤 5　检查衣领

- 在将领面和领里缝合之前，确保衣领边缘不起波纹。
- 正面相对将领里放在领面之上，对齐接缝线。

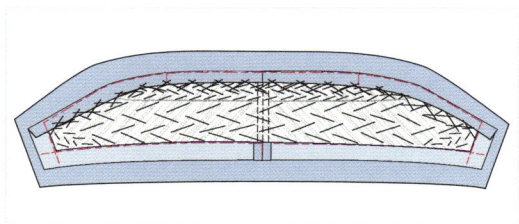

机缝法固定领面

以下说明采用机缝法将领面缝至领里，然后将衣领与领围线缝合。

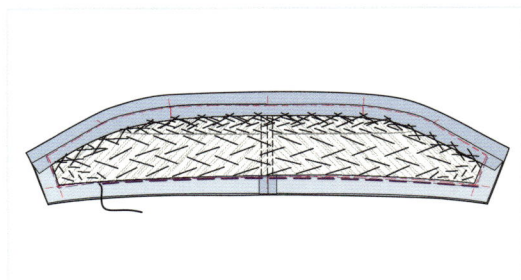

步骤1　粗缝领里和领面

- 正面相对叠放在一起，在后中心线处将领面和领里的边缘用大头针固定。
- 参照标记缝线，将大头针朝向领角固定。
- 从距离领角2英寸（约5厘米）处开始，稍微松弛领面。
- 翻转衣领，检查确认两端松量一致。
- 沿接缝线将领面和领里粗缝在一起。
- 修剪缝份至 $\frac{1}{2}$ 英寸（约1.3厘米）；缝合之后可做更多修剪。

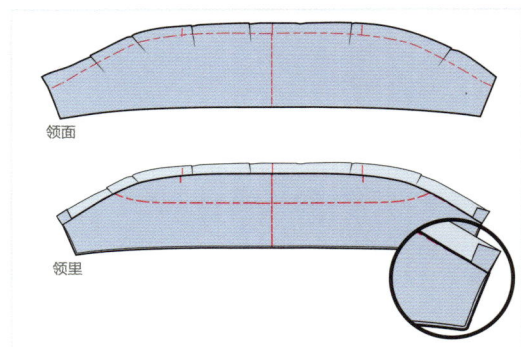

步骤2　检查粗缝好的衣领

- 熨烫粗缝后的接缝线。
- 粗缝有助于控制缝合时的松弛度，还可帮助确定放松量的多少。
- 将衣领正面翻出，以查看衣领外观和领角面料是否够量。
- 将领角缝份折叠。在翻出正面时用尖压器平整接缝。
- 每个领角应美观，但不必期待完美，因衣领还没有经过缝制、熨烫和修剪。
- 如果衣领看起来不够美观，重新粗缝翻面。

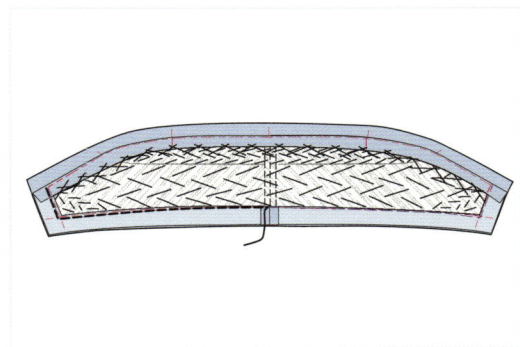

步骤3　缝合衣领

- 正面相对将领面和领里叠放在一起，缝制从领咀开始和结束，切勿多缝。在领咀处将线头打结。
- 由于已经粗缝，任何一层在上方都可操作。
- 拆除边缘的粗缝线迹。
- 将接缝熨烫平整。

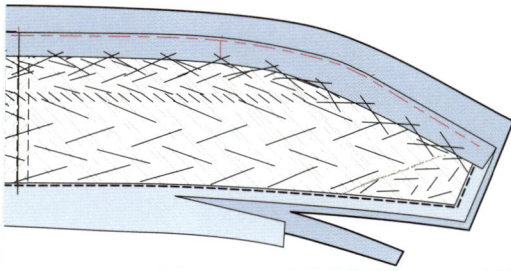

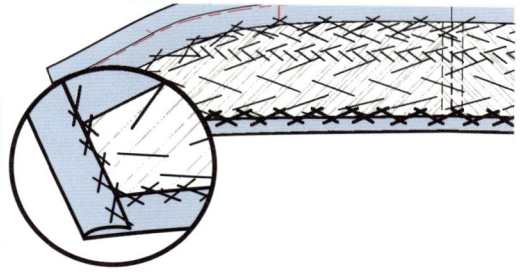

步骤4 修剪缝份

- 用小烫板将接缝熨开。

- 将领面的缝份修剪至 $\frac{3}{8}$ 英寸（约1厘米）。

- 将领里的缝份修剪至 $\frac{1}{4}$ 英寸（约6毫米）。

- 必要时修剪领角。如果修剪过多，可能导致重新制作衣领。

步骤5 缝平缝份

- 用三角针将缝份平整地缝于衬布上。

- 在领角处折叠缝份，并将它们平整地缝于衬布上以避免起皱。

- 将衣领放在烫垫上，只熨烫领角。

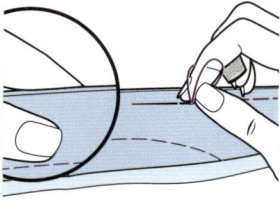

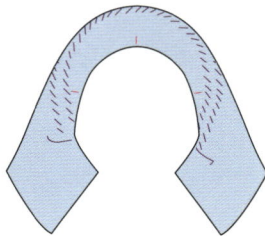

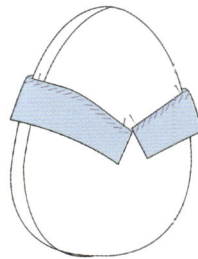

步骤6 粗缝领边

- 将衣领的正面翻出。

- 领里朝上握住衣领。

- 将接缝稍微卷向领里，刚好能看到接缝。

- 为了避免产生烫痕，用柔软的棉线、丝线或者手工绣线，在距离领边 $\frac{1}{4}$ 英寸（约6毫米）处粗缝。

- 将领里朝上放置，熨烫边缘。

- 不要把领折线烫平。

- 有的裁缝在领里上采用挑针缝，避免领里向外翻卷；有的采用明线缝制；也可两者都不采用。

步骤7 将领面粗缝至领里

- 沿领折线粗缝领里。

- 抚平领面并将其固定在领里上。

- 用斜针缝在领折线下方约 $\frac{1}{8}$ 英寸（约3毫米）位置粗缝翻领部分。

- 继续将领折线折叠，握住衣领。

- 沿领折线抚平领面，注意不要拉得太紧。

- 从距离领折线约 $\frac{1}{8}$ 英寸（约3毫米）处粗缝领座。

- 检查衣领。如对外观不满意，修正或重新制作衣领。

步骤8 将衣领固定在烫凳上

- 如果还没有准备好将衣领粗缝至衣身，将衣领固定在烫凳上保持形状，放在一边。

高级定制提示

如果领折线处有较多余量，采用丝线短距粗缝来减小松量，并用蒸汽使其收缩。

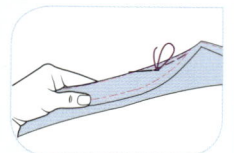

缝制衣领

第二次试衣时，如果衣领还未完成，则把领里粗缝到领口线上。试衣之后将其拆掉，放回到烫凳上以保持形状。在里衬试穿和拼合肩缝之后，将领里与领口线永久缝合。加制里衬后，将衣领正面朝上固定，对齐已完成领里和领围处的接缝标记线。

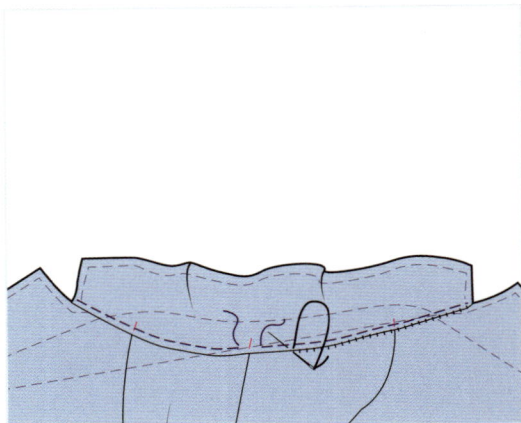

步骤1 将领里噪缝至领围线上

- 从后中心线开始将领里用大头针固定在衣身领围线上。握紧衣领中部，对齐领里与领口接缝线，缝至距肩缝1英寸（约2.5厘米）。
- 将衣领的一端固定在与之对应的剪口处。
- 对齐领里翻折线与驳折线，形成一条直线；并用大头针固定。
- 将衣领小心地固定到肩缝线的领口处，长度 $2\frac{1}{2}$ 英寸（约6.3厘米）。
- 对衣领的另一端重复上述操作。
- 从后中心线至衣领一端粗缝领里，之后粗缝另一侧。
- 用明缲针将领里缝至领围线。

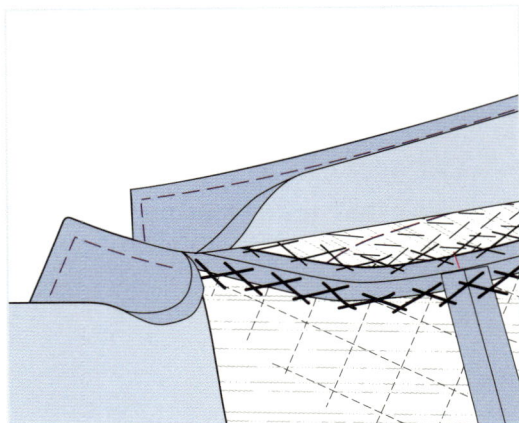

步骤2 熨烫领围接缝

- 将领面折到一边。
- 将前领围与领里的接缝线向远离领围的方向熨烫，从剪口开始，到距离肩缝约1英寸（约2.5厘米）处结束。
- 修剪前片缝份至 $\frac{1}{4}$ 英寸（约6毫米），用三角针将边缘缝到衬布上。
- 衣领下口线接缝已经用三角针完成缝制。

步骤3 粗缝驳头

- 把驳头置于上衣实际穿着时的位置，将其抚平，并朝向串口线和前领围线固定。
- 在接缝线下方 $\frac{1}{4}$ 英寸（约6毫米）处粗缝驳头，距肩缝1英寸（约2.5厘米）处结束。

> **高级定制提示**
> 在串口线处，使针迹与领边垂直，以模仿机缝的外观效果。

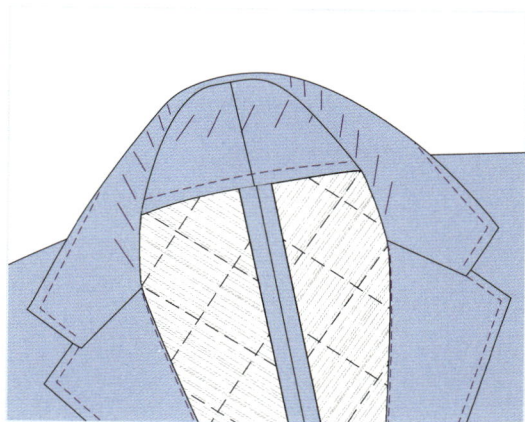

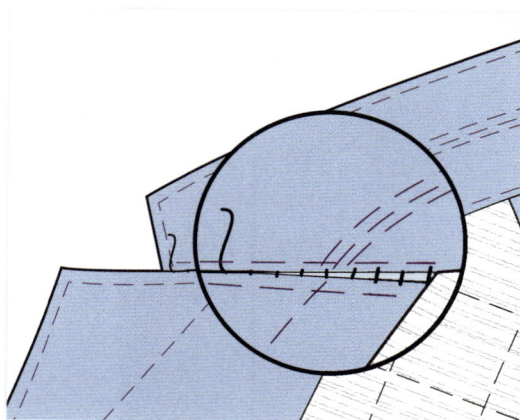

步骤4　粗缝领面

- 把领面置于上衣实际穿着的位置，将其抚平，并在领里上固定。用长针距斜针缝粗缝领折线下方的翻领部分。检查衣领，确保领面平顺、翻折美观。
- 抚平领面，并朝向串口线和前领围线固定。修剪衣领接缝线至距离肩缝1英寸（约2.5厘米）处。
- 再次检查驳头和翻领，以及领折线和领面。

步骤5　完成串口线

- 在串口线处仔细修剪翻领缝份至 $\frac{1}{4}$ 英寸（约6毫米）。
- 在接缝线处将翻领边缘向内翻折，让翻领与挂面的折边碰合。
- 在距离 $\frac{1}{4}$ 英寸（约6毫米）处粗缝翻领并熨烫。
- 将衣领和驳头缝合，小心地进行这一步骤操作，使针脚不可见。
- 拆除粗缝线，轻轻熨烫。

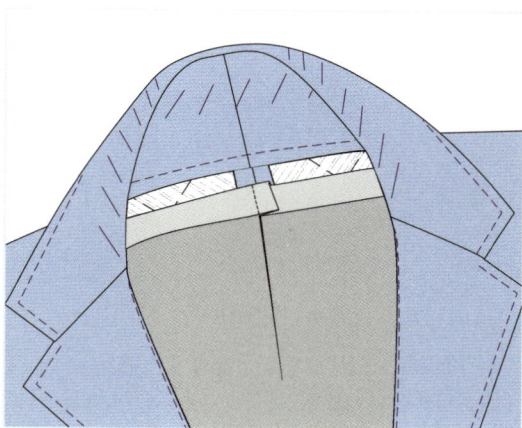

步骤6　将领面缝至后领围

- 抚平领面，并用大头针固定在后领围接缝线上。
- 根据需要修剪多余的缝份。
- 用绗针将领面缝至后领围线上。
- 里衬会盖住领面的毛边。
- 抚平里衬，并用大头针固定在翻领和肩缝上，完成后领口处的里衬缝制。
- 根据需要修剪，使领口边缘能够平顺地下翻。
- 在领口边缘和肩缝处将里衬下翻并固定。粗缝并拆除大头针。
- 用明缲针完成里衬缝制。

这件巴黎世家的上衣，领面外缘线和两端的缝份被折叠覆盖领里边缘。修剪并用三角针加固。

手缝法固定领面

该方法是萨维尔街的裁缝最喜爱的方法。与机缝制法相比，领面的边缘要裁剪得更长一些，领里通常用麦尔登呢裁制，领外口长边不留缝份。巴黎世家有时会将该方法和它的一种变化形式用在高级定制套装中。这种方法中，领里和领面的领外口长边不是向内翻折的，而是用领面缝份包裹领里的长边和末端。

参见第234页领里缝制的相关说明。这些手工缝制的说明侧重对比与机器缝制方法的不同之处。

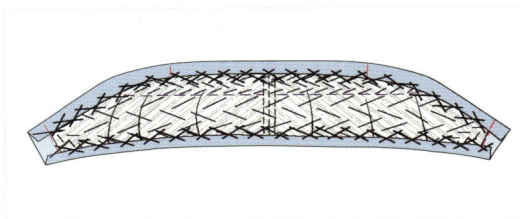

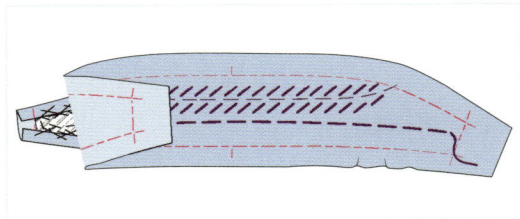

高级定制提示

用领面上的标记缝线作为引导，来确保翻领两边的宽松程度一致。

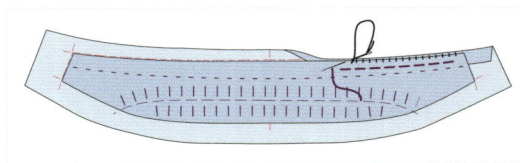

步骤1　制作领里

- 组装领里并人字疏缝，然后参见第234页的"领里成型"部分说明。
- 将缝份朝衬布折叠完成造型外缘；粗缝并熨烫折叠边缘。
- 修剪缝份，用三角针将边缘缝至衬布上。

步骤2　制作并粗缝领面

- 领面做标记缝，修剪并塑型，边缘留 $1\frac{1}{2}$ 英寸（约3.8厘米）缝份。参见第238—239页的步骤1至步骤4。
- 将领面和领里反面相对叠放在一起，粗缝领折线。
- 用斜针法，分别在领折线上、下方 $\frac{1}{8}$ 英寸（约3毫米）处粗缝。
- 从后中心线开始，抚平并将翻领部分朝向边缘固定，轻微松弛领面。
- 在距离边缘1英寸（约2.5厘米）处粗缝。

步骤3　完成造型外缘线

- 将衣领翻至领里朝上。
- 在接缝线处修剪领里的两端。
- 将领面造型外缘线的缝份修剪至 $\frac{3}{8}$ 英寸（约1厘米）以内。
- 将领面两端的缝份修剪至 $1\frac{3}{8}$ 英寸（约3.5厘米）。
- 在距离造型外缘线 $\frac{3}{8}$ 英寸（约1厘米）处粗缝。将领面造型外缘线缝份插入领层之间时，粗缝可以防止其插入过多。
- 将领面造型外缘线向下翻折。
- 将缝份插入领面和领里之间。
- 检查不能露出领里边缘。
- 使用匹配的缝线完成边缘的缲缝。

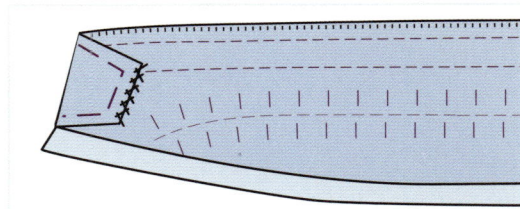

步骤4　完成衣领两端

- 将领面两端折叠盖住领里，粗缝并熨烫。
- 用三角针缝制加固边缘。
- 如果还没有准备好将衣领缝至衣身，将衣领用大头针别在烫凳上，放在一边。

衣领面料纹样

多数上装中，衣领的剪裁都须在后中心线处匹配垂直和水平方向的面料纹样。虽然衣领很少有后中拼接缝，但也可以增加拼缝以匹配衣身后片的面料纹样。

左图：伊夫·圣罗兰设计的衣领，经过剪裁来匹配衣身后中心线纹样，领外缘为横纱。衣领造型经过处理后与衣身面料纹样外观和谐。　右图：一件香奈儿的格伦格子花呢上衣。挂面经过剪裁，在驳头的上部和边缘留有一条宽色条。

安排条纹

当面料有横条纹和格纹图案时，要根据面料纹样来设计领面外缘长边造型，使条纹至边缘的距离相等。

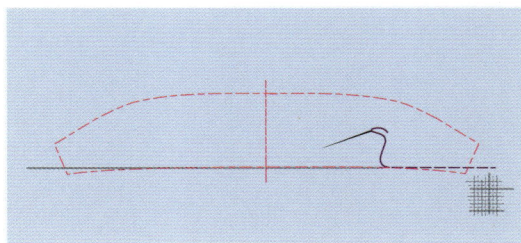

步骤1　准备衣领

- 为衣领裁剪一块矩形的面料，长度和宽度均比样板多2英寸（约5厘米）。
- 检查面料，设计确定放在成型衣领边缘的条纹。考虑衣领和衣身上面料纹样之间的关系。用彩色的粗缝线做标记缝。
- 沿衣领外缘的接缝线做标记缝，距离标记的条纹 $\frac{1}{4}$ 英寸（约6毫米）至 $\frac{3}{8}$ 英寸（约1厘米）之间。
- 衣领缝好并将正面翻出之后，有一部分面料纹样会因厚度而损失。为了获得最佳效果，多用几条缝线做试验。

步骤2　衣领面料塑型

- 将领面样板描绘在平纹细布（白坯布）或者无纺布上，并缝制内衬。
- 当使用纸样时，将面料放在衣领纸样上。
- 对齐面料上标记的接缝线和衣领纸样上的接缝线。
- 根据纹样塑型面料，粗缝面料上标记的接缝线至纸样接缝线。

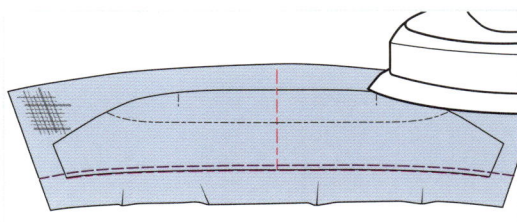

步骤3　蒸烫衣领面料

- 蒸烫面料塑型衣领。用手将衣领拍打成型。如果选用羊毛织物操作起来更为简单。
- 修剪衣领，留出1英寸（约2.5厘米）缝份。
- 将领面机缝或者手缝至领里，方法可参见第240和第244页内容。

翻领

这件浪凡上衣的衣领几乎是扁平的。衣领在后中心线处沿斜纱裁剪，前身领片的格纹对称美观。

翻领多用于女式上衣和外套，款式多样：可以相交于颈部或更靠下的位置；可以系纽扣或是敞开；可以是领座宽度均匀的翻领，也可以是后领领座较高至前领消失。制作翻领的所有基本要素和原理都跟平驳领的类似。

所有翻领都有领座和翻领部分。翻领可以由一片式领里制成，也可以由领里和独立的领座一起缝制。以下说明中，衣领都有独立的领座，也称为领底（可以参见第234页"平驳领"部分关于一片式领里的说明）。与平驳领相比，翻领较少见于男式上装，也很少用麦尔登呢制作领里。

塑型领里

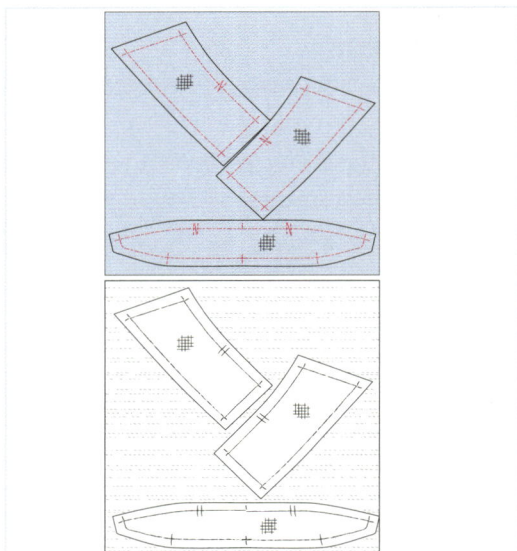

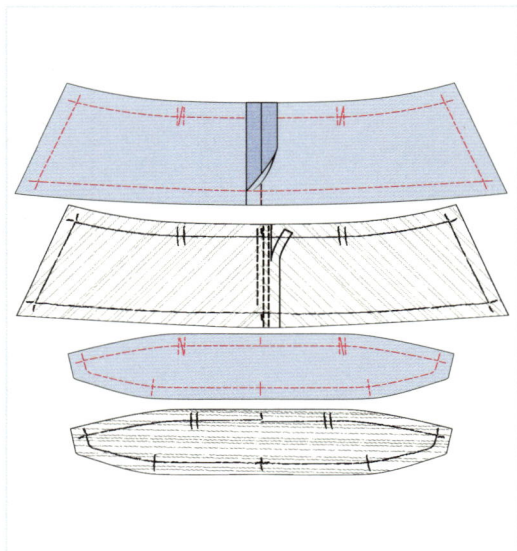

步骤1 裁剪领里和内衬

- 用主面料斜裁领里，所有边缘的缝份均为 $\frac{5}{8}$ 英寸（约1.5厘米）。
- 斜裁领里内衬，缝份为 $\frac{5}{8}$ 英寸（约1.5厘米）。
- 沿直纱裁剪领座内衬。
- 领里和内衬应在后中有拼接缝，保证左右两侧的纱向相同。
- 为领座制作完整的样板；在后中心线沿直纱裁剪领座，缝份 $\frac{5}{8}$ 英寸（约1.5厘米）。
- 沿领里和领座的接缝线做标记缝。

步骤2 拼合后中缝

- 正面相对，沿后中心线缝合领里。
- 将领里叉面朝上放在羊毛垫布上，分缝熨烫接缝。
- 在后中心线处搭接内衬边缘，对齐接缝线拼合。
- 沿接缝线两侧大约 $\frac{1}{8}$ 英寸（约3毫米）处再次缝合。
- 修剪靠近缝线的内衬。

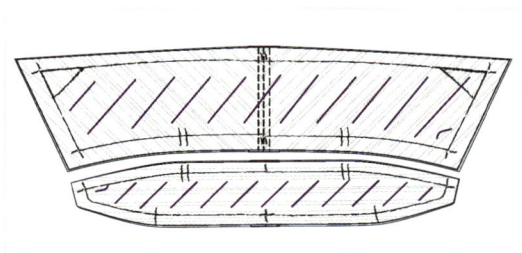

步骤3 粗缝内衬

- 将衬布固定在领里的反面。
- 将衬布固定在领座的反面。
- 用斜针缝在中间部分粗缝（疏缝）衬布。
- 用铅笔在每个领角处标记一个大三角形。

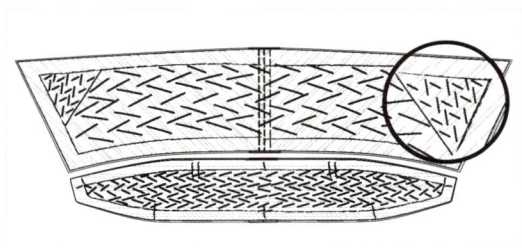

步骤4 人字疏缝领座和领里

- 人字疏缝领座和领里。
- 针距大约 $\frac{1}{2}$ 英寸（1.3厘米），每排间距 $\frac{1}{4}$ 英寸（约6毫米）。
- 避免纳到缝份或领角的三角形中。

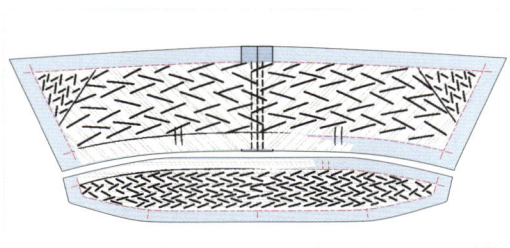

步骤5 人字疏缝领角

- 人字疏缝领角，将标记线置于食指之上。
- 平行于标记线作 $\frac{1}{4}$ 英寸（约6毫米）针距的人字疏缝，每排间距大约 $\frac{1}{8}$ 英寸（3毫米），这样可确保领角下翻。

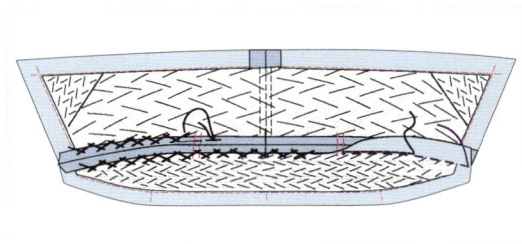

步骤6 标记接缝线

- 用削尖的铅笔标记内衬上的接缝线，以接缝线上的标记缝为参照。
- 仔细描画以确保标记线平顺准确，且衣领两侧完全一致。
- 修剪领里和领座衬布的缝份。
- 熨烫。

> **高级定制提示**
>
> 如果人字疏缝线迹缝得太多，可以拆除多余的缝线；如果没有缝够，可以再补几针。

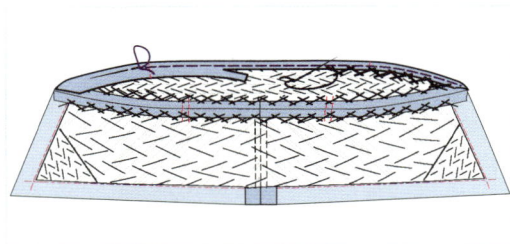

步骤7 拼合领座和领里

- 正面相对，沿领折线将领里和领座粗缝，而后缝合在一起。
- 仔细将接缝分缝熨开，注意不要拉伸。
- 将衣领的正面相对，沿领折线折叠，然后用力熨烫曲线。
- 将接缝修剪至 $\frac{1}{4}$ 英寸（约6毫米）。
- 用三角针将缝份固定于衬布上。

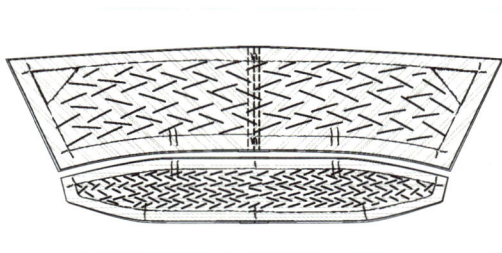

步骤8 缝制衬布领围线

- 在领围线处折叠领座缝份盖住衬布。
- 从距离边缘 $\frac{1}{4}$ 英寸（约6毫米）处粗缝并熨烫。
- 修剪靠近粗缝线的缝份。
- 用三角针将缝份缝于衬布。

塑型领面

和平驳领的外观一样，领面通常是在后中心线直裁，绒面倒向从领折线——衣领顶部至翻领部分的外边缘，这样就能与衣身后片的面料纹样相匹配。当在后中心线正斜裁时，两侧领角的纱向会有所不同，可能会影响衣领的视觉美感和悬垂度。翻领除非是斜裁，一般来说很少在后中心线设置拼接缝。有时翻领在后中心线为正斜裁，但这样会影响到衣领的悬垂度和视觉美感，因为两侧领角的纱向会有所不同。

领面往往裁剪得比领里大，使其可以平顺地和领里缝合（参见第238页）。

以下说明中，领里有独立的领座。领里和领座先做人字疏缝，再沿领折线拼合在一起。领面机缝于领里，之后再将衣领缝于衣身领围线。可以将说明中的步骤进行调整，来制作一些有趣的不常见的异形翻领。

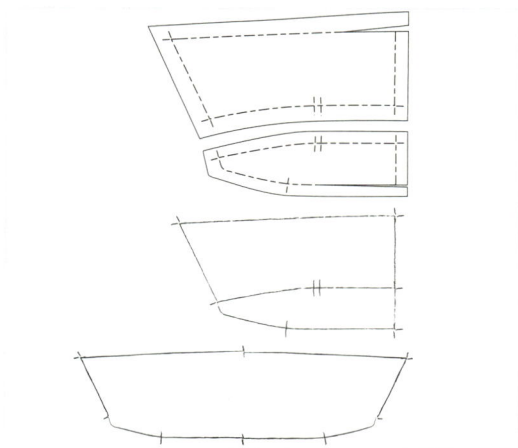

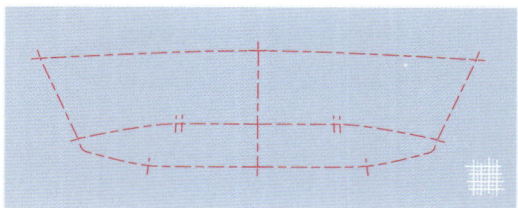

这件香奈儿上衣的衣领上移除了米色条纹，还有一层丝绸领里。

步骤1
- 如果使用的是商业样板，修剪掉缝份，制作领面净样板。
- 如果没有领面样板，可用领里和领座样板来制作领面样板。

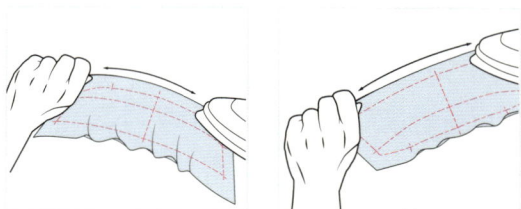

步骤2
- 在后中心线沿直纱裁剪一块矩形面料。
- 矩形面料比样板的长度和宽度至少多出3英寸（约7.5厘米），绒面倒向从领折线顺至翻领部分的外边缘。
- 在后中心线沿直纱做标记缝。
- 沿接缝线做标记缝。

步骤3
- 修剪缝份至1英寸（约2.5厘米）。
- 领面反面朝上，用海绵或蒸汽熨斗润湿。
- 熨烫并拔开领外缘长边，以使边缘曲度成型。
- 注意不要拔开衣领中部的领折线，也不要把领座和翻领外缘拔开得过多，否则会产生波纹。

贴缝领面至领里

与平驳领的领面一样，翻领的领面采用机缝或手缝至领里。可以将领面和领里缝合后再缝至衣身领口线上，或者先将领里缲缝至领口之后再贴缝领面（参见第255页）。

以下说明中，采用机缝法将领面缝至领里，再将衣领缝至衣身领口上。与塑型操作一样，说明中的步骤可以进行调整。

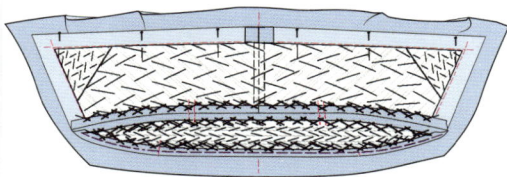

步骤1 将领面固定在领里上

- 将领面固定到领里上。
- 正面相对叠放在一起，对齐领里的后中缝和领面的标记缝。
- 领里在上，从后中心线开始对齐并用大头针固定边缘接缝线。
- 将大头针朝向领角固定，稍微松弛领面。
- 从距离领角2英寸（约5厘米）处开始，松弛领面并固定，以两端的标记缝线为参照。

高级定制提示

很多粗花呢以及厚重松散的羊毛织物，都可以比精纺毛织物拔开量更多。其他织物，比如织造紧实的亚麻织物、棉织物、丝织物，则只能稍作拔开。

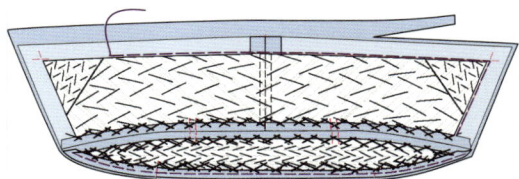

步骤2 粗缝领面和领里

- 少量拔开衣领两端并用大头针固定。
- 翻转衣领，检查确认两端的松量是否一致。
- 沿着衬布边缘铅笔标记的接缝线，将领面和领里粗缝在一起。
- 修剪缝份至 $\frac{1}{2}$ 英寸（约1.3厘米），缝合之后可做更多修剪。
- 熨烫粗缝后的接缝线，有助于控制缝合时的松弛度，还可帮助确定放松量的多少。

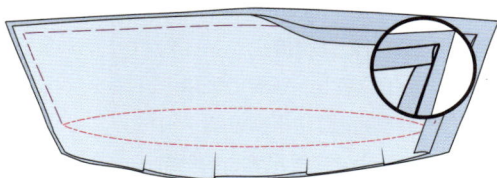

步骤3 检查衣领

- 在机缝之前检查衣领。
- 将缝份依次折叠。
- 将衣领正面翻出，以查看衣领外观是否美观。在翻领角时用尖压器平整接缝。检查粗缝过的衣领，确保领面在领折线处折叠后平顺地覆盖于领里上。
- 如果衣领不够美观，拆除粗缝线，重新粗缝翻面。

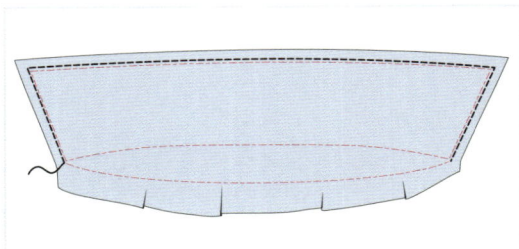

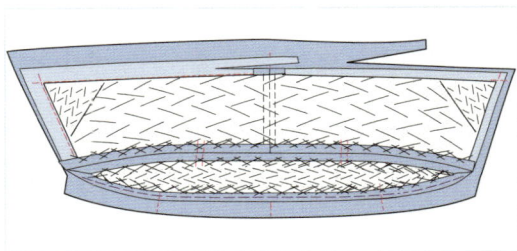

高级定制提示

为了避免产生烫痕，用柔软的棉线、丝线或者手工绣线粗缝。

步骤4　缝合衣领

- 正面相对将领面和领里叠放在一起，缝合时拔开领里。由于已经粗缝，任何一层在上方都可操作。
- 拆除边缘的粗缝线迹。
- 将接缝熨烫平整。

步骤5　熨烫并修剪缝份

- 用小烫板将接缝熨开。
- 将领面的缝份修剪至 $\frac{3}{8}$ 英寸（约1厘米）。
- 将领里的缝份修剪至 $\frac{1}{4}$ 英寸（约6毫米）。
- 必要时修剪领角。

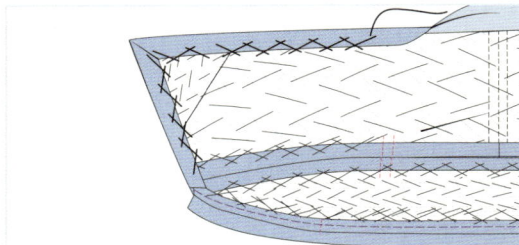

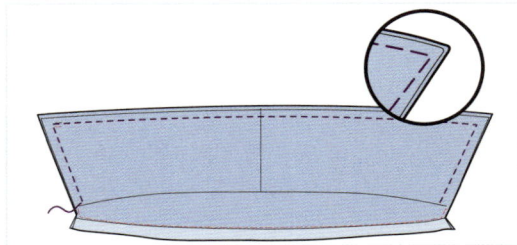

步骤6　三角针处理缝份

- 将衣领放在烫垫上，只熨烫领角。
- 用三角针将领里缝份平整地缝于衬布上。
- 为了防止缝份在领角起皱，折叠缝份，并将它们平整地缝于衬布上。

步骤7　将衣领正面翻出

- 将衣领正面翻出。
- 领里朝上握住衣领。
- 将接缝稍微卷向领里，刚好能看到接缝。
- 在距离接缝线的边缘 $\frac{1}{4}$ 英寸（约6毫米）处粗缝。
- 将领里朝上放置，熨烫边缘。
- 不要把领折线烫平。

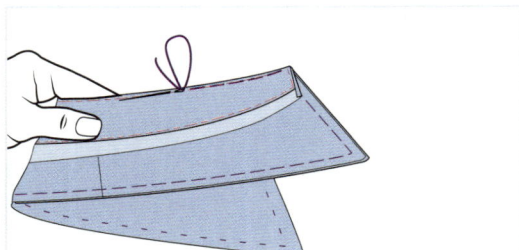

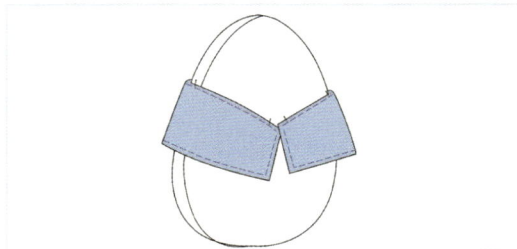

步骤8　沿领折线粗缝

- 沿领折线接缝折叠衣领。
- 抚平领面并将其固定在领里上。
- 沿领折线粗缝。
- 检查衣领。根据需要修正或重新制作衣领。
- 如果领折线处有较多余量，采用丝线短距粗缝来减小松量，并用蒸汽使其归拢。

步骤9　固定在烫凳上

- 如果还没有准备好将衣领粗缝至衣身，将衣领别在烫凳上保持形状。

青果领

青果领有时也称塔士多翻领，外观很容易辨识。不同于平驳领设计，这种款式优雅的领型没有串口线。青果领外缘造型线平顺连续，可设计领角，或在领外缘上设计缺口。可为单排扣或双排扣门襟，或者无门襟设计。通常领面配以对比色面料，常见于燕尾服、晚礼服套装和外套。

青果领的领面在后中心线都设计有拼接缝。在时装设计中，领面和前身挂面可为一片式裁剪，前身挂面一直延伸至下摆。或者领面在翻折点下方设计一条拼缝线，与前身连裁挂面相连接。第二种方法的优点是领面可以选用不同颜色或者质地的面料，这在燕尾服设计中十分常见。

领里可为独立裁片，也可与上衣前身为一片式裁剪。无论采用哪种方式，领里的后中心线都有一条拼接缝，且缝制方法都是一样的。两种类型的领里都可手缝或机缝至领围线上，领外缘线也可以采用手缝或机缝完成。独立的

领里更容易缝制，可以和领口没有接缝地贴合，领外缘更加松弛，翻卷起来更美观，需要的面料也更少。

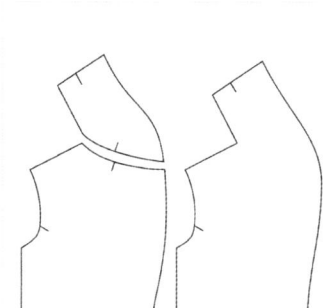

以下说明中，设计有独立的领里，领面采用手缝完成。领面与衣身前片一片式裁剪，延伸至下摆。如果样板上领里和衣身前片一片式裁剪，可以参考样板设计的相关书籍来制作独立的领里。

当领面的外缘采用手缝完成时，先制作领面或领里均可。通常最好先完成可见的边缘——即领面和衣身翻折点下方的部分。

这些说明适用于领里和衣身前片为一片式裁剪，且领面采用机缝完成的设计。

加制里衬在青果领装配之前或之后操作均可；如果领里和衣身前片为一片式裁剪，通常是在之后加制里衬。以下说明中，里衬是在衣领装配之后加制的。

左：衣身前片，带有独立的领里。
右：衣身前片和领里一片式裁剪。

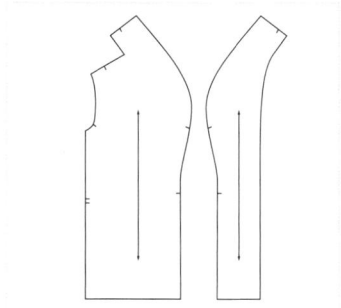

衣身前片，带有独立的领面和前身挂面。

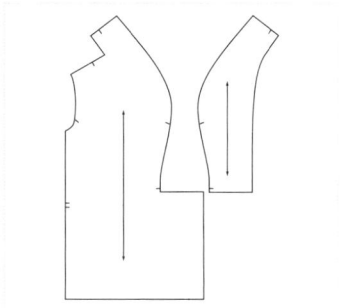

衣身前片，带有独立的领面和延长挂面。

塑型领里和前片

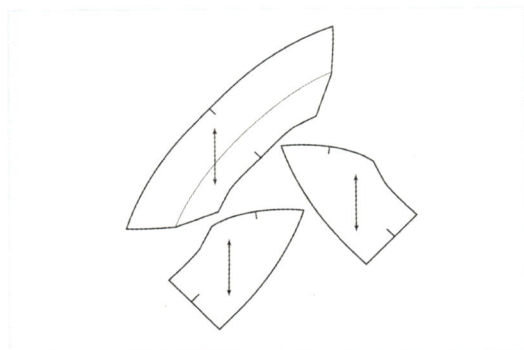

步骤1　裁剪内衬

● 裁剪领里和衣领内衬。

● 如果使用的是一片式领里的商业样板，在后中心线加一条拼接缝，这样衣领两侧就可沿同样的纱向进行裁剪。

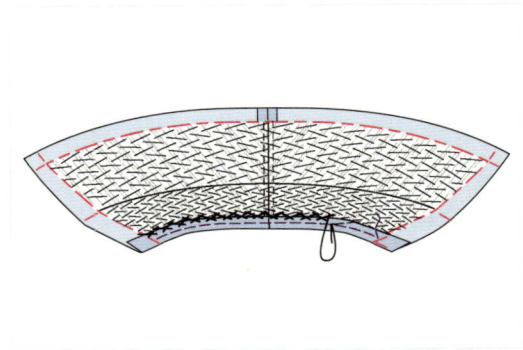

步骤2　人字疏缝领里

● 正面相对，沿后中心线缝合领里，熨烫。

● 在后中心线处搭接内衬并修剪。

● 参见第234页"平驳领"的说明，人字疏缝领里并塑型。

● 熨烫塑型领里。

● 在领围线处折叠领里内衬缝份；从距离边缘 $\frac{1}{4}$ 英寸（约6毫米）处粗缝并熨烫。

● 修剪靠近粗缝线的缝份。

● 用三角针将边缘缝制内衬。

● 拆除粗缝线迹。

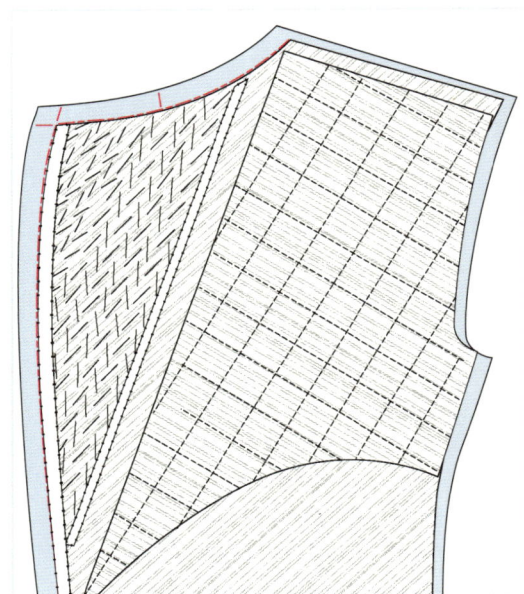

步骤3　人字疏缝前片

● 前片加制内衬并人字疏缝。

● 前身挂面加制内衬并塑型。

● 参见第194页的说明使用牵条成型前片边缘。

贴缝领里

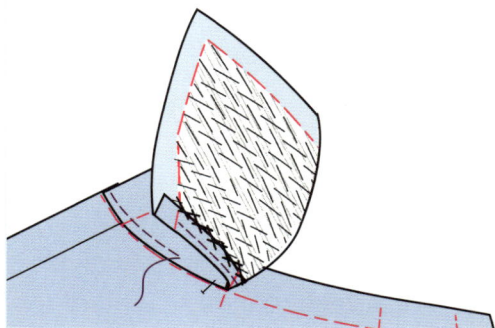

步骤 1　将领里粗缝至领围

- 缝合并熨烫肩缝。
- 从后中心线开始装配领里。
- 握紧领里后中心线中并用大头针固定。
- 对齐领里与领口接缝线，并用大头针固定至距离肩缝 1 英寸（约 2.5 厘米）处。
- 将衣领的一端固定在衣身前片末端。
- 对齐并将领里的领折线固定至衣身前片的折线上，形成一条直线。
- 将衣领小心地固定到肩缝处的领口线，长度 $2\frac{1}{2}$ 英寸（约 6.3 厘米）。
- 对衣领的另一侧重复上述操作。
- 将领里边缘粗缝到位。

步骤 2　粗缝门襟止口

- 在门襟止口的翻折点（翻折线的起点）处的缝份上朝向接缝线做剪口。
- 包裹内衬，折叠并粗缝折线到下摆之间的缝份。

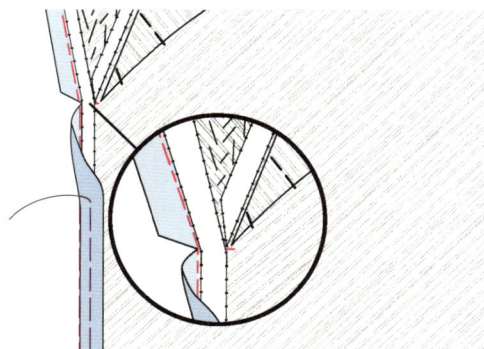

高级定制提示
检查以确认衣领两侧完全对称。

塑型领面

　　一旦对上衣后片做了任何修改，须同步调整领面以吻合领围线。以下说明中，领面一直延续到下摆，与门襟止口贴缝。

步骤 1　加固拐角

- 裁剪领面，缝份为 1 英寸（约 2.5 厘米），纱向与前中心线平行。
- 沿接缝线做标记缝。
- 标记翻折点。
- 用短针距机缝线迹加固拐角。
- 根据需要给领面加衬布或内衬。

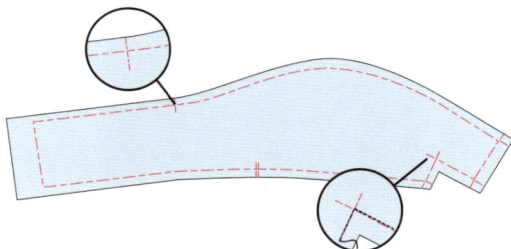

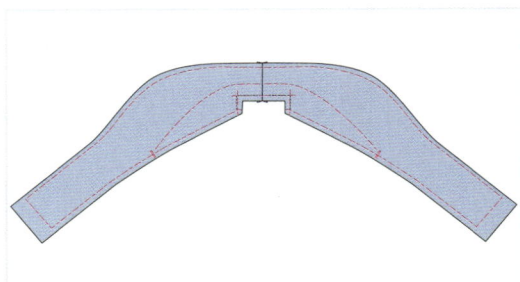

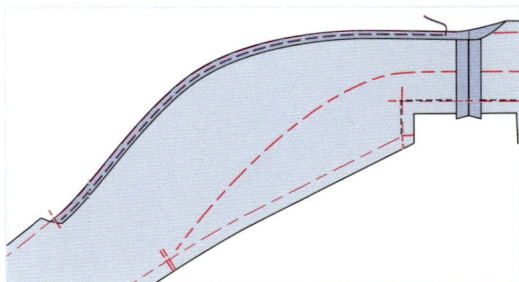

步骤 2　完成造型外缘线

- 领面正面相对,粗缝后中心线的拼接缝。检查合体度,确保领面无须改动,再进行缝制。
- 拆除后中心线的粗缝线迹;将接缝线分缝熨烫。
- 缝制领面的造型线,即领外缘线。
- 以标记缝作为引导,将领面的缝份朝向反面折叠,从翻折点上方 $\frac{1}{16}$ 英寸(约 1.5 毫米)处开始和结束。在距离边缘 $\frac{1}{4}$ 英寸(约 6 毫米)处粗缝。
- 正面朝上,在翻折点处的缝份上朝向接缝线做剪口。

步骤 3　紧贴粗缝线迹修剪

- 在翻折点下方,保留衣领的门襟止口/挂面的毛边,直至上衣边缘缝制完成。
- 检查衣领边缘,确保外缘线平顺美观。
- 反面朝上,小心地熨烫边缘,避免在缝份边缘留下烫痕。
- 紧贴粗缝线迹修剪接缝。
- 如果领面加制内衬,用三角针将领面缝份缝至衬布上。
- 检查边缘确保线条平顺。

领面和连裁挂面

很多领面,特别是外套上的领面,在翻折点下方有一条水平的拼接缝,将领里和连裁挂面拼接在一起,连裁挂面和衣身前片为一片式裁剪。连裁挂面和领面由一条水平拼接缝连接。参见第 194 页的说明,在牵条成型前片边缘之后对前片拐角进行加固。

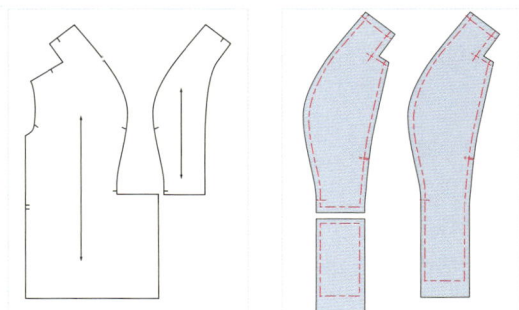

固定领面

青果领的领面和前身挂面的缝制方法和平驳领相同。在翻折点上方，领面边缘超出领里约 $\frac{1}{16}$ 英寸（约 1.5 毫米）。折边在翻折点附近 1 英寸（约 2.5 厘米）处对齐。如果设计有独立挂面，在翻折点下方，前片超出挂面 $\frac{1}{16}$ 英寸（约 1.5 毫米）。

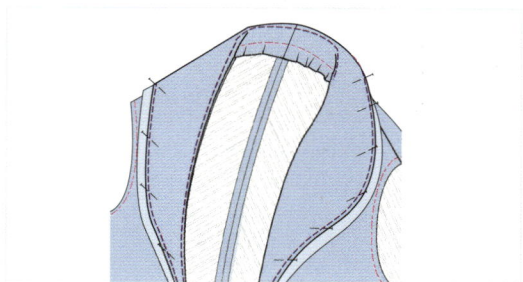

步骤 1　固定领面

- 反面相对，将领面置于领里和前片上，使已经完成的领面边缘盖住领里标记缝约 $\frac{1}{16}$ 英寸（约 1 毫米）。
- 距离已完成的领面边缘 $\frac{1}{4}$ 英寸（约 6 毫米）处粗缝。
- 在领里和驳头上方沿领折线抚平领面。沿领折线粗缝。
- 小心地抚平领面并用大头针固定。

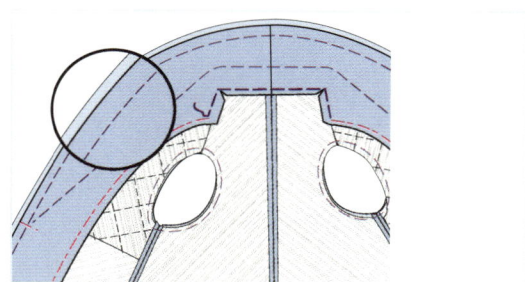

步骤 2　修剪并粗缝边缘

- 修剪领里和门襟止口的缝份，使它们超出领面 $\frac{1}{4}$ 英寸（约 5.5 毫米）。
- 用大头针固定，然后将领面的领口线粗缝至衣身。
- 根据需要修剪拐角。

> **高级定制提示**
> 如果领面使用缎面织物，采用新的缝针固定和粗缝，避免在领面织物上留下针痕。

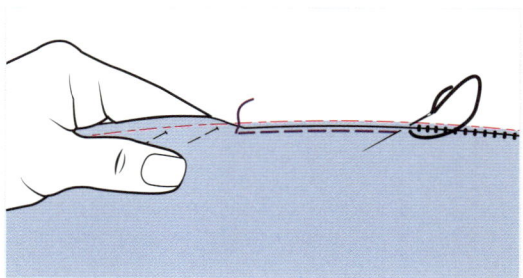

步骤 3　完成领外缘造型线

- 将领置于最上层，将领里毛边向内翻折并固定，使领面超出 $\frac{1}{16}$ 英寸（约 1.5 毫米），在翻折点上方 1 英寸（约 2.5 厘米）处结束。粗缝。
- 在翻折点处对齐折边，刚好在翻折点下方结束。
- 将边缘粗缝在一起。
- 用明缲针将领里边缘缝至领面，在翻折点下方 1 英寸（约 2.5 厘米）处结束。
- 拆除粗缝线迹；从反面轻轻熨烫。

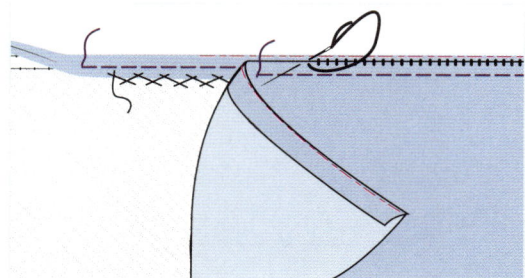

步骤 4　完成门襟止口

- 折叠门襟止口的缝份固定至反面，完成门襟止口和翻折点下方的挂面。粗缝。
- 紧贴粗缝线迹修剪。
- 用三角针将缝份缝至衬布上，熨烫。
- 将挂面的缝份向内翻折并固定，距离折边 $\frac{1}{16}$ 英寸（约 1.5 毫米）。粗缝。
- 用明缲针将挂面边缘缝至前片。
- 完成挂面并加制里衬。

立领

　　立领与其他领型大不相同。与平驳领、翻领和青果领这些有领座和领面的款式不同，立领只有领座，没有领面。领折线即衣领的上缘。它是可可·香奈儿（Coco Chanel）的最爱，经常用于设计考究的开襟羊毛上衣，也可以用于运动风格或日常穿着的上衣。

　　根据面料选择、上衣款式和生产成本的不同，立领也有多种变形设计。主要的两种样式——类似尼赫鲁领的直立领和造型立领，常用于成衣和时装。在领口打开时，直立领有时被用来创造特殊的效果；造型裁剪的立领搭配紧密质地的面料或满印图案的面料效果极佳。造型立领被裁剪成直条状并塑型成曲线吻合领围线，适合成衣的批量生产，常用于条纹、方格和格纹面料，视觉更加美观。

这件阿诺德·斯嘉锡的设计特色是立领远离颈部。衣领的两端更宽，以搭配U型领口，与U形领口相得益彰。

制作立领

　　立领可以先缝制所有立领边缘再缝至领围线上。或者领口边缘可以先不缝制，然后机缝至领围线上。这里主要说明如何将直立领塑型成曲线，手工完成后再手缝至领围线上。

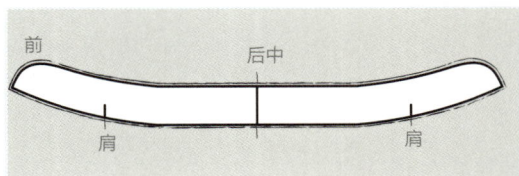

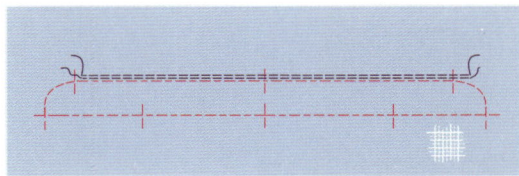

高级定制提示
　　有些香奈儿的上衣立领在上缘有装饰性的镶边。

步骤1　制作样板
- 要制作原型样板，先制作造型立领的净样板。
- 如果使用商业样板，需修剪掉衣领样板缝份。
- 用平纹细布（白坯布）或无纺内衬来制作塑型后衣领的模板。

步骤2　塑型衣领和内衬
- 衣领沿直纱和横纱裁剪均可，根据面料设计而定。
- 裁剪一块比成品衣领长和宽多2英寸（约5厘米）的矩形。
- 在矩形上给衣领的宽度做标记缝。
- 如果领端是圆弧造型，参照样板做曲线标记缝。
- 采用短针距沿衣领上缘做两排松弛的粗缝线迹。

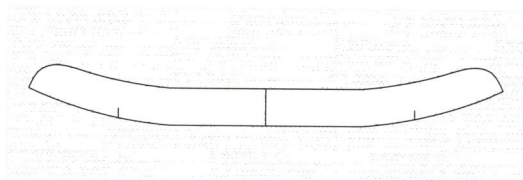

步骤3 裁剪内衬

- 用塑型后的立领样板裁剪内衬。

- 内衬的纱向可以是横纱、直纱或者斜纱。

- 在内衬上标记所有对位点，包括前中、后中和肩缝。

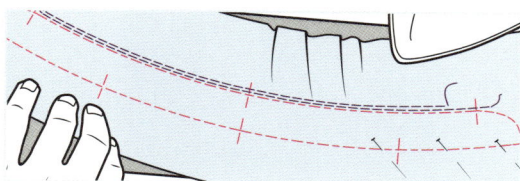

步骤4 塑型衣领

- 根据模型，稍微拉紧松弛的粗缝线迹以塑型衣领。重复操作直到衣领为所需的形状。有些面料容易归拢；有些比较难以处理。

- 反面朝上，熨烫衣领以使上缘松量归拢。

- 修剪多余的面料，留出 $\frac{1}{2}$ 英寸（约1.3厘米）的缝份。

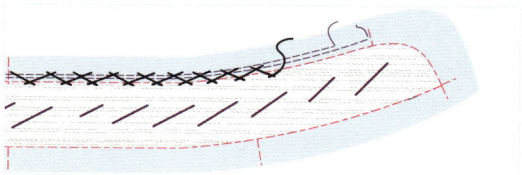

步骤5 粗缝内衬

- 将内衬固定至衣领的反面。

- 用长针距斜针缝在中部将各层缝在一起。

- 用三角针沿接缝线将内衬边缘缝到衣领上。

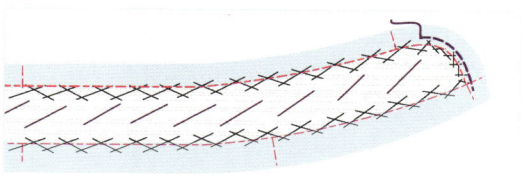

步骤6 三角针缝制内衬

- 塑型衣领两端的曲线，在曲线上方的缝份上粗缝一排短针距线迹，距离内衬 $\frac{1}{8}$ 英寸（约3毫米）。

- 如果有领角，斜接缝份（参见第132页的"斜接边角"）。

- 将两端和上缘折至反面；在距离边缘 $\frac{1}{8}$ 英寸（约5.5毫米）处粗缝。

- 紧贴粗缝线迹修剪接缝。

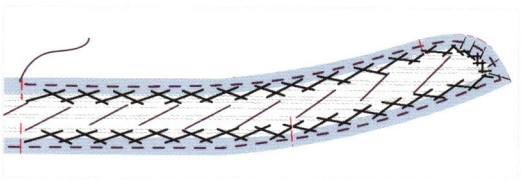

步骤7 完成边缘

- 折叠衣领下缘，将缝份固定至内衬，根据需要均匀松量。

- 在距离边缘 $\frac{1}{4}$ 英寸（约5.5毫米）处粗缝。

- 紧贴粗缝线迹修剪接缝。

- 内衬一面朝上，用熨斗尖端熨烫衣领边缘以收紧曲线处过于宽松的部分。

- 用压板拍打以平整曲线和领角。

- 用三角针将缝份平贴在衬布上。

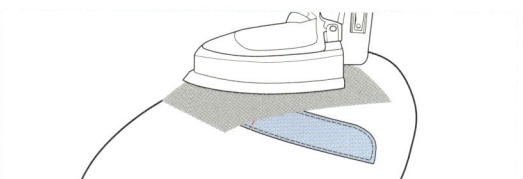

步骤8 熨烫衣领

- 拆除粗缝线迹。

- 如有需要可做明线装饰。

- 在烫凳上用垫布熨烫衣领，或反面朝上在羊毛垫布上熨烫，保持两端圆润。

- 如果还没有准备好将衣领缝至衣身，将其别在烫凳上。

装配衣领

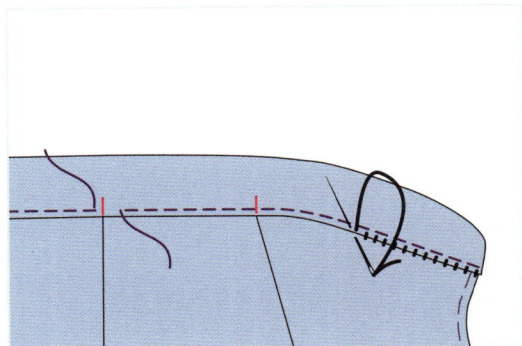

步骤1　将衣领缝至领围线

● 给上衣加制里衬并缝制门襟止口。

● 抚平领口处接缝线的里衬。

● 用短绗针迹将里衬永久地缝至领围线上。

● 折叠门襟止口的缝份固定至反面，和完成后的外观一样。

● 将衣领固定在上衣正面开始装配。从后中心线开始，将衣领下缘对齐领围上的标记缝线和所有对位点。

● 检查以确保衣领两端位于前中心线或者到前中心线的距离一致。

● 正面朝上，从后中心线开始将衣领粗缝至领围线上。

● 用明缲针将衣领永久地缝至衣身上。

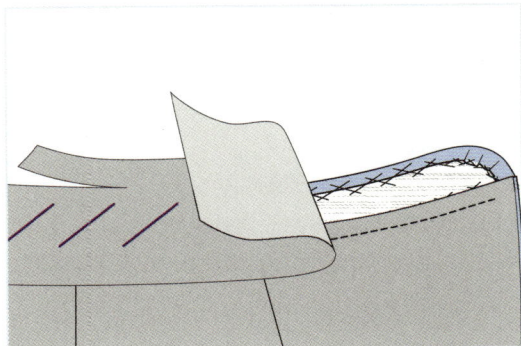

步骤2　粗缝衣领里衬

● 和衣领一样，贴边可以裁剪成型或塑型。

● 用主面料或者对比色织物裁剪一块矩形里衬，斜裁会更容易塑型。

● 将它固定至衣领反面。

● 用长针距斜针缝在中部将衣领和贴边缝在一起。

● 修剪贴边，使它超出衣领两端和上缘约 $\frac{1}{4}$ 英寸（约6毫米）。

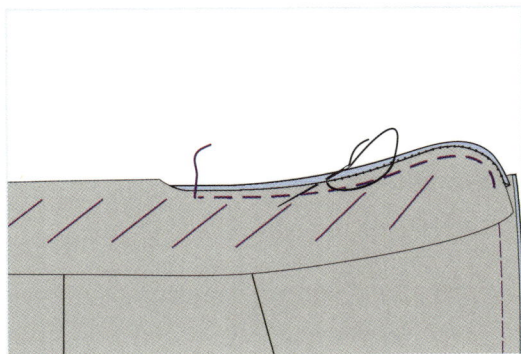

步骤3　明缲针缝制里衬

● 将里衬的边缘向内翻折固定在衣领的两端和上缘处，使贴边距离边缘 $\frac{1}{16}$ 英寸（约1.5毫米）。

● 用斜针粗缝加固贴边。

● 用明缲针将贴边永久地缝至衣领上缘和两端。

● 根据需要，用细针距在距离已经完成的边缘 $\frac{1}{4}$ 英寸（约5.5毫米）处挑针以固定贴边。

● 拆除两端和上缘的粗缝线迹，保留斜针粗缝线迹直到完成领围接缝。

● 里衬一面朝上，熨烫衣领边缘。

完成领口边缘

立领上衣的里衬通常会缝至门襟止口处，而有些上衣的直贴边宽度为2英寸（约5厘米）至4英寸（约10厘米）不等。

领围有多种缝制方法，取决于衣身里衬和衣领贴边的面料。缝份可以倒向衣领或者衣身。抑或是里衬缝份倒向衣身，贴边缝份倒向衣领，这和串口线的缝制方法相同。

以下说明中，衣身里衬缝至门襟止口，领围线缝份倒向衣领。如果衣领贴边是衣身面料或者厚重织物，最好将缝份倒向衣身来完成缝制。

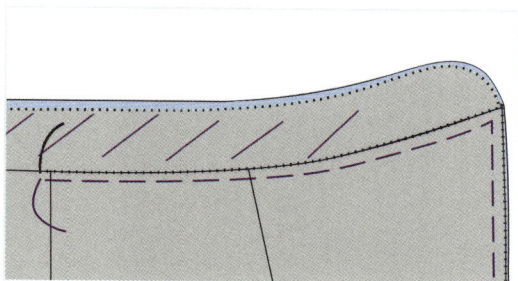

- 衣身里衬一面朝上，朝衣身方向抚平衣领贴边。
- 将衣领贴边缝份向内翻折，然后将其在领口边缘粗缝，根据需要修剪缝份以减少面料体积。
- 用明缲针完成贴边的领口边缘。
- 拆除粗缝线迹，然后轻轻熨烫。

左图的上衣是香奈儿1971年最后一个系列的设计作品。塑型立领，镶嵌海军蓝羊毛织物。这件上衣是为不对称体型设计的。右边的罗德与泰勒（Lord and Taylor）复制作品为斜裁衣领，表面贴缝罗纹缎带作为装饰。

第九章

衣　袖

衣袖有许多种造型和样式：按长度可分为长袖、短袖、七分袖；按围度可分为宽袖或窄袖；造型上可以在袖窿处设计碎褶、塔克和褶裥，也可以在手腕处设计普通袖口或花式袖衩。所有的衣袖可分为两个基础的类型，即装袖（衣袖和衣身分开裁剪）和连身袖，如连肩袖和插肩袖。

在定制上装中，既可采用一片式或两片式装袖，也可采用连身袖。通常两片式装袖更为常见，巴黎世家是为数不多的经常使用连身袖的设计师之一。

本章对衣袖的各个方面作了介绍，包括合体衣袖的标准、减少袖山松量、塑型大袖、袖山加衬、归拢袖山松量、悬饰衣袖、袖头和支撑垫、平整袖山，袖衩和袖口，连肩袖和插肩袖，以及格纹和条纹图案的安排。

家庭缝制衣袖、成衣衣袖、高级时装衣袖和全定制服装衣袖之间的主要区别在于缝制工序。对于家庭缝制和成衣衣袖，先将衣袖与衣身缝合，再处理袖摆并加制里衬。而在高级时装和定制服装中，则是先缝制袖摆、加制里衬，再将完成后的衣袖与衣身缝合。

一开始，这样的顺序似乎有些本末倒置。但事实上，单独处理分开的衣袖和衣身更容易，而且将完整的衣袖与衣身缝合，也能避免在缝制过程中产生褶皱。

左图：定制上衣中很少采用一片袖，但运用在这件伊夫·圣罗兰的休闲旅行上衣中外观效果却极好。

中图：这件迪奥上衣的两片袖在袖山顶端有一根小绳子。

右图：这件由香奈儿设计的三片袖，袖衩位于袖中线上，使得穿着时装饰效果更为抢眼。

合体衣袖标准

以下说明主要针对上衣和外套的基础装袖。

- 衣袖应该平顺地贴合手臂和肩部，使手臂的活动不受约束。

- 衣袖应当在袖窿处平顺地接合至衣身，并呈圆柱状从肩部自然悬垂。

- 袖窿接缝须包裹手臂，不能有束缚感或过量间隙，从正面或背面观察时，它们应平行于服装的中心线。这些垂直接缝线与从肩部到腕部的衣袖轮廓线在视觉上形成延续。

- 从肩部上方观察，袖山顶端的袖弧线应是一条直线。

- 在正面和背面，腋下接缝曲线隐藏于衣身上部向下延伸的小褶皱中。

- 衣袖的垂直纱向应从肩点处笔直悬垂，与衣身侧缝对齐，并垂直于地面，而袖宽线、袖山线和袖肘线的水平纱向则应与地面平行。

- 袖山应保持形状，不软塌，袖窿接缝附近不能有多余的褶纹、起皱和凹陷。前袖山的松量须集中在袖山顶部以覆盖突出的肩关节，后袖山的松量则均匀分布于肩点至后袖对位点之间。

- 衣袖的肘部应适当宽松，即使手臂在放松状态下，肘部也会稍微弯曲。手臂自然下垂时，衣袖和衣身的腋下部分应平顺地垂下，衣袖外侧边缘轮廓也应是垂直的。

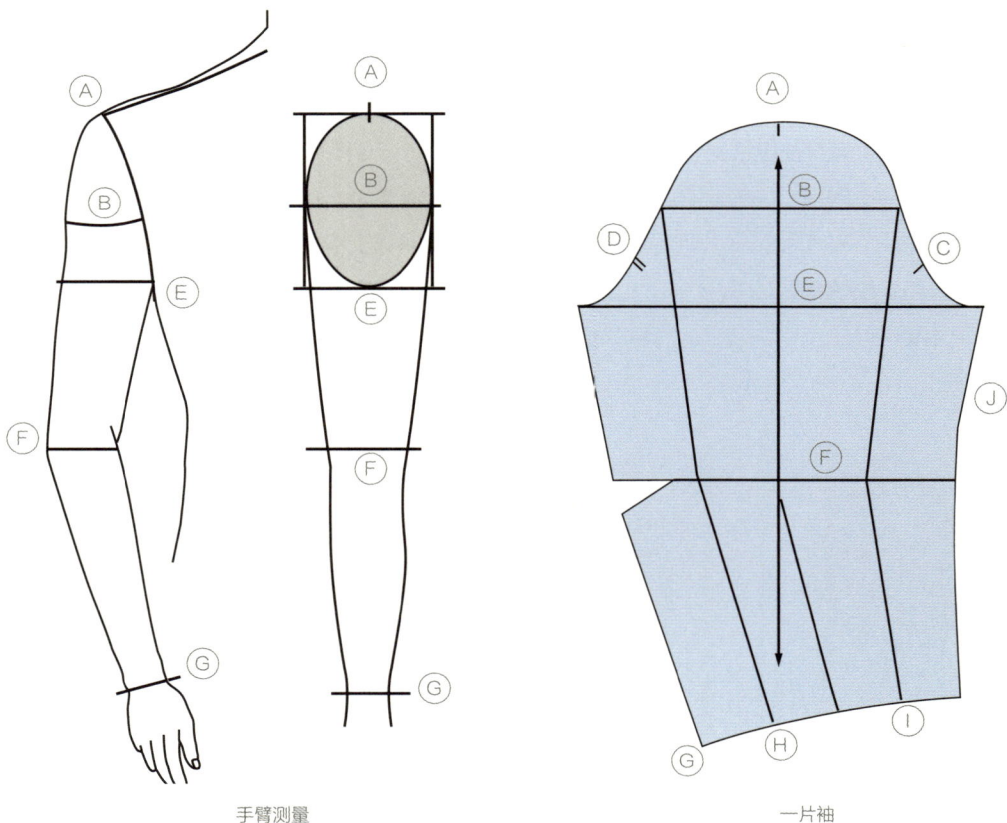

关键词
A 肩点
B 袖山线
C 前袖对位点
D 后袖对位点
E 袖宽线
F 袖肘线
G 腕围线
H 后袖中心线
I 前袖中心线
J 腋下接缝

手臂测量

一片袖

术语

理解基本的衣袖术语以及衣袖和手臂的关系，是成功缝制衣袖的关键。第272页的图示为衣袖与手臂的关系图。

肩点 衣袖上的最高点，匹配人体肩部的端点。肩点通常位于肩缝上或在肩缝附近。

垂直纱向 作为直纱裁剪的衣袖和标记袖山中线、袖宽线和袖肘线水平纱向的参照；在直筒长袖上直至手腕处。

袖中线 自肩点向下直到手腕中心。在肘部以上，袖中沿直纱；在肘部以下，则转向手腕中心。在直筒袖中，袖中线从肩点到手腕中心都是沿直纱方向。

袖山底 袖山底根据袖宽线而定，袖山底部为横纱。

袖山线（袖山宽） 位于肩点和袖宽线中间的水平纱线。

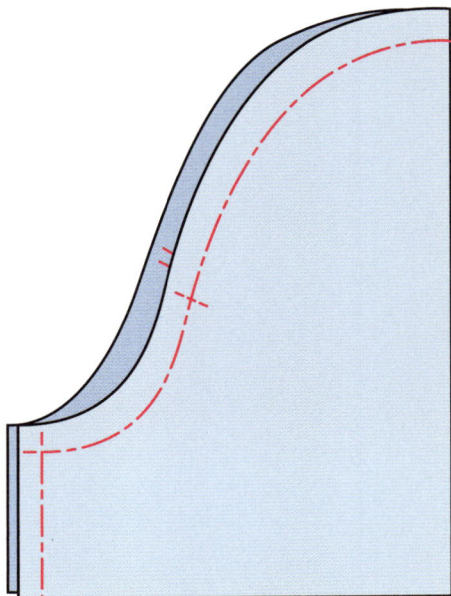

高级定制提示
上衣的肩缝越长，袖山越短。

袖山 有时也称为袖冠，是袖宽线和肩点之间的区域。前袖山略高略宽来适应向前突出的肱骨；腋下的袖山弧线能让手臂不受限制地向前活动。后袖山足够深，以保证手臂向前摆动时接缝不会裂开或撕坏面料。在左下方的图示中，将衣袖对折以比较前后袖山的差异。

袖山高 袖中线处肩点至袖宽线的距离。袖山高由当下的潮流趋势和人体的肩部形状决定。同时也受到肩缝长度和垫肩高度的影响。当添加垫肩时，袖山高和肩缝会随之增高。

袖山弧线 袖山顶部的接缝线。

袖山松量 即袖山弧线和袖窿弧线之间的尺寸差。一般是1英寸（约2.5厘米）至2英寸（约5厘米）。（参见第265页"装袖和衬衫袖比对"）。

平衡记号 平衡记号用于手臂与躯干接合处，被用来指示袖山上部松量的起止位置。平衡记号标记在前后袖山上，前袖山一个对位点，后袖山两个对位点。在两片袖上，袖肘线的前缝上也有对位点，大袖对位点之间的距离比小袖的短。在一片袖上，对位点位于接缝线上，在袖山线下方约$\frac{3}{4}$英寸（约2厘米）处。

装袖的前袖山有一个对位点，后袖山有两个对位点。

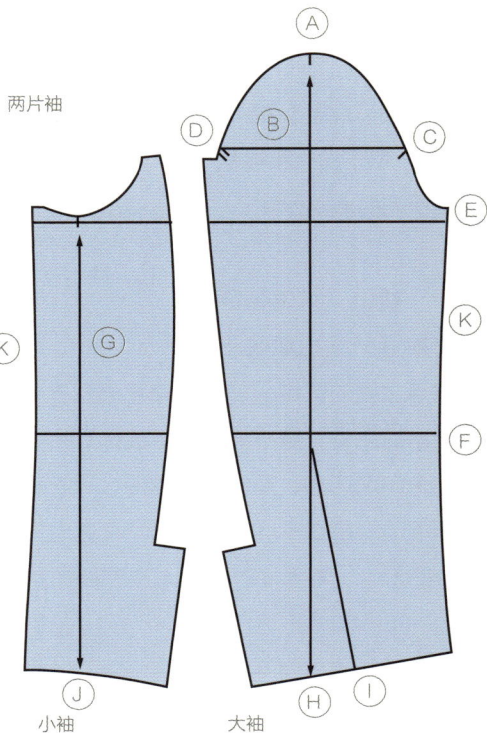

两片袖

关键词
A 肩点
B 袖山线
C 前袖对位点
D 后袖对位点
E 袖宽线
F 袖肘线
G 后袖中心线
H 布纹线
I 前袖中心线
J 袖衩
K 前袖缝

小袖　　大袖

两片袖　衣袖被分成围度不等的两个裁片，即大袖和小袖。无肘省设计。

大袖　占据整个衣袖围度尺寸的三分之二。在成品上衣外观中最为显眼。

小袖　占据整个衣袖围度尺寸的三分之一，上衣穿着时不可见。

前袖缝　有时也称为短袖缝或内袖缝。前袖缝在肘部的弯曲处连接大袖和小袖。在大袖上，前袖缝的长度比后袖缝短。

后袖缝　有时也称为长袖缝或肘缝。后袖缝在肘部连接大袖和小袖。

袖衩　袖衩位于后袖缝末端。

袖肘线　位于肘部的水平纱向。合体衣袖中，在此插入省道或者松量，为肘部弯曲时提供宽松度。

肘省　袖肘省的设计是为了让衣袖的形状符合手臂的曲线，并为肘部弯曲时提供宽松度。在高级时装中，通常会把肘省转化为松量。

前袖中心线　也叫前臂中心线，它标记了前袖的中心，从前袖山延伸至手腕。

后袖中心线　标记后袖的中心，从后袖山线经过袖肘省尖点再延伸至手腕。有时也用来作为后袖缝和袖衩的参照线。

上衣装袖和衬衫袖比对

　　袖山松量和袖山高之间的关系与服装的功能直接相关。如果仔细观察传统定制上衣和休闲衬衫的衣袖，这种关系就不难理解。定制衣袖的袖山较高，有1英寸（约2.5厘米）或者更多的松量，而衬衫袖的更为平直，几乎没有或仅有极少松量。上衣装袖悬挂平顺，袖宽线处的横纱与地面平行，没有任何斜向褶纹。衬衫袖的横纱朝肩点方向弯曲。从肩点到腋下有斜向褶纹。对于不同的穿着场合，无论是商务还是晚宴，定制上衣的外观、舒适性和运动松量同等重要。

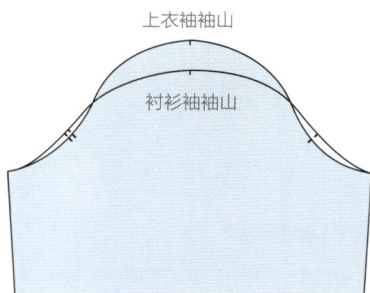

左图：伊夫·圣罗兰
右图：巴黎世家

上衣袖袖山

衬衫袖袖山

定制衣袖

　　一般而言，定制上衣的衣袖也是定制的，袖型为两片袖，分为大袖和小袖。与一片袖相比，定制衣袖可能会有更高的袖山，因此悬垂效果也更好；肘部通过接缝成型；手腕处通常设置袖衩；带里衬。前袖缝有时也称为短袖缝或内袖缝，比后袖缝或肘缝更短，后袖缝起始点更高并延伸至肘部。

两片袖塑型

　　两片袖塑型有两种方法：沿前袖缝拉伸大袖或收缩大袖的后袖缝以吻合小袖。一般来说，裁缝师更偏爱前者，但第二种方法的样板更为常见，这部分内容对两种方法都有说明。

　　以下说明适用于首次试衣时塑型平纹细布（细棉布）衣袖。在对衣袖进行试穿和校正后，参照此说明来制作面料裁剪的衣袖。

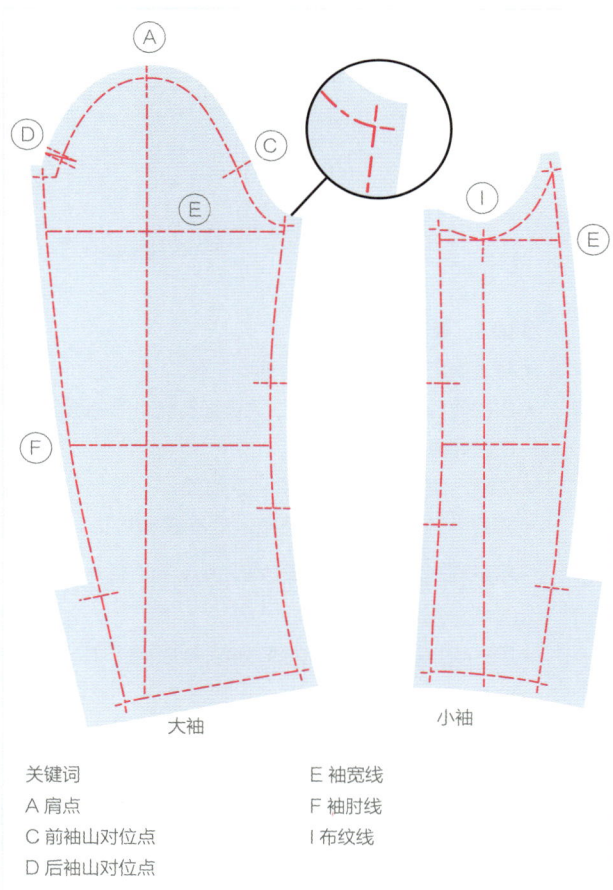

大袖　　　　小袖

关键词	E 袖宽线
A 肩点	F 袖肘线
C 前袖山对位点	I 布纹线
D 后袖山对位点	

方法一　拔开前袖缝

在将大袖和小袖缝合之前先将大袖塑型，这样它就能不起褶、不扭曲地随手臂的形状自然弯曲。为此，需要在肘部拔开前袖缝。

商业样板中，在肘部的前袖缝上用两个小圆圈来标记需要拔开的部分，小袖上也用小圆圈用以标记对应的部分。测量之后，大袖上的圆圈间距比小袖上的要短 $\frac{1}{4}$ 英寸（约6毫米）至 $\frac{3}{8}$ 英寸（约1厘米）。

以下关于带袖衩两片袖的说明同样适用于无袖衩衣袖。

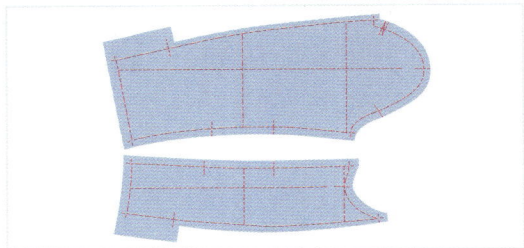

步骤1　标记衣袖

● 在接缝线和布纹线上做标记缝，用短行粗缝（疏缝）来标记圆圈和对位点。

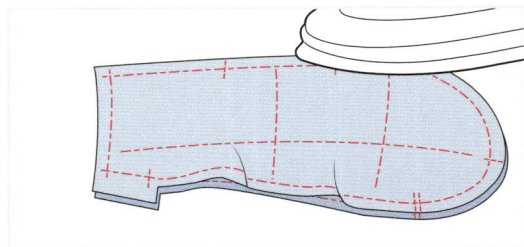

步骤2　折叠边缘

● 将大袖前边缘向反面折叠约 $1\frac{1}{2}$ 英寸（约3.8厘米）。

● 注意折叠边缘为直线，且裁剪边缘已成型。

● 展开边缘。

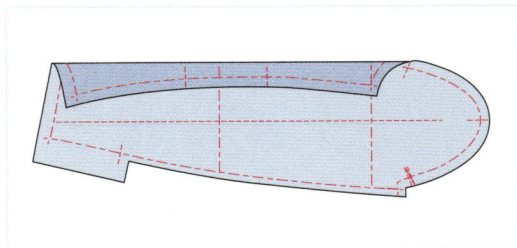

步骤3　拔开前缝

● 将大袖正面相对叠放在一起。

● 放在烫台上，注意将袖山放置在右侧，前袖缝放置在远离操作者的位置。

● 用蒸汽熨烫或者用湿海绵润湿肘部。

● 将熨斗放在肘部上方几英寸处的接缝线上，使其与接缝线重叠约1英寸（约2.5厘米）至 $1\frac{1}{2}$ 英寸（约3.8厘米）。

● 用左手握住手腕附近的边缘并将它向操作者拔开，尽量伸展。

● 翻至另外一面，再次熨烫拔开。

● 如果拔开量不够，继续重复操作。

● 当松开边缘时，大袖将不再平整。

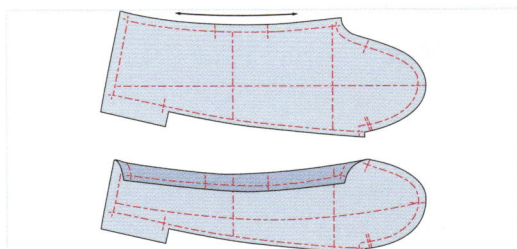

步骤4　熨平褶皱

● 将大袖前边缘折回约 $1\frac{1}{2}$ 英寸（约3.8厘米），和开始时一样。

● 这时折叠边缘为曲线，且裁剪边缘与折边的距离是均等的。

● 如果肘部有褶皱，用蒸汽在折叠边缘上方1英寸（约2.5厘米）处蒸烫，并用手拍打以去除褶皱。

高级定制提示
接缝线拔开量有限，因为边缘是凹形曲线。

方法二　归拢后袖缝

在许多商业样板中，衣袖是通过归拢大袖的后袖缝以吻合小袖来塑型的。需要归拢的部分在接缝线上用两个小圆圈来表示。

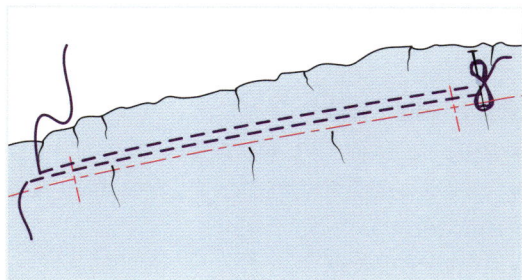

步骤1　在圆圈之间松弛地粗缝大袖

- 在后袖接缝的两个圆圈之间，在接缝线上缝一排松弛的短针距粗缝线迹，然后再在 $\frac{1}{8}$ 英寸（约3毫米）外的缝份上缝一排同样的粗缝线迹。
- 根据需要拉紧松弛的粗缝线迹。
- 将两端的缝线在大头针上绕"8"字形进行固定。

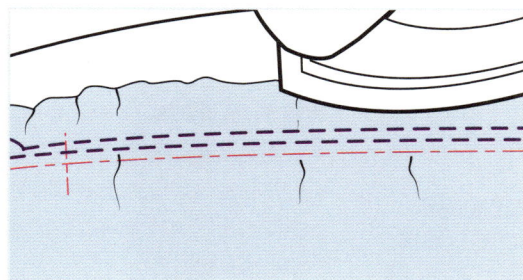

步骤2　归拢后袖缝松量

- 将衣袖反面朝上放在烫凳或者烫垫上。
- 用熨斗的蒸汽在粗缝线迹上方蒸烫。
- 用手大力拍打粗缝线迹以平整松量。
- 归拢松量时，小心整烫，避免起皱。
- 将熨斗与接缝线重叠约2英寸（约5厘米），以平顺地减少松量。
- 归拢衣袖其余的松量。

高级定制提示
如面料不易收缩，可以稍微拉紧粗缝线迹再归拢。继续操作直至面料归拢到理想的程度。

装配衣袖

参照上述任一方法完成衣袖塑型。

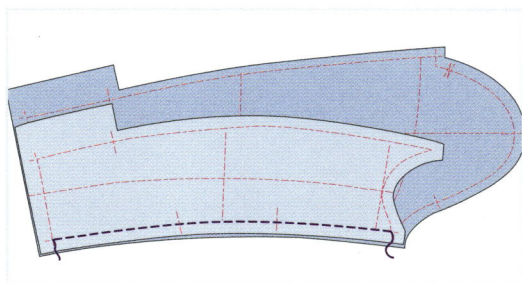

步骤1　缝合大袖和小袖

- 匹配对位点，将大袖和小袖粗缝在一起。
- 缝合前袖缝。
- 拆除粗缝线迹。

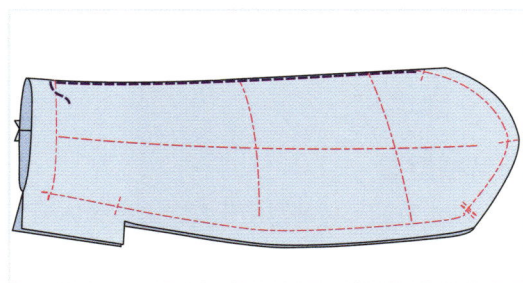

步骤2　标记袖中线

- 对齐后袖接缝边缘折叠衣袖。
- 用粗缝线迹为折线做标记。

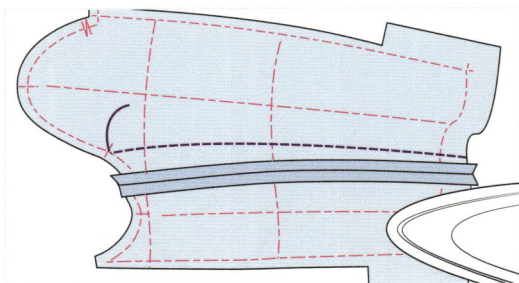

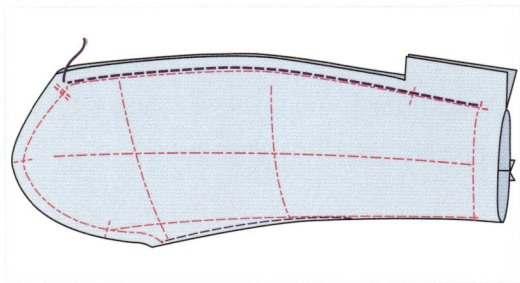

步骤3　熨烫衣袖

- 反面朝上熨烫接缝线。
- 打开衣袖，反面朝上放在平整的烫台上，这样就可以将大袖和小袖分别熨烫。
- 将小袖朝接缝方向抚平至布纹线标记缝，让大袖的其余部分起皱。
- 从手腕处开始分缝熨烫接缝线。
- 沿袖中心线的标记缝熨烫。

步骤4　粗缝后袖缝

- 整理衣袖使大袖平展，再次熨烫。
- 大袖和小袖正面相对叠放在一起，对齐并固定接缝线和对位点。
- 从手腕处开始粗缝。
- 将接缝线熨烫平整。

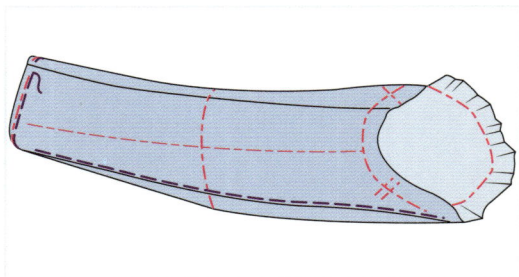

步骤5　顶层挑缝后袖缝

- 将衣袖翻至正面。
- 将接缝线向小袖折叠。
- 穿过所有面料层顶层挑缝，距离接缝线 $\frac{1}{4}$ 英寸（约6毫米）处，使其保持平整。
- 将袖摆向内翻折并粗缝到位。
- 塑型第二只衣袖，然后放在一边准备试衣。

一片袖塑型

　　基本款的一片袖常用于女式上装和休闲上装中。衣袖只有一条接缝线，肘部的成型通过后袖的省道实现。

　　一片袖肘省的问题之一是如何定位，以保证手臂弯曲或自然下垂时省道都处于正确的高度。在高级时装中，解决办法是将省道转化成松量。这样衣袖的外观成型度极佳，肘部也没有影响视觉美感的省道。

　　以下说明用于首次试衣时塑型平纹细布（细棉布）衣袖。在对衣袖进行试穿和校正后，参照此说明来制作面料裁剪的衣袖。

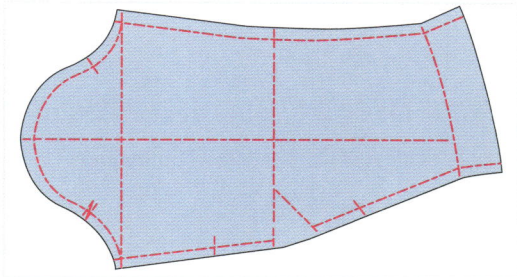

步骤1　标记衣袖

- 在接缝线和布纹线上做标记缝，标记对位点和省道。

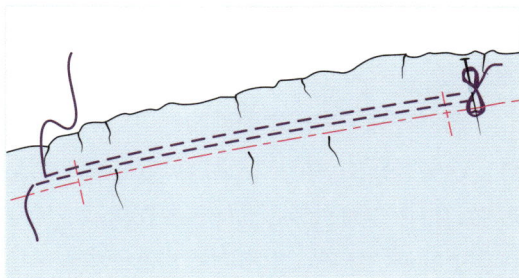

步骤3　归拢后袖缝松量

- 从第一个对位点前 $\frac{1}{2}$ 英寸（约1.3厘米）和第二个对位点后 $\frac{1}{2}$ 英寸（约1.3厘米）处沿后袖接缝松弛地粗缝。

- 在接缝线上缝一排松弛的短针距粗缝线迹，然后再在 $\frac{1}{8}$ 英寸（约3毫米）外的缝份上缝一排同样的粗缝线迹。

- 根据标明的量拉紧松弛的粗缝线迹。

- 将两端的缝线在大头针上绕 "8" 字形进行固定。

- 将衣袖反面朝上放在烫凳或者烫垫上。

- 用熨斗的蒸汽在粗缝线迹上方蒸烫。

- 用手大力拍打粗缝线迹以平整松量。

- 归拢松量时，小心整烫，避免起皱。

- 归拢衣袖其余的松量。

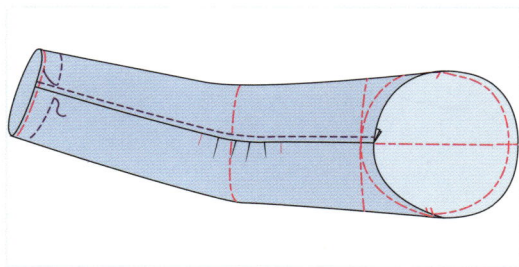

步骤2　组装衣袖

- 粗缝肘省。

- 正面相对折叠衣袖，粗缝腋下接缝。

- 检查合体度。

- 标记接缝线上的对位点，分别位于粗缝省道的上方和下方 $1\frac{1}{2}$ 英寸（约3.8厘米）处。

- 拆除省道和接缝线上的粗缝线迹。

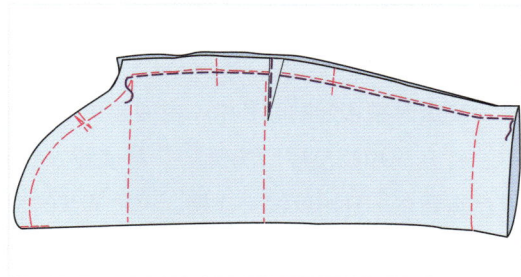

> **高级定制提示**
> 由于面料不易收缩，要在省道上下方2英寸（约5厘米）处做标记。

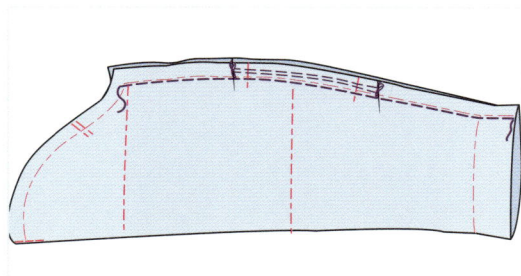

步骤4　粗缝腋下接缝

- 正面相对折叠衣袖，对齐并固定接缝线和对位点。

- 从手腕处开始粗缝。

- 将接缝线熨烫平整。

> **高级定制提示**
> 将熨斗与接缝线重叠1英寸（约2.5厘米）至2英寸（约5厘米），以平顺地减少松量。

步骤5　顶层挑缝接缝线

- 将衣袖翻至正面。

- 将接缝线向前袖折叠。

- 穿过所有面料层顶层挑缝，距离接缝线 $\frac{1}{4}$ 英寸（约6毫米），使其保持平整。

- 将袖摆向内翻折并粗缝到位。

悬挂衣袖

高级时装和定制服装中，衣袖要先加制里衬，并完成袖衩及袖口的缝制，再装配衣袖，这就需要在一开始就试穿衣袖。经验丰富的裁缝师在衣身试穿时就会同时试穿或悬挂衣袖，但在学习过程中，最好先试穿衣身，再试穿衣袖。

以下说明适用于面料制作的衣袖。如果一开始没有制作坯布衣袖，现在可以考虑制作和试穿平纹细布（细棉布）衣袖。当面料需要匹配纹样时，先制作和试穿平纹细布衣袖是不错的选择，这样可以在平纹细布上绘制出面料纹样。

裁剪面料之前试穿平纹细布衣袖有明显的优势：衣袖的长度和其他任何问题都能在裁剪衣袖之前得到修正和解决。特别是在用格纹、条纹和其他需要精准匹配纹样的面料时，这一点尤为重要。

手臂的围度、长度和斜度都会影响衣袖的合体度。袖斜度是根据个人的体型体态和手臂自然下垂的位置来决定的。标准体型的手臂是竖直向下垂放（图3）或稍向前的，但有些女性的手臂会非常靠前（图1）或非常靠后（图2）。

商业样板和常规制图说明都只适用于正常体。这些样板的对位标记通过肩部和腋下的前后袖对位点作为引导，这样衣袖在常规或标准体型上的悬挂就不会出现问题。直纱垂直于地面，袖宽线的横纱与地面平行。

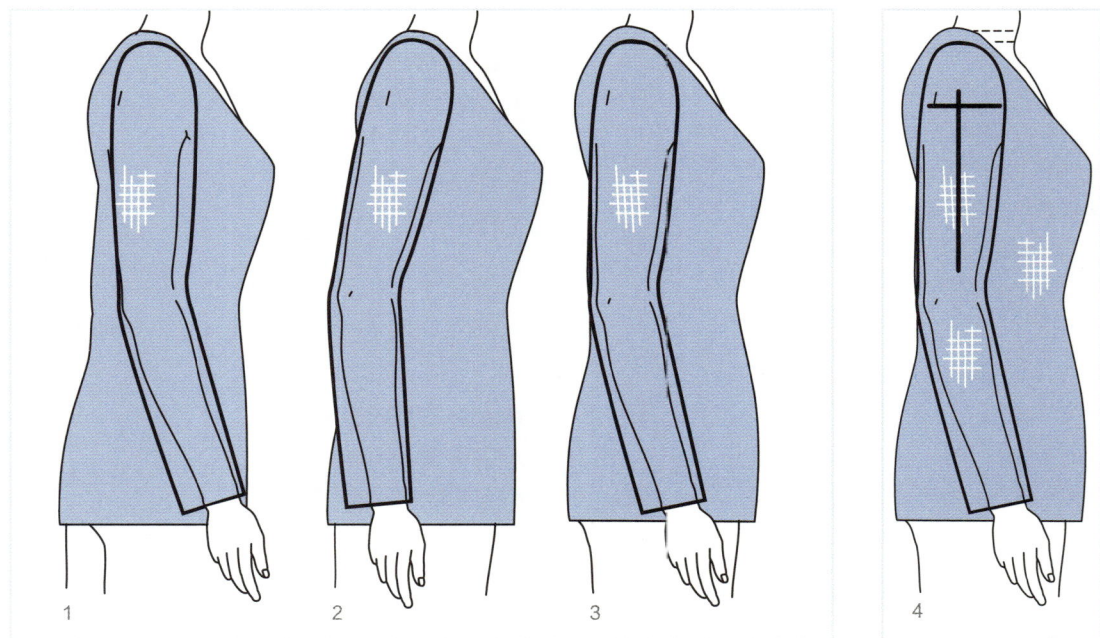

1

2

3

4

衣袖试穿

以下说明适用于两片袖试穿。衣袖可以在首次试衣时试穿，但在衣身试穿和修正之前，一般衣袖无法很好地进行试穿，所以衣袖的合体度一般是在第二次试衣时试穿。以下说明可用于平纹细布衣袖或一片式衣袖的试穿。最好将两只衣袖一起试穿；如果只试穿一只衣袖，建议试穿手臂更长的那一只，因为通常来说手臂的长度不会完全一样。

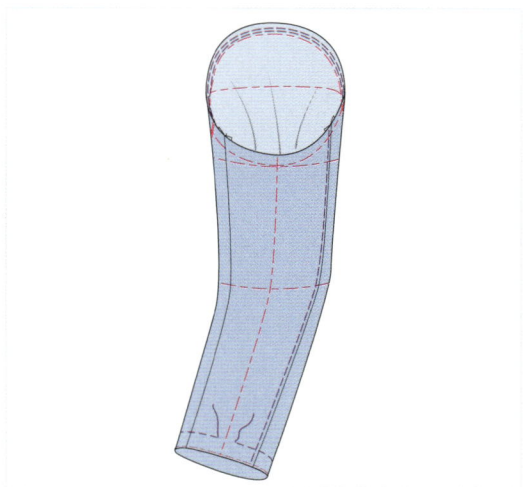

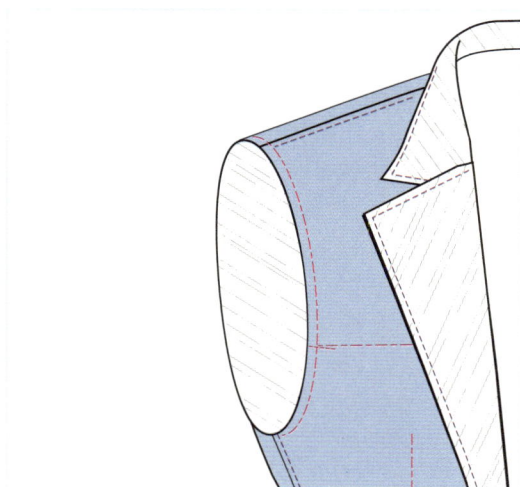

步骤1　衣袖准备

- 裁剪衣袖，留出1英寸（约2.5厘米）的接缝余量和2英寸（约5厘米）的袖摆缝份。
- 用标记缝在接缝线、袖摆、对位点、袖宽横纱、袖山线、袖肘和直纱上做记号。
- 在袖山前袖对位点到后袖对位点之间缝两至三排粗缝线。
- 塑型前袖缝并参照第265至269页的说明来组装衣袖。
- 将袖摆向内翻折并在边缘粗缝。

步骤2　准备衣身首次试衣

- 将衬布粗缝到位。
- 将衣身各裁片粗缝在一起。
- 粗缝垫肩至衣身。
- 比较衣袖和袖窿的尺寸。袖山弧线至少要比袖窿弧线长1英寸（约2.5厘米）。

高级定制提示
衣袖悬挂由袖斜度决定。

标记新的对位点

- 在衣身上用单线从距离接缝线 $1\frac{1}{2}$ 英寸（约3.8厘米）处开始。
- 挑一到两针。
- 在靠近接缝线的地方倒缝一针。
- 不要剪断缝线。
- 继续缝到衣袖上，在靠近接缝线的地方倒缝一针，然后再缝几针。
- 剪断接缝线处的缝线。

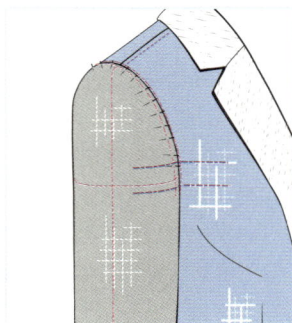

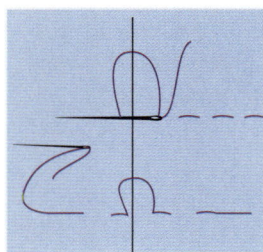

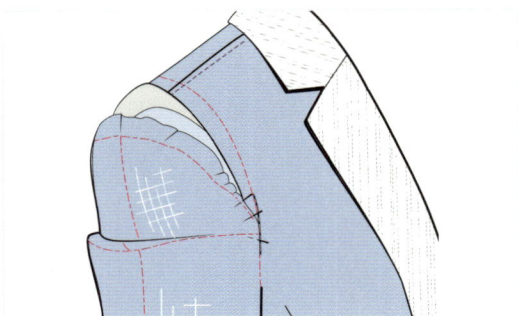

步骤3　装配衣袖

- 将上衣穿在人台上，把衣袖套入手臂。
- 参照衣袖上的接缝线标记，把袖山顶部的缝份向内翻折（也可以让缝份保持平展）。
- 将衣袖顶部固定至衣身。大头针和衣袖接缝线呈直角。
- 检查确保衣袖腋下曲线贴合人体的腋下形态。
- 参照剪口把衣袖固定至袖窿，衣袖和衣身的接缝线对齐。大头针与接缝线呈直角。
- 在袖山顶部和剪口的中间位置再次用大头针固定。此处面料的松量在装配衣袖时收紧。

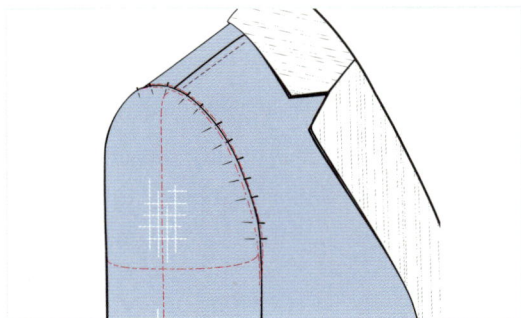

步骤4　检查合体度

- 手臂垂下时，检查袖山线和袖肘线的横纱。
- 如果袖肘线太高或者太低，就在衣袖上做记号。
- 检查衣袖上部。
- 前后袖都应自然下垂，没有紧绷或者起皱。
- 袖中线的纱向垂直于地面，横纱平行于地面。
- 在肩点处，根据需要将衣袖向前或向后移动，直到中心线的纱向垂直于地面。

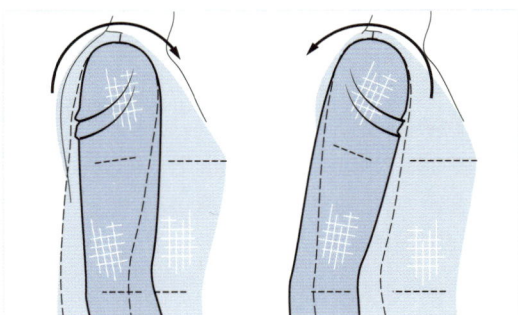

高级定制提示
在一片袖上，通过弯曲手臂来确保肘省正确定位。

步骤5　调整定位

- 如果袖山顶部到后袖对位点之间有褶皱，可以顺时针转动袖山使袖宽处的横纱与地面平行。
- 如果褶皱一直延续至前袖缝，则逆时针转动袖山直到横纱与地面平行。
- 腋下无须用大头针固定。
- 无须担心袖中线和衣身的肩缝或者前后袖对位点不匹配。穿着者的体态会影响肩缝和衣袖的垂放位置。

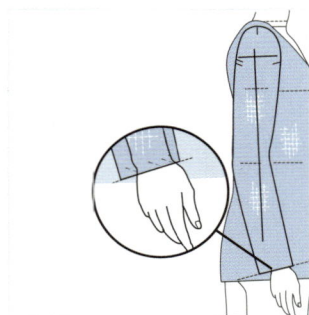

步骤6　调整记号

- 移除衣袖之前，标记袖长。
- 当手臂位于身侧时，前袖末端应刚好位于腕骨下方。
- 一片袖的内袖或者袖下缝末端应位于手掌中心。
- 在衣袖上标记新的对位点以表示所做的更改。不要移动衣身上的对位点和对位记号。
- 在衣身正面用标记缝标记新的对位点、肩点和其余对位点，如果有必要，在移除衣袖之前进行这一步操作。
- 将这些记号转移到原来的样板上（参见第271页方框内的说明）。
- 在平纹细布衣袖上用铅笔标记新的对位点。

匹配格纹

选用格纹面料比素色面料或粗花呢更具挑战性。但如果能将衣袖面料纹样匹配得极具吸引力，也会很有成就感。衣袖和衣身前片上水平方向的色条必须对齐，但在后片很少能匹配。衣袖的裁剪同样重要，如果裁剪得当，竖直方向的色条从正面看会产生令人愉悦的视觉美感。

这件伊夫·圣罗兰1982—1983的秋冬高级时装是对齐横竖格纹的绝佳案例。首先关注胸部的横向色条，色条底端刚好位于手臂褶痕的下方，也就是手臂和躯干接合的位置，此处为对位点。

这件上衣中，对位点位于两条奶油色条纹下方的前袖对位点或对位记号处，在对位点上，横向的格纹是匹配的。观察上衣正面的竖直色条，主要条纹的间距在目光从衣身移到衣袖上时几乎是相同的。如果间距更宽或更窄，当视线集中于衣袖时，整体的设计就不会这么有美感。

仔细观察衣袖。衣袖中心附近有一条竖直的色条，但色条的中心不在袖中线上，大约在肩缝前侧 $\frac{1}{4}$ 英寸（约6毫米）的位置。但这并不重要，重要的是正前方的视觉观感，而不是侧面。

前后肩缝长度不同，匹配肩缝前中和后中的面料纹样比对齐肩缝长度更重要。在高级时装和定制上衣中，肩缝长度很少相同，后肩缝应比前肩缝长 $\frac{1}{2}$ 英寸（约1.3厘米）。

以下关于匹配格纹的说明也适用于匹配条纹或印花纹样。

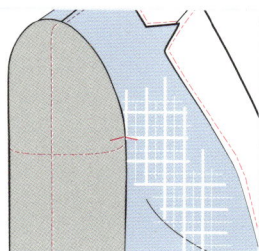

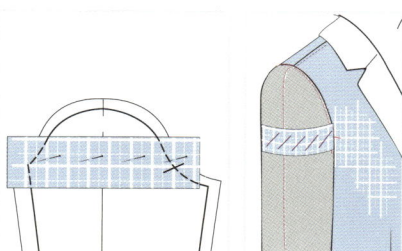

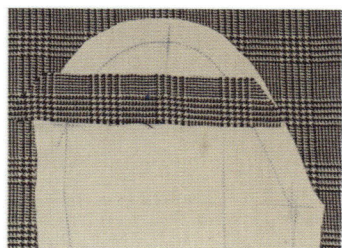

步骤1 规划位置

- 用一只平纹细布衣袖来规划格纹位置。
- 在衣身和平纹细布衣袖没有试穿和校正之前，先不要裁剪衣袖面料。
- 将平纹细布衣袖粗缝至衣身。
- 找到前袖对位点或手臂起褶处的对位记号。
- 在平纹细布衣袖上标记对位点。
- 测量格纹图案的宽度。
- 选一条和刚才标记过的对位点匹配的竖直色条。
- 以格纹的宽度为参考，测量此宽度以标记衣袖上的竖直色条。

步骤2 匹配衣身前片和衣袖的格纹

- 裁剪一块宽约7英寸（约18厘米）、长约3英寸（约7.5厘米）的格纹面料，与衣身对位点处的格纹相匹配。
- 仔细地将这块面料固定在平纹细布衣袖上，将横向色条在对位记号处匹配，竖直色条与衣袖上的记号和平纹细布上的纹样匹配。
- 挪动裁剪的面料，使衣身上的最后一条竖直色条和衣袖上的第一条竖直色条之间的距离视觉上与衣身前片条纹的间距相等。
- 将条纹粗缝到位。
- 将上衣穿在人模上，检查横竖色条的位置是否正确，纱向是否对齐。

步骤3 检查面料条纹是否与平纹细布纱向对齐

- 移除衣袖和粗缝线迹，将衣袖平放。
- 修剪格纹布条末端，确保它们不超过样板的裁剪边缘。
- 如果格纹不均衡或者面料上印有图案或织有纹样，需在另一只衣袖上重复上述操作。
- 修剪平纹细布衣袖的缝份或将格纹位置转移到纸样上。
- 将未剪裁的衣袖面料正面朝上铺开。把纸样放在面料上，使衣袖纸样上格纹位置和未剪裁的面料相匹配。

塑型袖山

以下是关于袖山塑型的说明，适用于平纹细布衣袖，以及在加制内衬前后、缝合之前或加制里衬之后的面料衣袖的首次试穿。

高级时装中，袖山是通过手工粗缝抽缩而成型，但针脚必须很短。很多裁缝师可以不用粗缝抽缩就能装配衣袖，但这要求有多年的实践经验。对于经验较少的人来说，用机器粗缝抽缩才能确保最好的效果。

如果衣袖已经加制了里衬，则将它朝手腕处折叠。

给机器装上丝线或棉线，准备粗缝抽缩。调松面线，将针距设置为每英寸10针（约2.5毫米针距）。如为轻质面料，可将针距设置为每英寸12针（约2毫米针距）；如为厚重面料，则将针距设置为每英寸8针（约3毫米针距）。

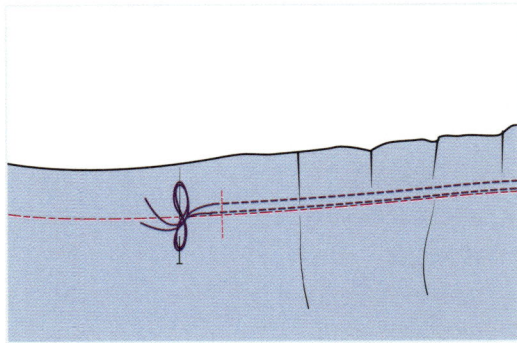

高级定制提示
缝纫时针脚要足够长，便于拉起底线；但也不能太长，避免面料在针脚中起褶。

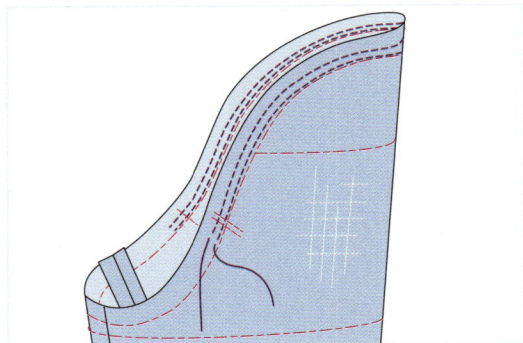

步骤1　粗缝抽缩袖山
- 正面朝上缝制，在袖山上缝两排松量粗缝线。
- 第一排线缝在缝份上，刚好在接缝线内。

高级定制提示
固定大头针时，可挑起一小块面料，将线尾紧绕在大头针上。

- 第二排线也缝在缝份上，距离第一排缝线约$\frac{1}{4}$英寸（约6毫米）。
- 松量粗缝线从前袖对位记号之前$\frac{1}{2}$英寸（约1.3厘米）开始，在后袖对位记号之后$\frac{1}{2}$英寸（约1.3厘米）结束，这样在拉缩缝线时，松量的起始处就能保持平顺。

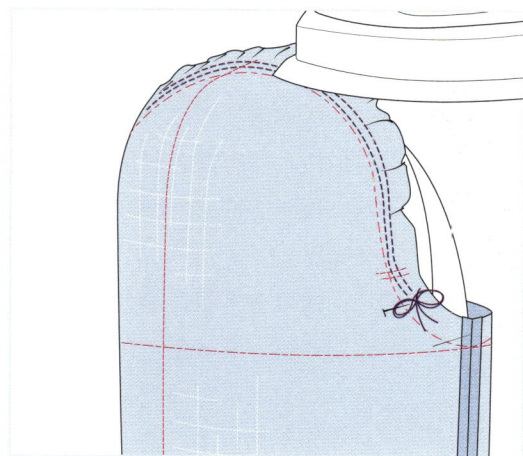

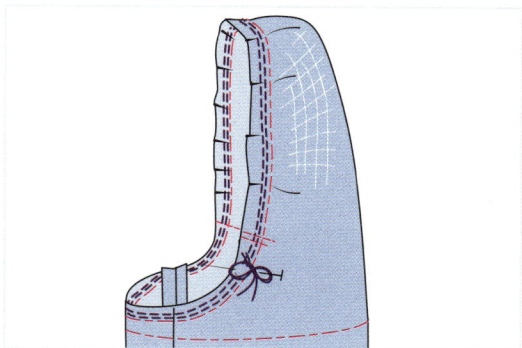

步骤2 拉缩粗缝线

- 同时拉缩两根底线。
- 仔细将松量拉移到肩点。
- 将缝线在大头针上绕"8"字形固定一端，另一端缝线则保持松动。

步骤4 填充纸巾

- 如果不准备立即完成衣袖的缝制，则用纸巾填充袖山，然后将它们固定在衣架端部。
- 在准备将衣袖永久地缝合至衣身之前，试衣时标记衣袖上所有作过改动的地方——长度或者对位记号。
- 试衣后，将衣袖从衣身上移除，然后拆除袖摆和后袖缝处的粗缝线迹，让衣袖平放。反面朝上熨烫衣袖并进行校正。

步骤3 归拢松量

- 将袖山反面朝上整理好之后，放置于小烫垫、袖垫板或肩架的端部。
- 用蒸汽熨斗来收紧松量，使袖山与袖窿更好地匹配。
- 为避免袖山变形和产生褶皱，稍微拉紧松弛的粗缝线；归拢松量。
- 继续拉紧缝线收缩，直到袖山测量值比衣身上对应的接缝线测量值小 $\frac{1}{8}$ 英寸（约3毫米）。
- 将线头绕在大头针上固定来控制松量。
- 不用担心袖山松量的调整，除非已经把它固定或粗缝在袖窿上。
- 用力将缝份熨平。
- 蒸汽熨烫袖山顶部，收紧接缝线上的松量并去除波纹。
- 为了避免袖山归拢过多，不要把熨斗与接缝线重叠超过1英寸（约2.5厘米）。

> **高级定制提示**
> 在华伦天奴的工作室里，熨斗在袖山上的位置延伸到2英寸（约5厘米）处来去除多余的松量。在一块平整的烫垫上进行操作。

袖摆和袖衩

衣袖可设计为普通袖口和开衩袖口。如果是普通袖口，就会配以简约的袖摆，缝制饰带或者装饰物。

如果有开衩，要么是经典的定制袖衩，要么是精致的装饰袖衩。如果是定制袖衩，袖摆应在开衩处平顺过渡，搭门和底襟的长度相同。女式上装中，弧线造型的袖衩搭门并不少见，且长度比底襟短。有的袖衩搭门位于后袖片，而底襟位于前袖片。

纽扣数量少至一颗，多至九颗。袖衩可以是可开合的，也可以是不可开合的；可以是常规扣眼或装饰扣眼。

经典袖衩常用于定制服装的袖口和后袖缝上。袖衩上已加制里衬，使袖口可以打开，也可以翻折。在大多数男女式上装中，缝线扣眼都是在加制里衬之前制作的。通常在男式上装中，两个扣眼是可开合的，而另外两个扣眼是不可开合的。缝线扣眼在加制里衬之前或之后都可以制作。

袖衩和袖摆应在试穿衣袖和确定袖摆之后缝制。在里衬加制之后可以立即或稍后进行操作。以下说明中，衣袖已经试穿完成，后袖缝上的粗缝线也已被拆除。

袖口内衬常采用斜裁棉衬、缎面欧根纱或者轻质衬布。商业样板提供了复制衣袖下边缘的内衬样板。也可以制作一个类似的样板或者棉衬，后者是多数裁缝师偏爱的选择。棉衬是一种预裁宽度为2英寸（约5厘米）、3英寸（约7.5厘米）和4英寸（约10厘米）的棉质内衬，也可以选用斜裁的轻质衬布或欧根纱布条。

普通袖口

一些女式上衣采用无衩的普通袖口。衣袖造型为一片袖或是两片袖；可以在加制里衬之前或之后处理袖摆。以下是关于两片袖袖口的制作，也适用于一片式。即使没有袖衩，给袖口加制内衬也是必不可少的。内衬可以增加袖口厚度，减少褶皱和手腕贴附感，使袖摆更平顺且不易产生波纹。斜裁袖口内衬，宽度为2英寸（约5厘米）。

步骤1

- 参照第277页的说明组装衣袖，用棉衬给袖口加制内衬。最好在衣袖平放时加制，也可在缝合接缝线之后完成此操作。

- 稍微拉紧棉衬，这样当衣袖翻至正面时，面料会平顺地包裹在内衬上。

步骤2

- 将衣袖正面相对叠放在一起，对齐袖肘处的对位记号，从袖摆至袖窿粗缝后袖缝。

- 缝合后袖缝之前，将衣袖翻至正面以确保内衬不会太紧或太长。

- 在袖中线处的棉衬下边缘做剪口，然后在两侧约2英寸（约5厘米）处再做剪口，这样手腕处的棉衬向内翻折时就不会被约束。

- 机缝后袖缝。拆除粗缝线并将接缝线熨烫平整。

步骤3

- 把衣袖放在袖垫板或分离板上，分缝熨烫接缝线。

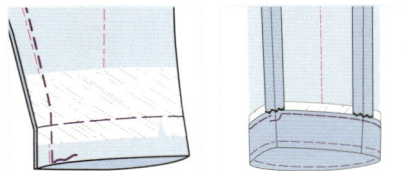

- 准确地沿袖摆线将缝份折至反面。

- 在折边上方 $\frac{1}{4}$ 英寸（约6毫米）处粗缝。熨烫袖摆边缘。

- 在缝份上边缘下方 $\frac{1}{4}$ 英寸（约6毫米）处粗缝。

- 用三角针将袖摆永久地缝在前袖缝的缝份上。

- 将衣袖翻至正面，然后完成另一只衣袖。

- 将衣袖放到一边准备加制里衬。

测量并标记袖摆

定制上衣的袖摆应至少1英寸（约2.5厘米）宽，最宽可以为4英寸（约10厘米），有贴边时甚至可以更宽。

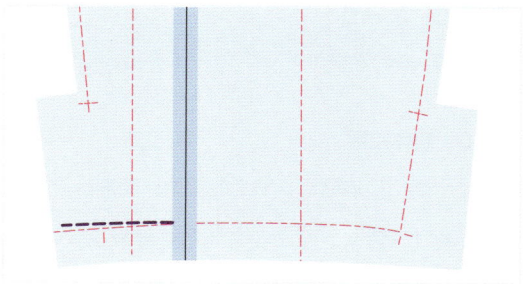

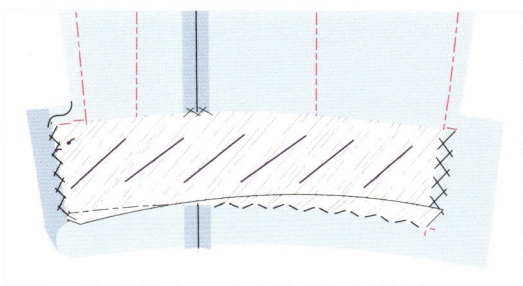

步骤2　加制袖口内衬

- 裁剪两条宽度为4英寸（约10厘米）的棉衬，长度比袖口宽度多1英寸（约2.5厘米）。如果没有更宽的尺寸可用，就用2英寸（约5厘米）宽的棉衬裁剪成两条短衬条作为袖衩内衬。
- 熨烫内衬，使它稍微呈弧度，以模拟袖摆造型。
- 内衬曲线长边向内翻折 $\frac{1}{2}$ 英寸（约1.3厘米），熨烫。
- 对齐内衬折边和做过标记缝的袖摆，并将它们固定在一起；用长针距斜针缝粗缝。
- 修剪内衬末端，一端位于袖衩折线处，另一端位于接缝线处。
- 用暗卷缝将内衬折边缝至袖摆，此处针迹可为较宽间距。
- 用三角针将内衬条的末端缝到衣袖上。
- 用三角针将内衬缝到前袖缝缝份上。
- 把底襟延长部分的缝份折至反面，粗缝。
- 熨烫折边。
- 用三角针把折边缝份缝到内衬上。

步骤1　标记袖摆

- 试衣之后，拆除后袖缝上的粗缝线，然后根据需要修改衣袖。
- 给袖摆做标记缝，注意如果在试衣时调整了长度，就采用不同颜色的粗缝线。
- 为了隐藏袖衩底襟的延长部分，重新绘制袖摆，使延长部分短 $\frac{1}{8}$ 英寸（约3毫米）。
- 测量并标记2英寸（约5厘米）宽的袖摆接缝余量。

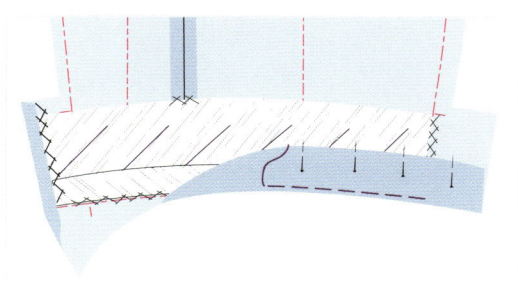

步骤3　将袖摆粗缝至反面

- 将衣摆缝份折至反面并用大头针固定。
- 在衣摆折边上方 $\frac{1}{4}$ 英寸（约6毫米）处粗缝，距离袖衩搭门折线大约2英寸（约5厘米）处结束；轻轻熨烫。
- 在顶部下方 $\frac{1}{4}$ 英寸（约6毫米）处再次粗缝。

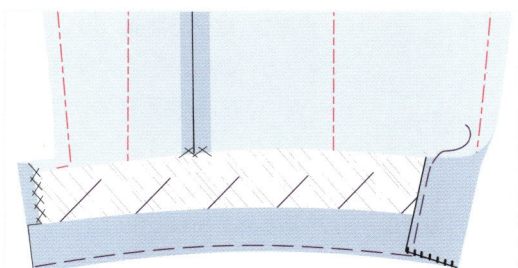

步骤4　处理衩口贴边

- 折叠并将衩口贴边固定在内衬一端。
- 在边角处作一个小斜接角，以减少下摆的体积（参见第90页的"斜接角"）。
- 将衩口贴边粗缝到位，轻轻熨烫。
- 注意袖摆一开始是先折叠底襟，最后折叠搭门。如果上衣穿着时反面可见，那么后者会更美观。

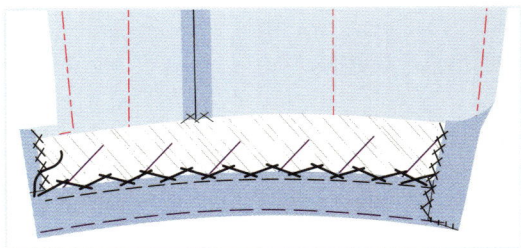

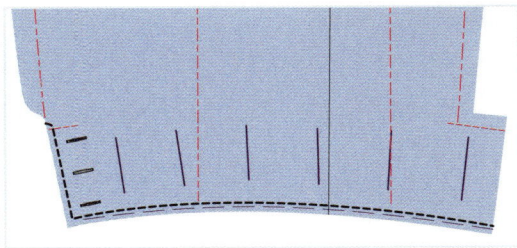

步骤5　处理袖摆

- 在缝份上边缘下方 $\frac{1}{4}$ 英寸（约6毫米）处再次粗缝。
- 用三角针将衣袖折边缝到内衬上。下摆不会有应力，所以针脚间距可以在 $\frac{1}{2}$ 英寸（约1.3厘米）至 $\frac{3}{4}$ 英寸（约2厘米）。

- 用三角针缝制衩口搭门贴边。
- 在底襟末端，用滑针缝把袖摆末端缝到衩口上。
- 拆除粗缝线迹。
- 反面朝上熨烫衣摆边缘和衩口。
- 将衣袖正面朝上。用熨烫垫布再次熨烫。

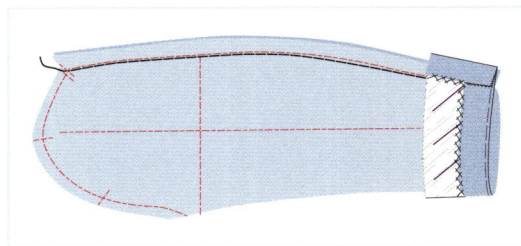

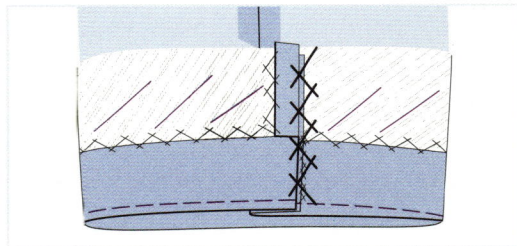

步骤6　制作扣眼

- 垂直于搭门折边标记衣袖上的扣眼，距离折边 $\frac{1}{2}$ 英寸（约1.3厘米）至 $\frac{3}{4}$ 英寸（约2厘米）。衣袖平放时更容易操作。
- 衣袖上可以只有一个纽扣，也可以有多个纽扣。
- 制作扣眼时，在朝向衩口的扣眼末端制作一个小扇形。
- 如果设计需要，可在衩口缉装饰明线。

步骤7　缝合后袖缝

- 大小衣袖正面相对叠放在一起，对齐并固定袖后缝接缝线和对位点。
- 如果在大袖肘部有松量，根据指示对齐所有对位点。
- 从袖衩顶部开始粗缝后袖缝。
- 缝合衩口顶部，拆除粗缝线迹。

步骤8　熨烫后袖缝

- 将接缝线熨烫平整。
- 插入分缝辊或分离板分缝熨烫缝份。
- 使用蒸汽熨烫，必要时用压板来平整接缝。
- 在袖衩顶端做剪口（参见提示）。
- 整理袖衩，然后用三角针缝合袖摆处的袖衩底端。

步骤9　准备加制衣袖里衬

- 检查袖口，确保在袖摆边缘处看不到袖衩底襟，且在开口处与袖摆平顺过渡。
- 处理另一只衣袖上的后袖缝和袖衩。
- 在加制衣袖里衬之前，给袖山加制内衬并塑型——参见第292页的"加制袖山内衬"和第274页的"塑型袖山"。
- 用纸巾填充袖山。
- 加制衣袖里衬（见下页）。

加制衣袖里衬

在高级时装和定制服装中，衣袖在缝至衣身之前就要加里衬，这样一来在试衣的时候检查衣袖的长度就至关重要。

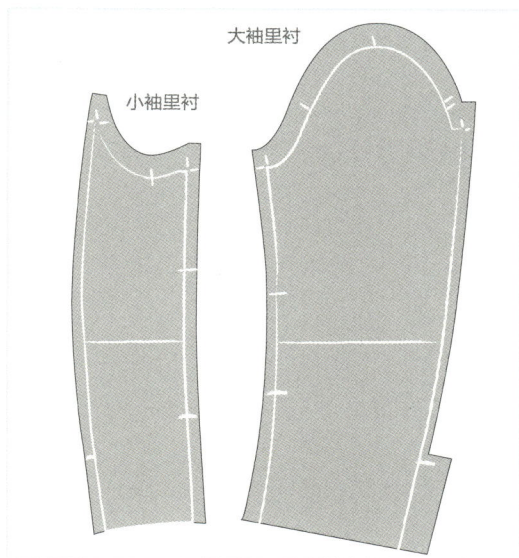

小袖里衬　大袖里衬

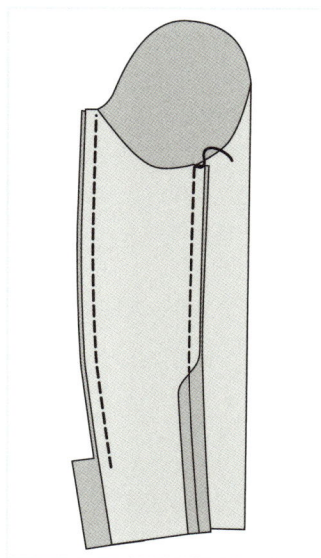

高级定制提示
因为衣袖已经试穿过，所以里衬的缝份不需要很宽。

高级定制提示
里衬缝份的宽度是准确的，所以不需要做标记缝。

步骤1　裁剪里衬

- 用衣袖样板来裁剪衣袖里衬，顶部缝份为1英寸（约2.5厘米），侧边缝份为 $\frac{5}{8}$ 英寸（约1.5厘米）。
- 下边缘要裁剪得比袖摆长1英寸（约2.5厘米）。
- 如果袖口设计有不可开合的袖衩，修剪去掉底襟的延长部分。
- 不要修剪袖衩搭门的里衬。

步骤2　加制衣袖里衬

- 把大袖里衬叠放在一起。
- 像拔开大袖一样塑型里衬前袖缝（参见第265—269页）。
- 将衣袖里衬正面相对叠放在一起，将大袖和小袖的里衬的接缝线固定在一起并粗缝。
- 将大袖和小袖的里衬缝合到一起，接缝缝份稍窄一些，这样里衬就会比面料稍大一些。里衬的织物质地比大多数面料紧实，不会具有与面料相同的弹性。
- 分缝熨烫接缝。

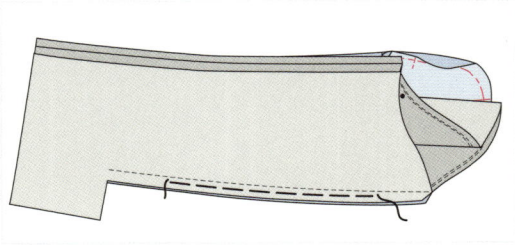

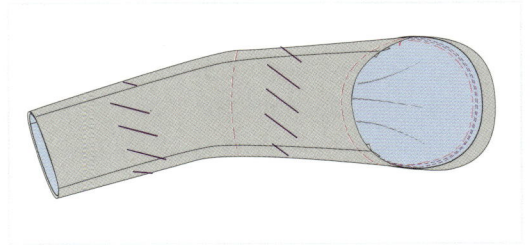

步骤3 接合衣袖和里衬

- 检查以确保衣袖和里衬都没有皱褶。
- 将衣袖的面料和里衬都翻至反面，把大袖叠放在一起，里衬超出衣袖接缝线上方约1英寸（约2.5厘米）。
- 对齐对位记号和袖肘接缝。
- 里衬应超出袖山1英寸（约2.5厘米）。
- 将接缝缝份固定在一起。
- 用长绗针迹将里衬和面料后袖缝缝到一起，在距离接缝上端大约3英寸（约7.5厘米）处开始，在袖摆上方约6英寸（约15厘米）处结束。
- 线迹要靠近接缝线，并保持针脚松弛，这样会比较有弹性。
- 将里衬翻至正面。
- 在衣袖内平整里衬。

步骤4 粗缝里衬和衣袖

- 用长针距斜针缝分别在袖摆上方约5英寸（约12.5厘米）和袖窿下方约2英寸（约5厘米）处粗缝。
- 如果袖衩有里衬，则参照第284页的说明进行操作。

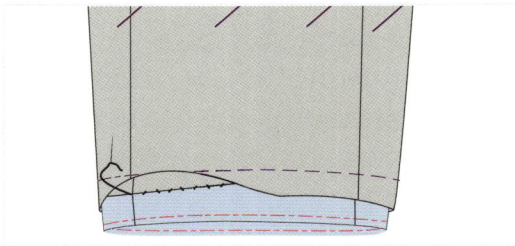

步骤5 加制袖口里衬

- 将袖摆里衬向内翻折，袖摆处面料约有1英寸（约2.5厘米）可见。
- 在里衬折边上方 $\frac{1}{2}$ 英寸（约1.3厘米）处粗缝。
- 固定袖摆里衬，用暗卷缝线迹永久缝合。
- 熨烫袖摆。
- 把分缝辊或烫垫插入衣袖，方便熨烫局部。
- 调整并移动衣袖或烫垫，直到熨烫整个下摆。
- 将衣袖翻至正面。

步骤6 收存衣袖

- 给衣袖其余的部分加制里衬。
- 准备好将衣袖装配至衣身。
- 如果不准备立即装配衣袖，则将其用纸巾填充，然后小心地将它们放平或者固定在衣架上，避免起皱。

香奈儿袖衩（三片袖袖衩）

自20世纪50年代末以来，很多高级香奈儿上衣都采用三片袖，在袖中线处有接缝。与传统定制相比，袖衩处理工艺有所不同：底襟有里衬，且在衣袖内侧缝制，而不是隐藏在衣袖里衬下方。扣眼是在里衬试穿之后，且袖衩完成之前进行制作的。

这件经典的香奈儿上衣设计有拼接式前片、翻领及三片袖，袖衩位于袖中接缝线上。

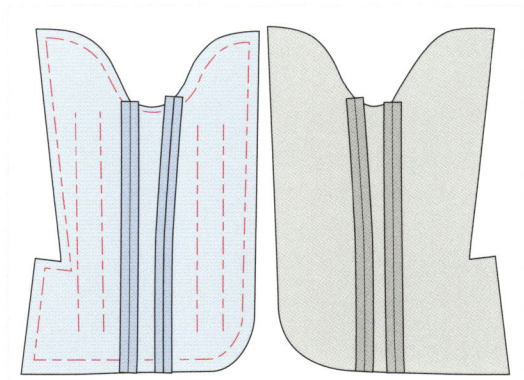

步骤1 缝合垂直接缝

- 在衣袖接缝线和绗缝线上做标记缝。
- 正面相对，拼接前袖和小袖。
- 拼接后袖和小袖。
- 重复以上操作，拼接衣袖里衬。
- 将所有接缝熨烫平整，然后分缝熨烫。

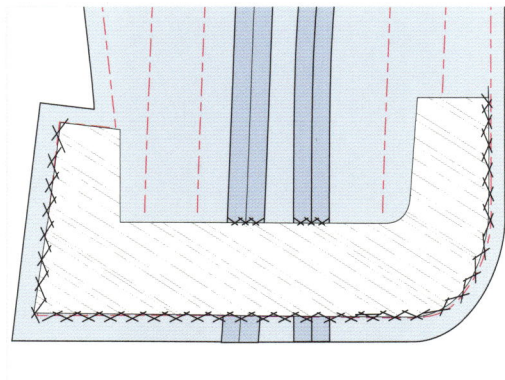

步骤2 给下摆加内衬

- 制作袖口内衬样板，如有需要，沿袖摆做标记缝，于衩口顶端结束。
- 测量并标记袖口内衬，宽2英寸（约5厘米）。
- 标记斜纱布纹线。
- 裁剪内衬。
- 将衣袖反面朝上放于桌面上。
- 对齐并固定内衬下边缘和袖摆。
- 用三角针将内衬永久缝合至接缝线、末端和袖摆上。袖摆不会有应力，所以三角针迹可为较宽间距。

> **高级定制提示**
> 斜裁内衬布条可替代袖口内衬。

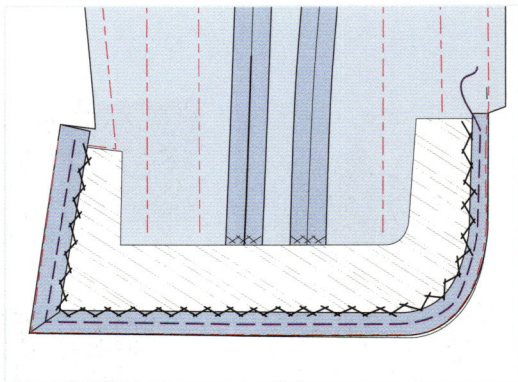

步骤3　三角针缝制袖摆

- 将袖摆内衬上缘缝份向内翻折并粗缝，在衩口顶端结束。
- 将袖衩底襟的缝份向反面翻折并粗缝。
- 在袖中接缝线上的袖衩顶端作剪口。
- 用三角针将袖摆永久缝合。

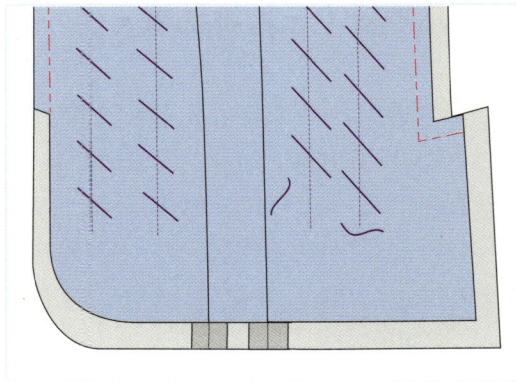

步骤4　粗缝衣袖和里衬

- 将衣袖面料和里衬反面相对叠放在一起。
- 用斜针缝沿绗缝线把衣袖和里衬粗缝在一起。
- 参照标记缝线，机器绗缝衣袖。

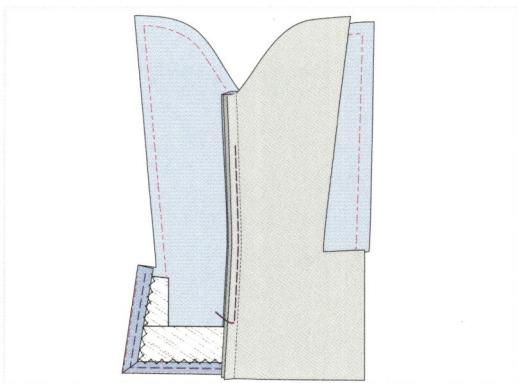

步骤5　如未作绗缝，缝合垂直接缝

- 如果衣袖未作绗缝，在前后袖缝上将衣袖和里衬粗缝在一起。

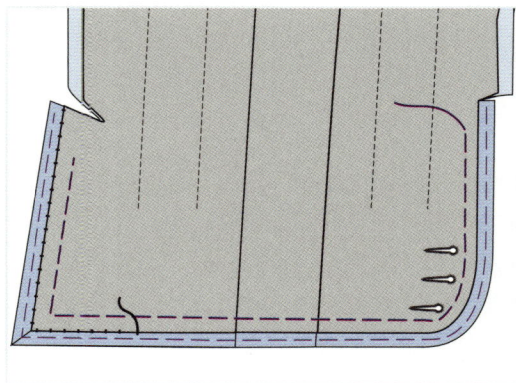

步骤6　完成里衬底摆

- 将里衬一面朝上，在里衬和面料衩口顶端的接缝线处做剪口。
- 向内翻折袖衩搭门处里衬，沿下摆粗缝直至底襟一端，在距离衩口顶端1英寸（约2.5厘米）处结束。
- 用暗缲针迹永久缝制里衬。
- 拆除粗缝线迹并轻轻熨烫。

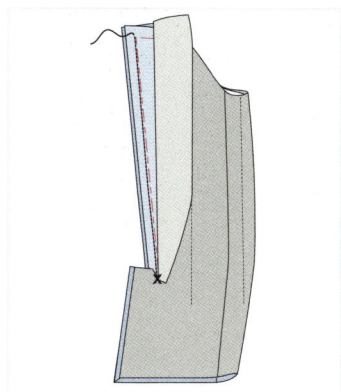

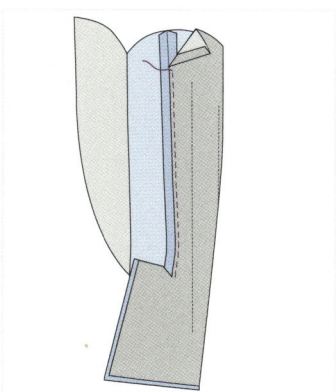

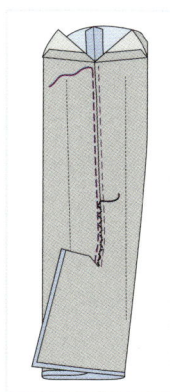

高级定制提示

在袖中接缝顶端处的里衬和衣袖之间插入隔板，避免误缝衣袖面料缝份。

步骤7　缝合袖中接缝

- 将衣袖正面相对叠放在一起，粗缝袖中接缝至衩口顶部。
- 拆除粗缝线迹。
- 在分缝辊上分缝熨烫接缝线。

步骤8　粗缝里衬接缝

- 在接缝线上抚平后袖里衬。
- 将里衬缝份向内翻折，固定在接缝线上并粗缝，在接缝上端留出3英寸（约7.5厘米）的开口，以便将衣袖装配到袖窿上。

步骤9　滑针缝合袖中缝

- 对前袖里衬重复上述步骤，使折边在接缝线处对接。
- 用滑针缝将两条折边缝合在一起。使用长针从一条折边缝至另一条折边。虽然这不是最好的手缝针法，但在此处却能得到最平顺的接缝线，因为缝线在针脚之间有一些间隙。

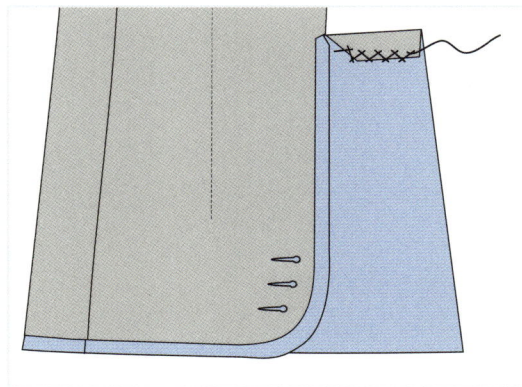

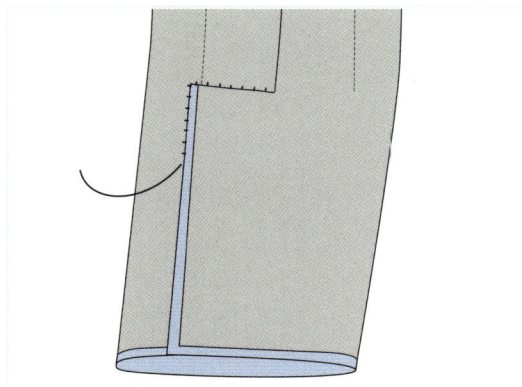

步骤10　处理底襟顶端

- 如果还没有制作扣眼，现在开始操作。
- 在衩口顶端把面料修剪至 $\frac{1}{4}$ 英寸（约6毫米）。将里衬在上端折叠。香奈儿上衣的袖衩处理方式与其他传统定制袖衩不同。

步骤11　缲缝底襟

- 将底襟顶端抚平并固定在前袖里衬上，粗缝。
- 用暗缲针迹把底襟顶端缝到前袖里衬上，然后再沿底襟边缘缲缝2英寸（约5厘米）。
- 用短绗针或者法式襻将底襟的一端固定在前袖里衬上。

袖衩里衬缝制

定制上装袖衩里衬有两种处理工艺：可开合袖衩和不可开合袖衩。可开合袖衩的里衬是缝制完成的，这样衣袖可以解开纽扣并向上翻折，但这种设计很少见，其工艺处理方法和衣身开衩的里衬非常类似。不可开合袖衩中，先把里衬的后袖缝拼合，再把里衬缝至袖摆。第二种方法也用于无袖衩的衣袖设计。

另外，还有一种是香奈儿上装采用的方法：上衣在袖中线上有一条拼缝，开衩设计在接缝线上。袖衩里衬是在拼接袖中缝之前完成的；而衩口则采用手工缝制（参见第281页）。

无论是哪一种方法，都要在加制里衬之前尽可能地先组装衣袖。如果还没有给袖山加制内衬或者归拢袖山松量，那么在加制里衬前先完成这两个步骤要更容易，参见第292页的"加制袖山内衬"和第274页的"塑型袖山"。

这件伊夫·圣罗兰上衣的衩口上设计有可开合的纽扣和扣眼。

这件纪梵希上衣中，不可开合的袖衩上饰以纽扣，但没有扣眼。里衬的工艺处理方法与无衩衣袖相同。

高级定制提示
缝合接缝时，针迹尽量靠近接缝线。

袖衩开合方式

可开合袖衩是男女式定制上装或高级时装中的一种传统工艺；不可开合的袖衩设计仅用于女式上装。

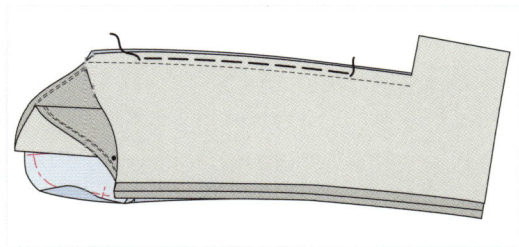

步骤1　缝合衣袖和里衬

● 先将衣袖和里衬翻至反面。

● 将大衩叠放在一起，里衬要超出衣袖接缝线上方1英寸（约2.5厘米）。

● 将后袖缝固定在一起。

● 用松弛的长绗针迹缝合衣袖和里衬的后袖，起始和结束位置在袖窿下方3英寸（约7.5厘米）和衩口上方2英寸（约5厘米）处。

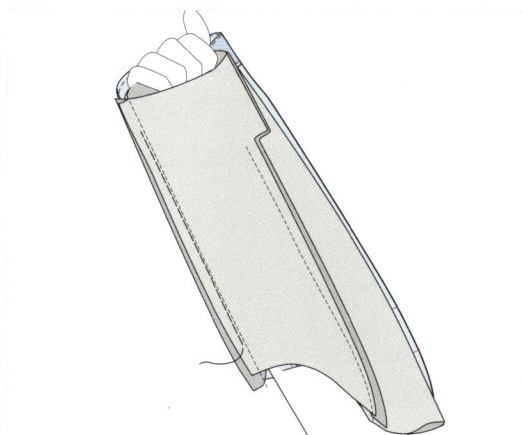

步骤2　翻出里衬

● 握住衣袖和里衬的下摆边缘，将衣袖拉进里衬。

● 在翻出衣袖和里衬正面时，将手从较宽的一端插入以拉出面料。

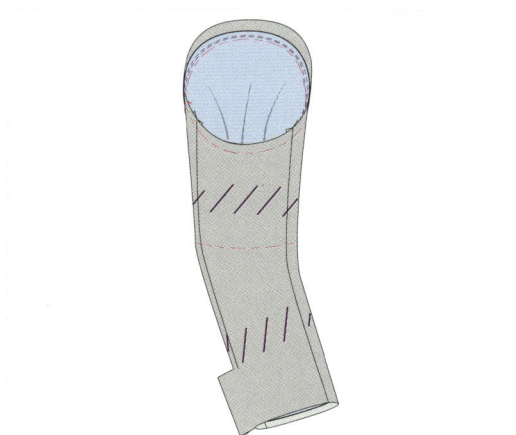

步骤3　将里衬粗缝至衣袖

● 在衣袖内平整里衬。

● 检查以确保里衬在袖山的接缝线上方超出1英寸（约2.5厘米）。

● 用斜针缝将各层分别在袖窿下方约2英寸（约5厘米）和袖摆上方4英寸（约12.5厘米）处粗缝在一起。

● 如果里衬下摆太长，可做修剪。

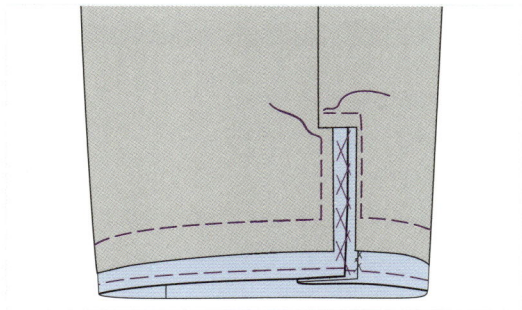

步骤4　粗缝里衬底摆

● 如果之前没有粗缝衩口，现在用三角针迹粗缝。

● 抚平衩口处的里衬。

● 将小袖里衬向内翻折并固定，折边距离衩口边缘$\frac{1}{8}$英寸（约3毫米），粗缝。

● 在大袖里衬上朝向接缝作斜切剪口。

● 将大袖里衬向内翻折并固定至衩口贴边上，粗缝。

● 将里衬底摆向内翻折并固定，折边位于袖摆上方$\frac{1}{2}$英寸（约1.3厘米）处。

● 如果里衬上有多余的松量，将其均匀分布到其他位置。

● 在里衬底摆折边上方$\frac{1}{4}$英寸（约6毫米）处粗缝所有面料层。

● 轻轻熨烫袖摆。

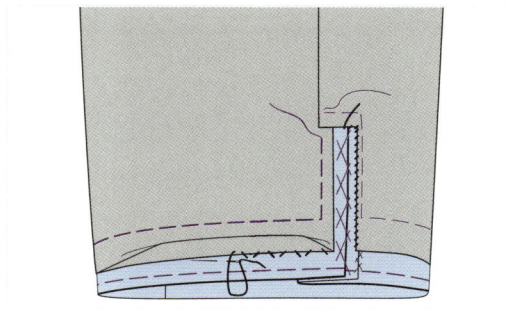

步骤5　完成袖摆和袖衩里衬

● 缲缝衩口边缘处里衬。

● 用暗卷缝针迹缝制里衬底摆。注意将里衬折边移开，让暗缝针迹靠近粗缝线穿过单层里衬。

● 拆除粗缝线迹，轻轻熨烫。

● 给另一只衣袖加制里衬完成缝制。

● 将衣袖翻至正面。

高级定制提示

里衬底摆和袖摆的距离最少为$\frac{1}{2}$英寸（约1.3厘米），最多为3英寸（约7.5厘米）。

袖衩闭合方式

经典袖衩的变化设计中，衩口处的里衬是闭合的，外观和传统的定制袖衩一样。在里衬一面，衩口处的里衬是闭合遮盖住衩口的。

缝线扣眼在处理里衬底摆之前制作，滚边扣眼最好在袖摆缝制之前完成，袖衩贴边上没有扣眼。

以下说明适用于带袖衩的两片袖，后袖里衬接缝接合至手腕处，而不是沿着衩口周围固定。本说明也适用于普通袖口和无袖衩的衣袖设计。

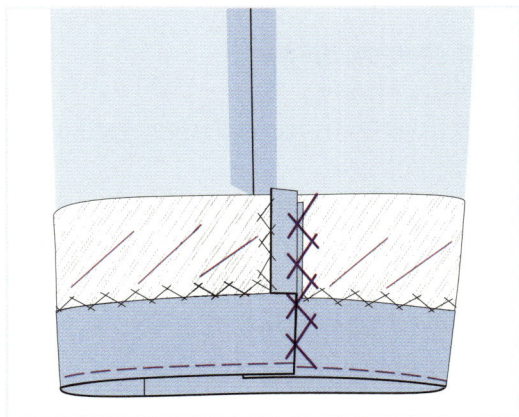

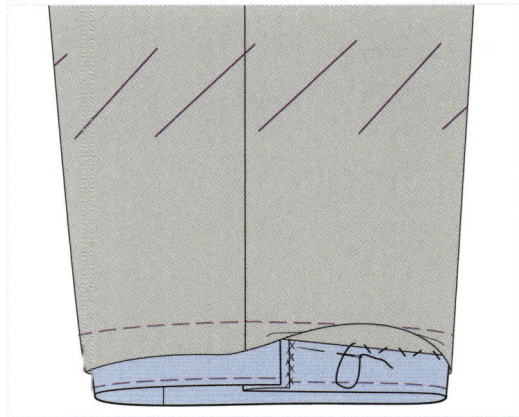

步骤2　加制衣袖里衬

- 修剪云掉衩口里衬上的延长部分。
- 将里衬装进衣袖。
- 检查以确保里衬超出袖山接缝线1英寸（约2.5厘米）。
- 根据需要修剪里衬底摆。
- 将里衬翻出，朝袖摆方向抚平里衬。
- 将里衬底摆向内翻折并固定，使折边位于袖摆上方 $\frac{1}{2}$ 英寸（约1.3厘米）处。
- 里衬底摆和袖摆的距离最少为 $\frac{1}{2}$ 英寸（约1.3厘米），最多为3英寸（约7.5厘米）。
- 如果里衬上有多余的松量，将其均匀地分布到其他位置。
- 在里衬底摆折边上方 $\frac{1}{4}$ 英寸（约6毫米）处粗缝所有面料层。
- 轻轻熨烫里衬底摆。
- 握住折边，用暗卷缝针迹缝制里衬底摆，仔细操作以免缝到最面层里衬。
- 轻轻熨烫。

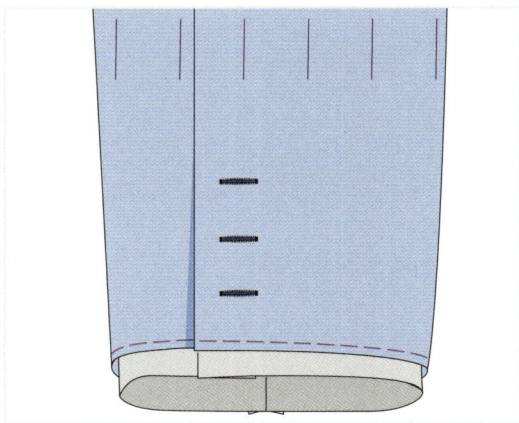

步骤1　传统定制袖衩缝制

- 如果还没有制作扣眼，现在开始操作。
- 如采用织物扣眼，袖衩贴边上不必制作。
- 用三角针将衩口粗缝闭合。

高级定制提示
完成的里衬底摆在下摆处会有一个小褶边。

塑型袖窿

一只合体的衣袖首先要有成型的袖窿。用收缩粗缝来塑型衣身后片，使其贴合穿着者背部曲线。塑型工艺能让袖窿在上衣穿着时不会拉伸变形。

袖窿应在最初就加制内衬（参见第171页），这样才能支撑衣袖。前后衣身的内衬和里衬延伸至袖窿的毛边，以支撑衣袖的重量。

大多数体型的上背部比较圆润，但不会延伸到袖窿接缝处。这就要求塑型后袖窿，这样服装在肩胛骨处才会合身，且在接缝线处贴合身体。如果没有塑型，或者袖窿在缝制时拉伸

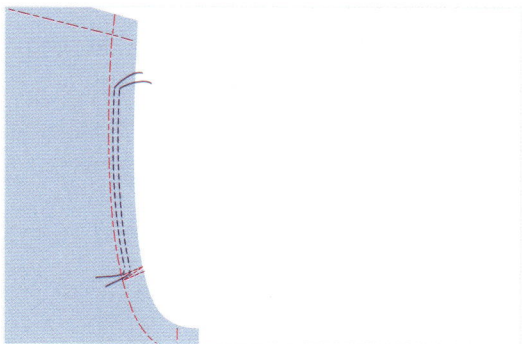

变形，袖窿接缝就会起豁不贴服，使服装显得不美观。

塑型背部最简单的方式是从后袖窿到肩胛骨的部位添加省道。但从美学的角度看起来不够美观。取而代之的是利用松量来给肩胛骨创造空间。

高级定制提示

如果是休闲上装，可以在后领围线下方约4英寸（约10厘米）处添加一条育克接缝线，接缝两端各设置一个省道。这种设计对于背部曲线较大的体型非常有用，通过移除布料面积来塑型背部而不会影响美观（参见第214页的"肩覆式"）。

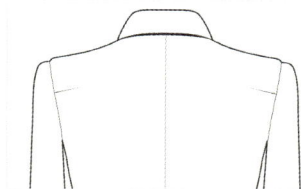

步骤1

- 用两排松量粗缝线来塑型后袖窿。
- 粗缝针迹刚好在接缝线内，从肩缝下方 $1\frac{1}{2}$ 英寸（约3.8厘米）至2英寸（约5厘米）处开始，继续运针5英寸（约12.5厘米）或6英寸（约15厘米），收缩 $\frac{1}{4}$ 英寸（约6毫米）至 $\frac{3}{8}$ 英寸（约1厘米）。
- 抽缩粗缝线来使后袖窿成型。

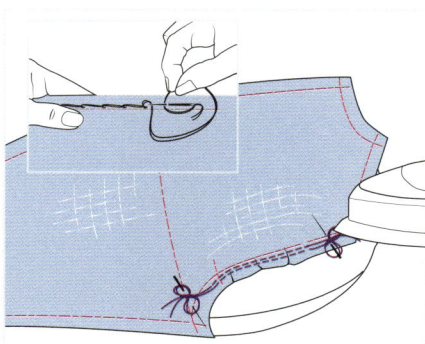

步骤2

- 把衣身袖窿部分放在烫凳或袖烫板上，用熨烫垫布盖住后袖窿。
- 用蒸汽熨烫以归拢松量。可以将熨斗覆盖袖窿接缝线2英寸（约5厘米），以使其适当收缩。
- 检查背部。再次蒸汽熨烫，直到接缝线光滑平整。放到一边直至需要装配衣袖。
- 采用固定缝或者链式缝针迹，准备7号细孔短针和双股线来加固后袖窿接缝线。
- 线迹应牢固，但如果缝得太紧，会使袖窿过小。
- 男式上装中，用牵条加固接缝。

高级定制提示

只试穿上装衣身时，袖窿会不贴合身体。可以用大头针别一个褶裥来使其平顺。如果背部曲线较大，从更靠近肩缝的位置开始作固定缝，继续缝至腋下，这样袖窿接缝会更贴合人体。仔细操作，如果袖窿太紧会产生波纹。

装配衣袖

以下说明适用于平纹细布（细棉布）衣袖和面料衣袖的装配。在将衣袖永久缝合之前，要先完成试衣之后所需的所有校正，加固衣身袖窿，并为衣袖加制里衬及塑型袖山。

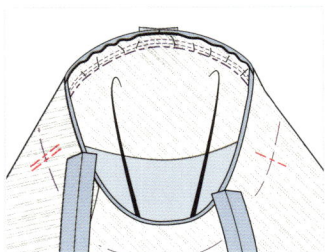

高级定制提示

检查以确保条纹、格纹以及图案都已匹配。在袖窿周围再次粗缝，将针迹缝在第一排针迹的空隙上以避免面料层移位。

为了确保衣袖正确装配，先将它们手工粗缝到袖窿上。这样就可以在永久缝合至衣身前检查衣袖的悬垂效果。

步骤1　从左侧衣袖开始

- 粗缝左侧衣袖更容易，把里衬向袖摆方向折叠。
- 将衣袖正面翻出后插入衣身。把上衣向后折叠，使正面叠放在一起。
- 将衣袖上端固定到袖窿上，对齐剪口和标记。
- 从后袖对位点开始，用短距粗缝线迹准确地沿接缝线缝制。
- 将腋下粗缝至前袖对位点，并继续绕衣袖一周缝制。
- 从前袖对位点开始，粗缝右袖。
- 从距离接缝线 $\frac{3}{8}$ 英寸（约1厘米）处再次粗缝缝份，以控制袖山松量。
- 用熨斗尖熨烫粗缝线迹，以平整粗缝线迹和袖山松量。仔细操作，避免袖窿拉伸变形或产生折痕。

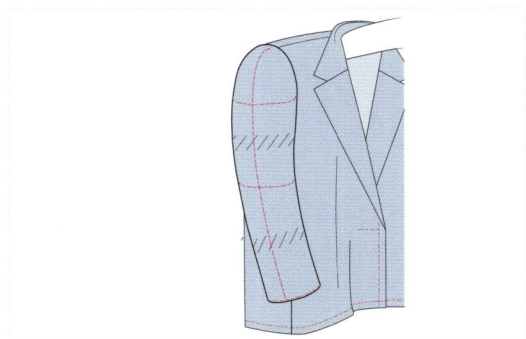

步骤2　检查衣袖

- 如果无法试穿上衣，可将服装肩部搭在手臂上，观察衣袖在人体上的悬垂效果。
- 衣袖前后都应自然平顺地下垂，没有任何紧绷或起皱。

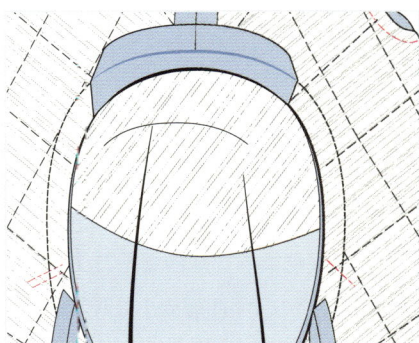

步骤3　永久缝合衣袖

- 用机器沿粗缝过的接缝线永久缝合衣袖。
- 由于衣袖已粗缝，所以衣身和衣袖任何一层在上方都可操作。
- 为了使接缝线更有弹性，可以像萨维尔街的裁缝师理查德·安德森（Richard Anderson）那样，采用倒回针手缝。
- 拆除粗缝线迹并最后一次熨烫接缝线。
- 如果为平袖设计，在距离肩缝2英寸（约5厘米）处朝向袖窿接缝线作剪口，分缝熨烫接缝。如果为堆高肩设计，可将缝份倒向衣袖。

袖头和支撑垫

多数衣袖都需要支撑来保持形状，袖头和支撑垫能够支撑袖山。袖头在法语里被称为雪茄头，在经典的装袖中支撑袖山。支撑垫用于带有碎褶或褶裥的袖山，造型一般更宽更松，更多地延伸至袖山中，且带有碎褶或褶裥。

袖头

袖头填充袖山顶部以保持形状，无论在是否采用袖山内衬和垫肩的情况下均可使用。袖头在接缝线上可以有一至两层折边，这取决于袖头的用料材质和造型所需的高度。单折边用于消除袖山上所有的浅凹，而双折边则会产生饱满清晰的堆高肩效果。堆高肩是指袖山顶部的凸起，看上去像在内侧插入了一根绳子。

定制上装中，选用絮料、填料、双面厚绒布或者羊羔毛等材料，为羊毛、丝绸、亚麻、充毛纯棉织物和其他类似的人造纤维面料或混纺面料裁制的上衣制作袖头。如果没有上述材料，也可以用松织的羊毛、棉法兰绒或者涤纶摇粒绒来代替。采用涤纶摇粒绒时，挑选最薄的材质，这样布边就不会在服装外观形成脊状隆起。当上衣为轻质面料时，可以考虑选用衣身面料、亚麻、轻质羊毛、棉法兰绒和缎面欧根纱制作袖头。

参照以下说明，用不同材料和厚度的袖头做实验，直到达成理想的效果。

上图一和上图二：出自伊夫·圣罗兰的上衣，采用单折边羊羔毛袖头和肩覆式。

图三：这件迪奥上衣的衣袖采用褶皱真丝薄纱制成。没有设置袖头，而是在袖窿处用斜裁包边来支撑袖山顶部。

图四：这件迪奥的上衣采用真丝欧根纱裁制，没有设置袖头。

单折边袖头

单折边袖头是沿折线缝至接缝线上的。

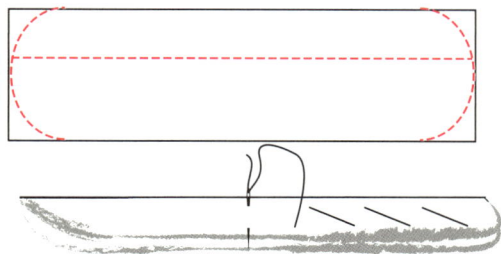

步骤1　准备袖头

- 给每个袖山裁剪长约 $8\frac{1}{2}$ 英寸（约21.5厘米）、宽 $\frac{1}{2}$ 英寸（约1.3厘米）的棉絮直条。纵向折叠棉絮条，让宽边比窄边宽 $1\frac{1}{2}$ 英寸（约3.8厘米）。如选用羊羔毛，折叠布条时要将光洁的一面朝内。
- 使用不同材质的袖头或者用斜裁的平纹细布（细棉布）条、软羊毛布条或毛衬来包裹袖头，这样可以增加袖头的厚度。用松弛的长针距斜针缝将所有织物层缝到一起。
- 把袖头的边角卷起，使它们不会卷曲并在外观被看到。
- 当使用棉絮或填充料时，撕掉毛边将它们变薄，避免隆起。

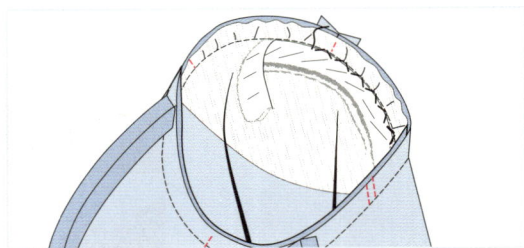

双折边袖头

当袖头材质较薄，或者想要形成堆高肩外观让接缝线更清晰时，双折边袖头实为更好的选择。

- 为每个袖头斜裁长约 $8\frac{1}{2}$ 英寸（约21.5厘米）、宽2英寸（约5厘米）的填料或棉絮条。
- 纵向折叠斜裁的布条，让宽边比窄边宽 $\frac{1}{4}$ 英寸（约6毫米）。用松弛的长针距斜针缝将所有织物层缝到一起。
- 和制作单折边袖头时一样，将边角卷起、薄化边缘。
- 将袖头的折边覆盖接线缝 $\frac{1}{8}$ 英寸（约3毫米）处。

袖支撑垫

袖支撑垫适用于带有碎褶或褶裥的袖山。采用欧根纱、聚酯雪纺、平纹细布或免烫蝉翼纱等轻质材料来制作支撑垫。采用雪纺绸、乔其纱、巴厘纱或细棉布等轻质材料斜裁成布条来包裹碎褶边缘。

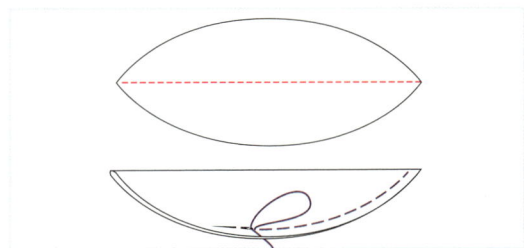

步骤1　准备支撑垫

- 裁剪宽6英寸（约15厘米）、长14英寸（约35.5厘米）的椭圆形布料用于制作支撑垫。
- 斜裁出宽约1英寸（约2.5厘米）、长约 $8\frac{1}{2}$ 英寸（约21.5厘米）的布条用于制作滚边。
- 纵向对折支撑垫布料。
- 将缝纫机针距设置为每英寸8针（约3毫米针距），调松面线。
- 在距离毛边 $\frac{1}{4}$ 英寸（约6毫米）处缝制。

步骤2　安装袖头

- 将袖头放在衣袖上，使宽边贴合衣袖。将袖头折边和衣袖的接缝对齐。
- 调整袖头，让它延伸到后袖对位点处——约 $4\frac{1}{2}$ 英寸（约11.5厘米）。
- 用暗卷缝线迹将袖头永久地缝合至接缝线上。将袖窿接缝和袖头折至袖山中。

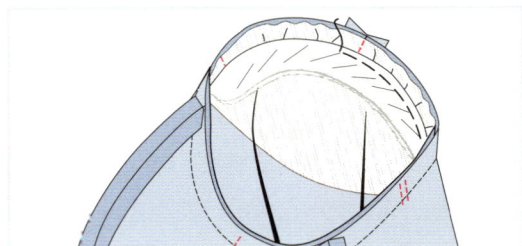

- 调整袖头，让它延伸到后袖对位点处——约 $4\frac{1}{2}$ 英寸（约11.5厘米）。
- 用绗针线迹沿接缝线缝制袖头。
- 将袖窿接缝线和袖头折至袖山中。注意袖头这时在接缝线处有四层厚。

步骤2　安装袖头

- 拉紧收缩缝线，直到边缘长度为 $8\frac{1}{2}$ 英寸（约21.5厘米）。将两端缝线打结。
- 将支撑垫毛边用斜裁布条滚边。
- 对齐滚边和接缝线。
- 用短绗针线迹将其永久缝合。

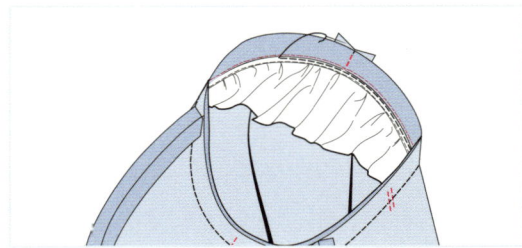

缲缝里衬

　　这是装配衣袖的最后一步。用暗缲针缝合袖窿周围的里衬。经验丰富的裁缝师无须用大头针固定或者粗缝，但是在学习阶段，这两种方法都是有帮助的。

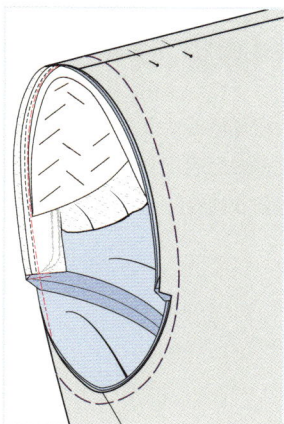

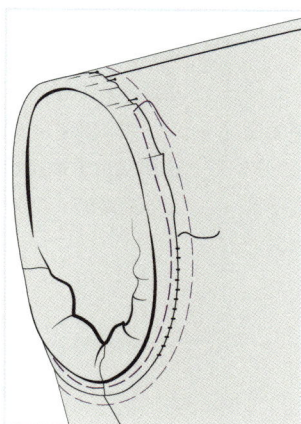

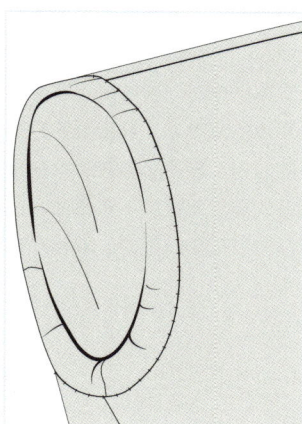

步骤1

- 将上衣放在桌面上，里衬一面朝外。
- 如果还没有抚平袖窿周围的衣身里衬，现在开始操作。
- 用绗针线迹在接缝线附近缝合。
- 将袖窿接缝线修剪至 $\frac{1}{2}$ 英寸（约1.3厘米），注意不要修剪袖窿底部。
- 将袖窿底部接缝线修剪至 $\frac{1}{4}$ 英寸（约6毫米）。
- 修剪超出缝份的衬布或垫肩。
- 不要分缝熨烫袖窿接缝线。

步骤2

- 对齐衣袖和衣身的里衬接缝、肩点和衣袖上所有的对位记号。
- 衣袖里衬应该超出接缝线至少1英寸（约2.5厘米）。
- 朝袖山顶部抚平里衬。
- 修剪掉袖山顶部多余的里衬，仔细操作，避免修剪过度使里衬太短。
- 在袖山顶部将里衬缝份尽量整齐地向内翻折，用大头针固定。
- 在袖窿底部，小心地将衣袖里衬平整地覆盖在接缝线上，用大头针固定。
- 将衣袖里衬粗缝到位。

步骤3

- 由于衣袖里衬没有经过机器的松量粗缝，所以袖山不会像机缝里衬那样平顺。这种情况常见于高级时装和定制上装中。
- 将衣袖里衬缲缝到位。
- 拆除所有粗缝线迹。

高级定制提示

　　在里衬的袖山缝份上缝一排粗缝线来控制松量。

加制袖山内衬

克里斯汀·迪奥和伊夫·圣罗兰的定制上装衣袖通常为堆高肩设计，这样在袖山和衣身接合的位置有一个轮廓分明的底座。相比之下，阿玛尼（Armani）、赫迪·雅曼、巴黎世家和多数男式上装的袖山较为平整。堆高肩有最饱满的袖山，填充内衬和袖头，以消除袖窿凹陷并打造光洁的外观。内衬支撑袖山松量，让衣袖不会在手臂上部塌陷，从而更美观地垂下。

在选择支撑材料时，要考虑上衣面料的重量、硬挺度以及所需要的支撑力。最重要的是选择能够无痕地提供支撑的内衬。在高级时装中，最常用的三种材料是轻质挺括的真丝欧根纱、重量适中且柔软的平纹细布和重量适中且挺括的毛衬、细棉布或类似材质的

内衬。其他的材料，如缎面欧根纱、棉法兰绒、细薄织物、纸棉（麻）布、麻纱和传统的内衬材料也都可使用。对于选用羊毛、棉、亚麻、真丝西服料裁制的上装，轻质衬布是不错的选择；对于轻质面料裁制的上装，可选用真丝欧根纱或者缎面欧根纱。

根据上衣面料、内衬材质和设计效果，内衬的长度有所不同。多数衣袖的内衬延伸到袖山线或袖窿中部，也可以一直延伸到袖窿底部甚至袖窿底部下方2英寸（约5厘米）处。

袖山内衬可以在袖山松量粗缝成型之前，或者在机器缝合垂直接缝线的之前或之后粗缝至衣袖中。以上选择均可，并且通常是在衣袖经过试穿之后操作。

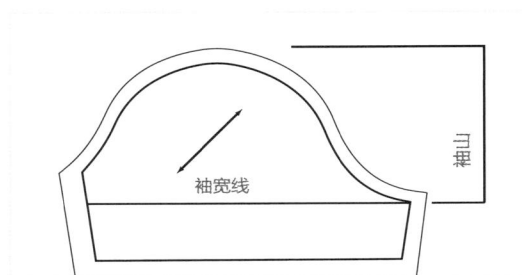

步骤1
- 在衣袖样板上绘出内衬样板。
- 描出内衬样板，添加缝份，并标记斜纱。
- 在两片袖上，只给大袖加制内衬。
- 裁剪内衬。

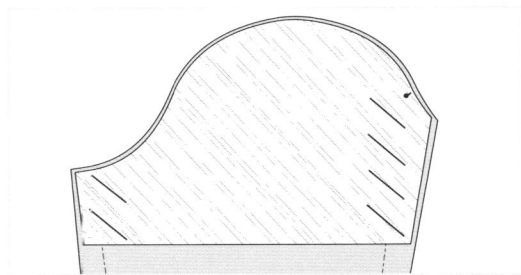

步骤2
- 将内衬固定在袖山的反面。
- 用长针距斜针缝在袖中线和垂直接缝线处将内衬粗缝到位。
- 两片袖设计中，尽可能在接缝拼合之前将内衬粗缝到位。
- 如果衣袖已经组装，将内衬放入袖山，粗缝。

连肩袖

连肩袖是最古老、最简单的衣袖设计，有时也称原身出袖。它是一种与前后衣身一片式连裁的袖型，一般从肩部到手臂中心有一条拼缝线。

连肩袖有从领口水平直线延伸到手腕的，

也有沿肩斜度和与肩点成45°角之间的斜线的。当为直线时，领口到手腕的拼缝线要比下袖缝线短，这样手臂灵活性较大，但腋下面料体积较大。当为斜线时，肩部就会形成一条优美的曲线，但灵活性会稍受限制。

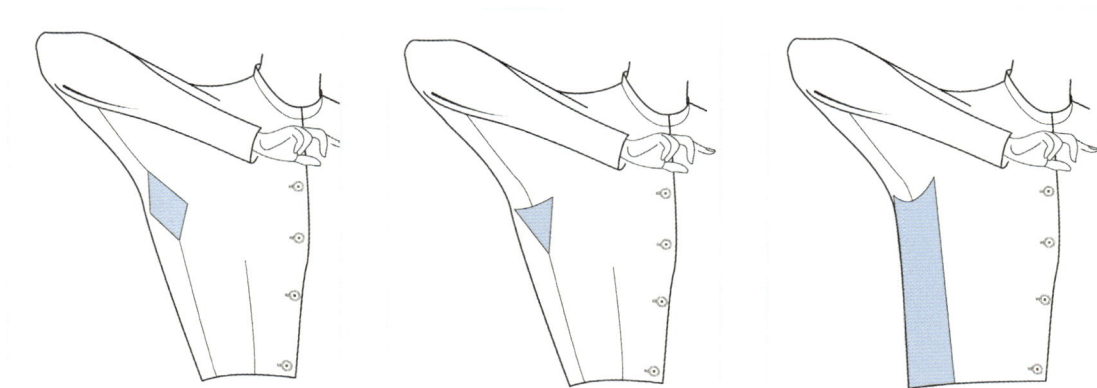

为了增加灵活性和腋下长度，连肩袖一般会在腋下镶嵌插片。插片可以是简单的三角形或菱形，也可以是从手腕延伸到腋下或腰部的镶条。镶条成为衣身结构设计的一部分，构成上衣的侧片。有些款式还设计有独立的小袖。

左图：贴体菱形插片。
中图：三角形插片。
右图：镶条插片。

加固腋下

用拉条加固连肩袖的腋下接缝线是最快捷简单的方法。但这种方法很少被采用，因为拉条的耐久性较差，提供的灵活性较小，而且如果受到压力，可能无法防止织物撕裂。

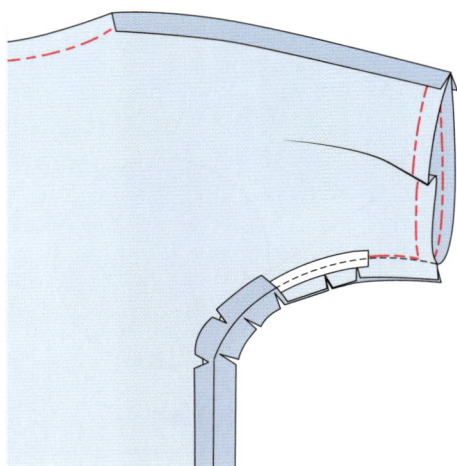

- 用轻质里衬、滚边条，或者平纹棉布织带裁剪两条长4英寸（约10厘米）、宽$\frac{1}{2}$英寸（约1.3厘米）的布条作为拉条。熨烫平整。
- 后片反面朝上，把拉条放在腋下曲线处接缝线的正中心上，粗缝。
- 重复以上步骤将拉条缝至前片。
- 上衣前后片正面相对叠放在一起，将腋下接缝线从下摆至袖口粗缝在一起。
- 机器缝合接缝线。在腋下处，将针距缩短为每英寸15针（约1.75毫米针距）。拆除粗缝线迹。
- 靠近接缝线再次缝制拉条，根据需要在腋下曲线上做几个短切口。分缝熨烫接缝。

嵌入插片

插片可以是三角形或菱形，也可以是一片或两片式裁剪。如果是两片式裁剪，插片既可以横向也可以纵向缝合。后者更容易插制，但二者都有缝入开口的边角。

以下说明适用于两个三角形组合插片的缝制方法。两片式插片比一片式插片更容易缝制，也更合体，采用这种插片的基本原理也适用于其他所有的插片和镶条。

用1英寸（约2.5厘米）的正方形轻质丝绸来加固腋下开口；这与第78页的"反向转角"工艺类似。将其中一半缝到前衣身上的开口处，另一半缝到后衣身的开口处。

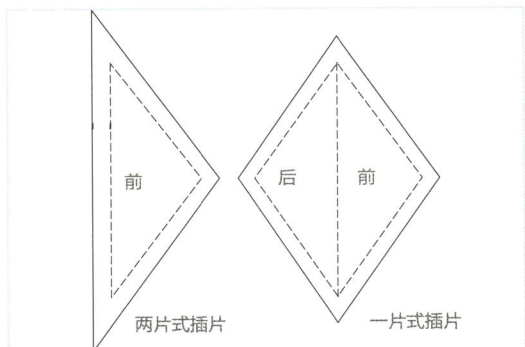

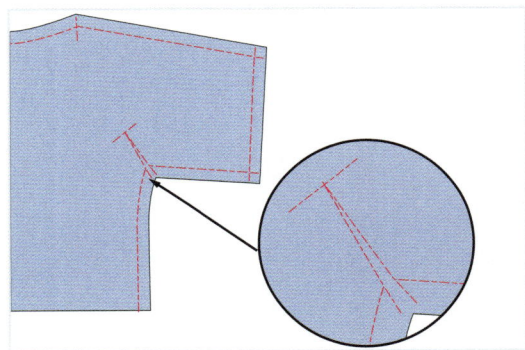

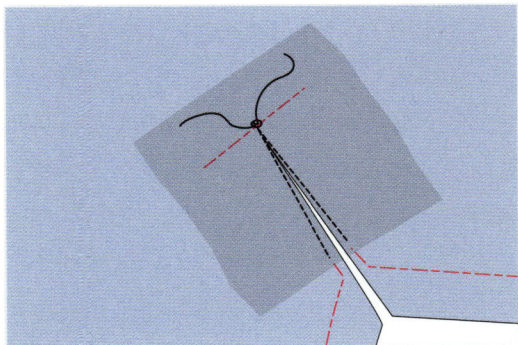

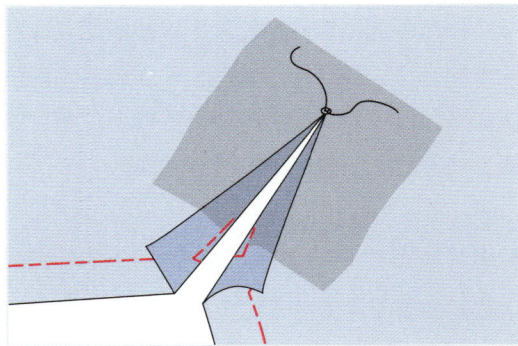

高级定制提示

采用方形真丝织物优于涤纶织物。因真丝织物更易熨烫。

步骤1　制作插片

- 用一片式插片样板来制作两片式插片样板，在样板中心处画一条线，确定前后。
- 沿标记的中心线切割插片样板。
- 将剪开的两个样板描到纸样上，并在中心处添加 $\frac{3}{8}$ 英寸（约1.5厘米）缝份。
- 如果之前没有给上衣的接缝线和插片做标记缝，现在开始操作。

步骤2　加固腋下开口

- 裁剪四块1英寸（约2.5厘米）的正方形真丝欧根纱或轻质丝绸裁片，用于加固开口端点。
- 将上衣正面朝上放置，用一块正方形欧根纱覆盖并固定至开口端点。
- 机缝接缝线，从开口端点处开始。
- 重复操作缝制附近的接缝线。
- 拆除粗缝线迹。
- 用力拉紧开口末端的面线，将它们系在一起。对底线重复刚才的操作。将线尾修剪至 $\frac{1}{2}$ 英寸（约1.3厘米）。
- 在端点处作剪口。
- 将正方形欧根纱折至反面，轻轻熨烫。

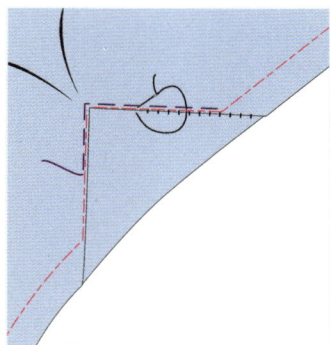

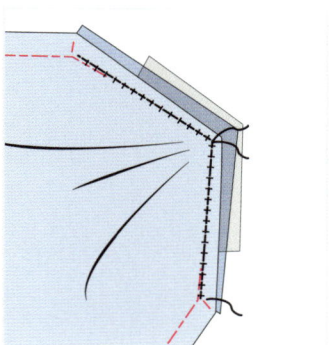

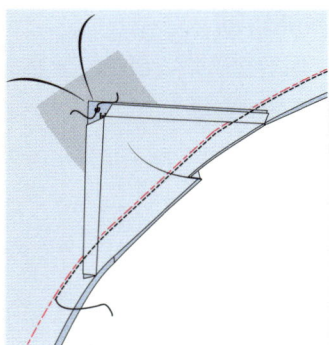

步骤3 置入插片

- 正面朝上，将加固过的开口放在三角形插片上，对齐接缝线，将其固定到位。
- 用短距粗缝线迹在开口端点的两侧1英寸（约2.5厘米）粗缝所有布料层。
- 用明缲针迹将加固部分粗缝至插片。

- 衣身和插片正面相对叠放在一起，粗缝其余的插片接缝。拆除大头针和端点的顶部粗缝线迹。
- 将缝纫机针距设置为每英寸15针（约1.75毫米针距）。
- 将前片放在上层，从拐角处开始缝制插片的一侧。
- 重复缝制附近的接缝。
- 轻拉拐角处的缝线，系结。

- 拆除粗缝线迹，将接缝线朝向前片熨烫。
- 对于加固部分，正面朝上，在衣片靠近接缝线的地方用折边缝线迹缝制。
- 参照"步骤2"加固衣片上剩余的开口。
- 粗缝并缝合腋下接缝线。拆除粗缝线迹，熨烫。

> **高级定制提示**
> 为了让服装更贴合，接缝线可稍微弯曲。

插肩袖

　　插肩袖作为衣身的一部分裁剪——衣袖上部其实是前后衣身的一部分。此袖型穿着十分舒适，常被用在大衣、雨衣和运动服装中。

　　插肩袖有很多样式，如吊带袖或肩章袖，以及带肩覆式的一体袖。插肩袖可为带肩省的一片式裁剪，也可为两片式，有一条从肩部向下直到手臂的接缝线。斜向接缝线可以是直线，也可以是曲线。穿着可搭配或不搭配垫肩。插肩袖和连肩袖一般都有内衬，内衬的质地和设计各有不同。与连肩袖不同的是，插肩袖保留了袖窿线下部原有曲线。

这件伊曼纽尔·温加罗的上衣是采用山东绸面料裁制而成的，配以两片式插肩袖，传统的垫肩没有超出肩部。采用钩眼扣合并饰以包扣，门襟的装饰纽扣是设计亮点。

组装插肩袖

插肩袖从领口至袖窿与衣身缝合，而不是将袖山与袖窿缝合。

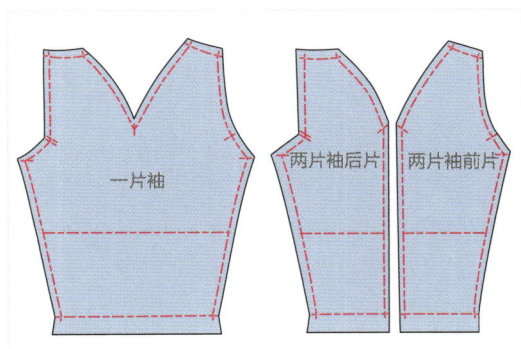

步骤1　标记袖片

● 如果之前还没有操作，在肩省、衣袖接缝线和衣身前后片上做标记缝。

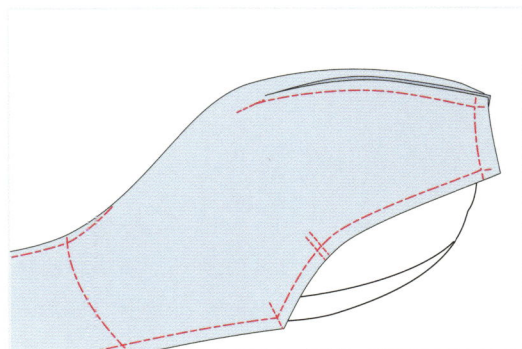

步骤2　缝合一片式插肩袖的肩省

● 在一片式插肩袖中，开始先将衣袖正面相对折叠，粗缝（疏缝）肩省并缝合。拆除粗缝线迹。

● 沿袖中线剪开肩省，根据需要修剪缝份至 $\frac{1}{2}$ 英寸（约1.3厘米）。

● 衣袖反面朝上，在烫凳上分缝熨烫肩省。

● 重复以上操作，缝制并熨烫衣袖其余部分。

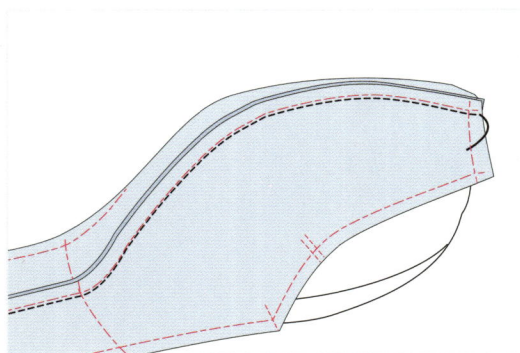

步骤3　组装两片式插肩袖

● 在两片式插肩袖上，将前后袖片正面相对叠放在一起。

● 对齐袖中接缝线和所有对位记号（对位点），粗缝并缝合。

● 拆除粗缝线迹，分缝熨烫接缝。

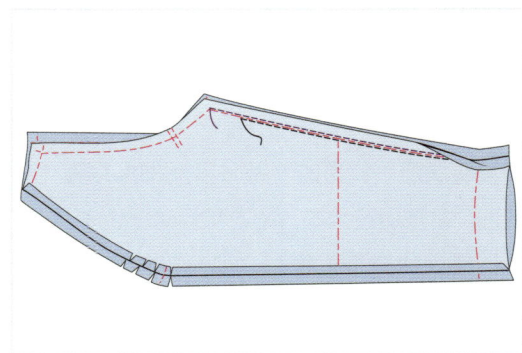

步骤4　缝合袖下缝

● 对于所有的插肩袖，对齐对位记号和接缝线，正面相对分别粗缝衣袖和衣身的腋下接缝线。

● 缝合接缝线，拆除粗缝线迹，然后分缝熨烫接缝线。

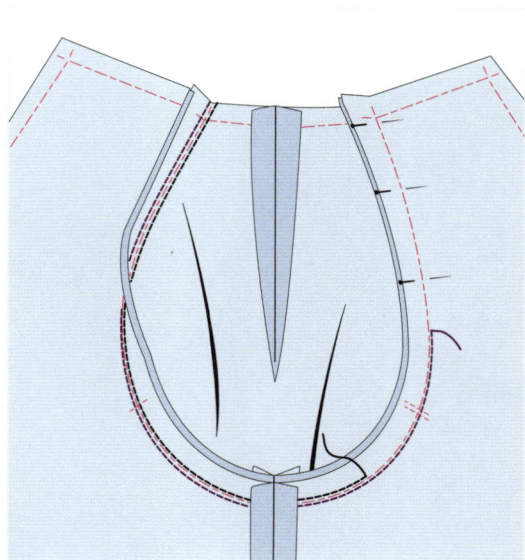

步骤5　装配衣袖

- 将衣袖和衣身正面相对叠放在一起，对齐并固定接缝线、对位记号和腋下接缝。粗缝并缝合。

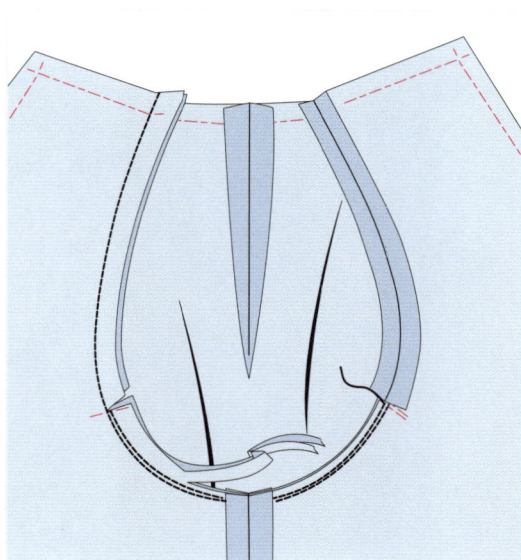

步骤6　将衣袖缝至衣身

- 从对位记号开始，再次缝制腋下，距离接缝线 $\frac{1}{4}$ 英寸（约6毫米）。
- 在第二次的线迹旁做修剪。
- 在对位记号处的接缝线上做剪口。
- 将接缝线熨烫平整，分缝熨烫对位记号上方的接缝线。

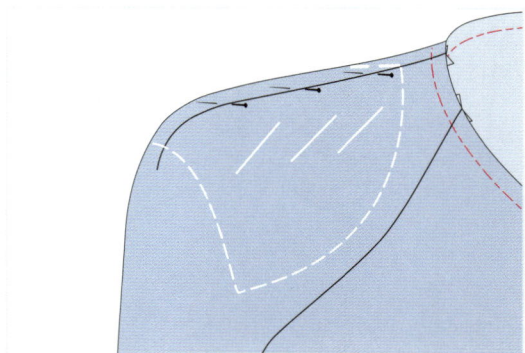

步骤7　加垫肩

- 将上衣翻至正面朝外，用大头针将垫肩固定到位。
- 用斜针粗缝线迹暂时将它们固定。检查垫肩的位置是否正确。
- 用刺针缝在肩省和接缝线处将它们永久缝合固定。

连肩袖安装垫肩

- 在连肩袖或插肩袖中，根据上衣款式，垫肩超出肩部最少1英寸（约2.5厘米），最多3英寸（约7.5厘米）。
- 把垫肩放在人台上，再把上衣放上去。
- 将垫肩固定至上衣肩缝处。
- 在垫肩上抚平前后衣身。
- 把上衣从人台上取下，然后将垫肩粗缝到位。需要时可将里衬折至一边。
- 从正面用刺针缝在肩缝处缝制。由于没有袖窿接缝，这是唯一固定垫肩的永久缝线。

艾利·萨博（Elie Saab），
2017秋/冬发布会

第十章

上装后整理

在小型裁剪工作室里，裁缝师要完成上装的所有工艺；在规模较大的工作室中，则会有分工明确的专业人员分别负责扣眼制作、驳头和衣领人字疏缝以及最后的缲缝工艺等。

细节后整理主要分为两组。有些元素，如垫肩、防汗罩、下摆、最后的缲缝、最后的手工精制工艺、腰带和扣眼等，可以在缝制过程中完成，而其他元素则只能在安装衣领和衣袖、试穿里衬以及下摆缝制并熨烫之后完成。

手工精制工艺

以下这些裁片中有一些可能已经进行了粗缝，但还没有完成缲缝工艺。这种情况下，在将纽扣缝制到位之前处理它们。选用细孔短针和手工丝线操作，如果没有手工丝线，可以用棉线代替。

1. 将领里缲缝至领围线上（参见第242页）。
2. 完成领面的串口线（参见第243页）。

3. 在前片挂面处（参见第223页"步骤6"）和后领口处（参见第229页"步骤4"）缲缝里衬。
4. 根据需要在省褶和后背里衬褶上加制三角针线迹（参见第221页）。
5. 缲缝肩缝（参见第229页）。
6. 处理衣身里衬下摆（参见第225页"步骤5"）。
7. 完成衣身开衩（如有）（参见第226页）。
8. 处理衣袖里衬底摆（参见第285页）。
9. 缲缝衣袖袖窿处里衬（参见第291页）。
10. 制作缝线扣眼（参见第102页）。
11. 完成挂面上的滚边扣眼（参见第111页）。

左图：这件华伦天奴的上衣和半身裙搭配穿着，采用连肩袖设计，配以手工缝制拉链。
中图：这件香奈儿上衣用面料反面作装饰，下摆处有传统的加重链。
右图：这件迪奥上衣的领口轮廓上缝制了数排用锁扣眼丝线拧成的装饰明线，在暗门襟顶部用一颗纽扣系合。

防汗罩

防汗罩，也叫腋下罩，可以保护服装并减少干洗费用。防汗罩采用里衬制成，置于上衣的腋下位置。尺寸大约6英寸（约12.5厘米）宽、6英寸（约12.5厘米）深，可以永久缝合，也可以采用易拆卸的按扣。防汗罩常用棉法兰绒作为内衬来增强吸湿效果。

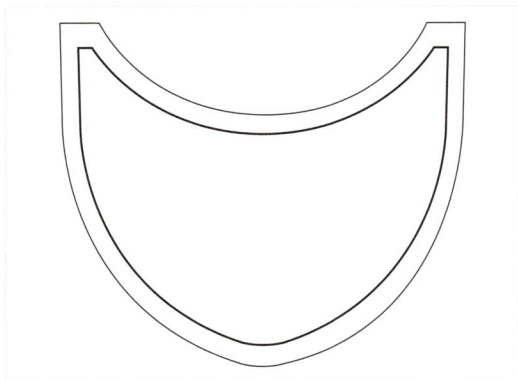

步骤1　制作样板

- 用上衣侧片来制作防汗罩。如果没有侧片，对齐并固定衣身裁片样板的拼缝线。
- 从前袖对位点到后袖对位点描出袖窿接缝线。
- 测量并在腋下标记6英寸（约12.5厘米）的深度。
- 从前袖对位点到腋下标记处再到后袖对位点绘出防汗罩的形状。
- 给所有边缘加 $\frac{3}{8}$ 英寸（约1厘米）的缝份。
- 给样板加标签："防汗罩，裁剪4片。"

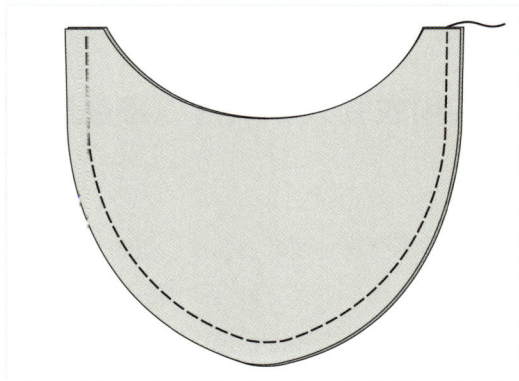

步骤2　制作防汗罩

- 用防汗罩样板裁剪四片里衬。
- 将两片里衬裁片正面相对叠放在一起并固定。
- 在防汗罩的曲边上缝 $\frac{3}{8}$ 英寸（约1厘米）线迹，不要缝合防汗罩的上部。
- 根据需要修剪缝份，然后将防汗罩翻至正面。轻轻熨烫。

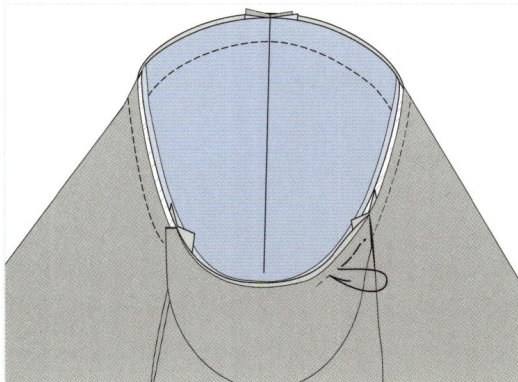

步骤3　安装防汗罩

- 上衣里衬一面朝上放置，准备安装防汗罩。
- 将防汗罩上的袖窿接缝线和衣身里衬对齐并固定。
- 用短纾针迹在接缝线内将防汗罩永久缝合。衣袖里衬要遮挡毛边。
- 握住防汗罩底部，用暗卷缝针迹将防汗罩里衬缝到衣身上约2英寸（约5厘米）。

可拆卸防汗罩

这种防汗罩有若干优点：拆卸简单便于清洁，可以延长至衣袖中，提供额外的保护。

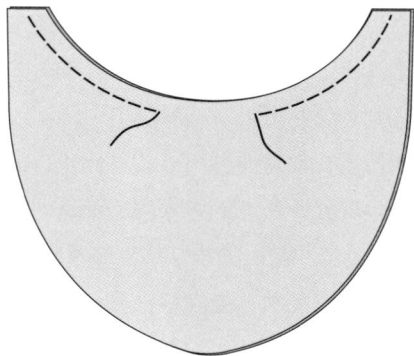

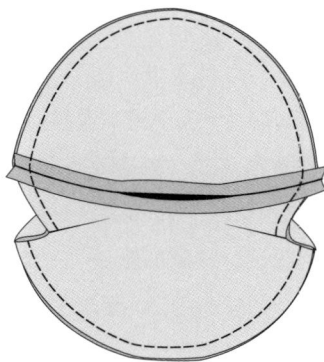

步骤1　制作防汗罩

- 用防汗罩样板，裁剪八片里衬。
- 将每一对里衬裁片正面相对叠放在一起。
- 在腋下处缝 $\frac{3}{8}$ 英寸（约1厘米）的线迹。在第二对上重复这一操作。
- 叠放并缝制剩下的两对里衬，在接缝线中间留出约2英寸（约5厘米）的开口。
- 将所有拼缝线分缝熨烫。
- 将一片闭口里衬和一片开口里衬正面相对叠放并固定在一起。

步骤2　完成并安装防汗罩

- 在防汗罩周围缝 $\frac{3}{8}$ 英寸（约1厘米）的线迹。
- 将防汗罩翻至正面，用三角针迹将开口缝合。熨烫。
- 把暗扣子扣（参见第320页）缝到接缝线两端和防汗罩的顶部和底部。
- 将防汗罩放在一边直到完成里衬。
- 上衣里衬一面朝上放置，把防汗罩放置在合适的位置并固定，使接缝线处于袖窿接缝的上方。
- 用划粉笔擦涂子扣，然后在上衣里衬上按压来标记按扣母扣的位置。
- 将母扣缝合到位。

高级定制提示
防汗罩的接缝线位于里衬接缝上方。不要将里衬接缝线烫平。

缝制商标

在高级时装中，一般认为在最终试衣之前缝制商标是不吉利的；如果在试衣之前已经缝上了商标，许多商家会先拆掉再进行试衣。商标一般是位于后领口处的里衬上，但有时也会在左侧的腋下接缝上。

上图：香奈儿的商标两端折叠形成尖角，采用暗缲针法固定。设计编号位于标签下方的条带上。

下图：伊夫·圣罗兰的商标两端向内翻折，在每个角上用两针回针缝加固。角落上的针迹距离边缘 $\frac{1}{8}$ 英寸（约3毫米）。一个针迹在标签侧面，另一个针迹在顶端或底端。上衣编号是印在商标上的。

垫肩

从质优价廉的成衣到高级时装，垫肩是所有类型定制服装的关键元素。它有助于制作光洁清晰的肩部轮廓，同时填充胸部上方或袖山顶部的凹陷。可以薄至难以察觉，也可以厚至夸张显眼，这取决于当下的潮流趋势。

有两种基本款式：装袖或方形垫肩，以及插肩袖或圆形垫肩。装袖垫肩在袖窿处呈方形，一般用于传统设计袖窿的服装上，伸入衣袖的长度不超过1英寸（约2.5厘米）。垫肩前侧成型以填充胸部上方的凹陷，使肩部和胸凸点之间形成一条平滑的曲线。垫肩后侧斜线裁剪以避开肩胛骨。

插肩袖垫肩一般用于插肩袖、连肩袖和落肩设计缝肩缝上。其外缘呈圆形，伸入衣袖的长度可达3英寸（约7.5厘米）。

两种款式都有多种尺寸，从用于休闲上衣的小号垫肩到外套上的大号垫肩都有；尺寸是由垫肩的高度和垫肩在肩部的延伸量来决定的。在有里衬的服装中，垫肩很少被包裹；在没有里衬的上衣中，一般用主面料或里衬来包裹。

定制和商用垫肩

在高级时装中，垫肩是为个体顾客和设计而制作的。定制服装裁缝师也会使用商用垫肩，但优质的垫肩并不是唾手可得的。购买的垫肩经常是用涤纶摇粒绒或定型海绵制成的，这种材质比较僵硬，柔韧度较低且很难成型，甚至还会在上衣外侧露出钝边，使用寿命也比上衣本身要短。

这个取自伊夫·圣罗兰上衣的垫肩采用多层棉絮手工制作而成。

使用絮片和毛衬制作定制垫肩并不难。如果没有絮片可用，可以用棉絮代替，后者可以在家纺商店买到。棉絮柔软且延展性好，能够塑造多种形状和样式。可以将其分离为薄层，也可以撕开将边缘薄化来避免隆起或形成钝边。每层柜互紧贴，不会滑动，这样就可以堆叠成需要的厚度并定型，让垫肩在服装寿命期间一直保持形状。如果穿着者的体型不是十分完美，它们也可以经过微调来适合非对称的双肩、胸部或填充小的凹陷。

购买的垫肩对每一次试衣都至关重要，因为它们会影响上衣的垂感和平衡。如果没有在首次试衣之前制作垫肩，可以直接采用购买的垫肩。如果必须要使用购买的垫肩，尽量买优质的。用棉絮制作的垫肩可以通过拆解和定制来按需求适合个体和上衣的设计。

制作垫肩

制作垫肩的方法有很多。以下说明讲解的是如何打造修身优雅而又大胆现代的造型。较多或较少的垫料均可达到效果。

制作样板

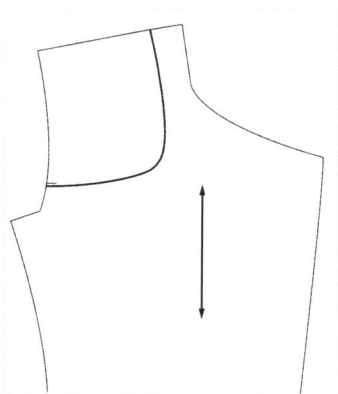

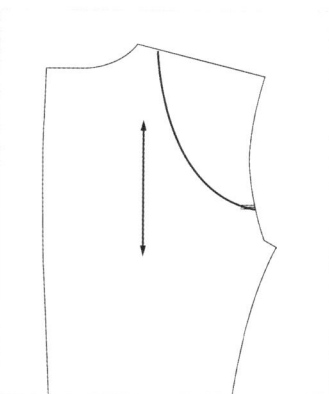

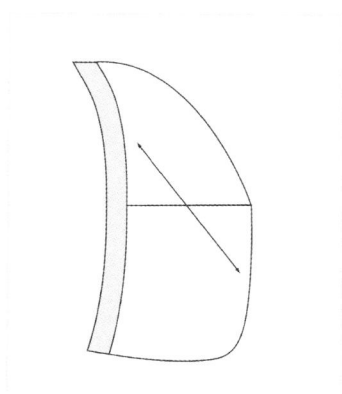

步骤1　制作垫肩样板

- 在纸样上描出上衣前后片样板的肩部区域。
- 在袖窿线上描出肩部到前袖对位点的接缝线。
- 描肩缝，在距离颈肩点大约1英寸（约2.5厘米）处停止。
- 用深曲线连接上述两条线，这样垫肩的前侧会填充胸部上方的凹陷，并以平滑的线条支撑上衣。

- 在袖窿线上描出肩部到后袖对位点的接缝线。
- 描肩缝，使其和前肩缝的长度一致。
- 将上述两条线用浅曲线连接起来，这样垫肩不会延伸覆盖肩胛骨。

步骤2　加缝份并标记布纹线

- 重合肩缝，将描出的纸样用胶带粘贴在一起。
- 如果接缝线不直，则让它们在袖窿端重合。
- 在袖窿线一侧添加1英寸（约2.5厘米）缝份。
- 根据需要重新绘制颈部边缘附近的曲线，避免出现拐角。
- 在垫肩的纸样上标记新的布纹线，与肩缝呈45°角。

定制垫肩

如果是高低肩，或者采用方形垫肩，可以参考以下说明。

抬高肩部

- 要使垫肩更高，将宽 $1\frac{1}{4}$ 英寸（约3厘米）至3英寸（约7.5厘米）的细棉絮条放入大的三角形棉絮的夹层中。
- 如上所述，用一两块大三角形棉絮开始操作。
- 在袖窿附近分层放置几个细条，将它们永久地缝制，再用另一片大三角形棉絮覆盖。
- 重复上面的步骤，在袖窿附近交替使用细棉絮条和较大的棉絮片，直到垫肩达到理想厚度。

- 用手指用力按压棉絮确保不会起皱，且使各层从袖窿到颈肩点的过渡平顺。
- 细条的数量和位置决定最终达到的效果。

修正斜肩

- 用宽棉絮条沿肩部中央分层堆叠。
- 制作方形垫肩，参照最初描画的3英寸（约7.5厘米）线迹将棉絮条置于袖窿附近。
- 为了填充胸部上方的凹陷，重新使垫肩前部成型，然后额外加一些棉絮。
- 将各层用斜针缝固定到位。

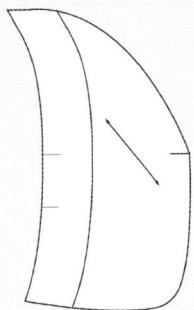

要制作一个垫料较多的更方的垫肩，用铅笔或划粉笔画一条距离袖窿边缘 $3\frac{1}{4}$ 英寸（约8.3厘米）的平行线，以确定需要填充垫料最多的部位。

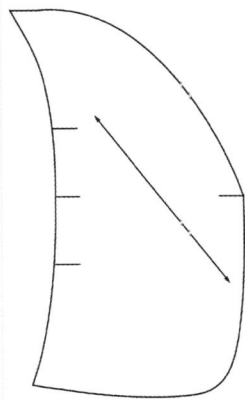

$1\frac{1}{4}$ 英寸（约3厘米）。

- 用样板裁剪棉絮。
- 棉絮的层数取决于想要的款式、棉絮厚度以及体型。一般裁剪10至30层。
- 用短大头针标记絮片肩缝的起点和终点。
- 不要在这时修剪棉絮上的袖窿弧线。
- 将裁剪的毛衬分成两对。
- 在其中一对上，修剪除了袖窿弧线之外的所有边缘，修剪量为 $\frac{1}{8}$ 英寸（约3毫米）。
- 将未修剪的一对翻转。其中一块用于左边，一块用于右边。
- 在一块上标记"左"，另一块上标记"右"。将它们作为垫肩的上层。
- 将标记的毛衬翻转，然后将修剪过的毛衬放在上面，对齐袖窿边缘和肩缝固定。

裁剪

- 用垫肩样板裁剪出四块轻质毛衬作为垫肩上层，裁剪两块平纹细布（细棉布）作为垫肩底层。
- 在每块毛衬上用短大头针标记肩缝的起点和终点。
- 对于平肩，在长边上做两个 $\frac{1}{8}$ 英寸（约3毫米）长的剪口，分别位于肩缝上方和下方各

绗缝毛衬

- 毛衬裁片可以机缝，但缝制而成的垫肩可能会比较僵硬，且成型效果也不够好。
- 在缝纫机上用不同颜色的缝线作为面线和底线，这样能更容易地辨认较短的底层。缝纫时注意将各层保持弯曲。在距离袖窿 $\frac{1}{2}$ 英寸（约1.3厘米）处开始，缝纫时稍微拉伸边缘，但所有的剪口长度不要超过 $\frac{1}{4}$ 英寸（约6毫米）。重复上述步骤来缝制另一侧的垫肩。两个垫肩交替缝制，各排线迹间距约为 $\frac{1}{2}$ 英寸（约1.3厘米）。
- 用长针距斜针缝将各层在剪口之间粗缝到一起来标记肩缝。
- 在继续操作之前，检查以确保垫肩是对称的，

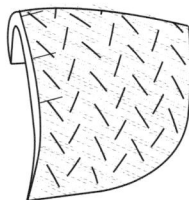

而不是同向的。

- 将较短的裁片放在底层，把垫肩握在手上，使其在手中弯曲。
- 从距离外边缘1英寸（约2.5厘米）处开始，用几排斜向人字疏缝将各层缝到一起。
- 针迹长约1英寸（约2.5厘米），每排的针迹间距均匀。
- 将绗缝过的毛衬放在烫凳或小烫枕上用蒸汽熨烫。

填充垫肩

给垫肩分层并制作的方式有很多种。可以在人台、烫凳或稳固的软垫上从下至上制作垫肩。罗马的华伦天奴工作室的一名员工曾经在自己的膝盖上让垫肩成型，而纪梵希工作室的一位工作人员直接将它们反面朝上放在手上成型，从顶部的毛衬到底部进行分层堆叠。

以下说明中，垫肩是在手上制作的，操作顺序是从顶层的毛衬到肩部。使垫肩成型需要保持专注，确保后添加的一层比前一层稍小。

如果用烫凳、人台或膝盖从下至上制作垫肩，则用垫肩式样板裁剪出两块平纹细布作为底层。将各层操作的顺序反过来。

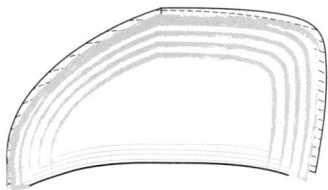

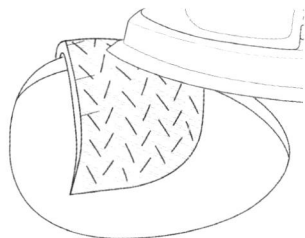

步骤1 给毛衬添加絮片

- 要制作最基础的垫肩，将毛衬裁片放在桌子上，较短的一层朝上，这样就可以同时制作两个垫肩。
- 如果其中一个垫肩需要做得更厚来弥补较低的肩膀，一开始要确定哪一个垫肩是需要加厚的。
- 从一块三角形絮片开始。
- 用手指撕开并薄化两条短边。
- 将它放在毛衬上，让薄化过的边缘处于毛衬内侧，长边稍微超出袖窿边缘。
- 将各层在肩缝上固定。
- 不要担心袖窿处的絮片，后期将会对它们进行修剪。

步骤2 缝絮片

- 折叠肩缝处的毛衬，将絮片包裹在内侧。
- 折叠后，抚平絮片上所有的褶皱，将其拍打到位。
- 将垫肩弯曲地放在手上，用长针距斜针缝将絮片层和毛衬缝到一起，以将棉絮平整并保持原位。
- 重复上述操作给另外一个垫肩加絮片。
- 薄化下一层三角形絮片的边缘，让它比上一层短。
- 继续在每一个垫肩上添加稍小的三角形絮片，让每个垫肩达到理想的厚度。
- 修剪袖窿边缘多余的絮片。

步骤3 塑型和修剪

- 絮片一面朝上，仔细熨烫垫肩将絮片熨烫平整，注意不要把刚才制作的形状熨平。
- 在烫垫上，将毛衬一面朝上然后使它们成型，再次熨烫。
- 用锋利的大剪刀来修剪袖窿处的絮片和衬布，修剪掉 $\frac{1}{2}$ 英寸（约1.3厘米）以使各层均匀。
- 如果需要，可稍后做更多修剪。
- 如果还没有准备好将它们插入上衣，则小心存放，保持弯曲的形状。

安装垫肩

安装垫肩时，重要的是记住它们在上衣穿着时的方式和状态。

高级定制提示
垫肩超出衣袖的量取决于上衣的款式和潮流趋势。一般和缝份的宽度一样，但可多可少。

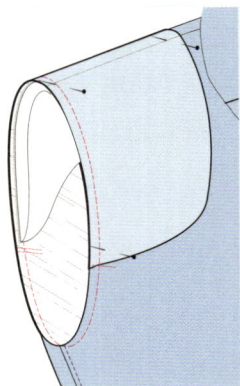

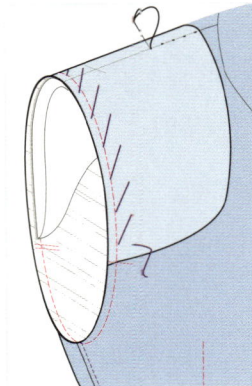

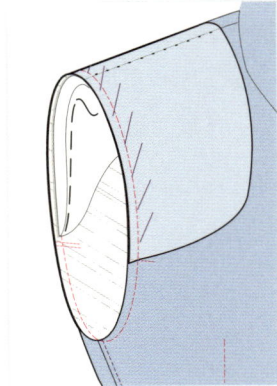

步骤1　将垫肩固定到位

- 拆开里衬的肩缝粗缝线，在距离领口1英寸（约2.5厘米）处结束。
- 打开里衬折至一边，然后将垫肩插入衬布和里衬之间。
- 将垫肩伸入袖山，对齐垫肩上所有的剪口和上衣肩部接缝（参见提示）。
- 左手握住上衣，保持穿着时的位置，然后将右垫肩固定在衣身上。
- 上衣正面朝外，在垫肩上将前片抚平，并在肩缝下方1英寸（约2.5厘米）处用大头针固定。
- 在肩缝下方约4英寸（约10厘米）处再别一颗大头针。
- 重复上述操作将垫肩固定至衣身后片。
- 如果垫肩超出肩缝较长，可根据需要做修剪。
- 重复上述操作将左垫肩固定到位。
- 将上衣翻至反面，从内侧检查垫肩。
- 在上衣翻至反面时垫肩看起来会很紧，因其弯曲的方向与实际穿着的方向是相反的。
- 将垫肩抚顺，如有需要重新固定。

步骤2　将垫肩缝制到位

- 上衣正面朝外，用斜针缝在距离袖窿缝线约1英寸（约2.5厘米）处粗缝垫肩。
- 参照以下说明在试穿上衣时粗缝垫肩。
- 要将垫肩永久地与上衣缝合，采用长针距刺针缝和匹配的缝线，把垫肩缝到肩缝的凹陷中。
- 每隔两个针迹缝一个极小的倒回针。
- 拉紧缝线，但不要拉得太紧，以免在接缝线上留下凹痕。

步骤3　在袖窿处固定垫肩

- 如果垫肩不够平顺均匀，则在袖窿处对其进行修剪。
- 用松弛的长绗针仔细将垫肩缝到缝份上。
- 将里衬抚平并粗缝到垫肩上。
- 参照第228页的说明完成肩缝处里衬的缝合。

明线

明线是指在服装外观任何可见的缝线。有时也叫表面缝线，它可以是装饰性的，也可以是功能性的，能够提供耐穿度、厚度和一定的挺括感。在高品质的男式上装中很少采用。

它可以让定制设计款式和运动服装上的接缝线和边缘更加明显，也可以给服装带来更多视觉亮点。在高级时装中作为一种设计元素用于拉链和口袋，主要起装饰作用。

明线可以是一排或多排直线迹，选用常规的机缝线、锁扣眼丝线或装饰缝线，也可以是多排的复杂线迹设计。缝线颜色一般与面料匹配，但也可以选用对比色缝线。

明线缝制标准

- 缝线和针距与面料匹配。
- 针迹均匀，距离边缘或接缝线的尺寸一致，除非有特殊的设计要求。
- 织物纱向不能移位变形。
- 线头隐蔽且牢牢固定。

明线缝制的基本要素／技巧

- 选用干净的缝纫机和锋利的机针。检查梭芯区域，清除所有的线绒。
- 确保底线充足并检查缝线张力。
- 仔细给明线做标记缝，不要用临时记号笔。在标记缝线旁边缝制，不要缝在线上。
- 选择可以将面料牢牢固定的压脚，如平缝压脚。
- 如有需要，使用大号的机针。
- 用斜针缝粗缝明线旁边的所有层，以保持各层平整，避免错位。
- 稍微调松面线张力，缝出的针迹有时会更好看。
- 要以明线缝制边缘，可以用压脚边、T形尺、磁铁定规或缝纫机上的胶带纸来作为缝纫标尺。
- 将上衣或裁片正面朝上进行明线缝制。
- 不要在开始或结束时倒回针。
- 两边都可见时，用相同的缝线作为面线和底线；只有一边可见时，面线用装饰缝线。
- 在开始和结束处留长线头。用花萼眼针将线头藏在面料层中。在修剪末端时将线拉紧，使线头能在面料层之间滑动。
- 以均匀的速度缓慢缝合。
- 小心缝制，避免纱向移位变形。
- 沿面料绒毛倒向缝制。
- 沿同方向缝制相应的部位、接缝线或多排明线。
- 在压脚前后将面料握紧，但不要拉扯面料。
- 在缝制较厚的接缝线时，用压脚水平仪或垫片（一小块硬纸板）来避免针迹歪斜或跳针。靠近接缝线缝制时将垫片插到压脚跟处；远离接缝线缝制时将它放在压脚下方。

明线缝制秘诀

- 用与上衣相同层数的碎布片来做试验。
- 在接缝线上用不同型号尺寸的机针、缝线、针距、压脚、缝纫标尺和线迹来做试验。
- 不断练习让自己能够很自信地进行缝制。
- 对于较厚重的面料和较粗的缝线，用更长的针距。

装饰明线将这件伊夫·圣罗兰上衣塑造得更加别致。所有边缘上都有明线，距离边缘$\frac{3}{8}$英寸（约1厘米）。

明线缝制驳头和前片

- 在明线处做标记缝。
- 在标记缝线旁边用斜针缝线迹粗缝所有面料层以防止错位。
- 在开始和结束处留长线头。
- 衣领正面朝上，从右前片的领串口线处开始。

明线缝制袖衩

- 在开始和结束处留长线头。
- 从右袖衩底襟开始，绕下摆进行缝制。
- 缝至衩口顶端，然后转向缝至接缝线。
- 左袖从衩口顶端开始。
- 用花莛眼针隐藏线头。

- 明线缝制衣领，在左前片的领串口线处停止。剪断缝线。
- 将驳头正面朝上，从左前片的领咀处开始。从边缘缝到做过标记的明线上，然后转向从左驳头到驳点作明线缝制。剪断缝线。
- 重新整理上衣，前襟正面朝上，将上衣堆叠在机针右侧。
- 从驳点开始缝至下摆。如果上衣前襟是弧线造型，且下摆已经缝过明线，继续缝至挂面边缘或缝到第一条接缝线。
- 将驳头正面朝上，将上衣堆叠在机针右侧，然后从右前片的领咀处开始，从右驳头缝至驳点。
- 将上衣堆叠在机针右侧进行明线缝纫不太方便，但将两个驳头从领咀缝至驳点比从驳点缝至领咀要更容易操作。
- 重新整理上衣，再缝制前片余下的部分。
- 用花莛眼针隐藏线头。

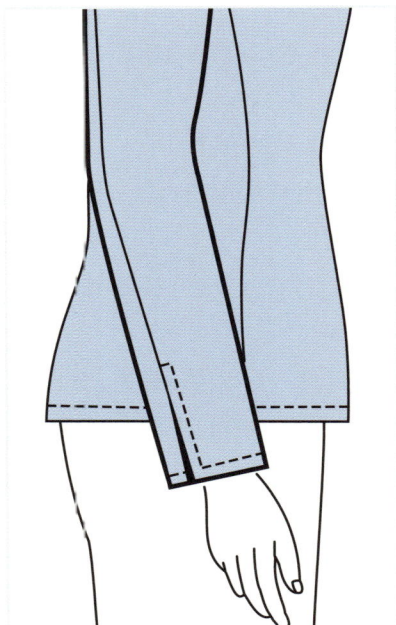

腰带

上装的腰带有很多类型。它们可宽可窄，可长可短；可以简洁也可以结构化；可以永久地缝于上衣，也可以独立于上衣。

这件香奈儿的上衣后片设计有带贴边的腰带。三片式腰带以缝线扣眼和金色纽扣系合。

结构化腰带

这种腰带经常用于上衣后片，可以纽扣扣合或者永久地缝于上衣。它的制作工艺类似于

袋盖：内侧有贴边，外层加制内衬，边缘是经过处理的，带里衬。

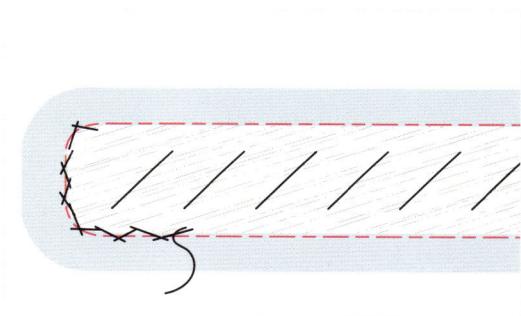

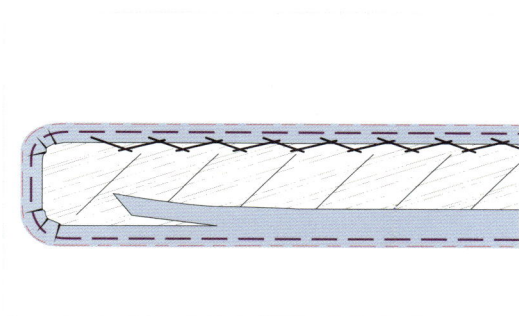

步骤1　裁剪布料并给腰带加内衬
- 为腰带和里衬挑选比成品长和宽至少多1英寸（约2.5厘米）的碎布料。
- 沿腰带的接缝线做标记缝。
- 裁剪内衬，不加缝份。在所有边缘上修剪掉 $\frac{1}{16}$ 英寸（约1.5毫米）。
- 反面朝上，将内衬放在腰带上，用斜针缝粗缝到位。用三角针将内衬永久缝制。由于不会产生应力，所以针迹可以间隔较宽。
- 在腰带上选做任意一种扣眼。

步骤2　处理边缘
- 将缝份折叠至内衬边缘处并粗缝。
- 将缝份修剪 $\frac{1}{4}$ 英寸（约6毫米），根据需要减少面料体积，熨烫。
- 用三角针将缝份永久缝至内衬。

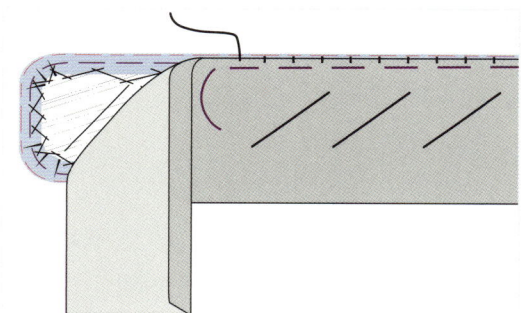

步骤3　缝制里衬和纽扣
- 反面相对，用斜针缝迹将里衬粗缝至腰带。
- 修剪里衬，让它超出腰带 $\frac{1}{4}$ 英寸（约6毫米）。
- 将里衬的边缘向内翻折，使它距离边缘 $\frac{1}{16}$ 英寸（约1.5毫米）。根据需要进行修剪并粗缝。
- 用暗缲针法将里衬永久缝合。
- 将所有纽扣固定到位，纽扣缝在上衣或腰带上均可。

主面料系带

这种柔软的系带可以系在身前或身后，也可以固定在接缝线处或独立于上衣。如果缝入接缝，则每条系带都有一个开口端和一个闭合端。系上时两面都是可见的，接缝线位于侧边缘上。

- 将系带裁剪成需要的长度加上两端的缝份，以及两倍的宽度加上两侧的缝份。如果系带为14英寸（约35.5厘米）长、2英寸（约5厘米）宽，则裁剪的面料长15英寸（约38厘米）、宽2英寸（约12.5厘米）。
- 正面相对，纵向折叠并粗缝系带。缝合、修

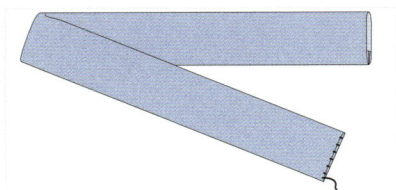

剪再熨烫。

- 插入一个木销或木尺，分缝熨烫接缝线。
- 系带翻至正面，使接缝线位于边缘上。轻轻熨烫。
- 将一端的缝份折叠进系带中。缲缝折叠边缘。
- 在上衣接缝线上将未处理的一端粗缝到位。
- 将系芛的接缝线置于下方。

主面料细带

这种舒适的设计用的是斜纱裁剪的系带。

主面料细带一般采用直裁或斜裁，可以手缝或机缝。在制作非常细的系带时，斜裁面料，然后参照下页关于"斜裁管带"的说明。此说明也适用于装饰细绳。

- 裁剪面料，宽度为系带的两倍再加上1英寸（约2.5厘米）作为接缝余量。

- 正面相对，纵向折叠系带，从距离折边理想的宽度粗缝。
- 沿粗缝线缝合，将接缝修剪至 $\frac{1}{4}$ 英寸（约6毫米），然后拆除粗缝线迹。
- 用塑料毛衣缝针和两股粗线将管带正面翻出。将线在一端系牢，把针插入管带中，小心拉针让它穿过管带。
- 轻轻拉伸系带并用蒸汽熨烫。
- 将一端折叠进系带中，缲缝折叠边缘。

带襻

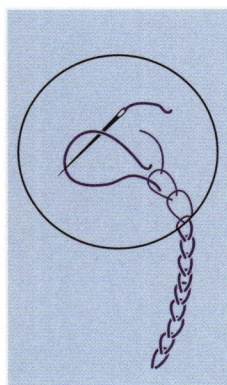

有时会用带襻来将腰带固定到位。带襻可以用面料或皮革制作以匹配腰带的材料，但一般是采用缝线。它们位于腋下接缝线上，有时会在上衣后片设置额外的带襻。

- 挑选穿着时不显眼的颜色的缝线，上蜡并熨烫（参见第62页）。
- 将缝线不显眼地固定在带襻

位置的底部。

- 制作一条比腰带的宽度长 $\frac{1}{4}$ 英寸（约6毫米）至 $\frac{1}{2}$ 英寸（约1.3厘米）的线辫（参见第74页）。
- 要完成带襻制作，在挑最后一个线环之前在面料上挑一个针脚。
- 将缝线在不显眼的地方固定。
- 对于带襻系带，带襻长度在1英寸（约2.5厘米）至 $1\frac{1}{4}$ 英寸（约3厘米）之间。

斜裁管带

以下关于细斜裁管带的说明同样适用于扣襻、纽扣和装饰细绳。

- 裁剪宽约2英寸（约5厘米）的斜纹布条，在缝制过程中它会变细。
- 制作一个样品来确定成品腰带的尺寸。
- 正面相对折叠，搭接粗缝线迹以作加固。
- 在粗缝线附近缝合，尽量拉伸腰带，这样在将腰带正面翻出时针脚不会崩断。
- 将腰带正面翻出。
- 润湿腰带然后尽量拉伸；用大头针固定两端，让腰带在干燥时也能保持弹性。根据需要拉直接缝。
- 完成两端缝制。

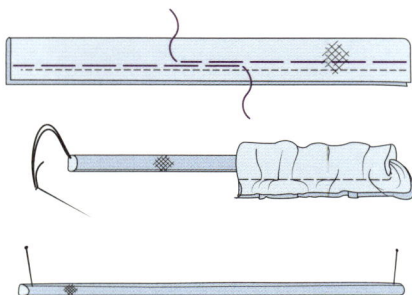

成衣整烫

当上衣基本完成，只剩纽扣和商标还没有缝制时，就可以进行成衣整烫。这是制作高级时装工序里最重要的环节之一。大多数裁缝师在此过程中会花至少一个小时。

在熨烫上衣之前，回顾在裁制过程中所用过的熨烫技巧。如有必要，可用碎布片做试验来核查熨烫上衣正面时的温度、压力和湿度。

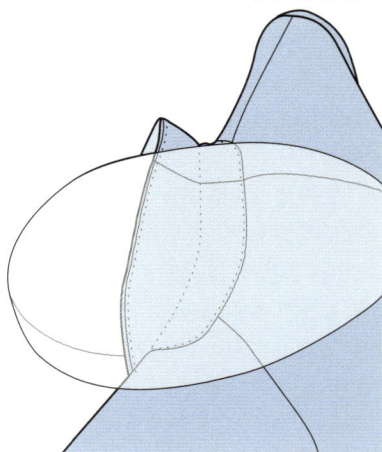

步骤1 熨烫边缘

- 从正反两面熨烫所有边缘——衣领、前襟、下摆。
- 首先轻轻熨烫可见面，在它们平整干燥之后再熨烫另外一面。
- 较重的熨斗或长柄熨斗所带来的压力在熨烫边缘时是很有帮助的。
- 不要将驳头和衣领上的折线熨平。
- 在熨烫衣领时，要多次将它改变位置并整理以熨烫局部。

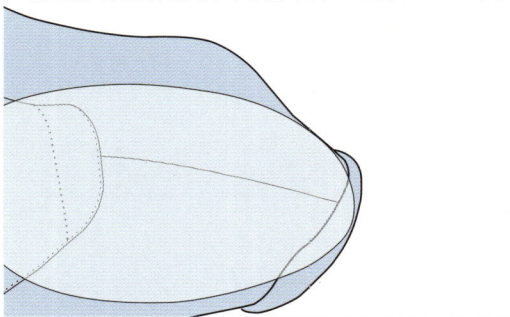

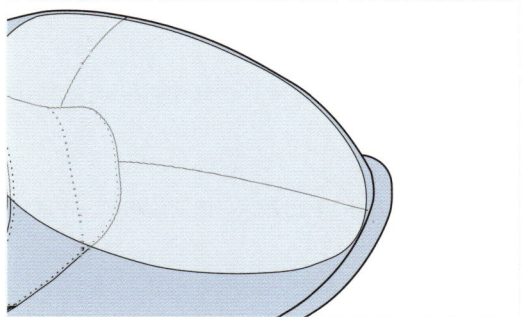

步骤2　熨烫肩部

- 从肩部开始熨烫衣身。
- 将肩部分为四个部分，这样在熨烫每个部分的时候不会扭曲形状或产生折痕。熨烫之后用润湿的垫布和压板定型。
- 将烫凳或一块烫垫插入肩部。
- 熨烫袖窿附近的第一个部分。
- 将上衣向前移动来熨烫袖窿附近的后肩。
- 上下交替熨烫，根据需要移动各个部分来避免移动熨斗。

- 移动上衣来熨烫前肩到领口的部分，不要熨烫领里。
- 重新整理上衣，然后熨烫后肩到领口的部分。

成衣整烫的基本技巧

　　一些裁缝师喜欢在上衣正面干烫。将熨斗调成中档温度，用一块粗斜纹熨烫垫布和湿海绵来提供湿度；一些裁缝师则喜欢在熨烫之前尽可能地拧干熨烫垫布；还有一些裁缝师采用烫靴辅助。通过试验找到最适合的方式。

- 尽可能少地使用蒸汽，且仅在测试后使用。它会破坏前期小心塑造的形状，并使接缝产生波纹。
- 熨烫每个衣片之后，用压板拍打以吸收水分，并在移至下一个衣片之前施加压力。
- 用羊毛烫布覆盖袖垫板，然后熨烫衣领、驳头和下摆以使边缘平整。
- 在工作台上使用袖垫板和烫凳支撑上衣有几个优点。可以在不使上衣变形、不烫除内置松量或不产生褶纹的情况下熨烫局部。
- 不要熨烫衣领和驳头的折线。
- 仔细操作，避免灼焦织物。可以随时再次熨烫，但很难去除灼焦、极光或折痕。
- 检查熨烫过的衣片。如果出现极光，用润湿的垫布轻轻熨烫，再放置压板。

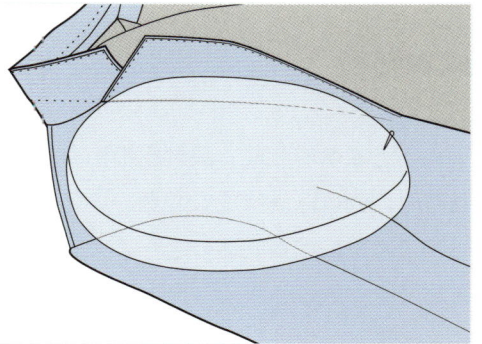

步骤3　熨烫衣身

- 将衣身部分从上到下分成两到三段。熨烫衣身时，先熨烫面积较小的部分，然后重新整理上衣和烫垫，避免烫除松量。
- 在烫垫上整理胸部上方，熨烫领折线和袖窿之间的部分。
- 不要熨烫袖山或驳头里侧。
- 重新整理上衣，然后熨烫门襟止口；根据需要移动上衣和烫垫来熨烫其余的前片。
- 在袋盖下面插入一张牛皮纸来避免留下烫痕。
- 熨烫腋下或侧片，如有需要，再次整理上衣和烫垫以免影响腰部造型。

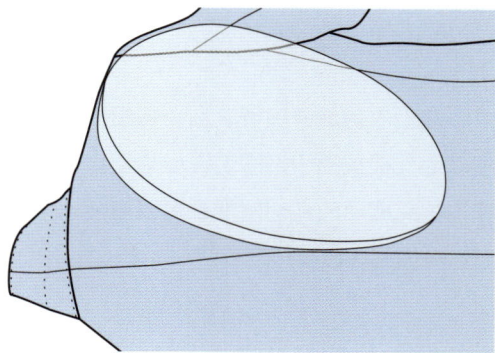

步骤4 熨烫腋下、后袖窿和肩部

- 熨烫衣袖时，仔细操作，避免烫除肩胛骨上方的松量。
- 先在上背部熨烫后中，再熨烫下背部。

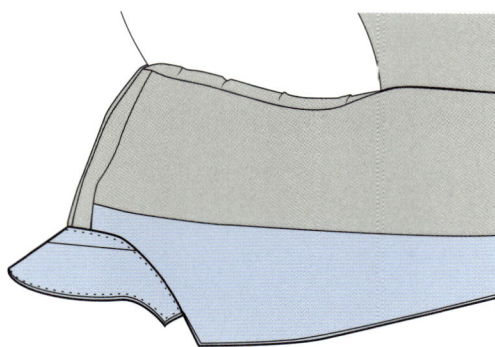

步骤5 熨烫袖窿夹缝

- 将上衣里衬一面翻出，把袖窿接缝线烫出褶缝。
- 将袖垫板的一端插入衣袖。
- 整理腋下的接缝线和里衬，使衣袖里衬包裹住袖窿接缝线，里衬折痕处于接缝顶部。
- 用力熨烫。
- 重新整理袖窿，在前后衣身上熨烫袖窿的下半部分。

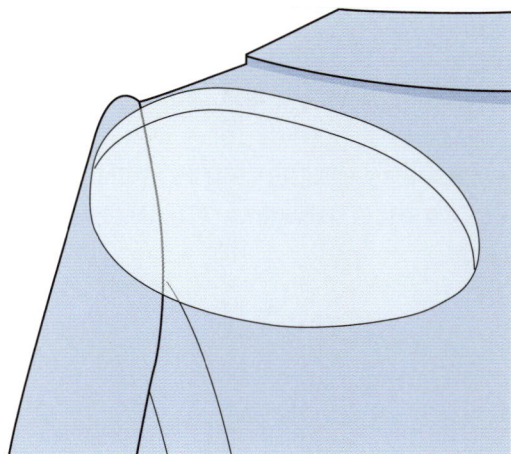

步骤6 熨烫袖山

- 将上衣正面朝上放在前臂上。
- 把一块小烫垫插入袖山，然后熨烫前侧，接着熨烫后侧。
- 不要在袖窿接缝线上熨烫袖山。

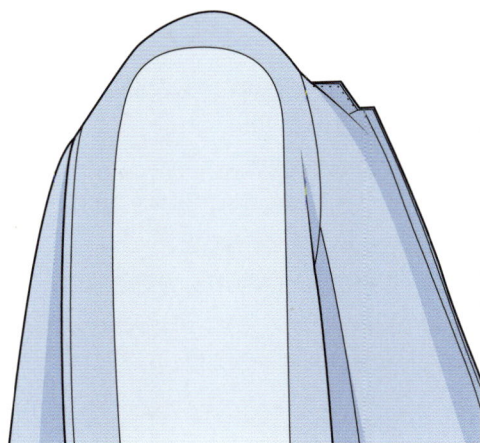

步骤7 熨烫衣袖

- 将衣袖放在烫架上。仔细熨烫大袖，不要熨烫边缘的折痕。
- 将衣袖翻至反面，熨烫小袖。

纽扣

纽扣是服装中重要的设计元素。规划上衣时，首先考虑纽扣的选择和位置（参见第98页）。每次试衣时，都在纽扣的位置用大头针固定来检查是否合适。

在上衣完成并熨烫之后，将纽扣固定在左前襟上。袖衩的纽扣固定在小袖上，这步操作在袖衩完成后的任何时间都可以进行——甚至可以在加制衣袖里衬之前。

标记纽扣位置

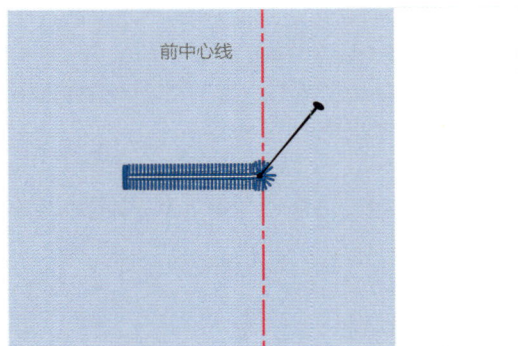

步骤1

- 将上衣穿在人台上或将它平放在桌面上，右前襟重叠在左前襟上。
- 对齐前中心线的标记缝。
- 在下摆处，左前襟应与右前襟齐平或略短一些，这样在系合纽扣之后才不会露出。
- 在每个扣眼之间的前中心线处将前襟固定在一起。
- 在每个扣眼中固定大头针，使针尖插入上衣左前襟（纽扣）做过记号的中心线上。

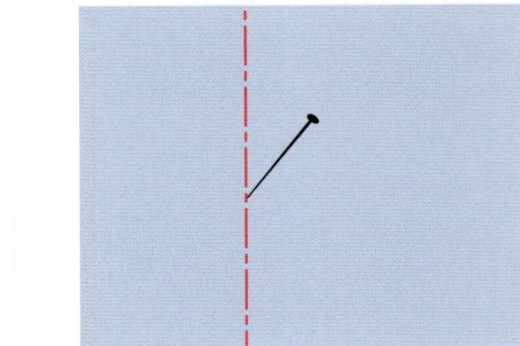

步骤2

- 仔细将扣眼从大头针上提起，保持大头针在左前襟插入的状态。
- 用第二根大头针或划粉笔来标记每个纽扣的位置。
- 如果准备稍后再缝制纽扣，就用缝线标记纽扣的位置。

准备缝线

- 锁扣眼丝线的捻度是最好的，但棉线能提供更多可选的颜色。
- 使用单股扣眼线加捻或双股的机缝丝线或棉线。
- 准备缝线，将剪断的线头打结。
- 参照第62页的说明，给缝线上蜡并熨烫。
- 缝制多个纽扣时，先将几码长的缝线上蜡并熨烫，再绕回线轴上以备稍后使用。

- 给细孔短针穿线，如有需要可使用穿线器。
- 当使用普通的棉线或机缝丝线时，剪切两根缝线。在每根线的一端打结；没有打结的一端穿过针眼。同一方向加捻的两根单股线比一根双股线更不容易缠结。

固定纽扣

牢固正确地缝制纽扣至关重要。纽扣必须有扣梗或扣脚来为纽扣和面料之间提供足够的空间，这样纽扣固定之后才不会太紧或在扣眼周围起皱。但也不能缝得太紧，否则在需要更换纽扣时，会无法拆除缝线。扣梗的长度取决于服装裁片的厚度，大多数长度在 $\frac{1}{8}$ 英寸（约3毫米）至 $\frac{1}{4}$ 英寸（约6毫米）。对于厚重外套，扣梗可以长至 $\frac{1}{2}$ 英寸（约1.3厘米）以上。在非常轻薄的面料上，扣梗长度为 $\frac{1}{8}$ 英寸（约3毫米）左右。

制作扣梗有两种方法：缠绕式和编辫式。缠绕式扣梗常被定制裁缝师采用，也常见于高级时装上，它们的制作简单快捷。编辫式扣梗常被迪奥、纪梵希和伊夫·圣罗兰等品牌使用。它们使用锁扣眼针法制作，相比于缠绕式扣梗更硬——这种硬度可以使扣子在解开时不会垂下。两种方法制成的扣梗都是经久耐用的；耐用度取决于缝制的次数和选择的缝线。

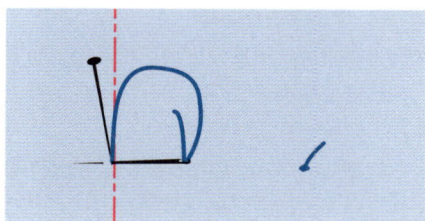

- 用上蜡并熨烫过的缝线给细孔短针穿线。
- 要固定缝线，从距离纽扣位置约1英寸（约2.5厘米）处的散线结开始。
- 让缝针穿过所有层，在纽扣位置穿出。如果纽扣下方没有缝线，上衣内侧会更美观。

固定有孔纽扣

有孔纽扣的底部是平的，扣脚使上衣纽扣系合时更美观。厚重面料比轻薄面料需要更长的扣梗。

步骤1　开始制作扣梗

- 开始制作扣梗，从下往上将针穿过一个孔眼。
- 在双孔纽扣上，从上往下将针插入剩下的一个孔眼。
- 如果是四孔纽扣，将针插入旁边的一个孔眼，使缝线平行。
- 如果是男式上衣，将针插入对面的孔眼，使缝线呈十字形。
- 在服装上挑一针短 $\frac{1}{8}$ 英寸（约3毫米）的针脚，让两条缝线与纽扣的孔眼平行。如果扣梗足够长且制作得当，这步操作并不重要。
- 收短缝线，让它比所需的扣梗长度略长——约

$\frac{1}{8}$ 英寸（约3毫米）。

- 在纽扣和服装之间来回缝四次，缝制时让纽扣远离面料。
- 如果是四孔纽扣，则每个孔眼至少缝两次。

高级定制提示
仔细操作，确保所有缝线长度一致。

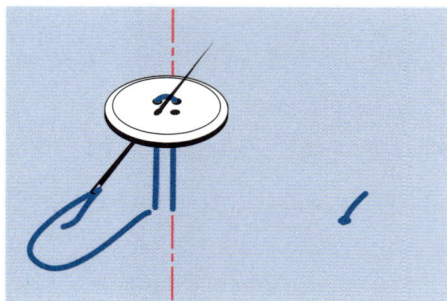

步骤 2　制作缠绕式扣梗

- 要制作缠绕式扣梗，根据扣梗长度，将缝线紧紧地在线柱上缠绕三至四次。
- 在末端缝一针锁缝针迹。
- 在扣梗底部用回针缝将缝线固定在面料层中。
- 将针插入扣梗底部来隐藏线头。
- 将它穿过面料层 $\frac{1}{2}$ 英寸（约 1.3 厘米）。
- 将针拉出。
- 拉紧缝线，在靠近面料处修剪，让线头隐藏在面料层之间。
- 剪掉开始使用的散线结。

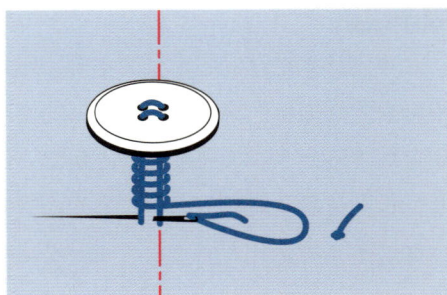

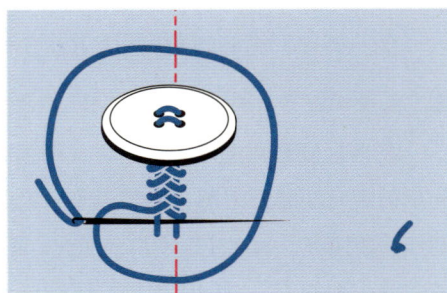

高级定制提示
　一些工作室采用扣眼缝线迹缠绕所有的缝线来制作，但这样的扣梗会较柔软。

步骤 3　制作编辫式扣梗

- 要制作编辫式扣梗，按照纽扣顶部从上到下再到面料的顺序进行操作。
- 将缝线分成两组，绕第一组作扣眼缝线迹。
- 让针从第一组下方通过，从中心穿出。
- 绕第二组作扣眼缝线迹。
- 继续操作，在两组线之间交替缝制直至扣梗底部。
- 参照缠绕式扣梗的说明来固定缝线。

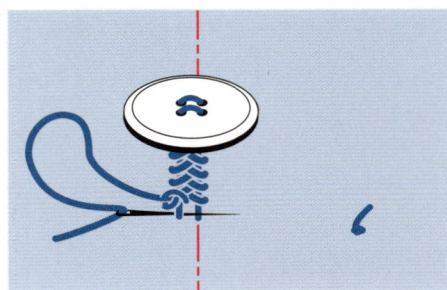

固定带脚纽扣

　　扣脚在纽扣背部和面料之间创造空间。由于面料有厚度，扣脚很少是足够长的；纽扣会需要额外的空间和线柱。

- 要固定带脚纽扣，请在纽扣位置处用散线结和几针线迹来固定缝线。
- 握住纽扣的外边缘，让扣脚垂直于扣眼。
- 在扣脚上缝四至五次，让线柄达到需要的长度。
- 参照上面缠绕式和编辫式扣梗的制作说明，完成扣梗的缝制。

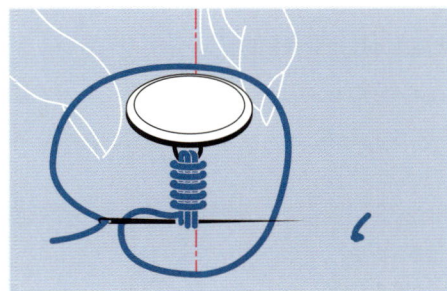

垫扣

　　垫扣也叫安全扣，是定制上衣挂面或里衬上的小纽扣。置于外侧纽扣的底层，为麂皮和皮革超轻织物、无挂面设计、制服和对耐磨度有要求的服装起到加固作用。缝制过程中，它们和外侧纽扣同时固定在服装上。在高级时装中，垫扣一般采用小而平的贝母扣，颜色与贴边或里衬近似。

- 在左前襟上标记纽扣的位置。
- 给缝线上蜡并熨烫。
- 固定缝线（参见第315页）。
- 把缝针插入上衣纽扣，然后在纽扣的位置再次插入面料。
- 拉缝线，留出比面料厚度长 $\frac{1}{8}$ 英寸（约3毫米）的线柄。
- 把针插入垫扣的一个孔眼，然后再穿过另一个孔眼。

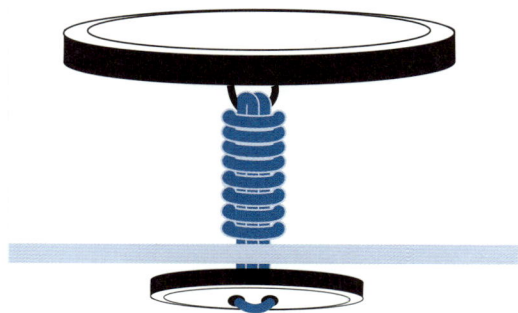

- 将缝线拉出。
- 重复以上操作，上衣纽扣和垫扣至少缝制两次。
- 在面料纽扣下方缠绕缝线来制作一个扣梗。
- 在纽扣下方固定缝线。

高级定制提示

　　缝制纽扣时，将垫扣贴缝在挂面上，同时让上衣的纽扣远离面料。

固定衣袖上的纽扣

　　袖衩上的纽扣有几种固定方式。高级时装和设计可开合袖衩的昂贵成衣最常用的方法是将纽扣缝到底襟上，带有较短的缠绕式扣梗。如果衣袖为闭合的里衬带有真扣眼或假扣眼，则将纽扣缝在大袖上不做扣梗，并缝穿所有层将纽扣固定在扣眼末端。如果衣袖为闭合的里衬带有假扣眼或切割扣眼，则缝穿所有层将纽扣固定在扣眼末端。如果没有扣眼，则缝穿袖衩所有层来固定纽扣。

　　在定制男式上装中，离袖口较近的两个扣眼为真扣眼，纽扣缝在底襟上。顶部的扣眼为假扣眼，纽扣缝在大袖上。

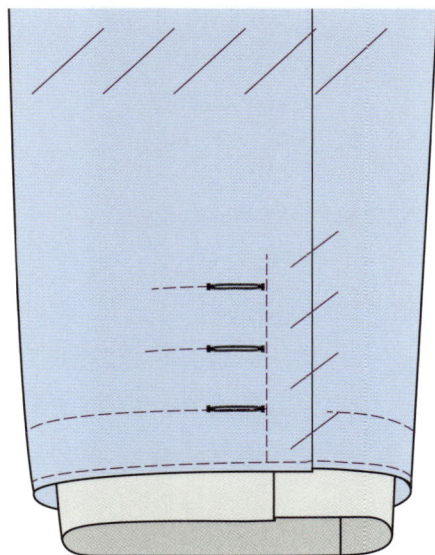

双排扣上衣纽扣

非功能性纽扣

大多数双排扣上衣都有一排装饰的非功能性纽扣，这类纽扣不需要扣脚。有孔纽扣是贴缝在面料上的，带扣脚的纽扣也都有内置的扣梗作支撑，但是装饰性纽扣一般都会不美观地耷拉在服装上。萨维尔街的裁缝师亨茨曼（Huntsman）的定制工艺要求是消除所有耷拉着的纽扣。

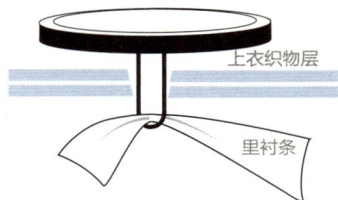

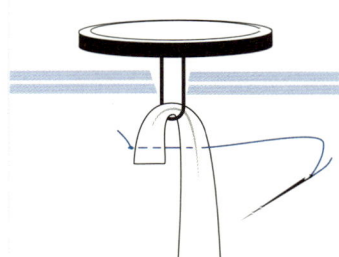

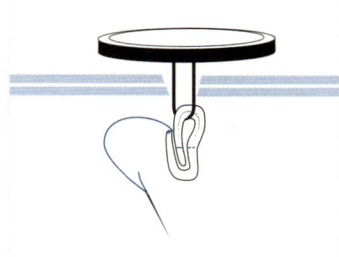

上衣织物层
里衬条

步骤1

- 闭缝里衬之前，在女式上衣右前襟上标记纽扣的位置。
- 用锥子在面料和内衬上为每个纽扣钻一个小孔。
- 裁剪长4英寸（约10厘米），宽约1英寸（约2.5厘米）的里衬条。

步骤2

- 将里衬条拉出约1英寸（约2.5厘米）。
- 拉紧里衬条，让扣脚落入孔中。
- 用几针回针缝将里衬条末端靠近扣脚缝到一起，使其严实。

步骤3

- 修剪里衬条两端，使一端长 $\frac{1}{2}$ 英寸（约1.3厘米），另一端长1英寸（约2.5厘米）。
- 将长端折叠到短端上，使其平整。
- 用回针缝将两端缝到一起。
- 修剪掉里衬条两端的多余部分。

高级定制提示
如果里衬条不容易进入扣腿，将布条的一端弯曲，然后用锥子将它推进扣腿。

- 将上衣正面朝上，将扣脚插入前襟上的小孔中。
- 将上衣反面朝上，将里衬穿进扣脚。

组合扣

组合扣或锚扣常见于双排扣上衣，也见于外观无扣的裹襟式上衣。组合扣位于右前襟挂面或门襟重叠部分的里衬上，扣合于左前襟止口附近的扣眼上。用长线柄或细带将组合扣固定，这样可以让上衣跟随身体移动。有时在装饰性纽扣底部也会采用组合扣。

- 在右前襟挂面上标记组合扣的位置。
- 如果为双排扣上衣，组合扣固定在装饰性纽扣底部的挂面或里衬上。
- 给缝线上蜡并熨烫。
- 将里衬一面朝上放置，从一个散线结开始，然后将缝线在纽扣的位置固定。
- 将纽扣缝制到位，扣梗长至少 $\frac{1}{2}$ 英寸（约1.3厘米）。
- 固定线头。

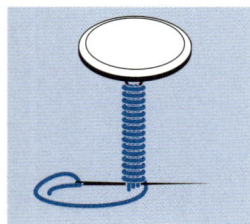

结扣

　　结扣有时被用来代替购买的带纽襻的球形纽扣，或者用来制作链扣。可以用购买的线绳制作，也可以用同色或撞色织物管带制作。结扣的成品尺寸由线绳的粗细决定。

- 为每个纽扣裁剪 10 英寸（约 25 厘米）长的线绳。
- 制作第一个线环。
- 在第一个线环上面做第二个线环，然后转到末端下方。
- 制作第三个线环，将它穿过前两个线环。
- 轻轻牵拉线绳两端让纽扣形成一个结。
- 修剪掉多余的管带，然后将末端缝到纽扣的底部。

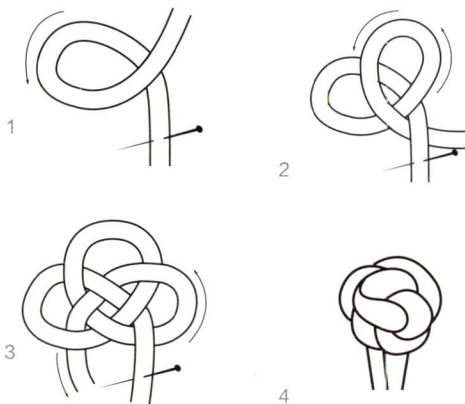

链扣

　　链扣是开襟羊毛衫上的极具吸引力的扣件。扣眼可以是缝线扣眼或织物扣眼，纽扣可以是购买的纽扣、包扣或结扣。购买的纽扣可以从简单的球形纽扣到装饰性的珠宝纽扣。一对纽扣通过线链连接扣合。

- 选用上蜡并熨烫过的锁扣眼丝线。
- 在末端系一个小结，修剪线尾。
- 将缝线固定在第一颗纽扣的扣脚或底部。
- 制作一个线环，然后参照第 74 页的说明制作一条理想长度的线链。
- 将缝线固定在第二颗纽扣上。

这件简约的福图尼上衣采用织物扣眼和衣身面料链扣系合。

其他扣件

纽扣和扣眼是高级时装上衣中最重要的扣件，但其他扣件，如按扣、钩眼扣和拉链也常被采用。不同于既有装饰性又有功能性的纽扣，这些扣件不太引人注目，适合与其他扣件搭配组合。

左图：这件海蒂·卡内基的包布按扣位于隐形褶裥的下层，采用衣身面料蝴蝶结装饰门襟。

右图：这件阿诺德·斯嘉锡的上衣采用宽立领设计。采用包布按扣和隐藏的钩眼扣系合。

按扣

按扣由两部分组成：子扣和母扣。子扣缝在门襟上，母扣缝在底襟上。因为门襟受力时容易绷开，所以它们一般和其他扣件搭配使用，或用于较宽松的上衣。大尺寸的按扣会包裹同色的轻质丝织物。

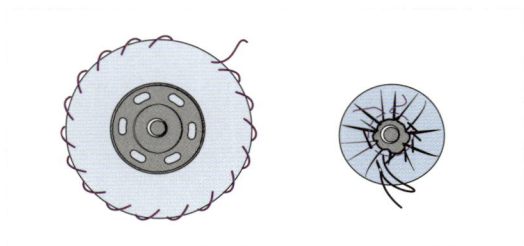

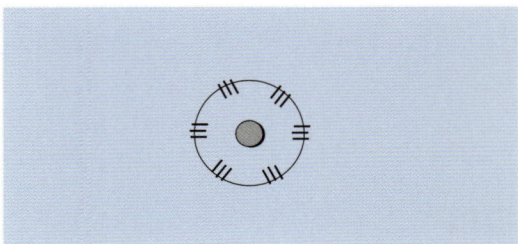

步骤1 包按扣
- 用里衬裁剪两块直径为按扣两倍的圆形裁片。
- 从一个小线结开始，沿一块圆形裁片的边缘锁针缝。
- 用织锦针在中心制作一个小孔。
- 将母扣窝面朝下放在圆形裁片上。
- 拉紧边缘处的缝线让丝质包布在母扣上裹紧。
- 在母扣背面交叉地缝合几次，以平整丝质包布。
- 系牢缝线。
- 参照以上说明来包裹子扣。
- 将子扣和母扣扣合在一起，直到准备将它们缝至上衣。

步骤2 将按扣缝制到位
- 在按扣每个孔眼处用匹配的缝线和三至四针工整的对接缝线迹缝合子扣。针迹尽量平直不显眼。
- 用白色划粉笔擦涂子扣。
- 将子扣放在底襟上轻轻按压，以标记母扣的位置。
- 把母扣放在划粉笔标记的正中央，然后用工整的边缝线迹缝合。

钩眼扣

钩眼扣属于隐藏式扣件。它们很难快速系合，螺纹线柱眼扣也不易穿，很少用于定制上衣。

隐藏式钩扣

　　隐藏式钩扣用于稀松的面料是不错的选择。要隐藏钩眼扣，将眼扣缝入面料里，这样就只能看到钩扣。一般而言，先缝钩再缝眼扣更加容易。

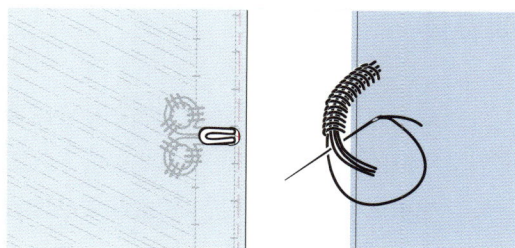

- 用锥子在面料上做一个小孔以缝制钩扣。
- 将钩扣从底侧插入。如果里衬已经缝合，根据需要拆开些许来放置钩扣。
- 用散线结来固定缝线。
- 用短针距和匹配的缝线将钩扣在不显眼的位置缝合到位。

- 用白色划粉笔擦涂钩扣。
- 合上门襟，按压织物层，这样划粉笔迹就会标记螺纹线柱眼扣的位置。
- 参照第74页的说明，用锁缝线迹制作螺纹线柱眼扣。

拉链

　　开尾拉链常用于休闲上装，偶尔也用于简约的设计款式。拉链的开合比较不方便，但外观不显眼。在休闲上装中，将拉链插缝于前襟和挂面之间，一般采用机缝完成。在高级时装中，拉链是手工缝制的，易于固定。有些是插缝于前襟和挂面之间或者上衣和里衬之间，有些款式则直接缝在挂面上。

　　以下说明适用于连裁挂面上衣。采用绗缝针迹缝将拉链织带手工缝制到挂面上，正面的拱针线迹只作装饰，不起固定作用——可以不作拱针或者用机缝线迹代替，来呈现运动风格的外观。

- 完成上衣的前襟、领口和下摆。
- 测量前襟尺寸。拉链可以比前襟短，但不能比它长。
- 在距离边缘 $\frac{3}{8}$ 英寸（约1厘米）处粗缝左右门襟。以粗缝线迹作为参照，在各门襟边缘上缝一排拱针线迹。
- 门襟反面朝上，对齐并将拉链齿和折边固定。
- 如果拉链比门襟短不足1英寸（约2.5厘米），

则从下摆开始粗缝。如果超过1英寸（约2.5厘米），则从距下摆边 $\frac{3}{8}$ 英寸（约1厘米）处开始粗缝。

- 拉上拉链，检查拉链齿是否被覆盖。
- 折边相交处可能会轻微隆起；但在穿着时会变平整。
- 采用短绗针迹，偶尔回针将拉链缝至挂面。用明缲针将拉链织带的边缘缝平整。

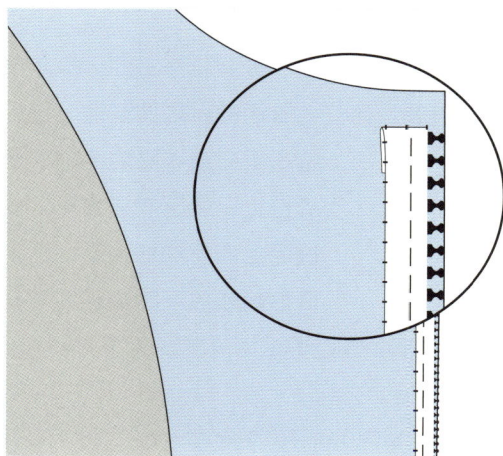

加重体

加重铅和加重链用来确保上衣在穿着时能够保持平顺的线条。除了使接缝线平直不起皱以外，加重体可以让下摆在手臂抬起之后能够恢复到原来的位置。加重铅隐藏在下摆缝份下方，位于接缝线底部。加重链既有功能性也有装饰性，它一般缝制在下摆上，或者在下摆上方的里衬上。

加重铅

加重铅由铅制成，位于下摆和下摆内衬之间，服装外侧不会被看到。如果觉得太大或太重，可以用锤子将它们压平或用旧剪刀将它们剪成小块。

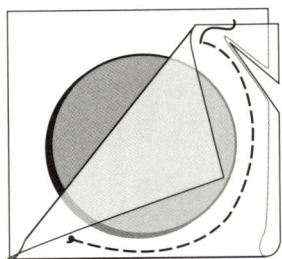

步骤1
- 用一块里衬或者平纹细布（细棉布）来覆盖加重体。
- 用碎布片包裹加重体。
- 用短绗针在加重体周围缝制。
- 修剪掉多余的织物，边缘留大概 $\frac{3}{8}$ 英寸（约1厘米）。

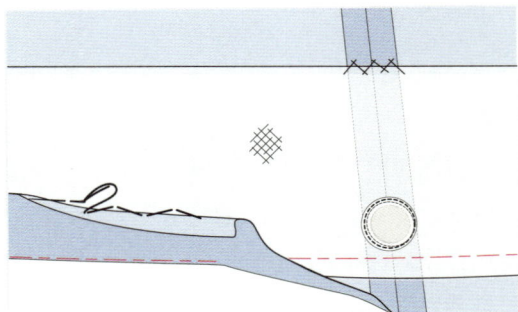

步骤2
- 将包裹的加重体放在每条接缝线底部的棉衬上。
- 用绗缝针迹将它永久地缝到缝份中。

> **高级定制提示**
> 干洗时要确认是否需要将加重链拆掉。

加重链

香奈儿有名的开襟羊毛上衣用的就是加重链。它们缝在里衬或衣服内侧的下摆缝份上，用于增加重量，以确保上衣自然地垂坠，让手臂抬起或放下时能够恢复到期望的位置。在以男装为灵感设计的上衣中不使用加重链。

加重链可以刚好位于底摆上方、里衬下方、里衬上或里衬内部，通常会一直延伸到前中或挂面边缘。当上衣前身有较重的纽扣或口袋时，只需在上衣后身缝制加重链。

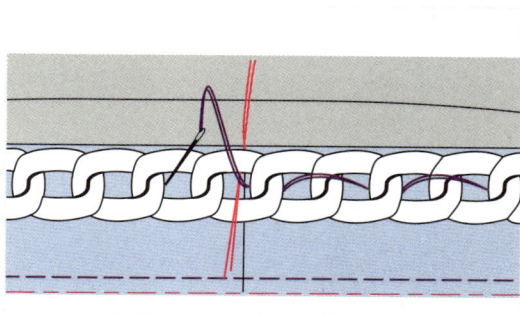

步骤1   准备加重链

- 平整地完成上衣下摆。
- 在固定加重链之前最后一次熨烫下摆。
- 测量下摆尺寸，然后剪切加重链，加重链比下摆长四分之一。
- 用织锦针和一根比加重链长15英寸（约38厘米）至18英寸（约46厘米）的双股装饰明线或锁扣眼丝线。
- 用缝线或安全别针标记链条中心。
- 将装饰明线或锁扣眼丝线穿进加重链。

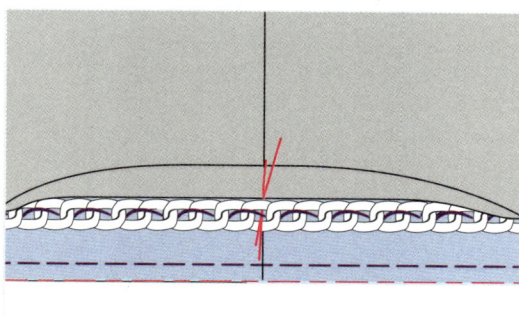

步骤2   定位加重链

- 将上衣反面朝上铺在桌面上，展平下摆。
- 将加重链的中心与后中心线对齐。
- 将加重链的两端放在挂面边缘或前中心线处。
- 平顺下摆上的加重链，使链环紧密相连。
- 用缝线或安全别针在接缝线上标记加重链。

高级定制提示

羊毛织物具有一定弹性，因此加重链应松弛地缝至上衣下摆，使其随织物"伸展"。

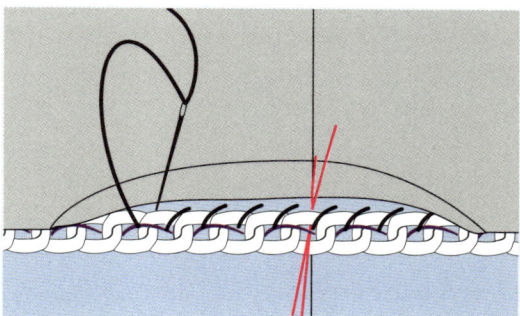

步骤3   将加重链缝合到位

- 用细孔短针和上蜡熨烫过的锁扣眼丝线，在后中心线处固定缝线。
- 从右到左操作，先缝加重链的顶部。
- 将缝针从链环穿出，在靠近上一个链环的顶部缝纫。
- 使缝针从下一个链环中穿出。
- 继续缝至挂面或前中心线，直到所有链环的顶部都已缝合。将缝线末端牢固系结。

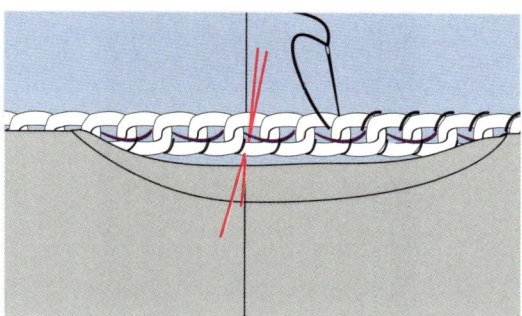

步骤4   加重链连接并完成

- 重新整理上衣，将底部的链环缝至另一端，将缝线固定。缝线隐藏在旁边链环下方。

亚历山大·福提（Alexandre
Vauthier），2018 发布会

第十一章

坯布样衣

坯布样衣是用于试穿的服装，通常由平纹细布（细棉布）制成，与上衣重量相似，也可以选用价格较低的羊毛织物或类似面料裁制。除非是经验丰富的裁缝师，否则在第一次为不同风格、不同纹样的面料或为不同穿着者缝制服装时，建议先裁制坯布样衣或外层样衣。

坯布样衣为后期的面料裁剪提供了一次校正合体度和练习裁剪技术的机会。试衣时，注意成品上衣的理想效果是柔软和松弛有度的。裁剪布料之前，要考虑到所有在试衣时会遇到的问题——不要留有任何侥幸。

试穿坯布样衣最重要的原因是可以纠正尺寸、长度和平衡方面的主要问题，这些问题一旦在面料裁剪之后就无法解决。除此之外，试穿坯布样衣还有其他优势，比如便于评估上衣的设计、比例以及舒适度；检查纹样匹配的准确度以便更改；尝试在面料上安排口袋、纽扣、

饰边以及图案纹样，包括条纹、方格和格纹的位置；便于练习缝制技巧。但如果样板是根据定制人台的个体尺寸设计的，又或者上衣为样品尺寸，就不一定需要坯布样衣。

一件高级定制上衣的样板包括衣身、衣袖和领里，有时也有衣领。这些样板用于坯布样衣制作，并为挂面、里衬、内衬、衣领和口袋设计样板。以下说明中的样板都有侧片，有些样板只有前片和后片，同时设计有拼接的前片或公主线，并配以拼接后片或简单的后片。这些说明可以方便地用于其他样板。

左图：一件定制面料的香奈儿上衣。面料底布上贴缝真丝绉缎流苏，细褶之间饰以一排排的亮片。搭配一片袖和按扣。
中图：伊夫·圣罗兰的露肩丝绸提花设计上衣，饰以水钻纽扣和织物扣眼。两片袖末端为翻边袖口。
右图：这件克里斯汀·迪奥套装上衣的面料图案尺寸比半身裙的略大一些。图案纹样被仔细地排列，使它们从上衣一直延续到裙子，形成完整的图案。

坯布样衣留有较大的缝份，需要几码的面料，缝制时可有里衬也可没有。粗缝内衬后更容易修正上衣的合体度，还能分析内衬对上衣悬垂性的影响。如果想要改变上衣结构，或者想尝试用不同的纱向剪裁内衬，坯布样衣可以更容易地更换内衬。从时间和材料方面来看，在坯布样衣上缝制内衬会增加额外的成本，但这同时也是一项很好的投资，有助于更多地了解内衬，找到您喜欢的缝制方法，并获得一件高质量的成衣。在坯布样衣上剪裁内衬之前，请先回顾第169—173页的内容。

在坯布样衣试穿之后，使用校正后的平纹细布制作纸样或制作整洁的坯布样板。在后期裁剪上衣面料时，将原始样板和调整后的样板进行比较可以获取有用信息。

准备坯布样板

在缝制坯布样衣前，请查阅所有关于制作坯布样衣的操作指南以及缝制上衣的建议和说明。

用主要的样板——前片、后片、侧片（如有）、大袖、小袖和领里来制作坯布样衣。用干熨斗熨烫样板，标记每片样板上所有的接缝线、剪口和工艺符号。除非另有标记，否则大多数商业样板的接缝线距离切割边缘均为 $\frac{5}{8}$ 英寸（约1.5厘米）。

将每一个样板的布纹线延长至样板的长度。修剪掉样板上的缝份和开衩。在衣身前片上标记折痕线，从第一颗纽扣上方 $\frac{1}{4}$ 英寸（约6毫米）处开始，在折痕线起点处做一针标记缝。

测量每个样板的长度和宽度，并与人体尺寸测量值进行比较。在裁剪平纹细布之前，根据需求能调整的最大值校正样板。如果背中心线设置了褶裥，需增加缝份量。

标记折痕线

折痕线，又称为驳折线，起点可低至腰部，高至胸部。折痕线从上衣门襟处开始，而不是从前中心线开始，起点距离第一颗纽扣 $\frac{1}{4}$ 英寸（约6毫米）。领口的深度从领围线测量至折痕线与前中心线的交点处。

- 在衣身前片样板上，将颈部的肩线延长1英寸（约2.5厘米），并标记A点。
- 标记B点——驳折点——位于折痕线的底端——第一颗纽扣上方 $\frac{1}{4}$ 英寸（约6毫米）。
- 如果要改变坯布样衣上的折痕线和驳头，也要同时调整第一颗纽扣的位置。
- 连接A、B点以标记折痕线。

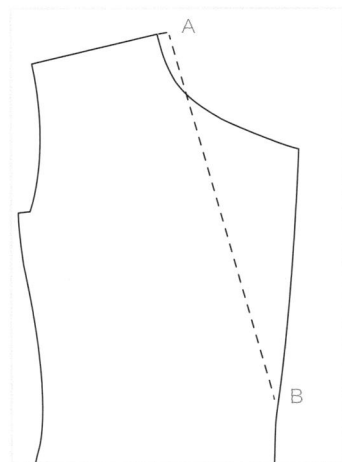

人体测量

　　准确的测量是成功裁剪和试穿坯布样衣的关键因素。测量的主要目的是正确确定尺寸，以便在裁剪坯布样衣前调整样板的长度和宽度。

　　测量服装的尺寸——包括半身裙或长裤（裤装）——与上衣搭配穿着。在制作和试穿样板时，取接近测量的基础数据，便于之后剪裁过程中调整松量缝份和款式设计。如何测量和找准测量位置同等重要。使用相同的卷尺进行所有的测量，并保持卷尺的张力一致。

　　胸围　测量从背部绕至胸高点一周的围度，经过腋下和背部肩胛骨上方。如果测量个体的胸围较大或背部较宽时，要注意侧缝所在位置的测量尺寸。

　　背宽　测量领围线下方3英寸（约7.5厘米）至4英寸（约10厘米）处的背部水平宽度或背部最宽处。较宽的背部通常表示测量个体肩部较宽、胸部较小。

　　前中长　沿前中心线垂直测量领围线到腰线的长度。

　　胸宽　测量领围线下方约3英寸（约7.5厘米）处的胸部水平宽度，或是前对位点之间的距离。

　　腰围　沿肚脐以上约1英寸（约2.5厘米）或两侧腰最细处水平测量一周的围度。可在腰部固定一根细带做标记。

　　臀围　沿腰围以下7英寸（约18厘米）处水平测量一周的围度。

　　坐围　绕臀部最丰满处水平测量一周的围度，标注与腰围线之间的距离。

　　背长　测量从后背颈围线到腰部，再到臀部然后到座椅的长度。

　　袖长　测量从颈肩点到肩点，再到肘关节，然后到腕关节的长度。

　　袖宽　沿肱二头肌处水平测量一周的围度。

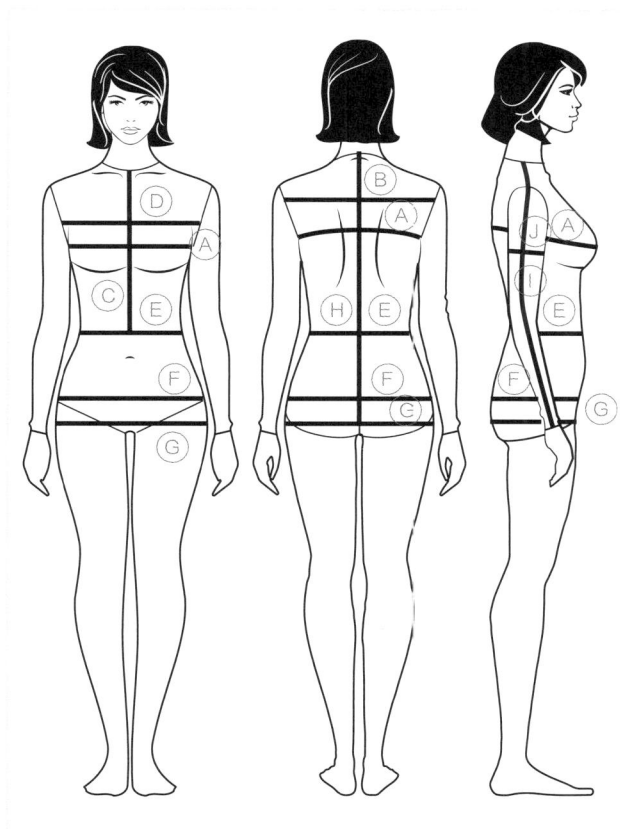

A 胸围	F 臀围
B 背宽	G 坐围
C 前中长	H 背长
D 胸宽	I 袖长
E 腰围	J 袖宽

标记布纹线

　　试衣时，经纱和纬纱起到重要的指导作用。在前后片中心线处，经纱应垂直于地面，而胸宽、背宽以及袖山线处的横纱应平行于地面。当使用纱向进行试衣时，标记出经纱和纬纱。

- 在每个样板上从边缘到边缘标记纵向布纹线。
- 在前片样板的对位点处标记横向布纹线。
- 在后片样板上领围线下方约3英寸（约7.5厘米）处标记横向布纹线。
- 在袖山线处标记横向布纹线。

制作坯布样衣

如果是第一次裁制高级定制上衣，先要测试衣身的合体度，再试穿领里和衣袖。

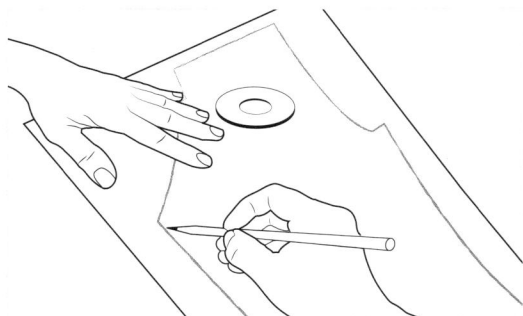

步骤1　布局并标记

- 根据需要将平纹细布（细棉布）熨烫平整并矫正丝缕，使纬纱或横纱垂直于经纱或直纱（参见提示）。
- 用柔韧的装饰板如瓦楞纸板或切割板铺在裁剪台上。

> **高级定制提示**
> 廉价的平纹细布通常会丝缕歪斜，无法矫正。

- 将碳描图纸正面（有色面）朝上放在裁剪台上。如果没有描线轮和碳描图纸，可以将织物单层铺料，用2B铅笔沿样板周围做记号。
- 将平纹细布纵向折叠，把布边固定在一起。
- 把叠成双层的平纹细布平铺在碳描图纸上。
- 在垂直接缝上留出 $1\frac{1}{2}$ 英寸（约3.8厘米）的缝份进行排料，各个样板之间至少间隔3英寸（约7.5厘米）。
- 用大头针或砝码固定样板。
- 检查并确保样板布纹线与平纹细布的直纱对齐。
- 仔细检查直纱、横纱、接缝线、下摆、前中心线、后中心线、省道、剪口、纽扣/扣眼位置、口袋位置，以及描线轮所作的结构符号。
- 根据需要用直尺和曲线板平顺描线轮线迹。
- 在移除样板前仔细检查，确保所有的样板都已做标记。

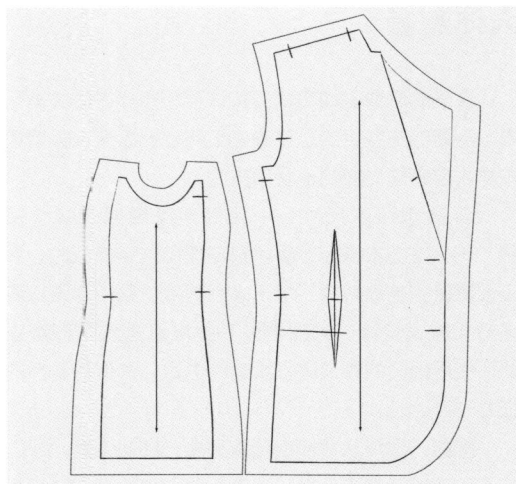

步骤2　裁剪坯布样衣

- 裁剪衣片，在裁片两侧、前缘、下摆、肩缝和后中心线留出 $1\frac{1}{2}$ 英寸（约3.8厘米）的缝份，在袖窿处留出1英寸（约2.5厘米）的缝份。缝份宽度不需要太精确，因为还没有标记接缝线。
- 小心地移除样板，用大头针把织物层固定在一起，以防止移位。
- 将平纹细布翻至另一面，在剩余的这一面也做好标记。
- 拆除大头针前，检查并确认所有线条及结构标记都已转移。
- 移除大头针，并描出左右样板上的所有标记线，至此上衣前后所有裁片都已做标记。这很费时，但在试衣时会很有帮助。
- 给所有样衣裁片都贴上标签：右前片、左前片、右侧片、左侧片、右后片、左后片、右大袖、右小袖、左大袖、左小袖。

步骤3　裁剪内衬

回顾第170—172页关于内衬的说明，以决定内衬使用的纱向和位置。借此机会可以选用不同的内衬，并且可以试验哪种内衬更为合适。

- 如果前片有省道，则修剪掉内衬上的省道。两端长度多修剪 $\frac{1}{4}$ 英寸（约6毫米），便于将切口套在上衣省道上。

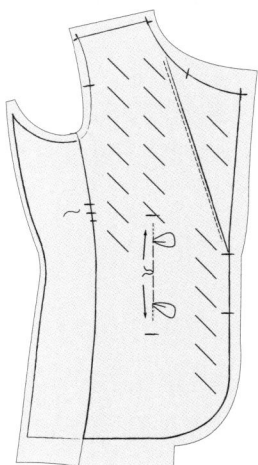

步骤4　粗缝坯布样衣

- 在领口接缝线处用短距粗缝（疏缝）线迹来防止领口拉伸和影响上衣的合体度。
- 粗缝上衣前片和后片所有省道。使用手工粗缝，这样缝线在试衣时就可以很容易地剪开和拆除。将前片内衬套在省道上。
- 沿折痕线将内衬粗缝至前片。
- 使用斜针缝迹将内衬缝于前片上。
- 备选：将前片缝份向内翻折并粗缝。
- 如使用背衬，将其粗缝到位。
- 正面相对将裁片叠放在一起，粗缝垂直接缝，包括内衬。
- 轻轻熨烫，或顶层挑缝接缝线，这样无须熨烫也能使织物变平整。
- 将下摆向内翻折并粗缝。
- 正面相对将裁片叠放在一起，粗缝肩缝。根据需要做顶部粗缝。
- 用大头针固定或粗缝坯布样衣的肩缝。
- 检查坯布样衣。如果内衬太软、太脆、太轻或太重，舍弃并尝试更换不同材质的内衬。
- 粗缝或固定垫肩。根据需要准备不同尺寸的垫肩。
- 在衣身试穿合体之前，不必担心衣袖或衣领。
- 粗缝衣领或衣袖之前，请参照第330页"试衣指南"来调整衣身合体度。

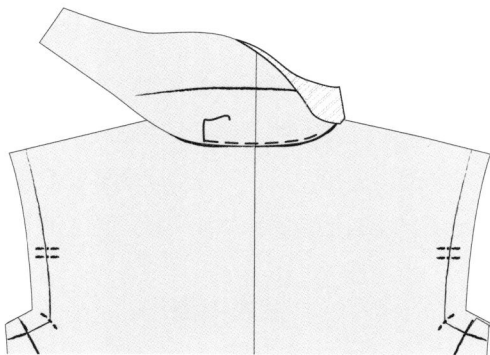

步骤5　粗缝领里

　　以下说明中，一开始用于试穿的坯布样衣没有领里和衣袖。具备一定经验后，就可以直接试穿配上领里和衣袖的坯布样衣。

- 将领里边缘的缝份向内翻折并粗缝。
- 对齐领里折叠边缘与领口边缘的加固缝。
- 用大头针固定衣领并粗缝。
- 如果领面不合适或不能遮住接缝线，则重新裁制一个新的衣领。

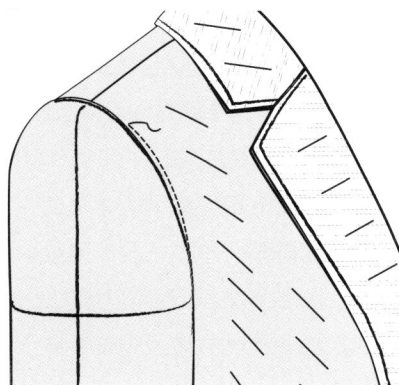

步骤6　粗缝衣袖

　　在完成衣身所有修正之后固定衣袖，可以在坯布样衣或面料上衣上试穿衣袖。司时试穿两个衣袖，使上衣得以正确地悬挂。

- 正面相对将衣袖裁片叠放在一起，粗缝垂直接缝和所有袖衩。
- 将袖摆缝份向内翻折并粗缝。
- 把衣袖与坯布样衣或面料上衣粗缝在一起。
- 检查合体度并根据需要进行调整。

试穿坯布样衣

试穿样衣的时候，女性人体往往比男性人体的剪裁更具挑战性。与普通的男式上装相比，无论是面料还是设计，都提供了更多机会来成功地满足女式上装的合体度，从理论上来讲，可以在任何位置增加或减少接缝或省道，以便根据需要精确地塑造形状和调整尺寸。

试衣指南

- 使用一面镜子。通过镜子检查衣服的试衣效果，找出设计和合体度的问题，这比直接观察穿着者更加容易。
- 不要留有任何侥幸。
- 试衣时，注意成品上衣的理想效果是柔软和松弛有度的，不要过度拟合或过于紧身。
- 从左右两边分别试穿检查上衣，两边的不同一开始可能并不明显。
- 先只试穿衣身部分，具备一定经验后，可以直接试穿配上领里和衣袖的坯布样衣。
- 从前、侧、后不同方向检查上衣。
- 成品上衣应是舒适的。
- 服装的风格和衣身平衡体现在穿着者身上应该是具有吸引力的。设计元素，包括驳头和口袋，在样衣试穿后可以增加或移除。
- 胸宽和背宽处的横纱应该保持水平并与地面平行。

- 驳头应紧贴身体，不能豁开。
- 后中缝应垂直于地面，领转折点处的标记线迹应该保持均匀。
- 前片边缘应该垂直悬挂。如果没有使用牵条，会轻微地向两侧摆动，有时还会重叠在一起。
- 前后的下摆长度应该相同。
- 肩缝应该平滑。
- 背部应该平滑贴合，没有拉纹或褶皱。
- 衣身部分应该保持平整，没有褶皱、斜向拉纹或牵扯（参见提示）。
- 试穿坯布样衣时，搭配半裙或长裤（裤装）以及衬衫——毛衣通常太过笨重。如果还没有粗缝垫肩，现在就用大头针固定或粗缝。先试穿没有领里和衣袖的坯布样衣。
- 将上衣穿在人体上。确保穿着得当，站在顾客身后平稳双臂。将上衣微微向上和向前提起，然后放到合适的位置。如有需要调整肩部，在试衣前检查确保上衣位置是否合适。
- 固定上衣之前，从前、侧、后各方位检查一

基本试衣问题

三个基本的试衣要素分别是围度、长度和形态。

- **围度**描述的是身体水平方向的尺寸，包括丰胸体或挺胸体，宽背体或窄背体，以及凸腹体或丰臀体。
- **长度**是指从肩到腰围线再到下摆的距离。

- **姿势**或体态展现了人体的站立方式。最常见的一些问题包括圆肩、笔直的站姿、丰胸体或挺胸体。

很多围度和长度的调整是在样板上完成的。可以根据过去的经验在样板上作体态的调整，但有些调整必须在坯布样衣上操作，有时是在面料上完成的。

遍。上衣未缝合时，缺陷往往更显眼。一些缺陷的表征相似，但造成的原因可能不同。有时看似是原因但可能并不是。

- 重叠前门襟并将驳头折叠到位。对齐驳点的标记线迹和前中心线，将前片的所有扣位用大头针固定在一起。如果想把驳领加长或变短、加宽或变窄，都要在试衣之前完成。

- 检查上衣的尺寸，确保不要太紧或太松，并进行必要的修正，不要过度拟合。如果想要增加或减除 $\frac{1}{2}$ 英寸（约 1.3 厘米），则先尝试增加或减除该尺寸一半的量。

- 坯布样衣上经常出现驳折线起豁的现象，但

这个问题在将牵条缝至上衣后能够得到解决。如果肩膀的高度是平衡的，驳点的标记线迹则可以匹配；如果不平衡，而是一侧肩比另一侧高的情况——请参见第334页的"高低肩"。

高级定制提示
后腰出现的水平褶皱，或是因为背部太长，或是因为臀部太紧。

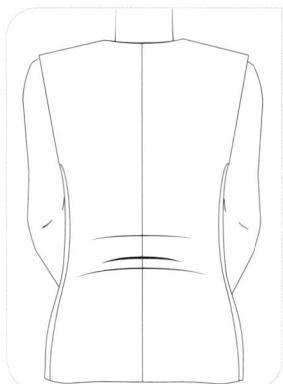

坯布样衣试穿清单

检查所有裁片的纱向。
检查所有省道的位置和方向。
检查接缝线。
检查颈部和肩部线条。
检查领里合体度。
检查衣领的翻折线和驳折线。
检查前襟叠门。
检查上衣的长度。
检查纽扣和口袋的位置。
检查所有装饰细节。
标记所有试衣后的调整。

调整坯布样衣

许多因素都会导致合体度出现问题，有时原因可能不明显。一些问题相对容易纠正，一些则比较困难，还会遇到难以识别的问题。

本章节主要讨论坯布样衣试穿时需要修改的问题，不包括调整样板的围度和长度。这些问题的处理方法是基于样板和个体尺寸测量数据的比较。

调整肩部

试衣之前先研究体型特征。有时从肩部开始，有时从衣身平衡开始。

试衣时肩部的合体度很重要，因为它是支撑上衣的关键。大多数样板都是按正常体型裁制的。平肩的倾斜度小于正常值，而斜肩的倾斜度大于正常值，这是由于骨骼结构不同导致的。

从背面判断肩部是正常肩、平肩还是斜肩更为容易。在背宽处标记一条水平线，这将有助于指导肩部合体度的修正。

修正缺陷

- 检查并确保坯布样衣准确贴合肩部。
- 在修正样板之前，先复制一份原始的样板。
- 不要过度拟合或过于紧身。
- 当进行重要修正时，尽可能多对坯布样衣做调整，以完善和检查合体度。
- 当更换一个裁片时，要考虑对相邻裁片的影响，以及相邻裁片是否需要做更改。
- 校正后的样板须平整放置。

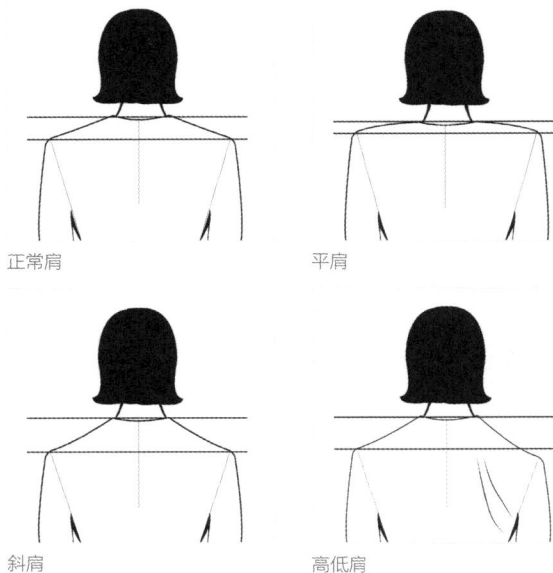

正常肩

平肩

斜肩

高低肩

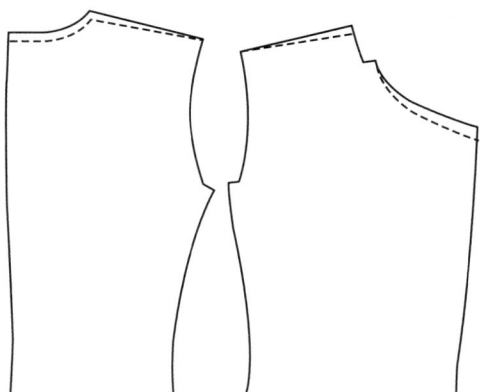

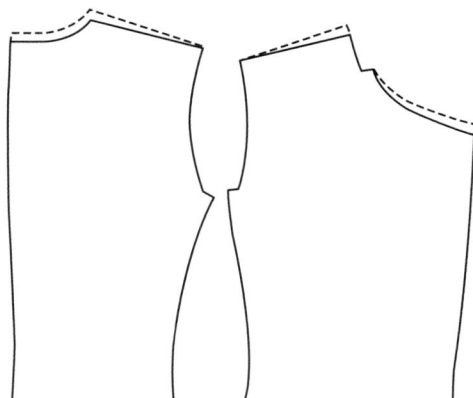

平肩

　　平肩可以通过后领口下方的褶皱、肩点的松紧度和背宽标记线末端是否朝向肩部来辨别。可以通过增加袖窿处的肩部接缝量来调整肩部的斜度，但这需要相应地增加袖窿尺寸，通常最好避免这样操作。或者可以通过降低后领口的高度来矫正斜度，但这会改变领口线。以下的操作说明使用后一种方法。

- 在肩点处固定一个大头针，使肩缝不会完全张开以至于从人体上滑落。
- 从颈部到接近肩点的位置拆开一侧肩缝，使接缝敞开。
- 朝向肩部抚平多余的面料，重新固定肩缝。
- 在领口边缘测量从肩部移除的量。
- 在另一侧肩部调整坯布样衣的合体度。
- 左右肩可能有不同的倾斜度，但后肩缝应始终比前肩缝长。
- 用移除的尺寸作为参考，降低后领口和驳头。

斜肩

　　斜肩可以通过前后袖窿底部的斜向拉纹或背部上方的横纱来辨别。背部上方的横纱向两端倾斜，而不再平行于地面。解决方案是将后领口和驳头抬高 $\frac{1}{8}$ 英寸（约 3 毫米），从而保持袖窿尺寸不变。

- 在肩点处固定一个大头针。
- 从颈部到接近肩点的位置拆开一侧肩缝，使接缝敞开。
- 在靠近颈部的位置放出接缝余量，放量位置和尺寸由肩斜度决定。
- 测量领口边缘的增量。
- 在另一侧肩部调整坯布样衣的合体度。
- 在后中心线处将后领口抬高 $\frac{1}{8}$ 英寸（约 3 毫米），并在驳头顶部增加相同的量。

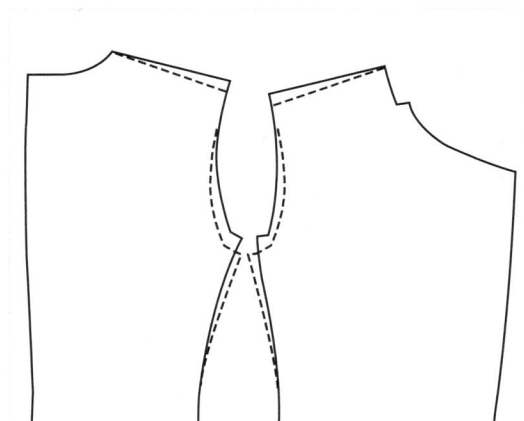

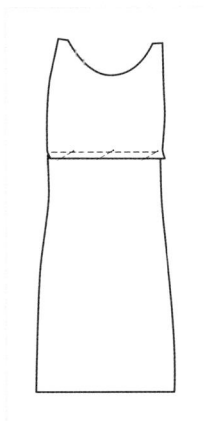

高低肩

上衣一侧的斜向拉纹可以用作辨别低肩，坯布样衣上的横纱也会向低侧倾斜。低肩与斜肩相似，但造成的原因和矫正的方法不同。低肩一侧的袖窿与腰线之间的距离较短，如果差量非常小，可以在垫肩上额外添加一层，但这会使袖窿变小。

- 为了确定修正量，在低肩的肩缝处用大头针做一个褶裥，直到消除斜向拉纹，背部上方的横纱也平行于地面。
- 测量并标记褶裥量。
- 标记所有调整，然后拆除坯布样衣上的粗缝线迹，并将所有裁片平整放置。
- 把原来的后片样板放在坯布样衣的后片上。
- 对齐样板上的肩点与坯布样衣上的新肩点。
- 描出原来的袖窿线，为低肩一侧标记左肩或是右肩。

- 在新的后片样板上绘制新的肩缝。后肩比前肩长 $\frac{1}{2}$ 英寸（约1.3厘米）。
- 重复以上操作，在前片上绘制新的肩缝和袖窿线。
- 如果有侧片样板，在样板上等量降低袖窿高度。
- 调整侧片接缝线长度，使之与前片接缝线相匹配。
- 可以重新绘图降低侧片的袖窿，但在样板上的标记线处做一个小褶裥会更容易。
- 为下一次试衣修正并粗缝裁片。
- 裁剪时，单层裁剪比双层裁剪更易操作。

调整衣身平衡

如果衣身平衡有误，修正坯布样衣就从调整衣身平衡开始——许多试衣的问题都是由体态造成的，这会影响上衣在垂直和水平方向上的衣身平衡。垂直方向的衣身平衡决定了上衣前后片之间的关系以及悬挂方式；水平方向的

衣身平衡决定了上衣前后片颈肩点之间的关系。垂直方向和横向的衣身平衡都很重要，调整衣身平衡通常可以消除其他裁片的缺陷。

为了更加容易地评估垂直方向的衣身平衡，可以从侧面观察上衣的下摆是否水平。对于年

纪较大的女性来说，垂直方向的衣身平衡尤为重要。如果这些女性肩部较圆润却没有得到调整，后片就会比前片短，前襟会在臀围线附近分离，下摆会张开，并且后片横开领会很窄。

如果女性胸部丰满或站姿非常直挺，则前片会比后片短，前襟会在下摆处重叠或紧贴臀围线，并且前片横开领会很窄。

当调整较短一侧的后片或前片衣身平衡时，尽量避免改变袖窿线的长度。如果袖窿线长度改变，衣袖也需要调整。

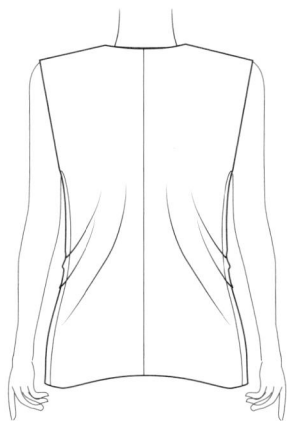

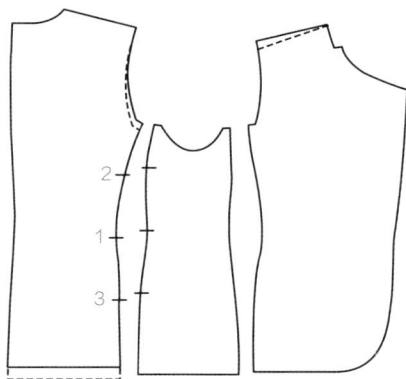

短背衣身平衡

短背平衡是驼背体和圆肩体的常见问题。对于坯布样衣，有以下几种方法进行调整。要确定背部的延长量，从颈肩点到腰线测量人体和样板。如果差值大于 1 英寸（约 2.5 厘米），则考虑增加后片肩覆式（参见第 214 页和第 336 页）；如果差值为 1 英寸（约 2.5 厘米）或更少，请使用以下方法。

- 用划粉笔在上右图中腰线处（1）的接缝线上做一个标记，拆开腋下接缝。
- 将标记向上移动 1 英寸（约 2.5 厘米），重新固定接缝。
- 在上右图中 2 和 3 处标记新的剪口。

- 去掉腋下至肩点的增量以保持后袖窿的尺寸，可以从前肩和后肩上各去除一半的量，或者全部从前肩上去除。
- 如果上衣的后背太紧，则从后中缝放量。
- 脱下坯布样衣，在后片上画出新的肩缝。
- 测量袖窿弧线长。后袖窿更长，前袖窿更短，但总长度须保持不变。
- 如果要在下摆处增加肩部的移除量，在裁剪面料之前完成此操作是很重要的，因为需要在下摆处增加长度。

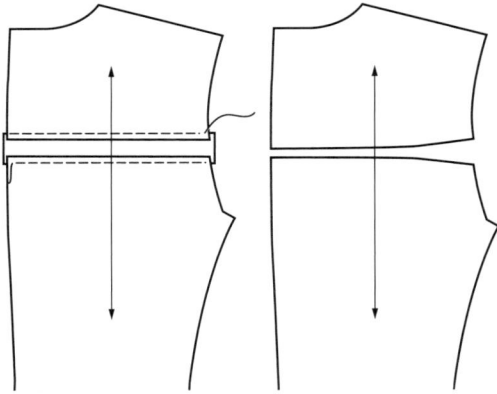

增加肩覆式

当穿衣者驼背体征非常明显时，可以考虑增加一条肩覆式水平接缝，且增量大于1英寸（约2.5厘米）。这条装饰接缝线在衣身两侧末端逐渐变窄，以保持后袖窿尺寸不变。最简单的操作方法是在肩覆式接缝线处嵌入一条平纹细布条。

- 为每个后片裁剪一条平纹细布（细棉布）条，宽度为所加量的宽度再加2英寸（约5厘米）。在布条上画三条平行线。中心线是新的肩覆式接缝线。
- 分析穿着者的体型以确定最合适的接缝线位置，同时保持理想的美观度。对于大多数的体型，肩覆式接缝线一般位于领口线下方2英寸（约5厘米）至4英寸（约10厘米）处。
- 在坯布样衣后片上画一条水平线，位置在新肩覆式接缝线上方约1英寸（约2.5厘米）

处。在距后中缝4英寸（约10厘米）处的接缝线上标记一个对位点。

- 沿肩覆式接缝线剪开后片。将肩覆式边缘与布条上端的水平线对齐并粗缝。在布条上标记对位点。
- 将剩余的后片与布条下端的水平线对齐，匹配对位点并粗缝。
- 将坯布样衣粗缝在一起，并让顾客试穿。
- 在后中缝处平整布条。在布条末端用大头针固定省道，使后片保持平整。为了避免改变后袖窿的长度，用大头针让省道完全消失在袖窿接缝线处。
- 根据需要收紧或松开后中缝。
- 脱下坯布样衣，用铅笔在两端标记省道。样衣后片看起来会不平整。
- 平铺裁片，在肩覆式和后片上标出原来的布纹线。
- 熨烫和剪开肩覆式接缝线。在裁剪之前，检查确保接缝线与后中缝成直角。
- 为肩覆式和后下片剪裁新的布料，并在接缝线处增加缝份。
- 如果可能，裁制没有后中缝的肩覆式。
- 将后片粗缝在一起，并且重新粗缝坯布样衣，以便再次进行试衣。

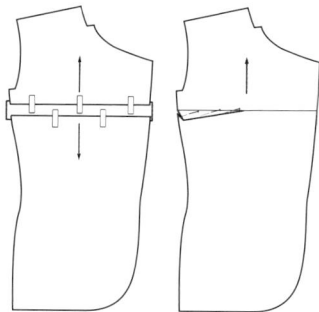

短前衣身平衡

短前衣身平衡很容易识别，对于挺胸体或站姿非常挺拔的体型是很常见的。因为这类体型需要在前片增加额外的长度和围度，可能还需要在颈肩点做弧度的调整（参见第338页"横向衣身平衡"）。

- 裁剪坯布样衣前，测量人体从颈肩点到胸凸点再到腰线的长度。将测量值与样板上的测量值做比较。
- 在纸条上画两条平行线，来表示在顾客和样板上测量数据的差值。标记纸条的中心。
- 如果需要，使用从颈肩点到胸凸点的测量值标记新的胸凸点。
- 在胸凸点处画一条水平线，沿标记线裁剪。
- 对齐前中心线，用胶带将前片样板粘贴在纸条上，把纸条固定到位。
- 用加长后的前片样板裁剪坯布样衣。在胸围上标记横纱和加长量。
- 在试穿坯布样衣时，将布料余量朝向腋下抚平，并朝向胸凸点用大头针别一个省道，保持胸围的横纱与地面平行。
- 脱下坯布样衣，标记省道。拆除大头针并粗缝，使前片平整。
- 熨烫坯布样衣。
- 复制坯布样衣前片以制作样板。
- 采用省道转移的方法，将所有或部分省道转移至美观的位置，或把省道处理成松量或公主线（参见下文的提示和省道转移）。
- 裁剪新的前片，重新试穿坯布样衣。

省道转移

省道转移是基本的样板制作技术，其原理是将省道转移至样板两侧的任何位置，并且不会影响服装的尺寸或合体度。在试穿坯布样衣时，这是一个非常有用的工具，可以将布料余量固定，然后转移到更合适的位置。在试穿上衣时用处不大，因为面料已经被裁剪。

肩省常用于定制上衣的裁制，或者将省道转移至拼接缝。当采用容易塑型的面料时，小量省道——小于 $\frac{1}{2}$ 英寸（约1.3厘米），可转移至袖窿和侧缝，通过工艺收缩。

以下说明用于简单的前片。
- 描出前片样板，标记省道和胸凸点。
- 从肩缝到胸凸点绘制一条线作为新省线。
- 沿新省斜线剪切样板，用胶带闭合原来的省道。
- 在新省下方粘贴纸片，沿斜线折叠，修剪接缝线处的余量。
- 拷贝新样板，并在新省处做记号。

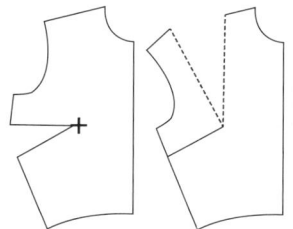

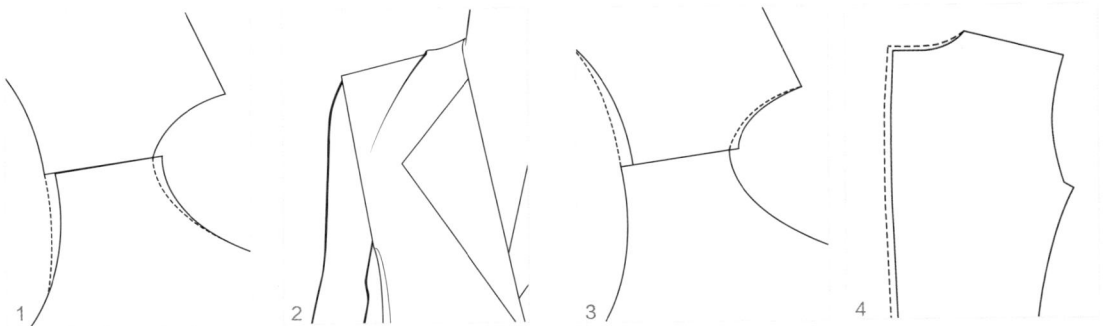

1 2 3 4

横向衣身平衡

横向衣身平衡是指上衣前后横开领之间的关系。定制裁剪师用"平直"和"弯曲"两个术语来描述领口线处颈肩点不平衡的现象。您可能对这些术语不熟悉，但要能够辨识出这些缺陷。

这对于挺胸体、鸡胸体和站姿非常挺拔的体型来说是常见问题。因前后颈肩点之间的距离太短，"平直"的领口剪裁的胸部会过紧，腋下经常会有斜向拉纹，需要弯曲前领口线来矫正此缺陷。

此修正操作并不难，如果在坯布样衣裁剪之前就能预测，则先在样板上做调整。

- 在前肩缝上标记一个点，距颈肩点 $\frac{1}{4}$ 英寸（约6毫米）至 $\frac{3}{8}$ 英寸（约1厘米）。
- 在袖窿处将前肩缝延长相等的量。
- 拆开一条肩缝，以修正坯布样衣。
- 朝前中心线增加松量 $\frac{1}{4}$ 英寸（约6毫米），重新固定接缝（图1）。
- 重复上述操作修正另一条肩缝。
- 在后肩缝做松量处理，使其比前肩缝长 $\frac{1}{2}$ 英寸（约1.3厘米）。
- 如果前胸仍然太紧，将每个前肩缝再调整 $\frac{1}{8}$ 英寸（约3毫米）。
- 脱下坯布样衣，在前片上标记新的领口和袖窿。前后袖窿尺寸不变，但领口线会稍微长一些。
- 根据需要调整领里，以适合新领口。

宽背体和驼背体则有相反的问题。因前后颈肩点之间的距离太短，过于"弯曲"的领口裁剪，使上衣从颈肩点到袖窿出现很多斜向拉纹（图2），或驳头处松脱，需要平直前领口线来矫正此缺陷。操作过程同平直接缝的矫正相同，只是颈肩点沿相反的方向（图3）移动。

- 在后肩缝上标记一个点，距颈肩点 $\frac{1}{4}$ 英寸（约6毫米）至 $\frac{3}{8}$ 英寸（约1厘米）。
- 在袖窿处将后肩缝延长相等的量。
- 矫正后的后肩缝应比前肩缝长 $\frac{1}{2}$ 英寸（约1.3厘米）。
- 或者在某些设计中，可以将后中缝在坯布样衣上移动 $\frac{1}{2}$ 英寸（约1.3厘米）（图4）。

调节衣领

如果衣身和领口线不匹配，那么衣领也会不匹配。坯布样衣的衣领应该像面料衣领一样与领口相贴合。衣领可以加制内衬或者不加制（参见第八章）。

肩部、颈肩点、领口线、折痕线和驳头的任何变化都会影响衣领的合体度。如果衣身的领口线有变化，同时要对领里样板进行调整。

在将衣领粗缝到位之前，先对领口线进行检查。受男装成衣的启发，领口沿着颈部曲线贴合颈背，对于女式上装来说，这样的领口造型并不多见，往往领口弧度更大且远离后颈。

衣领试穿

在试穿领里之前，回顾第八章相关章节的内容。以下说明中，衣领专指用于试衣的领里。采用平纹细布、衬布或面料裁剪领里，并在后中心线处拼缝。

- 将领座长边的缝份向内翻折并粗缝。
- 将领里接缝线与领口后中心线对齐。
- 参照第237页步骤17的说明，将领里固定并粗缝到合适的位置。然后固定在领口线上。
- 检查衣领。有两个最常见的问题：一是衣领太紧向上翘起，露出后领的接缝线；二是折痕线远离颈部。

如果后领接缝线外露，可能是衣领太短或领面过窄，这通常是由于领面外缘造型线太短而造成的。拆下衣领，用熨斗拉伸边缘，重新粗缝。如果接缝线仍然外露，重新切割衣领样板，并添加增量。操作方法是在样板后中心线处加一个小三角形，再重新切割样板。

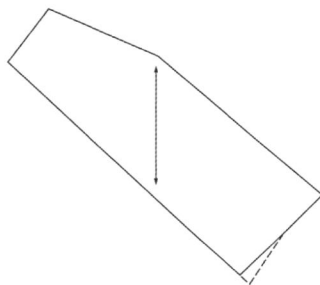

如果折痕线远离颈部，则可能是领口太低、衣领过长或者折痕线塑型不够。拆下衣领，如果领口太低，将其上提；如果衣领仍然远离颈部，就沿折痕线采用短距粗缝线迹来对衣领做矫正，再重新粗缝。

活褶

活褶为一种高级定制工艺，是从上衣前后片的肩部至腰部嵌入的微量垂直褶皱，以增加衣身的柔韧度和灵活性。褶皱可以从肩点处开始，或者距肩点 $\frac{3}{4}$ 英寸（约2厘米）。褶量很小，开始和结束处褶量为零，只在胸围线有极小的增量。

调整衣袖

肩部和腋下接缝的调整经常会影响衣袖的垂悬度，所以在衣身合体后试穿衣袖更方便。衣袖试穿之前，回顾第270页"悬挂衣袖"。

坏布衣袖可以粗缝至已经试穿完成的坏布样衣上，也可以在首次或第二次试衣时将衣袖粗缝至衣身。最常见的衣袖问题在于尺寸和长度、袖山高以及衣袖的悬垂度和倾斜度。

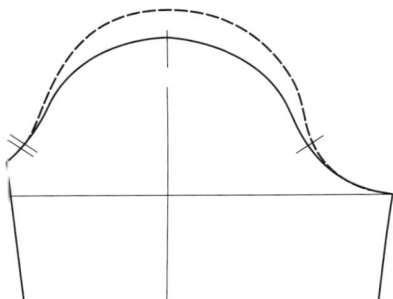

- 检查衣身的合体度。
- 在试穿衣袖之前，从每个前后片的肩点或附近用大头针固定一个活褶（参见第339页）。
- 裁剪衣袖之前，在样板上校正衣袖的尺寸和长度。
- 组装衣袖，把两个衣袖都粗缝至袖窿上。
- 仔细检查每只衣袖。
- 检查每只衣袖的悬垂度和长度、袖宽、袖肘和手腕的宽度，以及前后袖窿的合体度。

- 衣袖最明显的缺陷通常是悬垂度和倾斜度，受个体手臂自然悬垂状态的影响。回顾第272页步骤5，关于如何调整并安装衣袖的说明。
- 如果袖山弧度太平缓，请重新绘制（见上图）。

校准样板

校准接缝　已经塑型的接缝在加长或缩短时经常会变形。为了校正变形，需要画一条新的接缝线，用延长的边缘作为参照。

校准省道　高级时装中，省道通常是分开熨烫或平衡的，成品服装很少需要校准——但在调整和装配坏布样衣时很有帮助。将省边线对齐并折叠至合适的位置，修剪掉接缝处余量，后期再添加缝份。

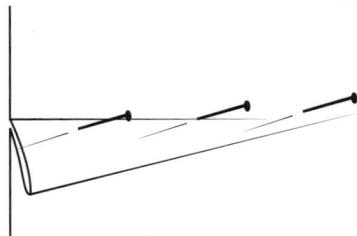

校准省道：将省道折叠到位，并修剪掉接缝处余量。

制作纸样

用坯布样衣或试穿合体的平纹细布作为裁剪面料的样板是不错的选择，但最好用试穿合体的平纹细布制作纸样或整洁的坯布样板。一般来说，净纸样比坯布样板更容易使用，也更准确。新样板将用于裁剪面料、里衬和内衬，也许还会用于裁制完成的上衣。将新的纸样与原始样板进行比较，可以获取关于试衣的大量信息——包括在哪里做了修改、修改的量以及没有修改的地方。

当把试穿服装所作的更改转移到新样板上时，准确性是至关重要的，因为上衣样板将用来裁剪面料、内衬和里衬。防水厚卡纸或轻质卡纸比纸样厚一些，排料也更容易。

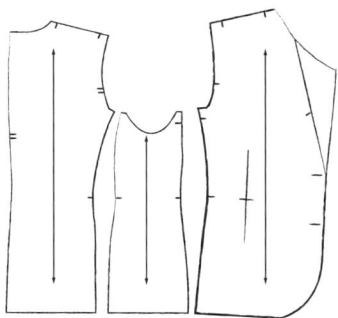

步骤1　修正平纹细布
- 坯布样衣调整合身后，在拆开之前仔细地在平纹细布上做标记。
- 用彩色铅笔或针管笔在左右衣片上标记所有更改处。如果坯布样衣上有多次更改，请使用不同的颜色标记，这样可以很容易地识别最新一次的修正。
- 标记所有对更改有帮助的对位点或剪口。
- 拆除粗缝（疏缝）线迹。
- 小心地将平纹细布裁片熨烫平整，以免拉伸变形。

步骤2　检查修正后的平纹细布
- 比较左右裁片。当差异较小时，标记较大的裁片用于双层铺料。
- 当体型不对称时，裁片差异会很显著。标记左右两侧，正面朝上放在面料的正面上。
- 将修正后的平纹细布与原始样板进行比较，为以后的设计收集数据。

步骤3　在纸样上画出所有的线条和标记
- 用柔韧的表面覆盖桌面，如纸板或切割板。将两层纸放于桌上，并用修正过的平纹细布覆盖。

- 使用砝码或图钉将样板固定到位。
- 使用纸样点线器或描线轮，将布纹线、接缝线、下摆线、折痕线、对位点、中心线、省道，以及任何结构标记转移至纸样上（参见提示）。
- 转移直线时，在直线旁用直尺保持面料平整。
- 移除平纹细布样板。
- 添加所有对之后面料裁剪有用的标记。
- 纸样必须平整。

步骤4　检查并完成纸样
- 移除坯布样衣，检查所有修正细节是否已经转移。样板沿大头针孔描出。
- 使用铅笔、直尺和曲线尺来描线，线条平顺清晰。
- 将布纹线延伸绘至样板的边缘。
- 在每个样板上标记姓名、裁片名称和裁片数量。
- 在每个样板上标记是否有缝份量。
- 单层裁剪时，标记一个样板为"右"，另一个样板为"左"。

步骤5　切割样板
- 切割所有的净样板。
- 使用调整后的前片、后片、侧片（如有）、衣袖和小袖样板，裁剪衣身、衣袖和挂面的面料，以及内衬、里衬和背衬。
- 许多裁缝师不会制作单独的衣领样板，但制作衣领样板对学习高级定制很有帮助。

高级定制提示
制作高级定制上衣的半成品时，增加 $\frac{3}{4}$ 英寸（约2厘米）的缝份和 $1\frac{1}{2}$ 英寸（约3.8厘米）的下摆余量。

高级定制提示
将左手指尖放在需要描线的坯布样衣上。用描线器在线条上短距滚动，以精确地转移线条。

词汇表

爱斯基摩： 参见"羊羔毛"。

鞍形线迹： 用于服装边缘的装饰针迹。

暗袋： 双嵌线挖袋，嵌线尺寸相等或一大一小。

暗缝扣眼： 起装饰性而非功能性的扣眼，可以是未切割的缝线扣眼或有贴边覆盖。

暗缝线迹： 用于连接两个织物层而无接缝的针迹。

暗缲针或暗线缲缝： 隐藏在边缘或挂面与服装面料之间的缝迹线。

摆钉： 用于将一个衣片靠近另一衣片固定的螺纹线结。短结用于翻领和驳头，长结用于固定开口里衬。

半高级定制： 具有高水平工艺的定制服装。

半斜纱： 介于45°斜纱和直纱之间。有时用于内衬纱向。

包边： 包裹毛边的织物条或者织带。通常采用织物正面或者反面的斜纱裁剪。在定制中，有时称作滚边。

包缝： 缝份相互包裹缝制而成的缝型，在服装正反外观都比较显眼。

包缝： 用包边条包裹接缝。

饱满度： 将较长衣片缝缩至较短衣片中的多余部分。

宝塔形： 肩缝塑型，弯曲呈宝塔形以贴合肩部球状关节。

背衬： 缝制接缝前，缝于面料反面的一层织物；和面料一起两层作为整体作工艺处理。在家用缝纫中称为衬布，在成衣中称为里衬。

背缝： 两片袖的肘部线缝。有时称为肘缝、后臂缝、长袖缝或后袖缝。

背面： 参见"面料的反面"。

背心： 英式术语中为马甲。

臂罩： 用于上衣里衬的腋下面板，防止汗水和磨损。也称为防汗罩。

边缘及尖角压板： 一块$\frac{3}{4}$英寸（约2厘米）宽的板，用于熨烫接缝或边角。也称为边缘板。

标记： 用缝线、划粉笔或碳描图纸将结构工艺信息标记到面料上。

标记缝： 面料上的短针缝用于标记袋位、接缝位和对位点。

标记缝： 用于标记接缝线和织物上结构对位点的长绗针迹。

标记线： 一些裁缝师在单层布面上标记接缝的方法。

表面缝线： 参见"明线"。

表面线缝： 在服装正面起装饰性作用的缝合线。

驳领： 参见"驳头"。

驳领缺角： 参见"领咀"。

驳头： 上衣前片向外翻折的部分。也叫驳领。

驳折线： 参见"折痕线"。

不对称设计： 上衣左右裁片不同版型的设计。

布边： 指成品布匹的垂直边缘。

布料： 用作面料的织物。男装常用羊毛织物。

布料扣眼： 参见"织物扣眼"。

布馒头或烫凳： 用于熨烫服装曲面的烫垫。

裁缝用铁砧： 一种点烫板。

裁剪工： 在定制裁剪中，裁剪面料的技术人员。

插袋： 设计在拼缝线上的口袋样式。

插肩袖： 有独立的袖片，从领口到腋下与衣身呈斜缝连接。

衩： 接缝的一段未缝合的开口，如衣袖手腕边缘处的开口结构。

拆缝： 在不损坏服装的前提下拆去手缝线或机缝线。

长柄熨斗： 重型干烫熨斗。

长度单位：（1）纽扣测量的尺寸规格。（2）长纤维亚麻。

长丝： 长合成纤维或丝纤维。

长袖缝： 参见"背缝"。

长针距粗缝： 缝制前片衬布、肩部拉伸、省道、口袋、侧缝和肩缝、垂直接缝线、绱袖，及绱领等工艺处理的缝型。

衬布：（1）用于定制服装上的内部衬料。（2）用于上装的内衬。

衬布： 在面料和里料之间添加的一层织物，旨在增加保暖性。制造业中，内衬的另一个说法。

衬线：（1）用来加固扣眼的粗线。（2）在缝制扣眼之前用粗线来勾勒扣眼外轮廓。

衬线： 用于加固和装饰扣眼的粗线。

衬线扣眼： 在衬线或几股缝线上缝制而成的

缝线钮孔。

成对但不匹配：将两个裁片裁剪成相同的或镜像形状，如袋盖和口袋，它们彼此匹配成对，但不匹配它们所应用的裁片。

成衣：在商店出售的服装，也被称为非定制服装。

成衣女上装：带有全衬、自然肩和薄型垫肩的经典设计。

成衣整烫：上衣制作完成时，在缝制纽扣和标签之前进行的最后一次熨烫。也称为终烫。

充量：（1）将较长衣片的多余长度缝缩至较短的衣片中。（2）为梭织服装里衬或背衬增加宽松度，使其不会拉扯接缝或限制运动。（3）驳头倒向前片，或领面倒向领里时形成的吃势，以塑造服装廓型。

初步测量样板：根据个体测量数据制作的样板，而非原型。

传统裁剪：手工定制技术的另外一个术语。

传统缝制：依照男式服装裁剪和缝制的设计。

刺针缝：以直角从织物正面进针，再从里侧垂直出针的针法。用于缝制垫肩和纽扣。

粗裁：为服装裁片裁剪的大块织物。

粗纺毛织物：由中等捻度的短羊毛纤维织造而成；织物柔软且绒毛感强，常用于休闲外衣。

粗缝（疏缝）：（1）暂时缝制接缝和衣片层。（2）定制时，指一件缝好用来试穿的上衣。参见"长针距粗缝""全粗缝"和"框架粗缝"。

粗缝或粗缝线迹：在试衣或者组装时用作标记或将织物层固定在一起的临时缝线。

粗缝棉线：（1）用于手工粗缝的线。（2）没有加捻容易断开的缝线。（3）表面平滑的缝线。

粗缝样衣：用于试穿的粗缝完成的上装。

粗花呢：用不同颜色的染色纱线织成的织物。

粗直棱织物：一种编织牢固的织物，有中等大小的横纹线。

搭接缝：将一层织物平整地缝在另一层上。

搭接缝：将一个衣片的边缘搭接在另一个衣片边缘上缝制而成的接缝。

搭门：以纽扣方式开合的上衣中，右前襟与左前襟的重叠量。也叫裹襟。

大烫：参见"成衣整烫"。

大眼粗针：（1）由骨头或者塑料制成，用于成型圆头扣眼末端。（2）由金属制成，用于插入松紧带、丝带或管条等。

带脚纽扣：底部有柄的纽扣。

袋口：手插入的位置，也叫袋位线、开口线或袋口线。

袋口拉条：织造紧密的布条，如亚麻布、细棉布、西里西亚亚麻布或本色平纹棉布，贴在衣服反面以防止开口处变形。

袋口线：参见"口袋开口"。

袋里下片：靠近里衬的口袋布片。

单层织物：只有单一层数的织物。

单股线：短纤维加捻而成的单纱。

单面涂布灰底白纸板：一端用木块或金属支架固定在一起的两块衬垫板。

单嵌线袋：镶有单条嵌线的无袋盖口袋样式。

单向排料：印花、方格、羊毛和仿羊毛等面料的排料，这些面料具有明确的图案或绒毛方向。

单一设计：独一无二的设计，通常为特定客户定做。

旦尼尔：长丝纱线的细度单位。

倒回针：（1）用于固定面料的特殊针迹。（2）在缝制开始时采用两至三针倒缝，代替手缝打结。

倒回针：从起针处向上一针的落针处缝制的回缝式缝型。

底布：用于贴花、刺绣和珠饰的背景材料。

垫肩：用于支撑和塑造上衣肩部造型的衬垫料。

叠布：铺幅落料以进行排料设计。

顶层挑缝：在衣服的正面粗缝，以保持接缝、省道或者边缘的平整，便于缝制、熨烫或试穿。

顶针：戴在右手无名指上的金属帽。男性裁缝的顶针是开口的；女性裁缝的顶针是闭口的。

定位：（1）在试衣过程中，服装在人体上的位置。（2）在缝纫过程中，将两个裁片缝制固定。（3）在熨烫过程中，定型服装边口及裁片位置。

定位设计织物：顶端和底端的织造、印花、起绒有明确排列方位的织物。

定位疏缝：用来固定多层织物的绗针缝迹。

定位线：参见"口袋开口"。

定位线迹：缝纫前固定缝两三针代替打线结。

定位线迹：一排机器缝线，以稳定边缘防止拉伸。很少用于时装或大规模生产。

定向缝制：沿织物纱向缝制，一般由宽到窄。

定向设计织物：织物裁剪方向的差异会出现不同的色差，需要使用"顺向"或"单向"排料进行剪裁。

定制：高品质的定做上装。

定制：英式术语中高品质的定制男装。

定制裁剪： 剪裁特定客户订购的服装。

定制疏缝： 用于临时固定两层或更多层织物的长斜线缝迹。

定制线钉： 在缝制中，用于标记接缝线和织物上结构对位点的小线结。

定做： 根据顾客的个体尺寸定制服装。

肚省（长腰省）： 两端呈锥形的省。

短袖缝： 参见"前袖缝"。

缎纹组织： 梭织物的三原组织结构之一，一根经纱穿过几根纬纱形成浮线外观。

堆高肩： 在袖山顶部插入袖头或填充料以形成隆起状。外观看起来像穿入了一根绳子，所以也称为"绳肩"。

对称服装： 左右衣片结构造型相同的服装。

对缝线迹： 一种用于连接两条碰合边的重叠针。也叫上下叠针。

对排： 将两个长度相等的裁片对合排料。

对位点： 装配服装时对齐缝线的标记点。在家庭缝纫中，对位点由织物裁切边的剪口和缝份上圆形或正方形来标记。在定制服装中，它们被称为对位记号，可以用粉笔、线迹或短别针标记出来。

多梅特衬： 参见"羊羔毛"。

发声： 用水分测试熨斗温度，高温时会发出极其尖锐的嘶嘶声，低温只会发出一丝嘶嘶声。

法式衬布： 参见"领衬"。

法式缝： 来去缝，封闭接缝毛边。

法式线襻： 用于将两层布料松散地固定在一起的线链或线结。

翻边： 参见"克夫"。

翻盖口袋： 袋口上方覆盖有袋盖或衣片的口袋。

翻领： 带有领座和领面的领型，折点在前中心线碰合。

翻折： 塑型上衣裁片的过程，如领面和驳头。

防汗罩： 参见"臂罩"。

仿制： 设计的复制或改良。

仿制： 早期设计中，基于一件高级时装的变化设计。

放码： 参见"推档"。

分层修剪/放码：（1）以不同程度削减缝份余量以减小厚度体积，使较宽的缝份在外侧。（2）按比例缩放样板尺寸。

分缝棒： 一种形状扁平的圆顶熨烫工具，通常用于分缝熨烫。

分割线： 代替省道的一种结构。

粉笔条纹（深地白条纹）： 有规律间隔的白色竖细线花纹，因像是裁缝使用划粉笔描线留下的痕迹而得名。

蜂蜡： 用来防止缝线卷曲和打结的蜡块。

缝份： 缝合处的预留布料，以便修改。

缝份： 接缝线与毛边之间的距离，也叫作回量。

缝线扣眼： 用锁扣眼针法勾勒扣眼开口。可以是圆头扣眼，也可以是直线或椭圆形扣眼。

缝线外侧： 缝合线和毛边之间的区域。

缝移： 由于应力作用，织物纱线在接缝处出现分离的现象。

服装附件： 除面料和里衬外，用于裁制服装的所有用品和材料。也称为辅料。

服装内层： 在脱下服装时可以看到的服装内部结构，例如，里衬和挂面。

服装丝缕偏差： 任何角度的纬瑕面料。

服装外部： 衣服表层的可见部分。

港缝： 家庭缝纫术语，用于描述斜裁包边的装饰处理手法。

高级时装： 在巴黎或罗马为客户手工缝制的服装。

高压熨烫： 用很大的压力施加熨烫。

格伦花格呢： 格伦厄克特方格纹呢的简称。是一种带有小格子和大格子的斜纹图案。与套格花纹相同，也称为威尔士亲王格纹呢。

给水容器： 蒸汽熨烫时供给清水的碗壶。

弓纬瑕疵： 织造时横纱所形成的弧形缺陷。

拱形烫木： 参见"拱形压板"。

拱针： 极短的倒回针法，用于将多层缝合在一起。

沟： 服装正面的接缝线外观，也称为井。

沟缝： 参见"漏落缝"。

沟缝线迹： 参见"漏落缝"。

构建外套： 裁制一件定制的外套或上衣。

股/层： 表示纱线股数或织物层数的单位。

挂面： 服装裁片的延伸部分或单独的服装裁片，用于直门襟或弧线门襟的工艺处理。

挂面口袋： 参见"里袋"。

光洁度： 参见"挺括外观"。

归拔： 拔开较短的面料层以适应较长的面料层，从而将两层面料连接起来。

绲边： 用于接缝或边缘的窄镶边；通常为斜丝裁剪，或用绳索饰边。

绲边缝：（1）各裁片之间用绲边装饰的接缝。（2）用窄条饰边，在家庭缝纫中称为港缝。

滚边扣眼：参见"织物扣眼"。

海毛衬布：毛衬的一种，有多种重量和纤维类型可供选择；一般羊毛和山羊绒最为上乘。

荷包：口袋袋布或里衬。

横纱：参见"纬纱"。

横纱：参见"纬纱"。

横纱：参见"纬纱"。

后臂接缝：参见"背缝"。

后肩里衬：上衣的半里衬。

后片：上衣背部裁片。

后袖缝：参见"背缝"。

后整理：手工缝制工艺，例如，缝制纽扣、扣眼、挂面、里衬接缝以及下摆。

花萼眼针：一种大眼手缝针。

花毯针：参见"织锦针"。

华达呢：斜纹精编织物。

滑针缝：从正面缝合以连接接缝，如面里接缝。

活动衬布：参见"嵌入式内衬"。

基础样板（英国原型）：非常合体的原型坯布（细棉布）样衣，用于设计研发，以其为参照调整其他服装的合体度，以及填充成衣形状。在法语中为"基础样衣"。

基础样衣：参见"基础样板"。

急斜纹布：斜度大于45°的斜纹织物。

加固衬条：用织带或没有弹性的织物贴缝在边口处或附近，以防止面料起卷或拉伸，使其更服帖。

加固缝：在同一处地方缝合数次，以固定缝线的结束点。

假缝：在织物的正面缝制。通常用于暂时固定匹配的织物纹样和复杂的造型，以便于机器缝合。

尖头叉：织物扣眼或单嵌线袋开口末端的三角形。

尖压器：一种窄的木制压角工具，顶端有尖头，用于熨烫边角。

肩点：（1）在人体上，指肩部末端。（2）在服装上，指肩缝和袖山的连接处。

肩缝省：从袖窿的肩部位置向背部延伸的褶皱。

肩胛骨松量：服装后片的足够余量以提供肩背部活动的空间。

剪裁师：在定制裁剪中，为顾客测量尺寸并制作版型的人。

剪口：（1）用短别针指示服装上的对合点；也称为对位记号和切口。（2）驳头与翻领处形成的切角，从领围线到领止口点。

简约上装：与定制上装相比，结构更简单和衬布使用更少的上装。

箭头型加固缝：用来加固口袋和褶的装饰性缝线。

接缝：连接两个服装裁片的结构。

接缝线：服装裁片之间的机缝缝线，也称为平缝线。

接缝线：手缝或机缝将两层或多层缝接起来。

经纱：与织边平行的垂直纱向。

精纺毛织物：由中高捻度的长羊毛纤维织造而成。面料经过硬挺度加工处理，常用于男女式西服。

颈肩点：小肩宽和颈根围线交点。

卷边缝：翻卷折边，缝制后外观看不见毛边的一种缝制工艺。也称为"折止口"。

卷尺：两端有金属头的塑料尺，60英寸（约152厘米）长。

克夫：裤脚或衣袖下摆处外翻的可见部分，也叫作翻边。

刻度线：测量工具的一种。

口袋布：口袋里布或者包布。

口袋类型：参见"嵌条插袋、嵌线内袋、暗袋、双嵌线袋、有盖口袋、插袋、贴袋、挖袋、内袋、单嵌线袋"。

口袋上片：靠近面料的口袋布片。

口袋贴边：缝合或贴缝在袋里下片的布料，避免在使用口袋时露出里衬。

扣脚：（1）纽扣底部的一个小环，通常将其缝在服装上。（2）在扣合纽扣时，考虑到织物厚度，在纽扣和服装之间的所做的线柄。

扣眼：参见"暗缝扣眼""绳扣眼""双扣眼""织物扣眼""内缝扣眼""缝线扣眼"。

扣眼缝：用双结缝迹线缝制扣眼。

扣眼套结：手工锁缝扣眼的打结方式。

廓型：服装外轮廓线。

拉条：（1）为防止拉伸变形，缝在边缘或接缝处的窄带或无弹织物。（2）用于加固袋口等区域的衬料。（3）用于固定上衣底襟，以防折止边外漏。

落棉： 通过梳理废丝提取的短纤维。

蜡粉笔： 用于标记毛织物的扁平蜡片。

里衬： 参见"背衬"。

里衬： 参见"背衬"。

里衬和挂面接缝： 上衣前片内侧的接缝，连接挂面和前片里衬。

里衬结构： 上衣或外套的部分内衬。

里袋： 外套挂面和里衬上的口袋。也称为挂面口袋。

里料： 服装内层的轻质织物，用来隐藏接缝和内部结构且方便穿脱。

立领： 只有领座没有翻领结构的领型。

立体裁剪： 在人台上使用坯布或面料制作样板的方法。

连肩袖： 衣袖为上衣前后片延伸而裁剪的袖型。

裂缝： 缝线断裂导致接缝开裂。

领衬： 用于定制风格的亚麻内衬，也叫法式衬布。

领串口或领串口线： 从领咀到折痕线连接翻领和驳头的接缝。

领咀： 翻领领面和驳头之间的∨形开口。也称为驳领缺角。

领里： 位于领面下层的衣领结构。

领面： 翻折后覆盖领里的衣领部分。

领面： 上衣穿着时露于外观的领结构。

领座： 翻折线和领口线之间隐藏的衣领结构。

漏落缝： 缝入线隙里的不明显的缝线，也叫作沟缝。

罗纹丝带： 参见"罗纹织带"。

罗纹织带： 一种由棉或人造丝织成的带有横向罗纹的牢固织带。也称为罗纹丝带。

马海毛： 用安哥拉山羊绒毛纤维制成的织物。

马特拉塞凸纹布： 具有凸起褶皱纹理的织物。

马尾衬： 在纬纱上添加马鬃制成的硬质衬料。

麦尔登呢： 一种坚固、不易磨损的羊毛织物，类似毛毡，一般用作领里。

毛边： 裁剪或待缝的织物边缘。

毛边： 未处理过的衣片边缘。

毛衬： 由羊毛和毛纤维制成的内衬材料。

门襟： 服装的开口处。

门襟： 见"搭门"。

门襟： 用于隐藏拉链、按扣或纽扣及扣眼的一种闭合方式。

门襟止口点：（1）开口的末端。（2）袖衩开口的末端。

密织物： 身骨感强、不易脱散的织物。

密织物： 细纱紧密织造的织物。

面料反面： 织物的反面，也称背面。

描图纸： 以蜡为底的纸，可用描线轮做标记。

描线轮： 带有手柄的锯齿或光滑的标记工具。用于将纸样或坯布样板上的标记转移到面料上。

明缲针或缲缝针迹：（1）用于卷边、折边及粗缝的不显眼针迹。（2）用缲针法缝制，一般从织物正面开始。

明线： 服装表面具有装饰性或功能性的缝迹线。也叫表面缝线。

内部标记： 在如纽扣、扣眼和口袋等位置添加的结构标记，旨在方便组装服装。

内衬： 面料和挂面之间的织物层，旨在提供支撑并构成衣身，通常应用在服装边缘，以增强衣身稳定性。材料可以是棉布、双面厚绒布、马尾衬、黑炭衬、海毛衬、亚麻布或棉衬。

内胆： 服装的里衬。

内缝扣眼： 扣眼接缝未缝合的部分，纽扣可从中穿过。

内袖缝（衣袖）： 参见"前袖缝"。

内衣窄带： 用于固定内衣带的细带。

拍压： 用压板处理成衣边缘，使其平整。

排料： 将样板合理地铺放在布料上备裁。

坯布/印花布： 英式术语中为平织细布。

坯布样衣：（1）通过立裁得到的坯布样板。（2）用于新款设计的样衣，或者用于校验个体顾客服装合体度的样衣。

匹染： 给布匹染色的过程。

片切： 以某种角度裁剪织物。

票袋： 口袋内侧的小口袋，用于放置票据、名片和零钱。也叫钱袋。

平驳领： 从驳头和翻领之间有外见接缝的领型。

平缝： 将缝份对接在一起形成的接缝。

平缝线： 参见"接缝线"。

平缝线迹： 用于接缝、塔克、碎褶和绗缝的永久针迹，可均匀或不均匀，可长可短，有时称为正送线迹。

平衡记号： 参见"对位点"和"剪口"。

平衡线： 在面料或白坯布上标记的水平和垂直线，以辅助试衣效果。

平衡张力： 平缝机面线和底线的张力。

平纹棉布： 硬挺的棉质材料，斜丝裁剪用于填补体型，防止下摆和袖口起皱，并用于袋口形状固定。

平纹丝织物： 如中国丝绸、薄纱和欧根纱等平纹梭织的丝织物。一般用于里衬、背衬、内衣、衬衫和连衣裙。

平纹细布（英式细棉布）：（1）有多种克重可供选择的平纹棉织物，可以用于制作坯布样衣。（2）本白棉坯布。

平纹组织： 梭织物的三原组织结构之一，由一根经纱和一根纬纱交织而成。

平整： 上装术语，指服装合体，穿起来没有皱褶。

平直裁剪： 调整颈肩点，以适于圆肩。

骑缝： 参见"沟缝"。

起圈： 做工瑕疵的线扣眼。

起绒织物： 带有绒毛的织物。织物如带有绒毛，则所有衣片都必须沿同一方向裁剪。

起绒织物： 用额外的纱线加入编织而成的织物，如丝绒、平绒和灯芯绒。

气泡： 因外部面料太紧或者衬布里料太紧而导致的外观不平整现象。

气泡： 在省尖点处起的泡。

牵条： 边缘和折线处使用的拉条，旨在增加强度、防止拉伸及减小体积。

铅垂线： 确定与地板垂直的装置。

前臂缝： 参见"前袖缝"。

前片： 服装剪裁中，上衣前身的左右裁片，从前片止口至侧缝。

前袖缝： 两片袖前臂的接缝。也称为前袖缝、内袖缝和短袖缝。

前缘弧线： 上衣前襟边缘的弧线设计。

钱袋： 参见"票袋"。

嵌入式内衬： 将内衬缝入而不是缝合在成衣上。也叫活动衬布。

嵌线： 镶嵌于袋口下侧或两侧边缘的织物条。

嵌线： 在口袋开口处用面料或其他材料做成的嵌条。

嵌线插袋： 用面料直条嵌于插袋开口处下边缘的开袋样式。

戗驳领： 常用于双排扣上衣的尖头驳领。

切口： 接缝线上所作的剪口。

切口： 指在缝份余量上的短小剪切口，常用于服装裁片、插袋和织物扣眼的拐角处。

青果领： 翻领和驳头裁剪成一体，没有串口线。

曲线裁剪： 在颈肩点处所做的以适应胸部曲线的调整。

全身衬： 支撑衣身的内衬。

全身粗缝： 挂面、里料、衬布和衣领均采用粗缝的上衣；挂面未缝制里料时也可使用。

犬齿纹： 用破格法织成的织物。

缺陷： 上装裁片不合身的部位。

裙片： 上衣腰围以下的服装结构。

裙装工坊： 迪奥高级定制中专门负责制作轻柔面料服装的工坊。

人字缝： 参见"三角针"。

人字呢： 呈现垂直排列的左右交替斜纹的织物。

人字疏缝线迹： 用于衣领、驳头和垫肩的对角线针迹，旨在将两层或多层固定在一起，以塑型或对体型作补充。

三角布： 上衣的侧片拼块。

三角针： 外观呈"X"的手缝线迹，将边缘缝合在平料上，有一定的灵活度，也称人字缝。

纱向： 织物编织过程中纱线的方向。纵向、竖直或垂直丝缕指纱线方向与布边平行；横向或水平丝缕指纱线方向为与布边垂直。除另有说明外，本书中的纱向均指直纱。

上浆： 对纱线和织物进行表面整理，以增加硬度和强度。

上下叠针： 参见"对缝线迹"。

上下叠针： 荷兰语中为对缝针迹。

省道： 呈三角形，用以使平面织物形成立体状。

省道缝合量： 成衣上省道缝合线之间的织物量。

湿布： 参见"熨烫垫布"。

时装设计师： 法式用语，高级定制时装店里的男性或者女性设计师。

实用口袋： 参见"贴袋"。

试衣： 试穿一件未完成的服装以检查合体度并作出相应调整。

手缝丝线： 用于手缝的轻质丝线，通常为A号。

手缝线迹： 采用手缝针和缝线缝制的针迹。

手感： 织物的触感，挺括感或柔软度。

书缝： 平缝，常用于无里衬或部分里衬的上衣接缝。缝制后，可将毛边向内翻折并暗线缲缝。

疏缝：英式术语中为粗缝针法。

双层扣眼：上衣正面一个扣眼，挂面上有另一个重合的扣眼。可以是缝线扣眼，也可以是织物扣眼。

双层铺料：将布料正面相对沿经纱方向折叠。

双管袋：口袋开口两边饰有滚边；通常被称为唇袋。

双面呢：将两层羊毛复合在一起，使表面光洁。

双排扣：有两排纽扣的上衣设计。

双嵌线袋：参见"双层镶边口袋"。

双嵌线袋：在开口的两边都有镶边条的口袋。

双嵌线挖袋：有两层嵌线的双嵌线袋，两层一样大，或上层小一些。

双向排料：纹理或图案不对称的面料设计排料，所有纸样按照同一纱向排料，方向可逆。

松度：参见"松量"。

松缝：缝线张力过松或针距过大造成的接缝松散。

松量：（1）将长度不等的两个服装裁片平滑地缝接起来，用在袖山、后肩、胸围及半身裙腰线处进行塑形，也称为充量。（2）服装松量：为确保服装穿着舒适度而在量体的净尺寸基础上追加的设计余量。（3）设计松量：为呈现服装款式效果而追加的设计余量。

松量粗缝或缝线：用于较长服装裁片抽缩的机器缝线或手工缝线。此过程也称为缩寸。

松软棉布：经过煮沸去除所有浆料的熨烫垫布。

塑型：施热或加湿对服装裁片进行归拢或拔开。

碎褶：里衬的小量抽缩褶皱，旨在增加松量。

梭织：参见"平纹组织、缎纹组织、斜纹组织"。

缩寸：参见"松量粗缝"。

缩缝：将两个长度不等的服装裁片缝合，使长度差异消除的接缝。

锁边：（1）在高级时装中，手工锁缝毛边。（2）包缝机锁缝的机缝线迹。

锁缝针迹：线圈呈环形的手工缝合线迹，用于加固链条和装饰物。

锁扣眼缝线：用于制作扣眼、套结、装饰和钉扣的重磅丝线。

锁针：手工处理布料的毛边以防止磨损的缝型；有时称为包边缝。

弹性插片：加缝在衣领上的小三角，以增加外缘长度。也用于上衣裙片。

弹性恢复力：织物受外力拉伸或起皱的恢复能力。

弹性纤维：由合成橡胶和氨纶制成的纤维，用于松紧带和弹性织物。

烫凳：参见"缝纫烫凳"。

套格花纹：在格纹底上重叠着另一种格纹的面料。

套结：用于加固口袋、门襟或褶皱末端的螺纹状缝型。

套装工坊：迪奥高级定制中专门负责制作外套、裤装和大衣的工坊。

填料：单面或双面光滑的棉絮，用于制作衬垫、垫肩和袖头。

填料：用于袖山和垫肩的无纺棉材料。

挑缝：在前片、驳头和衣领边缘使用的装饰针迹，采用非常细密的回针缝或暗缲针缝。

挑绣：一种刺绣技艺。用细而不易见的缝线或者装饰线将粗线、缝线和穗带固定在织物表面从而形成装饰图案。

贴袋：贴在衣服表面的口袋，顶部或侧面有开口。也称为实用口袋。

贴缝：用一块面料在另一块面料上进行装饰性的缝纫。

涂湿材料：小卷毛料或细棉布，衣片提供水汽以进行熨烫。

褪色：水分或日晒导致的颜色变浅。

挖袋：如暗袋、内袋或嵌线袋等所有设置在衣身接缝或者切口上的口袋。

外侧：参见"服装表面"。

外层结构：上衣衣身、衣袖和领里。

外层面料：参见"主面料"。

外层织物：参见"主面料"。

外壳：服装外层，不包括里衬。

外套：穿在上衣或西装外面的大衣。

纬纱：单股横向纱线。

纬纱：与织边成直角的水平纱向。也被称为横纱、横丝或纬丝。

纬瑕：经纬纱不垂直的织物。

纬斜：纬纱和经纱不呈直角的织物外观缺陷。

无捻织物：没有丰满度的织物或织带。

西服料：用于制作西服或者上衣的面料。

西里西亚亚麻布： 紧实的轻质棉织品。用来制作口袋布及加固袋里下片和扣眼。

细条纹织物： 有一定规律间距的单线条纹织物。

细褶缝： 缝线一侧或两侧有碎褶或装饰性褶的接缝。

下摆： 卷边缝合的所有边口，例如，上衣和底摆和袖摆。

下摆余量： 下摆卷至反面的毛边量。也叫折回量。

纤维： 用于制造纱线的天然或人造材料，如棉、亚麻、羊毛、尼龙、氨纶或涤纶等。

线结： 紧密缠绕在一起的线，从而产生卷曲或扭曲。

镶嵌物： 缝制缝份时，额外使用的织物。

楔形插片： 肩缝上的三角形插片，用于塑造肩部曲线。

斜裁： 沿面料斜纱而不是直纱裁剪。

斜接：（1）以某个角度连接两条布边。（2）角饰面以减少拼布体积；可以对角线形式在夹角处手工或机器缝制。

斜纱： 任何角度的纬斜。在本书中斜纱指45°斜丝。参见"正斜纱"。

斜纱： 英国和澳大利亚术语为45°正斜纱。

斜纹卡其： 用于熨烫和男装口袋的重型斜纹织物。

斜纹组织： 梭织物的三原组织结构之一，外观有明显的斜纹纹理。

胸衬： 内衬裁片，以形成从肩部至胸高点的平滑线条。也称为护胸或胸盾。

胸盾： 参见"胸衬"。

胸衣： 参见"胸衬"。

修剪： 去除部分面料以便于更精确更容易地裁剪，用于匹配织物图案和复杂的面料裁片。

袖冠： 参见"袖山头"。

袖架： 用于塑形袖山和接缝的熨烫工具。

袖孔： 上装中为衣袖所开的口，也称为袖窿或斜眼。

袖窿： 参见"袖孔"。

袖窿深： 从肩点到腋下点的垂直距离。

袖窿深： 袖孔的深度。

袖窿深度： 背中缝上领口线到袖窿深点所在水平线的垂直距离。

袖山： 腋下接缝以上的衣袖结构。也叫袖冠。

袖烫垫： 熨烫袖筒和狭窄空间的模具。

袖头： 参见"袖山头"。

袖头： 用来支撑袖山造型的衬垫或填充料。在法语中也称为雪茄头。

袖斜度： 袖中线与袖窿线的夹角。

袖斜度： 袖中线与袖窿线的夹角。

选料： 针对不同设计选择合适的布料。

雪茄头： 参见"袖山"。

循环纹样： 织物组织结构、印花或设计的一个单元纹样，从一个纹样的顶部到下一个相同纹样的开头部分。可以沿横向或纵向连续循环排列，或二者结合。

压板： 用于熨压接缝和边缘的重硬木质模型。

延长挂面： 在直边或近直线边缘连裁的挂面，作为衣身裁片的延伸部分，并将其折叠至反面。

羊羔毛：（1）从第一年换毛时的羊羔身上剪下的优质细纤维。（2）一面是绒毛的柔软的针织面料，用于内衬和背衬。也叫多梅特衬或爱斯基摩羊毛衬。

样板： 裁剪服装所需的纸样或布样。

样板预排： 在织物上放置排列各裁片样板。

样板展开： 切割样板并插入楔形插片以增加裁片面积，用于塑造肩部接缝。

腰： 身体最细的部位，位于腋下和臀部之间，在肚脐上方约1英寸（约2.5厘米）。

腋下插片： 插入腋下的三角形或菱形织物，以提供松量和运动空间。通常用于连肩袖。

衣领： 参见"平驳领""翻领""青果领"和"立领"。

衣片： 服装裁片。

衣身：（1）织物硬度。（2）绱袖之前已缝合的衣身裁片。

衣身： 服装前片、后片和侧片（如有），不包括衣袖。

衣身面料： 参见"主面料"。

衣身平衡： 上衣与身体之间舒适合理的关系。

硬挺整理： 整理后织物平整且组织结构清晰。也称为光面整理。

永久粗缝： 绗缝的不准确说法。

尤蒂卡亚麻布： 紧密织造的亚麻布，用作内衬。

羽饰：（1）用手指将织物层拉开，使其变稀疏的过程。（2）将接缝修剪成不同的宽度。

育克： 过肩或上衣后片的肩覆式。

原型： 标准人体尺寸的服装样板，如商业样板。

圆角： 将方角修剪成柔和的曲线。

圆头扣眼： 带有可见孔的扣眼，可见孔的作用是便于将纽扣缝合到服装上。

熨烫： 施热加湿以熨烫平整或定型接缝、下摆或衣片。本书中，"压缝"是指先将接缝熨烫平整，再分缝熨烫。

熨烫垫布： 清洁的布片，通常是棉布或羊毛织物，在熨烫过程中起保护服装的作用，也叫作湿布。

熨烫工序： 在服装定制过程中，通过温度和湿度来熨烫面料。

造型线：（1）翻领或驳头的外缘线。（2）抹胸型上衣的上缘线。（3）造型袋口线、底摆或者袖摆。

折边缝： 距边缘或接缝线约 $\frac{1}{16}$ 英寸（约1.5毫米）的一排线迹。

折痕线： 位于翻领和驳头上的折线，也叫作翻折线或驳折线。

折回量： 参见下摆余量和缝份。

折线： 参见"折痕线"。

折线针法： 水平和垂直移动缝制而成机缝针迹。

折止口： 参见"内层折缝线"。

褶谷： 碎褶隆起间的凹陷处。

褶脊： 碎褶凹陷处之间的隆起。

针板： 带有细线针的工具，用于梳压丝绒、割绒和起绒织物。

针痕： 由拉幅机上的定位针造成的织边边缘上的针孔。

针距：（1）手工缝制中，一针挑起的面料量。（2）机器缝制指的是一针线迹的宽度。

整理针迹： 于缝制结束时为固定缝线而在适当位置缝的两针。

正对正铺料： 将布料正面相对叠放在一起的排料方式。

正面： 布料正面或服装外观。也称为外观。

正丝缕： 通过撑拉织物，使纬纱和经纱垂直的校正纱向的过程。

正送线迹： 参见"绗缝线迹"。

正斜丝： 与织物的直丝成45°夹角。本书中的"斜丝"指45°斜丝。

支撑垫： 带褶皱的垫料，用于支撑带有碎褶或褶皱的袖山。

织边： 织物的布边或边缘。

织补棉线： 柔软的、未整理过的容易断裂的棉线。

织锦针： 针尖短而粗。也被称为平磨针。

织物扣眼： 开口两侧各有织物条的扣眼。也称为滚边扣眼或布料扣眼。

直裁： 服装中心线处沿垂直于地板的直纱来剪裁衣片。

直裁布条： 长度方向与布边平行的布条。也称为直条布。

直纱： 与布边平行的经纱或织物的纵向纱向。

直条布： 参见"直裁布条"。

直纹：（1）经纬纱成直角的织物。（2）沿平行于经纱的布纹线标记所裁剪的单个服装裁片。

纸样： 用纸张剪切的样板。

指压： 织物经蒸汽熨烫后，用指尖轻轻按压。

制袋： 成衣中缝制口袋和里衬的方制法。

肘缝： 参见"后袖缝"。

皱缝： 当面线或底线过紧时引起的缝制缺陷。

逐线复制： 精确复制样板的结构线。

主要面料： 制作服装所需的主要织物。也称为大身布料、外壳，外层织物。

装配线： 接缝线或缝合线。

装饰物： 参见"服装附件"。

锥化： 均匀地由宽到窄。

组合扣： 双排扣上衣前片内层的纽扣，用于固定内层位置。

CB： 后中心线。

CF： 前中心线。

D形装饰线： 口袋末端手工缝制的装饰线，看起来像字母"D"。

RS： 面料、服装或者裁片的正面。

WS： 织物反面的简称。

索引

Page numbers in *italics* refer to captions.

图片来源

Cover image François Mori/AP/Shutterstock.

Page 8 Steve Wood/Shutterstock; 22 Victor Virgile/
Gamma-Rapho via Getty Images; 24 Frederic Bukajlo
Frederic/Sipa/Shutterstock; 36 Fairchild Archive/Penske
Media/Shutterstock; 52 David Fisher/Shutterstock; 96
Pixelformula/Sipa/Shutterstock; 156 Daniel Simon/
Gamma-Rapho via Getty Images; 158 Victor Virgile/
Gamma-Rapho via Getty Images; 188 Alfonso Jimenez/
Shutterstock; 210 Richard Bord/WireImage/Getty
Images; 230 Kristy Sparow/Getty Images; 260 Victor
Virgile/Gamma-Rapho via Getty Images; 298 Pixelformula/
Sipa/Shutterstock; 324 Broadimage/Shutterstock.

Thread image used on page 25 and throughout, Frank
Fiedler/Shutterstock.

致谢

特别鸣谢：

Anderson & Sheppard
Richard Anderson
Britex Fabrics
Christian Dior
Fondation Pierre Berge-Yves Saint Laurent
Gieves & Hawkes
Henry Poole & Co.
Linda Homan
Huntsman
Bill Marchese
Barbie McCormick
Thom Olson
Louise Passey
Kathryn Sargent